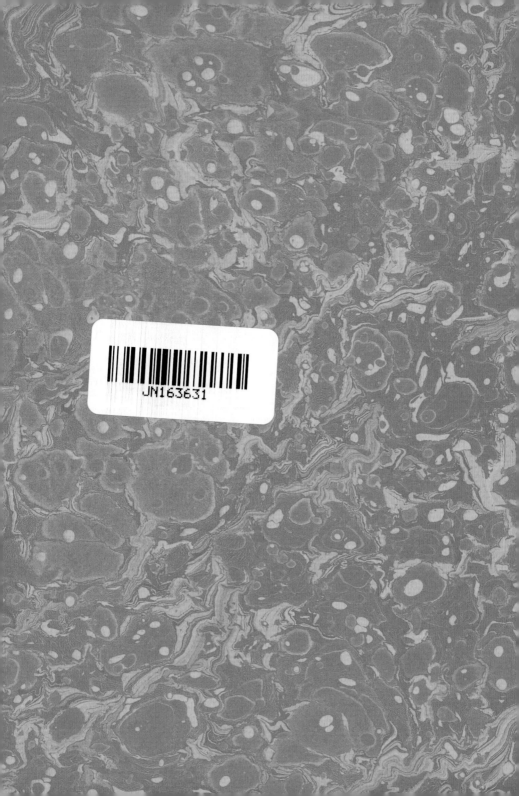

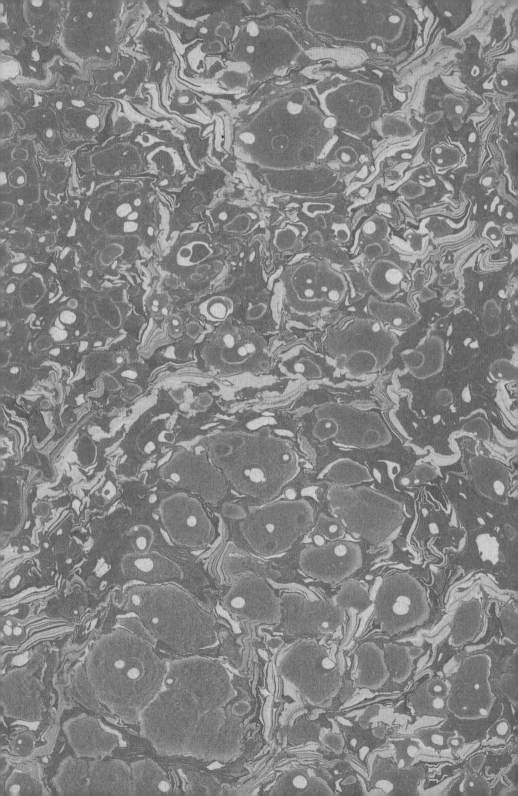

完訳

ファーブル昆虫記

集英社

装幀＝太田徹也

荒地（アルマス）に咲くブッドレアの花に飛来したイチモンジヒカゲ。背後の建物はファーブルの住居。

地上を足早に歩きまわるキンイロオサムシ。

オサムシ

オサムシの仲間は、地上を歩きまわり、ミミズやカタツムリを捕食する。この甲虫は、後翅《こうし》やそれを動かす筋肉が退化しており、飛ぶことができない。雌はその栄養を次世代の卵に使う。また、その移動性の低さから交雑する集団が小さくなり、地域ごとの変異が著しい。ただし近縁のカタビロオサムシの仲間は、普通の甲虫同様、飛翔することができる。

フランスのニジカタビロオサムシ。飛ぶことができる。

キンイロオサムシ(この頁の標本はすべて原寸大)。

翅鞘(前翅)を持ち上げると退化した後翅がみえる。

キツネと思われる糞の中に交じるオサムシの翅鞘。

フランス産のオサムシの仲間(訳者蔵)。

繖房花の蜜を舐めるハイイロニクバエ。

ハエ

人間にとっていちばん身近な昆虫はハエであろう。年老いて外出が億劫《おつくう》になったファーブルは、屋内でハエを観察している。家の中ではとかく嫌われがちなハエだが、屋外では、ハチやアブと同様に花から花へと飛びまわり、蜜を吸って花粉を運ぶ役割も果たしている。幼虫（蛆虫《うじむし》）は、自然界の分解者として動物の死体をすばやく液化（体外消化）吸収することによって地上を清浄に保っている。

ミヤマクロバエの囲蛹（土から掘り出したもの）。

英名で blue bottle fly と呼ばれるミヤマクロバエ。

ハイイロニクバエ（左）とミヤマクロバエの標本。

ミヤマクロバエの幼虫（蛆虫）。右が頭部。

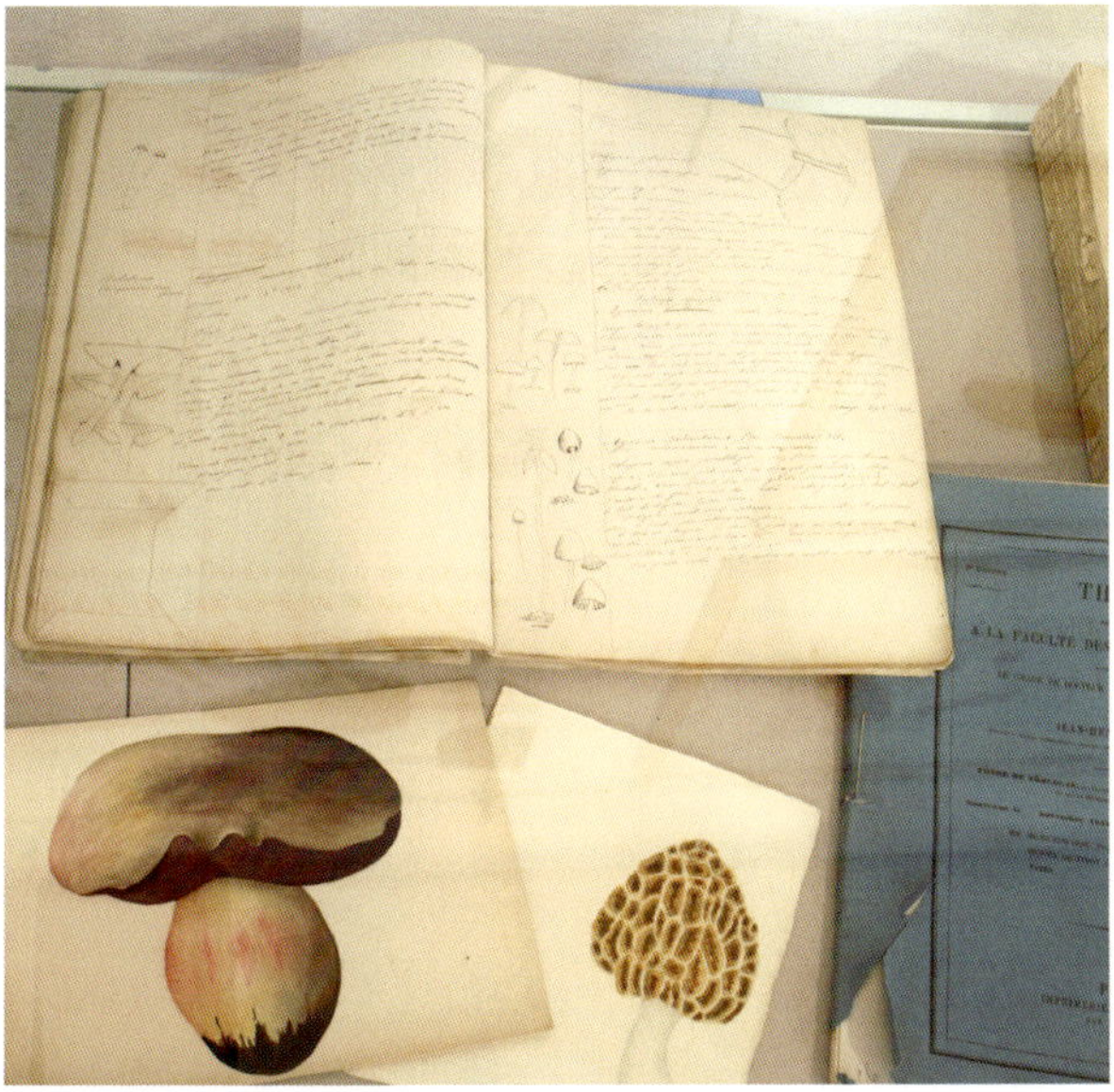

きのこの特徴を記述したファーブルの観察ノート。下右はアミガサタケ、左はイグチの仲間の水彩画。

きのこ

ファーブルは幼いころからきのこに興味をもち、61歳以降、約20年間で700枚ちかくの水彩画を残している。きのこは昆虫と異なり、時間とともに色も形も変化してしまうため、絵として記録しておこうと独学で描きはじめたのである。また、オウシュウツキヨタケの発光現象や、トリュフに寄生するハエの研究論文なども発表している。当時は、ハエがトリュフを「生む」という迷信があったが、ファーブルはこれを完全に否定している。

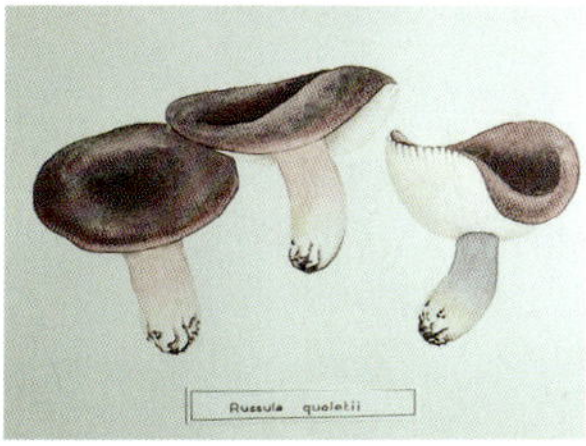

ベニタケの仲間。

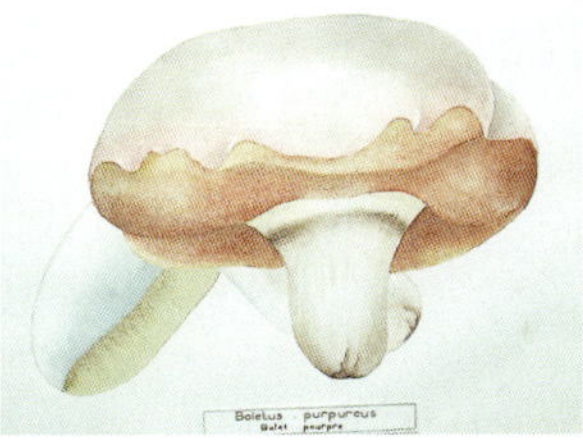

ムラサキイグチ。

イッポンシメジの仲間。

アンズタケの仲間。

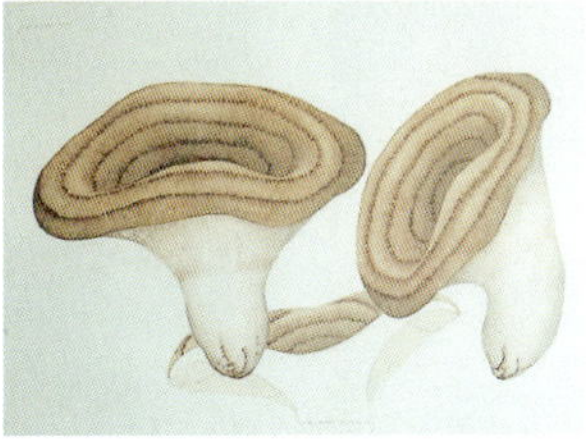

キカラハツモドキ。

ムラサキシメジ。

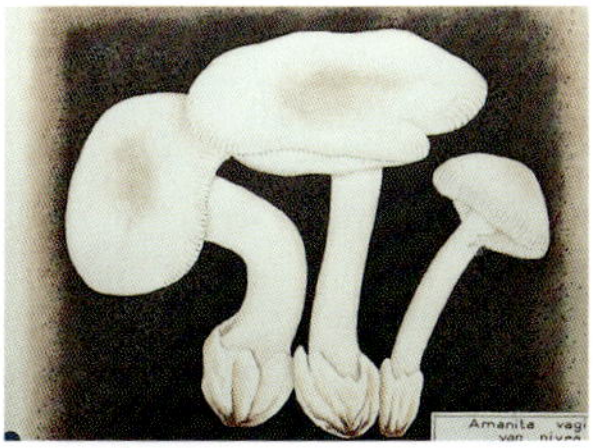

ツルタケの変種。

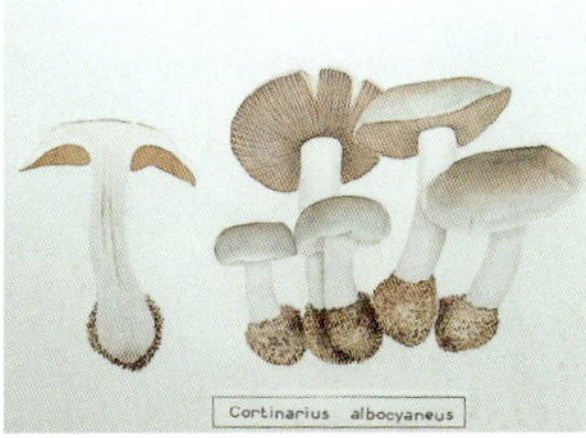

ハイムラサキフウセンタケの仲間。

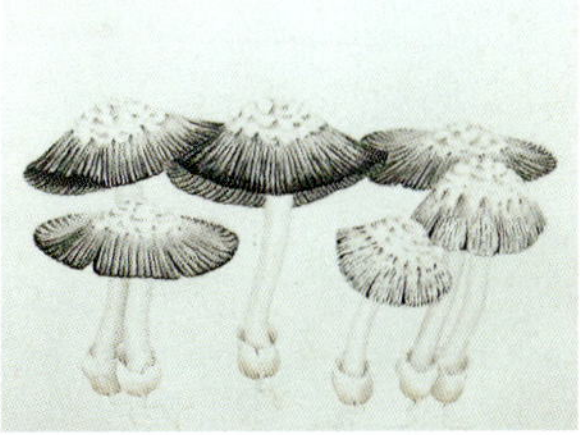

マグソヒトヨタケ。

ヨーロッパツチボタルの雌成虫。翅と、翅を動かす筋肉が退化し、そのぶんの栄養を次世代を確実に残すための大きな卵にふりわけている。

ツチボタル

全世界のホタルの仲間の大半は、陸生であって、幼虫が水中で暮らすゲンジボタルやヘイケボタルはむしろ例外的な存在である。ツチボタルの幼虫は陸上を徘徊《はいかい》してカタツムリなどを食べて育つ。成虫の雌は翅《はね》が退化しており、蛹《さなぎ》を経て羽化《うか》しても、幼虫のようにも見える。雄は普通の甲虫のように4枚の翅をもち、飛ぶことができる。雌は雄を光で誘い、待ち伏せ型の交尾を行なう。

ヨーロッパツチボタルの雌成虫の発光。円内は蛹。

ヨーロッパツチボタルの雄成虫。複眼が大きい。

サハリン産の雄(左)とユーゴスラビア産の雌の標本。

幼虫が尾端から白い蛸足状の尾脚を出してガラス面に張りついているところ(アマミマドボタル)。

ヨーロッパツチボタルの終齢幼虫。左が頭部。

キャベツを食べるオオモンシロチョウの終齢幼虫(アオムシ)。

オオモンシロチョウ

日本人に身近なモンシロチョウは、江戸時代に大陸から渡ってきた帰化種《きかしゅ》だと考えられている。ファーブルが観察したオオモンシロチョウは、その近縁種で、近年、沿海州から海を渡って北海道の一部や青森などに定着している。

寄生者アオムシサムライコマユバチ。

1齢幼虫。

卵。モンシロチョウと違いまとめて産みつけられる。

羽化の完了。

羽化の途中。

蛹。

アルマス③

ファーブルが55歳から91歳で亡くなるまで、36年にわたって暮らしていたのがセリニャンの荒地《アルマス》である。ファーブルは、2階にある研究室で昆虫の観察を行ない『昆虫記』もここで執筆された。現在では、国立パリ自然史博物館の分室として公開されている。

研究室の1階にはきのこの絵が展示されている。

手前の小さな机の上で『昆虫記』は執筆された。

ファーブルの晩年

『昆虫記』10巻を刊行した2年後の86歳のときに続巻の刊行を断念、5年後に妻を、7年後に弟を亡くした。そしてその翌年の1915年に91歳の生涯を閉じた。

ファーブルの墓。

最晩年のファーブル。

完訳　ファーブル昆虫記

第10巻　下

第10巻　下　目次

第10巻　上　目次

口絵写真（各頁、各ブロック右上より左下へ）
海野和男　Ⅰ・1／Ⅴ・1～10／Ⅶ・3～4、6～7
Thomas Marent（Minden Pictures／a）　Ⅱ・1
細島雅代　Ⅱ・2～5、7／Ⅲ・1～14
伊地知英信　Ⅱ・6／Ⅳ・5～6／Ⅵ・6～8／Ⅶ・1～2、5／Ⅷ・1～5
Kim Taylor（NaturePL／a）　Ⅳ・1、4
Steve Graser（Visuals Unlimited, Inc.／a）　Ⅳ・2
DUNCAN MCEWAN（NaturePL／a）　Ⅳ・3
Gianpiero Ferrari（FLPA／a）　Ⅵ・1
Andy Sands（NaturePL／a）　Ⅵ・2
大場信義　Ⅵ・3
Stephen Dalton（Minden Pictures／a）　Ⅵ・4
Jose B. Ruiz（NaturePL／a）　Ⅵ・5
（a）は amanaimages

標本提供　笹井剛博・Ⅳ・5～6、大場信義・Ⅵ7～8、藤江隼平・Ⅶ・1
提供者名のない標本は訳者所蔵
訳注中の挿図写真　撮影者名のないものは伊地知英信
5頁地図　ログテック

南フランスと
ファーブル関連地図

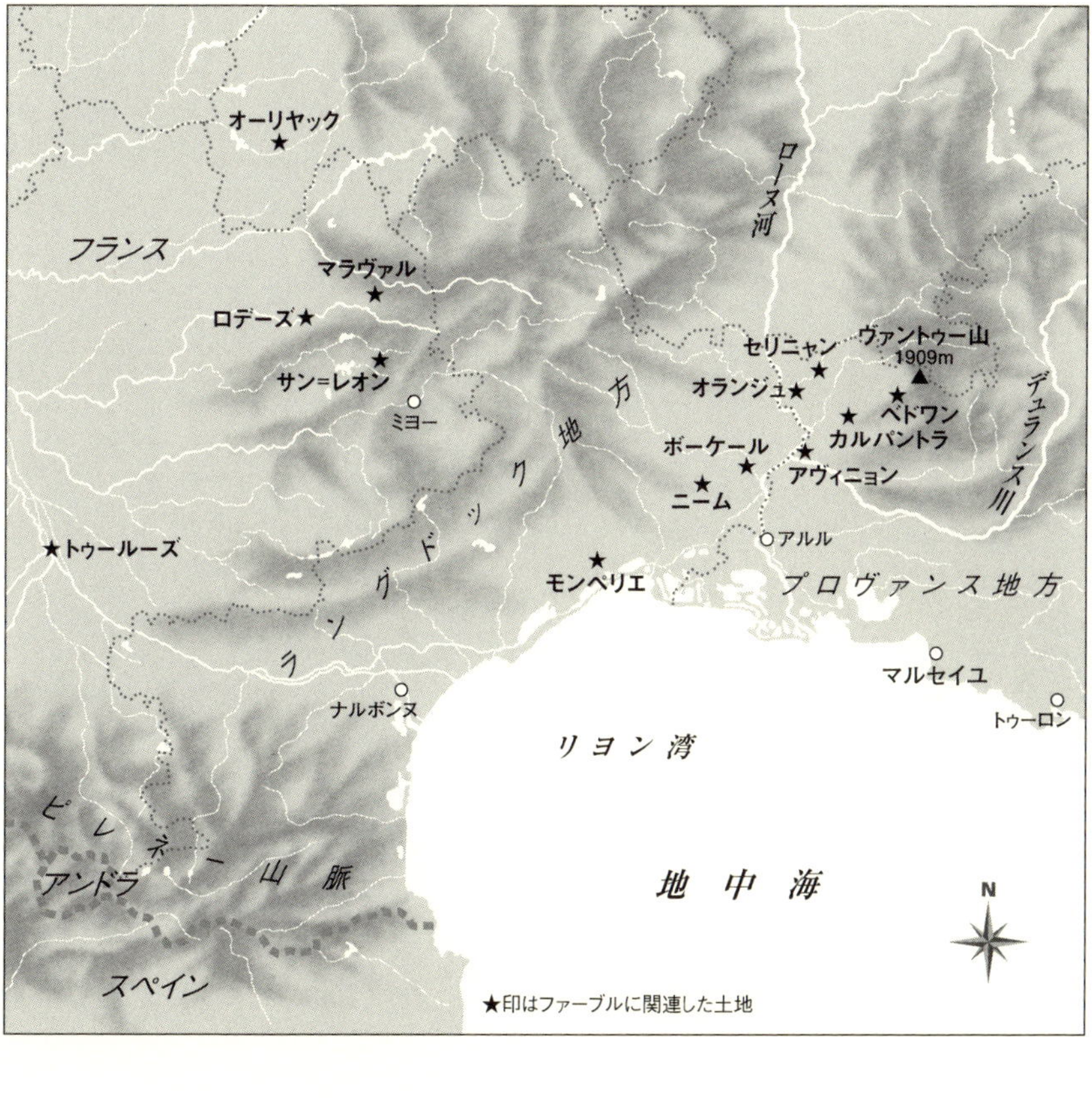

凡例

本書はJ.-H. FABRE, *SOUVENIRS ENTOMOLOGIQUES*（Delagrave, Paris, 1920-1924）『完全版・昆虫記』の全訳である。底本としてこれを用いて、部分的にはSCIENCES NAT版（Paris, 1986）をも参照した。

原書は全十巻であるが、本訳は各巻を上下に分け、全十巻二十分冊とした。訳文は、わかりやすい表記を心がけ、地名・人名・生物名などには、一般の使用度が高い言葉を選んだ。

原書の標本画には不正確なものが多く、かつ数も不充分なので、新たにすべての図版を描き起こした。また原書にある白黒写真を割愛し、最新の生態写真を口絵としてカラーで紹介した。

脚注と訳注

主要な昆虫については、また本文だけでは理解しにくいと思われる言葉・事柄については、脚注・訳注を付した。本文中の言葉に付した数字は、脚注の番号に対応している。本文中に「＊」を付した言葉には、各章末に訳注があることを示している。

脚注・訳注に掲載した図版は、標本や実物、写真などの資料から描き起こした。昆虫などで雌雄に形態の差があるものは、原則として鞘翅目《しょうしもく》（甲虫類）は雄を、膜翅目《まくしもく》（ハチ・アリ類）は雌を描いてある。また、章の主人公ともいうべき昆虫には一頁大の標本図を掲出し、体の部位については訳注に「体制模式図」を掲載して示した。

学名と和名

生物学では、自然分類の「界」「門」「綱」「目《もく》」「科」（族）「属」「種」（亜種）という分類階級にしたがって仲間分け（分類）を行なっている。紹介されている生物が大まかに何の仲間に属するのかがわかるように、おもに目や科から紹介した。

既知の生物には、このような分類に基づき、ラテン語による二名法で世界共通の学名が付けられている。二名法は、属（属名）と種（種小名）の組み合わせによってなりたっている。原書にある学名は読みやすさを考えて本文からはぶき、脚注で表記した。

原書中の学名には、第一巻が発刊されて百数十年を経、生物学上の分類にも変更がみられ、現在では無効になっているものもある。その場合、現在支持されている学名を最初に書き、原書で用いられていた学名を括弧内に「旧」を付して記した。また、学名の記載者名（命名者名）は省略してある。原書にない学名も調べがついたものは補った。脚注に掲載した図のうち、原文から種が特定できないものには、近縁種を学名を付して記した。日本語の名前（標準和名）と学名（新・旧）の対照表は、上下各巻の巻末に掲載する。

和名と漢字名

生物には学名以外に、国や地域によって異なる名前が付けられている。日本語の名前（和名）で、日本全国に通用し、学名に対比される名前を標準和名という。標準和名はカタカナで表記される（例＝サメハダオサムシ）。本書では種を正確に特定したい場合は、標準和名を用いた。また、文中繰り返し出てくる普通名詞としての生物名もカタカナで表記した（例＝オサムシ）。漢字表記によって標準和名への理解が深まると思われるものには、漢字名を付した（例＝サメハダオサムシ・鮫肌歩行虫）。漢字名は必要のないものは省き、また複数ある場合は簡単なものを採用した（例＝コガネムシの場合は黄金虫とし、金亀子は採用せず）。また漢名由来で難読なもの（例＝カミキリの場合は髪切とし、天牛は採用せず）、大和言葉由来のもの（例＝スガリ・縋）はあえて付さなかった。

原書に数多く登場する生物は、日本では見られないものが多く、そのほとんどに標準和名が与えられていない。そこで、上位の分類群の名称や近縁の種につけられた標準和名、そしてラテン語（ギリシア語）でつけられた学名などをもとに、訳者が新たに標準和名（新称）を与えたものがある。

（例）オウシュウヒラタタマオシコガネ　*Gymnopleurus*《ギムノプレウルス》属（タマオシコガネに近縁な仲間）で扁平な体をしており、欧州に分布することから、欧州＋ヒラタ（扁）＋タマオシコガネ（玉押黄金）とした。欧州扁玉押黄金。

（例）サメハダオサムシ　オサムシ属で学名（種小名）の *coriaceus* の「ざらざらした」という意味により、サメハダ（鮫肌）＋オサムシ（歩行虫）とした。

『昆虫記』では、サソリやクモも主人公となり、「虫」という言葉（insecte, bête, animal）が、昆虫類を含む節足動物門はもとより、軟体動物門のナメクジ、脊椎動物門のトカゲまでを指す、幅広い任意分類の言葉として使用されている箇所もある。本文中で特に昆虫綱を指す場合は、昆虫と表記した。

脚注について

生物名についての脚注には原則として、脚注番号、標準和名、漢字名、学名（旧学名）、体長などを記した。学名はイタリック体で表記し、仏名（フランス名）や英名は、必要と思われるものはローマン体で表記した。章や巻によって頻出するものは、内容を省略し、さらに訳注において詳述している場合は、「→訳注」とした。

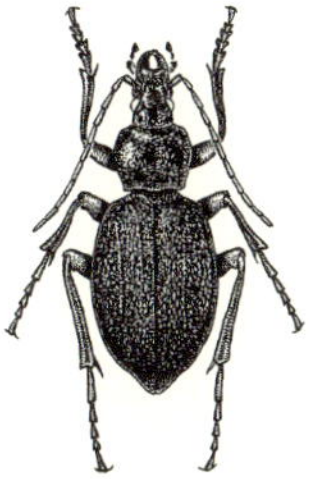

21 **サメハダオサムシ**　鮫肌歩行虫。*Procrustes coriaceus*　体長26〜42㎜　背面が粗いつぶつぶに覆われた大型のオサムシ。肉食性。→訳注。

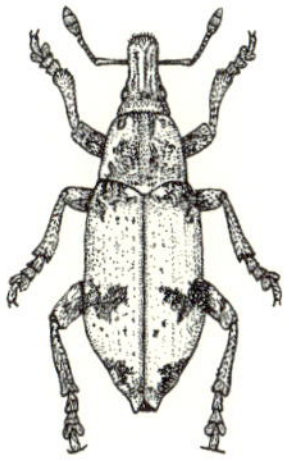

8 **ミスジゾウムシ**　三条象鼻虫。*Chromoderus fasciatus*(旧 *Bothynoderes albidus*)　体長7〜11㎜　体は細長い卵形。灰色の地に黒い破線の横帯がある。

その他

昆虫の数を表わす助数詞はすべて、「匹」を使わずに、昆虫学の慣例にしたがい「頭《とう》」を用いた。

昆虫の体長とは、頭部の先端（吻《ふん》や触角を除く）から、腹部の後端（産卵管や尾毛《びもう》などを除く）までの長さを言い、開張《かいちょう》とは開いた翅《はね》の最大長を表わす。植物や鳥類、哺乳類などの大きさについては、おおよその樹高・草丈・全長・肩高などを示した。

本書には、現在では不適切な表現が使われている箇所があります。作品が発表されたフランスの十九世紀後半～二十世紀初頭は、社会全体としてこうした表現は一般的に使われていました。本書は、当時の社会的事実、歴史的背景に基づき、ファーブルの書いた文章を完全に翻訳することを旨としています。そのために、原意を生かす必要がある場合は、そのまま訳出しました。（編集部）

14

キンイロオサムシ

〝庭師《ジャルディニエール》〟と呼ばれる虫の食物

ガラスの水槽《すいそう》で二十五頭のキンイロオサムシを飼育する――マツノギョウレツケムシの群れを与えると次々に襲いかかった――弱者は強者の食物となる――オサムシは害虫から庭を守る〝庭師《ジャルディニエール》〟と呼ばれている――そこで、さまざまなガ（蛾）の幼虫を与えてみた――すべて食べた――ただし、この虫は木に登れない――高いところにいる虫は駆除できないのだ――ナメクジやミミズにも食らいつく――ハナムグリの成虫には見向きもしない――しかし翅《し》鞘《しょう》と後翅《こうし》をちぎり取ってやると、たちまち食べてしまった――カタツムリも無傷であると襲われることはない――しかし殻《から》を割ってやると食われる――オサムシたちは食事が終わると水を飲んで喉《のど》をうるおし、長い昼寝をする

扉絵　荒地《アルマス》の庭の草陰に潜《ひそ》むキンイロオサムシ

おことわり　本章では、オサムシの捕食の場面がシカゴの食肉工場（屠畜場）のようすと比較するようなかたちで描写されています。ファーブルは、オサムシの捕食行動を屠畜・肉食を引き合いに出し、その捕食の場を「屠畜場」、餌となる虫を「家畜」に例えています。そのうえでオサムシを「殺し屋」、捕食行動を「殺戮」、「虐殺」などと呼ぶことは、現在の人権意識に照らした場合、食肉処理の仕事と、それに従事する人々に対する差別や偏見を助長する恐れがあり配慮に欠けた表現と言わざるをえません。本書では、『昆虫記』原書が発表された二十世紀初頭の、アメリカの歴史的背景にもとづいて書かれたファーブルの原文を尊重し、そのまま訳出しましたが、今なお多くの人がいわれなき差別に苦しめられているという、社会的に決して見逃すことのできない大きな問題が存在していることを胸にとめ、お読みいただきますようお願いいたします。なお、本章で言及される当時のシカゴの食肉工場の事情についての詳細は訳注「シカゴの大食肉工場」をご覧ください（編集部）。

本章の最初の部分を書きながら私が思い浮かべていたのは、アメリカはシカゴ*の大食肉工場の光景であった。そこでは、一年に牛百八万頭、豚百七十五万頭を屠畜《とちく》しているのだ。牛や豚は機械の入口を通ったときには生きていたが、別の口から出てくるときには缶詰とかラードとか腸詰《ソーセージ》とか、腿肉《ももにく》のハムとかに姿を変えているという、恐ろしい食料生産工場である。

私がそんなことを思い浮かべたのは、オサムシ*もまた獲物を殺すことにかけては、これと同様の手際のよさをみせるからだ。
[1]ガラスの水槽《すいそう》の中に、私は*[2]キンイロオサムシを二十五頭飼育している。彼らは今、隠れ場所になるようにと私が入れてやった板切れの下に潜《ひそ》んで、じっと動かないでいる。腹を冷たい砂にあて、背中は陽《ひ》のあたっている木切れにくっつけて温めながら、うとうと、食べた物を消化している。
そのとき、私にとって都合のいいことに偶然、[3]マツノギョウレツケムシの群れが見つかったのだった。連中はマツの木から降りて地中で蛹《さなぎ》になるが、その準備として繭《まゆ》を紡《つむ》ぐために、土の中に潜り込むのにちょうどいい場所を探しているのだ。これはオサムシの屠畜場に送り込むにはまさにぴったりの、家畜の群れだ。

その群れを採集して私は水槽の中に入れてやった。まもなく行列はもとどおりに整う。百五十頭ほどの毛虫の群れは隊列を組み、もくもくと背を波打たせながら進んでいく。連中はシカゴの豚の群れのように一列になって、オサムシの潜む板切れのそばを通りかかる。さあ、今だ。私はただちにオサムシどもを放ってやった。つまり、連中の隠《かく》れ家《が》の板をさっと取《と》り除《の》けたのだ。

1 **ガラスの水槽**　ファーブルが村の鍛冶屋《かじや》と指物師《さしものし》に作らせたガラス張りの飼育装置。容量は約五〇リットルある。第7巻19章でファーブルは、この水槽について「〝ガラスの沼〟という名をつけておこう」と述べている。→本巻17章117頁図。

2 **キンイロオサムシ**　金色歩行虫。→次頁図、解説。→訳注。

3 **マツノギョウレツケムシ**　松行列毛虫。*Thaumetopoea pityocampa*（旧 *Cnethocampa pityocampa*）マツノギョウレツケムシガの幼虫。終齢幼虫《しゅうれいようちゅう》の体長35～40㎜　成虫の開張32～36㎜　鱗翅目《りんしもく》（チョウ・ガ類）シャチホコガ科ギョウレツケムシガ属。→第6巻18～23章。

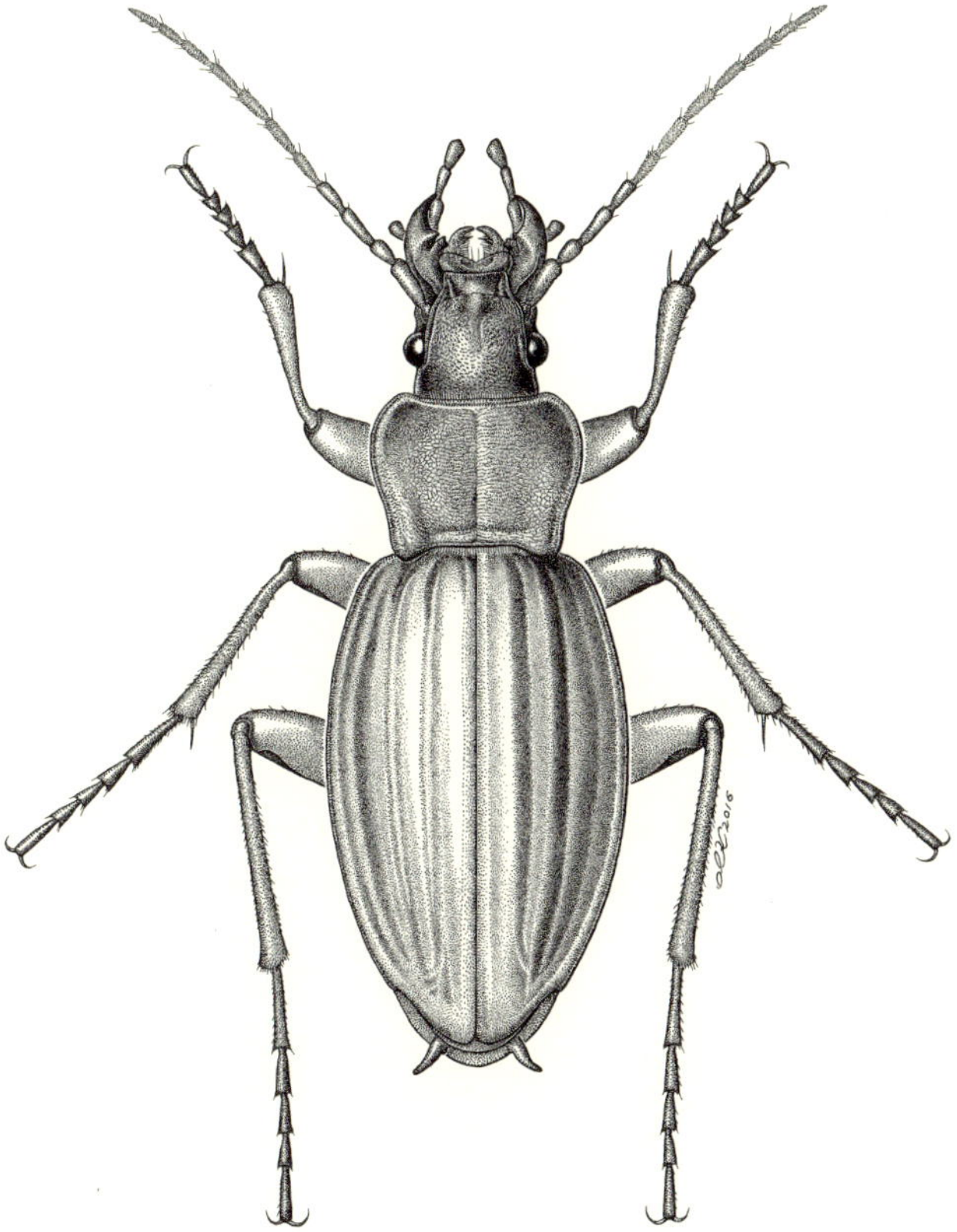

Autocarabus auratus　（図は雌）

キンイロオサムシ　金色歩行虫。旧学名は *Carabus auratus*　体長17～30㎜　鞘翅《しようし》目《もく》（甲虫類）オサムシ科キンイロオサムシ属。ヨーロッパ中西部に分布。学名（種小名《しゆしようめい》）*auratus* には「輝きの」という意味があり、背面の金緑色《きんりよくしよく》の体色に因《ちな》む。肉食性で地面を徘徊《はいかい》して獲物を探す。オサムシの仲間は、後翅《こうし》やそれを動かす筋肉が退化して飛ぶことができない。「オサムシ」という和名は機織《はたお》り機《き》の筬《おさ》に似ているためとも言われるが、体形はむしろ杼《ひ》（シャトル）に似ている。→訳注。

眠っていたオサムシたちは獲物の大群が近くを通っていく匂いを嗅ぎつけるや、たちまち目を覚ました。一頭が駆《か》けつけ、そのあとを三、四頭が追った。毛虫の行列に動揺が生じる。土に潜っていたオサムシたちも外に出てきて、殺し屋の一団が通行中の毛虫の群れに襲いかかっていく。

そのときだった。忘れようにも、とうてい忘れられない光景が繰り広げられた。行列のあちらこちら、前でも後ろでも真ん中のあたりでも、オサムシたちは毛虫の背中といわず腹といわず、手あたり次第に大腮《おおあご》[4]の牙《きば》を突き立てるのだ。

毛むくじゃらの皮膚が食い破られ、食べた松葉のために緑色をした、はらわたの中身がどろどろあたりに流れ出す。毛虫たちは体を痙攣《けいれん》させ、尾端《びたん》をいきなり伸ばしたり丸めたり、肢《あし》でしがみついたり、茶色い液を口から吐いたり、咬《か》みつこうとしたりして戦っている。

まだ傷ついていない毛虫たちは必死になって土を引《ひ》っ掻《か》き、地中に潜ろうとする。しかし、そうやって逃げおおせる者は一頭としていない。彼らがやっと上半身を土に潜らせたかと思うとオサムシが駆けつけ、引きずり出して腹を引き裂いてしまうのだ。

この殺戮《さつりく》が声なき世界で行なわれたのでなかったら、われわれはここでも、シカゴの屠畜場に響きわたる恐ろしい悲鳴を聞いたことであろう。はらわたを食い破られる毛虫たちの悲痛なわめき声を聞くためには、想像力の耳をもたねばなら

4 **大腮** 頭部《とうぶ》にある口器《こうき》のこと。顎《あご》の第一節目にあたり、食性によって一対《つい》の犬歯状《けんしじょう》あるいは鉤状《かぎじょう》になっている。一般的な昆虫の顎は、大腮《おおあご》、小腮《こあご》、下唇《かしん》に分かれる。図はオサムシの頭部を腹面側から見たもの。

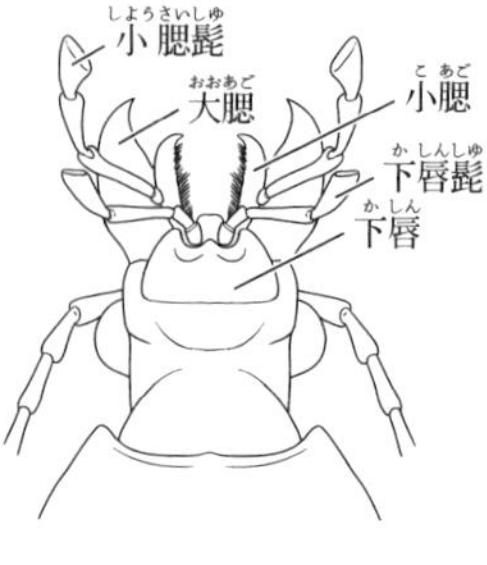

▼マツノギョウレツケムシを襲うキンイロオサムシ。

ない。その耳を私はもっている。だから、こんな悲惨な事態を引き起こしてしまったことが後悔されてならないのだ。

さて、すでに死んだ毛虫と死にかけている毛虫の群れとが折り重なっているなか、いたるところでオサムシたちはてんでに毛虫の体を引っ張り、食いちぎる。肉をひと塊《かたまり》くわえると、自分にもそんな獲物が欲しいと狙っている仲間から離れたところにもっていってがつがつと飲み込むのだ。そしてそのひと切れを食べ終わるや、大あわてで獲物のところに戻ってさらにもうひと切れを食いちぎる。腹を裂かれた獲物が残っているかぎり、延々とそれを続けるのである。

何分か経つと、マツノギョウレツケムシの群れは、ぴくぴく痙攣する肉の細切れと化してしまう。

毛虫は百五十頭いた。殺し屋のオサムシは二十五頭。つまりオサムシ一頭につき六頭の毛虫が犠牲に供されたことになる。オサムシがもし、食肉工場の労働者のように黙々と作業に没頭しつづけるとして、仲間が百頭いたと仮定しよう——これでもシカゴの腿ハムを作る職人の数にくらべたら、ごく控えめの数字ということになるのだが——オサムシが一日十時間労働するならば、犠牲に供される毛虫の総数は三万六千頭ということになる。シカゴの工場が、かつてこれほどの生産性をあげたことは一度もないのだ。

この殺戮の迅速さは、オサムシの攻撃の困難さを考慮すると、さらに驚くべきものであることがわかる。オサムシの場合は、豚の肢を摑《つか》んで宙吊りにし、喉《のど》を掻き切る職人の刃物の前まで差し出してくれるような回転車輪はないし、撲殺係の構えるハンマーの位置まで牛の額《ひたい》をもってくるような可動式の床板の仕掛けもないわけだ。オサムシは自分で獲物の虫に襲いかかって、押さえつけなければならないし、毛虫のもっている鋭い銛《もり》や鉤爪《かぎづめ》から身をかわさなければならない。

そのうえ、オサムシは獲物の腹を割くと、すぐさまそれを食べていくのである。オサムシがもし食べずに殺すだけでよいのであれば、その虐殺はどんなにすさまじいことになるであろう！

シカゴの屠畜場とオサムシの大《だい》饗宴《きょうえん》とはわれわれにいったい何を教えているのか。それは以下のようなことである。高い倫理観をもった人間というのは、今のところかなり稀《まれ》な、例外的な存在でしかない。ほとんどの場合、文明人の皮一枚の下には常に、われわれの祖先、すなわちホラアナグマ[5]と同時代の野蛮人が隠れているのだ。真の人間性などというものは、いまだ存在していない。それは何世紀にもわたる成熟を経て、良心の陶冶《とうや》によって徐々に形成されるもので、もっとも優れたもののほうに向かって、絶望的な、といってもいいような緩慢さで前進しつつあるのだ。

5 **ホラアナグマ**　洞穴熊。*Ursus spelaeus*　体長1.5～2m　食肉目《しょくにくもく》（ネコ類）クマ科ヒグマ属。新生代第四紀更新世後期（二十七万～二万年前）に、ヨーロッパからアジア西部に分布していたクマ。洞穴《ほらあな》で化石が発見されたので、ホラアナグマ（Cave bear《ケイヴ・ベアー》）と名づけられた。

やっと現代[6]にいたって、古代社会の基盤となっていた奴隷制はほとんど廃止された。人間は、肌が黒くともほんとうの意味での一個の人間であって、そのこと自体が尊敬に値するということを認めるようになったのである。

かつて女性はどのような存在であったか。現代でも東洋の諸国においてそうであるように、女性は魂をもたぬ美しい動物なのであった。神学者たちは長いあいだ、この点について議論してきたものである。

十七世紀の偉大な司教ボシュエ[*7]自身も、女性は男性よりも劣った存在だと考えていた。これは、アダムが最初にもっていた余分の骨、つまり十三本目の肋骨《ろっこつ》からイヴが創られたとされたことで証明ずみなのであった。つい最近になってやっと男たちは、女性が自分たち男性と同等の魂をもっており、愛情と献身では男性に優《まさ》ってさえいると認めるようになった。

男たちは女が教育を受けることを許可し、女性はすくなくとも競争相手《ライヴァル》の男性と同じくらい熱心に学問にいそしんでいる。だが、法律[8]という、今日なおさまざまに野蛮な習俗を保持している洞窟の中では、女性は無能力者、未成年者であるとみなされつづけているのだ。しかし、その法律もいつかは、真理の圧力の前に膝《ひざ》を屈することとであろう。

奴隷制の廃止と女子教育、これらが道徳の進歩という道のりにしるされた二歩

6　**現代**　本章を含む『昆虫記』10巻の原書が刊行されたのは一九〇七年、ファーブルが八十四歳のとき。第一次世界大戦の開戦七年まえのことである。

7　**ボシュエ**　BOSSUET, Jacques-Bénigne（一六二七—一七〇四）。フランスの神学者、司教。雄弁の才で知られ、当代随一の説教家として名高かった。→訳注。

8　**法律**　一八〇四年に制定されたフランス民法典《みんぽうてん》（ナポレオン法典）の旧二一三条では「夫は、その妻の保護義務を負い、妻は、その夫に服従義務を負う」と定められていた。

の大いなる歩みなのだ。われわれの子孫はもっと先まで進んでいくであろう。彼らはどんな障害物でも乗り越えうる鋭い洞察力で、ものごとをはっきり見通すであろう。戦争こそはわれわれの過ちのうちもっとも馬鹿げたものであり、戦争をたくらんで諸国民から富を搾り取る征服者なる者たちは、惨禍《さんか》をもたらす憎むべき疫病神だ。銃を撃ち合うよりも、握手を交わすほうがどれくらい好ましいことか。もっとも幸福な民族というのは、もっとも大量に大砲を保有している民族のことではなく、平和に働き、豊富に生産することのできる民族のことなのだ。穏やかに生活を営んでいくためには、きっちりと国境を定めたりする必要なぞない。そうなれば、国境を越えたところに税関吏が待ちかまえていて、ポケットの中を探られたり、鞄《かばん》の中を引っ掻きまわされたりというような嫌な目に遭《あ》うこともなくなる。

われわれの子孫は、いま述べたようなことや、そのほか、いまのところはまだとんでもない夢想としか思えないような、さまざまな素晴らしいことを目にするであろう。

しかし青空のように澄んだ理想に向かって、われわれはいったいどこまで登っていくことができるだろうか。やはり、それほど高いところまではとても登っていけないのではないかという心配がある。われわれはどうやっても消えない欠陥に悩まされている。それは、――われわれの意志ではどうにもならない領域に属する事柄であっても、それを罪と呼ぶことが許されるならば――まさに原罪と呼ぶしかないものなのだ。

われわれはこんなふうに造られており、それをどうともすることができないのだが、それは胃袋という欠陥であって、これこそがわれわれを野獣と化す、根絶しようのない罪の源なのだ。

胃腸が世界を支配しているのである。われわれにとってもっとも重要な諸問題の奥底から、食の問題、すなわち食欲を満たさねばならぬという問題が、絶対に回避できない課題として立ちはだかる。胃袋があって消化が行なわれるかぎり――そしてこれはいつまで経ってもなくなるというようなものではないが――何か食べなくてはならないがゆえに、強者は弱者の悲劇を食い物にして生きていくことであろう。生とは死だけにしか埋めることのできない深淵《しんえん》なのだ。であるからこそ、人間であろうとオサムシであろうと、そのほかの生き物であろうと、互いに食うか食われるかの、際限のない殺戮を行なうのである。また絶え間ない殺戮によって、この大地はひとつの屠畜場と化しているのであって、この屠畜場にくらべたら、シカゴのそれなどまるで問題にもならないと言ってもよい。

腹を満たさねばならぬ者の群れは延々と続いている。それなのに食物のほうは全員の腹を満たすほど豊富ではない。持たざる者は持てる者を羨《うらや》み、飢えた者は飽食した者に牙を剝《む》く。そこで誰がその持てる者になるのかを決める戦いが始まるのだ。そのとき人間ならば軍隊を出動させて収穫物や酒蔵、納屋を守ろうとする。これが戦争である。戦争にはいつか終わりというものがあるのだろうか。悲しいことに答えは否《ノン》だ。何度訊《き》かれようと否《ノン》なのだ！　この世に狼がいるかぎり、羊小屋を守る番犬は必要とされつづけるであろう。

あれからこれへと考えつくままに、われわれはオサムシの話からずいぶん遠くまできてしまった。急いでもとの話題に戻ろう。なんでまた私は、心静かに地中に潜ろうとしていたマツノギョウレツケムシの群れを、その腹を切り裂くオサムシの前に連行して、虐殺させたりしたのであろう。オサムシどものとどまるところを知らぬ虐殺の光景を見るのが目的だったのであろうか。

もちろんちがう。私は常に虫の被《こうむ》る苦痛に同情してきた。もっとも小さな者の命を尊重してきたのだ。その憐憫《れんびん》の情を捨ててでもこんなことをするのは、科学的な研究のためなのだ。そして研究にはときとして残酷さが求められるのである。

私が観察しておきたかったのはキンイロオサムシの習性であった。この虫は害虫から庭を守る小さな番人[9]で、それゆえ俗に〝庭師《ジャルディニエール》〟[10]と呼ばれているのだ。益虫というこの立派な肩書きは、どの程度までこの虫にふさわしいものなのか。

9　**番人**　原語は、農村保安官や田園監視官を意味する garde《ギャルド》 champêtre《シャンペートル》。

10　**庭師**《ジャルディニエール》　オサムシは花壇や畑で害虫を食べるためフランスでは俗に jardinière《ジャルディニエール》「庭師」と呼ばれている。

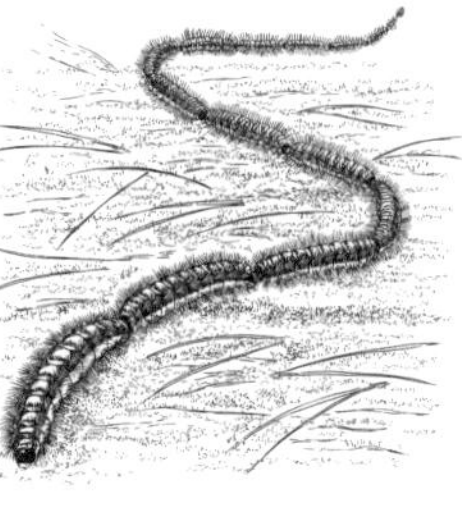

▼一列になって移動するマツノギョウレツケムシの群れ。

オサムシはどんな獲物を狩っているのか。庭の花壇からどういう害虫を追放してくれるのか。とりあえず初めに試してみたマツノギョウレツケムシの殺しぶりを見ると、おおいに期待できそうだ。この方向で続けてみることにしよう。

　四月の終わり頃、[11]荒地《アルマス》の庭で私は毛虫たちの行列に何べんも出会ったが、群れの毛虫たちの数はときには多く、ときにはそれほどでもなかった。私は毛虫たちを採集し、ガラスの飼育装置に入れてやった。すると、獲物を与えられたとたん、饗宴が始まるのであった。毛虫は腹を食い破られる。毛虫一頭にオサムシ一頭が襲いかかることもあれば、同時に何頭もが群がることもある。

　十五分も経たぬうちに、毛虫たちは完全に皆殺しにされてしまう。あれだけの毛虫の群れのうち、現場に残っているのは、あちらこちらと散らばった、形を成さない体の細切れだけであるが、その細切れもオサムシの板葺《いたぶ》きの隠れ家に運ばれて食い尽くされてしまう。戦利品の塊を口いっぱいにくわえた奴は、ほかの連中に邪魔されないでゆっくり食おうと、急いでその場を立ち去るのである。仲間のオサムシたちがこれに出くわすと、退却してゆくこの虫の牙の下にぶらさがっている獲物が欲しくなって、たちまち大胆な追《お》い剝《は》ぎに早変わりする。

　そういう奴らは二頭、三頭がかりで本来の持ち主から獲物を巻き上げようとするのだ。それぞれが獲物の切れ端に食らいつき、ぐいぐい引っ張ってむさぼり食

11　**荒地《アルマス》**　セリニャンの村はずれにあるファーブルの研究所兼住居のこと。アルマスとはプロヴァンス語で「荒れ地」という意味。→第2巻1章。→第7巻23章296頁脚注図。→同章訳注。

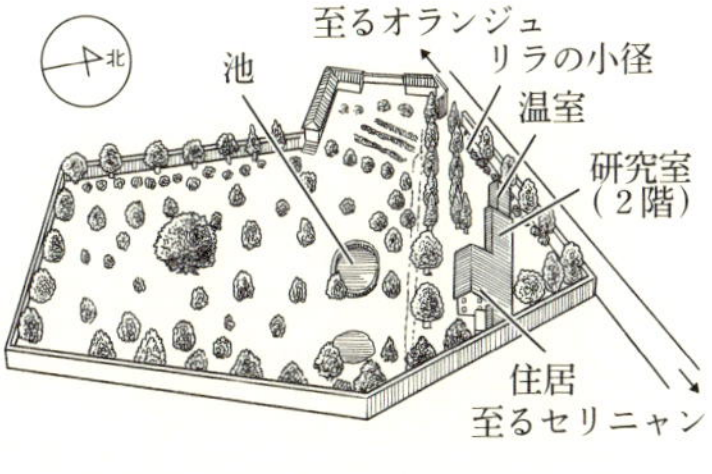

う。だが激しい争いにはならない。いや、実際のところ争いなどないのである。犬どもが一本の骨を奪い合うときのような揉《も》み合《あ》いの大喧嘩《おおげんか》にはならなくて、せいぜい、無理やりちぎって攫《さら》っていこうとやってみるくらいのものだ。

それでも持ち主が頑張って、どうしても獲物を放そうとしなければ、追い剝ぎどもも大腮を並べて持ち主と一緒におとなしく食べつづける。そして肉の塊がちぎれると、それぞれが自分の分をくわえてそそくさと退却することになる。

マツノギョウレツケムシの体には痒《かゆ》みを引き起こす刺毛《しもう》が生えていて、昔この虫を研究した際、私は皮膚がかなり酷[12]くかぶれて痛痒い思いをしたものだ。だからこの毛虫はぴりぴりと香辛料のきいた食物であるにちがいない。ところが、キンイロオサムシはこの毛虫が大好物なのだ。この毛虫を与えると、与えただけ全部食べ尽くしてしまう。それぐらいこの獲物のことがオサムシは大好きなわけだが、私の知るかぎり、マツノギョウレツケムシの絹の天幕《テント》のような巣の中で、キンイロオサムシやその幼虫を見つけた人は誰もいない。そして私自身も、いつの日にか天幕《テント》の中に入り込んでいるオサムシを見つけることができるだろうという期待はまったく抱いていない。もちろん天幕《テント》の中が毛虫たちでいっぱいになるのは冬のことだけであるし、そのころ、オサムシたちは食べることにはまったく関心がなく、地下に閉《と》じ籠《こ》もって深い眠りに陥っているからである。

12 **酷くかぶれて** 第6巻23章でファーブルは、マツノギョウレツケムシの脱皮殻《だっぴがら》から硫酸エーテルで抽出した液体を吸取紙に染み込ませ、自らの前腕の内側に包帯で縛りつける実験をしている。その結果「まいりました、よくわかりました……二度とこんな試験はやりたくない」と感想を述べている。

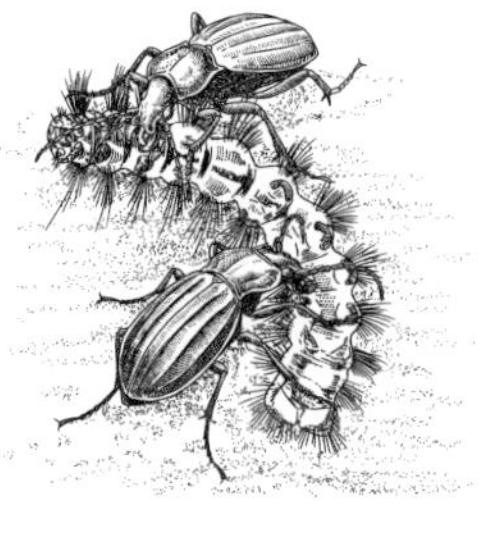

▼一頭のマツノギョウレツケムシを奪い合う二頭のキンイロオサムシ。

けれども四月になって、毛虫たちが地中に潜って蛹化《ようか》しようと、都合のよい場所を探しに行進を始めるとき、オサムシが運良く毛虫たちに出会うことがあれば、連中はこの思いがけない授かり物を存分に堪能することであろう。

この獲物の刺毛もオサムシを辟易《へきえき》させることはない。とはいえ、毛虫のなかでもいちばんの毛むくじゃらのヒトリガ[13]の幼虫、通称〝ハリネズミケムシ〟となると、これには黒と赤茶、半々のものからなるひどく長い刺毛があるので、さすが貪欲なオサムシたちも手を出しかねるようである。それで、水槽の中で何日間も、この毛虫は獰猛《どうもう》なオサムシたちと一緒になってうろうろ歩きまわっている。どうやらオサムシたちはこの毛虫が何者であるのか知らないようである。

ときおりオサムシたちのなかの一頭が立ち止まると、毛深いこの虫の体のまわりを調べてみて、あの剛毛をかきわけて中を探ろうとする。しかしびっしり密に生えた長い刺毛の手強さにたちまち降参してしまって、中身に咬みつくこともなく引きさがってしまう。毛虫は無傷で、もくもく背を波打たせながら悠々とオサムシの存在など無視しつづける。

しかしこんなことがいつまでも続くものではない。空腹に迫られると、おっかなびっくりだったオサムシも仲間の数を頼みに、果然攻撃に出る。オサムシは四

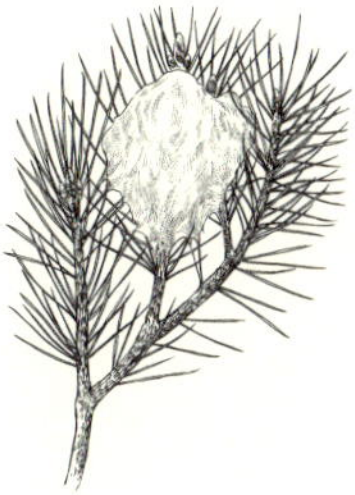

▼マツノギョウレツケムシが糸を吐いて松の枝に造った天幕《テント》。

13　**ヒトリガ**　灯取蛾。*Arctia caja*（旧 *Chelonia caja*）　幼虫の体長48～60㎜　成虫の開張26～37㎜　鱗翅目（チョウ・ガ類）ヒトリガ科ヒトリガ属。長い毛に覆《おお》われているためハリネズミケムシ（原語は la hérissonne《ラ・エリソンヌ》 で le hérisson《ル・エリソン》 がハリネズミという意味）、日本ではクマケムシとも呼ばれる。

頭だ。ハリネズミケムシを取り巻いてせかせか動きまわっている。毛虫は前方からも後方からも執拗《しつよう》に攻められて、とうとうやられてしまう。腹を食い破られ、無防備なイモムシと同じようにむしゃむしゃむさぼり食われてしまうのだ。

　私は採集したものを手あたり次第、イモムシも毛虫も、ガラスの飼育装置に放り込んでやった。オサムシたちはどれもこれも大歓迎で受け取った。ただしそれには獲物が、攻撃するオサムシの体の大きさと釣り合いのとれたちょうどいいもの、という条件がついていた。あまりに小さすぎると、こんなもの腹の足しにならない、とばかり無視されてしまうし、あまりに大きすぎると、オサムシの手に負えない。

　たとえばユーフォルビアスズメ[14]やオオクジャクヤママユ[15]の幼虫がオサムシの気に入ったとしよう。しかし、ひと口咬みつかれると、食いつかれたほうのイモムシはあの強力な尻尾《しっぽ》をくねらせて、咬みついたオサムシをぶんと、遠くへ投げ飛ばしてしまう。何回か咬みついてはみるものの、毎回遠くまで放り出されると、オサムシは、残念だが手に負えない、といったようすで攻撃をあきらめる。獲物の力が強すぎるのだ。私は二週間ばかりのあいだ、兇暴なオサムシの前にこの二種の強力な幼虫を置きっぱなしにしておいたのだが、イモムシたちになんら不幸なことは起きなかった。突然くりだされる尻尾の一撃のおかげで、残忍な大腮をもったオサムシたちも彼らには一目置かざるをえなかったのである。

14 **ユーフォルビアスズメ** ユーフォルビア雀蛾。*Hyles euphorbiae*（旧 *Celerio euphorbiae*）終齢幼虫の体長45〜55㎜ 成虫の開張40〜60㎜ 鱗翅目（チョウ・ガ類）スズメガ科ヒレス属。

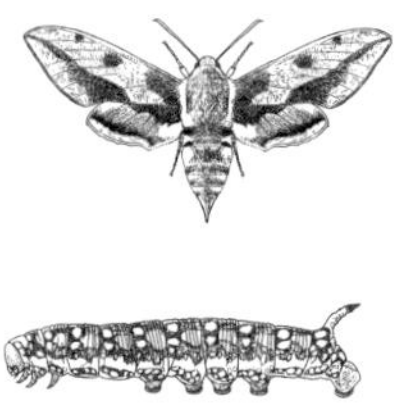

15 **オオクジャクヤママユ** 大孔雀山繭。*Saturnia pyri* 終齢幼虫の体長10〜11㎝ 成虫の開張13〜15㎝ 鱗翅目（チョウ・ガ類）ヤママユガ科サテュルニア属。ヨーロッパ最大のガ。夜行性。→第7巻23章。

それほど力の強くない相手なら、どんなイモムシ毛虫であろうとも皆殺しにしてしまうこと——キンイロオサムシの第一の長所はこれである。しかしあるひとつの欠点のためにこの長所が生かせないでいる。それはこの虫が木に登れない、ということである。オサムシは地上で狩りをするのであって、梢《こずえ》のほうに茂った木の葉のあいだではやらないのだ。私は、この虫がどんな小さな灌木《かんぼく》であろうと、枝のあいだで獲物を探している姿は一度も見たことがない。水槽の中でも、いかに旨《うま》そうな獲物であっても、その中に植えたタイムの茂みの上、一アンパン[16]ばかりの高さのところに止まっていれば、オサムシはもうまったく関心をはらわない。

これは非常に残念なことである。もしこの虫が何かによじ登ることが上手で、地面よりも高い場所に遠征ができたなら、三、四頭ほどの一群で、どれほどすみやかに、たとえば、あの困り者のオオモンシロチョウ[17]のアオムシをキャベツ畑から駆除することができるであろうか。もっとも優れたものにもどこかに欠陥はあるものだ。

オサムシのもうひとつの長所は、これがナメクジを退治してくれる、という点にある。オサムシはどんなナメクジでも食べてくれる。いちばん大型で、褐色の斑点《はんてん》のついたマダラコウラナメクジ[18]でさえ例外ではない。殺し屋のオサムシが三、

16　**アンパン**　原語は empan《アンパン》 十七世紀以来プロヴァンス地方を中心に使われていた長さの単位。二〇〜二二・五センチ。

17　**オオモンシロチョウ**　大紋白蝶。*Pieris brassicae*　幼虫の体長32〜42㎜　成虫の開張29〜34㎜　鱗翅目（チョウ・ガ類）シロチョウ科シロチョウ属。種《しゅ》小名《しょうめい》 *brassicae*《ブラシカエ》 は、「キャベツの」という意味。→本巻24章。

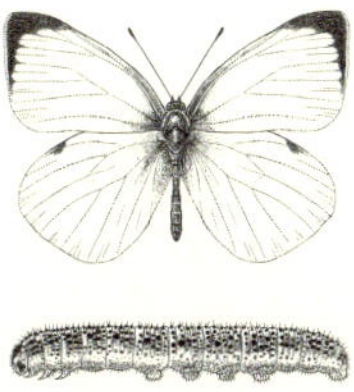

18　**マダラコウラナメクジ**　斑甲羅蛞蝓　*Limax maximus*　体長10〜20㎝　腹足綱《ふくそくこう》有肺亜綱《ゆうはいあこう》柄眼目《へいがんもく》コウラナメクジ科リマックス属。同種でもさまざまな体色をしたものがいる。

四頭で攻撃すると、このでっぷり肥《ふと》った虫もたちまちのうちに見るも無惨なありさまになってしまう。

オサムシが好んで攻撃するのはコウラナメクジの背中側で、この部分には体内に甲羅《こうら》というか殻《から》がひとつあり、それがいわば螺鈿《らでん》製《せい》の楯《たて》のようになって心臓と肺を覆《おお》うように保護している。そこには甲羅の成分であるカルシウムがほかの部分よりずっと多く含まれているのだ。オサムシはこの鉱物質《ミネラル》の味が好きなようだ。同様に、[19]カタツムリを獲物にした場合でも、オサムシが何より好んで口をつけるのは、石灰岩《せっかいがん》のような白い斑点のある[20]外套膜《がいとうまく》の部分だ。夜間、レタスを食べにくるコウラナメクジなら、捕まえるのも簡単であるし、味も悪くないので、しょっちゅうこの獲物を食べているはずである。イモムシ毛虫とともにナメクジは、おそらくオサムシのいつもの食物なのであろう。

このふたつのほかに、雨が降ると地上に出てくる[21]ミミズを、食物の目録《リスト》に加えておかなければならない。最大級のミミズでもオサムシはひるまない。私は長さ二アンパンもある小指ぐらいの太さのミミズをオサムシに与えてみた。

この巨大な環形動物《かんけいどうぶつ》を見つけると、オサムシはすぐさま攻撃を開始した。六頭のオサムシが同時に駆けつけてきたのである。身を守るために完全に守勢にまわったミミズのほうは、体をくねらせ、前進、後退を繰り返し、身を捩《よじ》り、とぐろ

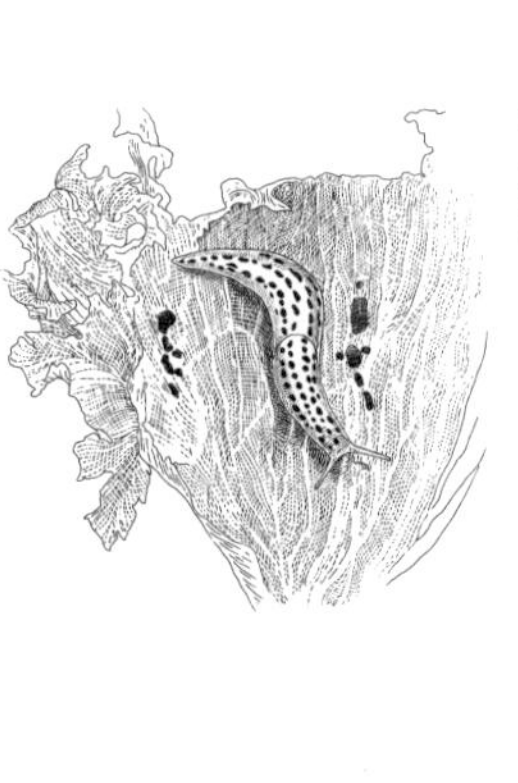

▼レタスを食べるマダラコウラナメクジ。

19 **カタツムリ**　蝸牛。有肺目《ゆうはいもく》柄眼亜目《へいがんあもく》 Stylommatophora の仲間。雌雄同体《しゆうどうたい》で肺をもつ陸生巻き貝。世界に約二万種が知られる。

20 **外套膜**　カタツムリやナメクジの体（軟体部《なんたいぶ》）を覆う薄い筋肉の膜。ここから粘液を分泌《ぶんぴつ》して、殻《から》や甲羅《こうら》を形成したり、カタツムリの場合は、休眠時に殻の入口に薄い膜（epiphragm《エピフラム》）を張ったりする。

21 **ミミズ**　蚯蚓。環形動物門《かんけいどうぶつもん》貧毛綱《ひんもうこう》 Oligochaeta の仲間。

を巻き、ばたんばたんとのたうつばかりである。オサムシにとってはまさに大蛇のようなミミズは、自分の腹を食いちぎろうと執拗に襲いかかる連中を、上に下にと引きずりまわすけれど、オサムシたちは咬みついた口をどうあっても放すものかと、上になり下になりしながら奮戦を続けるのだ。獲物は絶えず転がりつづけ、砂の中に潜ってはまた姿を現わすのだが、どんなにやってみてもオサムシどもの気力をくじくことはできない。これほどのくんずほぐれつの戦いは、ちょっとほかではみられないであろう。

最初に咬みついたところをオサムシたちは放さない。がっちりくわえたまま、絶望的にもがいているミミズのするがままにさせている。するととうとう、硬い革のようなミミズの皮膚も破れて噛《か》みちぎられてしまう。血まみれのはらわたがどろりと流れ出て、貪婪《どんらん》なオサムシたちはそこに頭を突っ込んでいる。ほかのオサムシたちも獲物の分け前にありつこうと駆けつけてくる。そうしてさしも巨大なミミズも、またたく間に、見るもおぞましい細切れと化してしまうのである。

私はこの狂乱の宴《うたげ》を中止した。いくら食い意地の張ったオサムシでもこれでは食べすぎで、しばらくのあいだは、私がこれからやろうと計画している実験を拒むようになるのではないかと恐れたのだ。御馳走《ごちそう》に夢中になった連中の勢いは、もし私が中止させなかったら、この巨大なミミズの[22]腸詰《アンドゥイエット》を残らず平らげたこ

世界に約三千種が知られる。円《えん》筒状《とうじょう》の体節が連なった体をもつ。多くのものが雌雄同体。目が無いという意味の「目不見《めみず》」が語源とされる。

22 **腸詰《アンドゥイエット》**　豚の腸や胃の細切れを材料にした腸詰《ちょうづめ》。特有の匂いがあるため好みが分かれる。ファーブルの好物であった。原語は andouillette《アンドゥイエット》。

とだろうと思わせるに充分だったのだ。

そのかわりに私はふつうの大きさのミミズを与えてみた。ミミズは体のあちこちに咬みつかれ、引っ張られ、体節ごとにばらばらにされてしまう。オサムシたちはそれぞれ、自分の取り分の体節を引きちぎっては、仲間から離れた場所に運んでいってそれを食べるのである。獲物がまだばらばらの細切れになっていなければ、同じ食卓についた連中は仲間同士とてもおとなしくしていて、そのときには額を寄せ合って、またときには、ミミズの同じ傷口に大腮を突っ込んで仲良く食べている。けれども、自分だけの肉の切れ端が手に入ると、大急ぎで群れから立ち去り、貪欲な仲間に妬まれることのない離れた場所まで運んでいくのである。肉がひとつの塊であるあいだは、みなのものであり、取り合って喧嘩をしたり文句を言い合ったりすることはない。しかし引きちぎられた肉の細切れは、それぞれのオサムシの所有物であり、略奪してやろうと狙っている者どもの目から素早く隠さなければならないのだ。

では私が手に入れることのできる範囲で、食物をいろいろと変えてみてやろう。オウシュウツヤハナムグリ[23]の成虫数頭を二週間ほど、オサムシと一緒にしておいた。ハナムグリたちに暴行を働く者はなく、せいぜい通りすがりにちら、と見る程度である。こんな獲物なんか気に入らないから相手にもしないのだろうか。そ

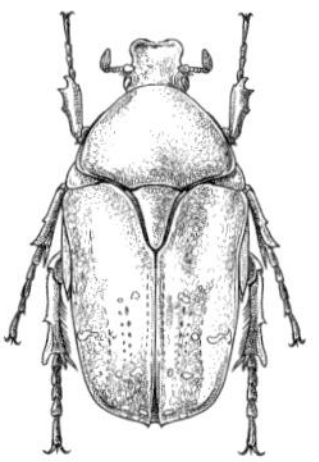

23　**オウシュウツヤハナムグリ**
欧州艶花潜。*Protaetia cuprea*（旧 *Cetonia metallica*）　体長14～22㎜　鞘翅目《しょうしもく》（甲虫類）コガネムシ科ツヤハナムグリ属。
→第8巻1章。

れとも攻撃のしようがないのだろうか。少し待ってみよう。今にわかるだろう。
次に私はオウシュウツヤハナムグリの翅鞘《ししょう》[24]とその下の後翅《こうし》をちぎり取ってみた。すると、ハナムグリが傷ついたぞ、という情報がオサムシたちのあいだに伝わった。連中はハナムグリのもとに駆けつけ、剝き出しの腹部《ふくぶ》に激しく咬みつきはじめた。そして、あっという間にハナムグリは体がすっかり空《から》っぽになるまで食われてしまったのだ。ということは、オサムシたちにとってハナムグリは美味《おい》しいのだ。この肉食の虫たちが最初のうち遠慮していたのは、翅鞘がぴったり鎧《よろい》のように合わさってハナムグリの体を守っていたからなのである。

丸っこく肥った甲虫のハナヂハムシ[25]を与えた場合も、結果は同じであった。そのままの状態だと、オサムシはこの甲虫のことなど見向きもしない。水槽の中を歩きまわっているオサムシは、この虫にしょっちゅう出くわすわけだが、そしらぬ顔をしていて、ぴったり蓋《ふた》を閉ざしたこの食物庫をこじ開けようとはしない。だが、翅鞘を取り去ってやると、ハムシが口から出す橙黄色《とうおうしょく》の嫌な粘液をものともせず、さも旨そうに平らげてしまう。

いっぽうでハナヂハムシの肥った幼虫は肌がすべすべして剝き出しであるために、オサムシにとっては御馳走である。この幼虫の皮膚はまるで金属のような暗い青銅色《ブロンズいろ》をしているのだが、そんなことなどオサムシは気にもとめない。大好物のこの幼虫を見つけると、たちまちかぶりつき、腹を裂き、むさぼり食ってしま

24 **翅鞘**　甲虫（鞘翅目）の前《ぜん》翅《し》（鞘翅）のことで、飛ぶための目的から、身を守る目的のために硬く変化している。

25 **ハナヂハムシ**　鼻血葉虫。*Timarcha tenebricosa*　体長11～18㎜　鞘翅目ハムシ科ティマルカ属。赤い体液を吐くため「鼻血」の和名がある。属名はアテネの政治家で肥満していたティマルコスの姿に由来する。

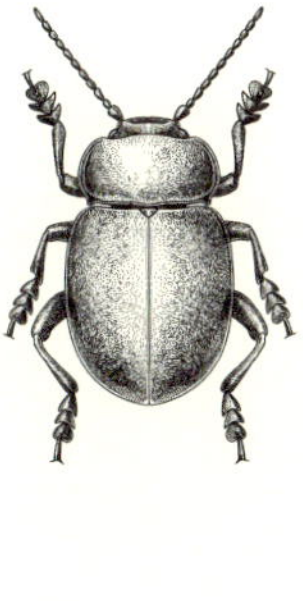

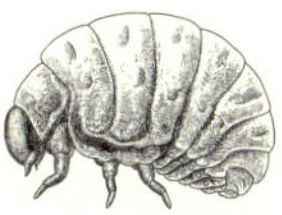

▼ハナヂハムシの幼虫。

う。この青銅製の丸薬のような幼虫は、オサムシにとってとびきり上等の料理であり、私が差し入れてやればやっただけ、全部食べ尽くしてしまう。

頑丈に組み合わされた翅鞘によって屋根のように背中を覆われたハナムグリやハナヂハムシにオサムシは手が出せない。鎧をこじ開けて柔らかい腹部に咬みつくことができないのである。しかし、その反対にこの箱の蓋がそれほどぴったりと閉ざされていない場合には、この肉食の虫は非常に巧みに獲物の防御の翅鞘をこじ開けて目的を遂げることができる。何度か試しているうちにオサムシは、[26]コフキコガネや[27]カシミヤマカミキリそのほか、数々の甲虫の翅鞘を上に持ち上げ、人が牡蠣《かき》の殻を剝いて身を食べるように、汁気の多い腹の部分の美味しい肉をすっかり食い尽くしてしまう。翅鞘をこじ開けることさえできれば、どんな甲虫でもオサムシは獲物として受け入れるのである。

前の日に羽化《うか》したオオクジャクヤママユを一頭、与えてみたことがある。オサムシは、この豪華な獲物にやみくもに跳びかかっていったりはしない。警戒しながら用心深く、ときおり近寄ってみてはガ（蛾）の腹に咬みつこうとする。けれどもオサムシの大腮がちょっとでも触れると、ガのほうは興奮して大きな翅《はね》で地面をばさばさ叩《たた》き、襲いかかったオサムシをひとはたきで遠くに跳ね飛ばしてし

26 **コフキコガネ** 粉吹黄金。鞘翅目（甲虫類）コガネムシ科コフキコガネ属 *Melolontha* の仲間。→第10巻9章訳注「農地に大被害をもたらす」。▼オウシュウコフキコガネ（欧州粉吹黄金）*Melolontha melolontha* 体長20～30㎜

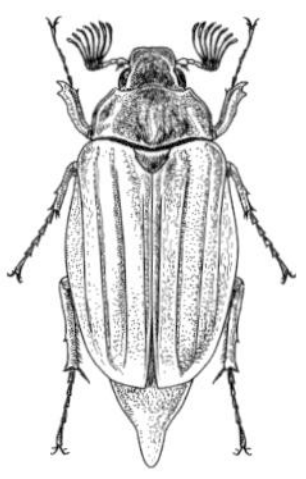

27 **カシミヤマカミキリ** 樫深山髪切。*Cerambyx cerdo* 体長24～53㎜ 鞘翅目（甲虫類）カミキリムシ科ケラムビクス属。→第4巻17章。

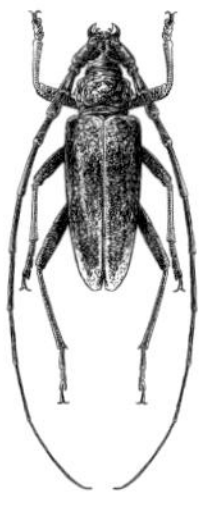

まう。そしてそのまま、翅をはばたきつづけて暴れているのだ。こんな獲物が相手では、とても手出しができない。

だから私はこの大きなガの翅を切り落としてやった。すると、すぐさまオサムシたちが寄ってきた。連中は七頭がかりで、翅のないガの腹をくわえて引っ張り、咬みついた。体毛が綿埃《わたぼこり》のように舞い飛び、ガの皮膚が裂ける。すると七頭のオサムシたちは夢中になって獲物を奪い合い、腹の中に頭を突っ込む。まるで狼の群れが一頭の馬をむさぼり食っているようだ。みるみるうちにオオクジャクヤママユの体は空っぽにされてしまった。

ヒメリンゴマイマイ[28]も、そのままだとオサムシにはあまり喜ばれない。私はオサムシたちを二日間、何も食わせずに殺気だたせておいてから、群れの中にこのカタツムリを二頭入れてやった。カタツムリたちは殻の中に閉じ籠もっており、その殻の口を上にして、水槽の砂の中に埋め込まれた状態にしてやったのだ。

オサムシたちは一頭、また一頭と、かわるがわるカタツムリのところにやってきては立ち止まり、連中が吐いた泡を味見してみる。そして「うへーこれは不味《まず》い」、とでも判断したのか、そのまま何もせずにさっさと立ち去ってしまう。カタツムリはちょっと咬みつかれたりすると、肺嚢《はいのう》の中に残った空気を少し吐き出して泡を吹くのである。このねばねばした泡がカタツムリの身を守っている。カ

▼オオクジャクヤママユと対峙《たいじ》するキンイロオサムシ。

28　**ヒメリンゴマイマイ**　姫林檎舞舞。*Helix aspersa*　殻高《かくこう》40〜45㎜　リンゴマイマイ科リンゴマイマイ属。フランスではプチ・グリと呼ばれ食用にされる。

タツムリに出会って、ほんのわずかでもそれを舐《な》めると、オサムシはそれ以上何も手出しをせずに退散することになる。

この泡の覆いは非常に効果があるわけだ。私は二頭のカタツムリを朝から晩まで一日中、飢えたオサムシたちの前にほったらかしにしておいたのだが、結局、何ごとも起きなかった。翌日、私はカタツムリたちが前の日と同様元気そうにしているのを見たのだった。

オサムシたちの嫌うこの泡を出させないようにしようと思って、私はこの二頭の軟体動物《なんたいどうぶつ》の肺嚢のあたりの殻を、人の爪《つめ》ぐらいの大きさだけ欠き取って肉を露出させてみた。するとどうであろう。オサムシたちはすぐさまカタツムリに襲いかかり、しつこく攻撃しつづけるのだ。

五頭、六頭のオサムシたちが殻の割れ目の周囲に群がって、泡にまみれていない剝き出しの肉に食らいついている。この隙間《すきま》がもっと大きければ、食べ手のオサムシたちの数はさらに増えていたことであろう。というのも、先客のあいだに割り込もうとやっきになっている連中がいるからである。そのために殻に開けられた穴の上にはオサムシたちが束《たば》になって押し合いへし合いしており、いちばん中心部にいる者たちがカタツムリの肉に咬みついて食いちぎる。ほかの者たちは傍《かたわ》らでそれを見ているか、あるいは、近くの仲間がくわえている肉のかけらを横から掠《かす》めとったりするのである。午後いっぱいかかってカタツムリは殻の底まで食べ尽くされ、中身はほとんど空っぽにされてしまった。

翌日、オサムシたちがカタツムリ殺しに夢中になっている、まさにそのとき、私は獲物を取り上げ、そのかわりに、別の無傷のカタツムリを、そのまま殻の口を上側に向けて、なかば砂の中に埋めてみたのである。カタツムリにぽとりぽとりと少しばかり水をやると、元気になって殻から身を乗り出し、白鳥が首を伸ばすように伸び上がって眼柄《がんぺい》[29]をにゅうと伸ばした。

それはまるで、この恐ろしい肉食獣どもが大騒ぎしている様《さま》を平然と眺めているかのようである。今にもオサムシたちに腹を抉《えぐ》られるという危険が迫っているのに、柔らかい無防備な肌をすっかり晒《さら》している。これこそ、どうぞ食べてくれと言わんばかりの絶好の獲物である。食べかけの肉を取り上げられた、大食らいのオサムシたちが、中断された食事を続行しようと今にも襲いかかりそうだ。ところが、これはいったいどうしたことか――。

この素晴らしい獲物が体の大半を自分の殻の要塞から乗り出してゆっくりとくねらせているのに、オサムシたちのどれも、このカタツムリに注意をはらわないのである。たしかに、腹を空《す》かせたオサムシのなかでも大胆なのが一頭でもやってきてカタツムリに大腮の牙を突き立てようとすれば、カタツムリは身を縮めて

29　**眼柄**　カタツムリやナメクジの頭部から突き出した、眼の柄《え》の部分。大触角《だいしょっかく》ともいう。

殻の中に引っ込み泡を吹く。それだけで、攻撃するオサムシの戦意を喪失させるには充分だ。その日の午後いっぱい、そしてその夜ひと晩中、カタツムリはそうやって二十五頭のオサムシたちの目の前で過ごしていたけれど、このカタツムリの身に重大なことは何も起こらなかった。

こうした実験を何度も繰り返してみてわかったことは、オサムシは、カタツムリが無傷であるかぎり攻撃しないということだ。ひと雨降ったあとで、カタツムリが上半身を殻の外にさらけ出して濡《ぬ》れた草地の上を這《は》っているときですら、オサムシがこれを攻撃することはないのである。オサムシには、殻に穴が開いていて、そこから泡の吹けない箇所に咬みつくことのできるような、傷物のカタツムリが必要なのである。

こういう条件があるなら、〝庭師《ジャルディニエール》〟と渾名《あだな》されるこの虫も、害虫としてのカタツムリを駆除するのにたいして役立つものではない。菜園を荒らすカタツムリは、何かの事故に遭って殻がどこか破損していたりすれば、オサムシに襲われるようなことがなくとも、遅かれ早かれ死ぬことになるであろう。

ときどき食事に変化をつけるために私は、肉屋で買ってきた肉をひと切れ連中に投げ与えている。オサムシたちは喜んで集まってきて、そこに腰を据《す》え、細か

▼無傷のカタツムリには無関心なキンイロオサムシ。

く食いちぎって食べてしまう。そもそもこういう獣《けもの》の肉というものは、農家の人の鋤《すき》の先で腹を引き裂かれたモグラの肉などを除いて、オサムシ一族のかつて食したことのないものだろうと思われるのに、彼らはイモムシや毛虫と同じくらい旨そうに食べるのである。

　魚の肉以外であれば、オサムシはどんな肉でもかまわないのである。ある日の献立《メニュー》はイワシであった。大食らいの連中はさっそく駆けつけてきたが、ほんのひと口ふた口齧《かじ》ってみただけで、それ以上食べようとはせずに引きさがってしまった。イワシは彼らにとってあまりに新奇[30]なものだったのだ。

　忘れずに言っておかなければならないが、ガラスの飼育装置の中には水飲み場、つまり水を満たした小さな容器が設置してある。オサムシたちは食事が終わると、しょっちゅうここに水を飲みにやってくるのである。体温の上がるようなものを食べたあとは喉が渇くし、カタツムリを切ったりちぎったりすると粘液のために口が粘りつくので、オサムシたちはこの水飲み場で喉をうるおし、口をすすぎ、砂が粘りついて靴を履いたように重くなった肢の先を洗い流すのである。そうやって体を洗い清めてしまうと、彼らは板切れの下の隠れ家に戻り、そこで静かに、長い昼寝をするのだ。

30　**新奇なもの**　オサムシにとって、海産のイワシは塩気があるため食べなかったのではないかと考えられる。

▼水を飲むキンイロオサムシ。

14章　キンイロオサムシ　訳注

11頁　シカゴの大食肉工場　二十世紀初頭、当時アメリカ第二の大都市であったシカゴには、その巨大さで世界的に知られた食肉工場があった。その工場のようすは、アメリカの作家アプトン・シンクレア Upton SINCLAIR（一八七八―一九六八）のルポルタージュふうの小説『ジャングル』*The Jungle*（一九〇六）に詳しく描かれている。これは、著者自身がシカゴの食肉工場に一労働者として勤務し、取材したもので、一九〇五年に社会主義新聞「理性への訴え」*Appeal to Reason* に連載された。ファーブルがこれを読んだかどうか、さだかではないが、渡米経験のない彼が当時の「常識」として、シカゴの工場のありさまについて、本や新聞、雑誌から知識を得ていたことは間違いないであろう。以下に邦訳（『ジャングル』大井浩二訳・松柏社）を参考にして、そのあらすじを記しておく。

　シカゴのパッキングタウン、ストックヤード地域には大手資本の屠畜精肉会社《とちくせいにくがいしゃ》が四つあり、その敷地内だけで二五〇マイルにわたる鉄道が敷設《ふせつ》されており、アメリカ全土から毎日それぞれ一万頭の牛と豚、五千頭の羊、膨大な数の家禽類《かきんるい》が運び込まれ、屠畜、加工されていた。「ブタの使えない所といえば、悲鳴だけですからね」というように何ひとつ無駄にされることなく、本来ならば廃棄されるべき病死した家畜や処理後の廃液まで、いつのまにか「活用」されているという、恐ろしい描写もある。各社のソーセージ、高級ハム、高級ベーコン、缶詰ハムなどの製品は、広く海外にも輸出されていた。また低級品は、返品された商品を漂白し、混ぜ物をして、それなりの販路で流通していたという。そこで働く労働者は人材というより使い捨ての〝物〟で、羊の毛皮に酸を混ぜ込んだり、肉を漬け汁に浸す作業に従事する者は強い酸で手の皮膚がぼろぼろになり、またナイフを扱う者は重傷を負うことが多かった。保険制度もなく、働けなくなればたちまち解雇されていたという。『ジャングル』の主人公ユルギス・ルドクスは、カトリックを信奉するリトアニアからの移民で、ヨーロッパでの圧政と重税に耐えかねて、同郷の十二人（うち六人が子供）共々アメリカへ移住することになる。賃金は高く、税金は軽く、自由があると喧伝《けんでん》されるアメリカを目指したのである。しかし、英語ができないうえに技術もないユルギスは、単純労働にしかつけず、さらにヨーロッパで聞いていた高

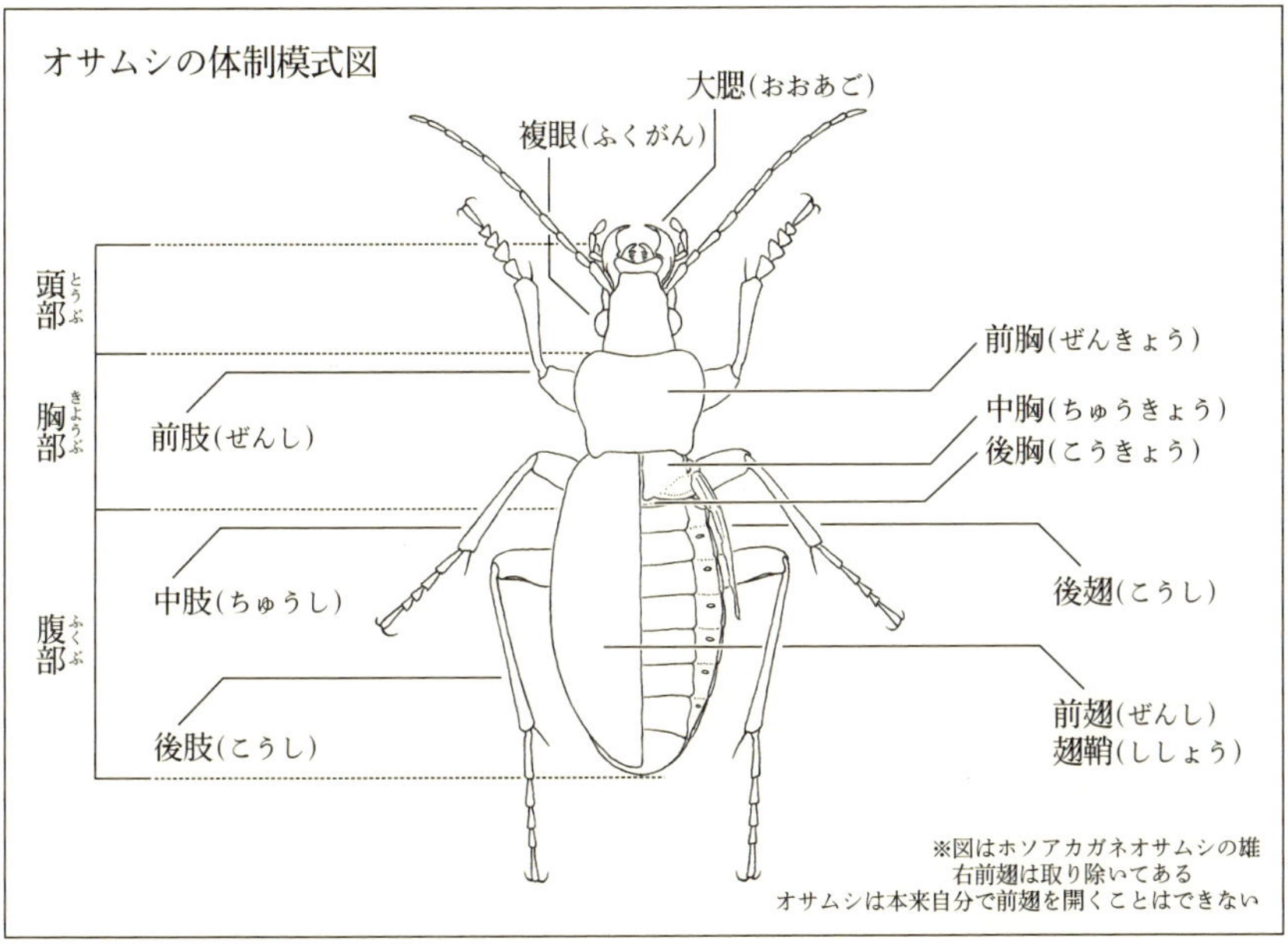

※図はホソアカガネオサムシの雄
右前翅は取り除いてある
オサムシは本来自分で前翅を開くことはできない

賃金も、物価の高いアメリカでは、結局出費のほうが多くなる。十二人が暮らしていくためにユルギスは、ようやく内臓処理の仕事にありつく。さらに建て売りの家を口先巧みにローンで売りつけられたと思ったら、次々に支払いが膨《ふく》らみ、結果としてそのマイホームも奪われてしまう。これも移民労働者を巧妙に騙《だま》す商売の手口なのであった。

　これでもかとばかりに不幸が重なり、ついには怪我により失職の憂《う》き目《め》に遭《あ》う。なりふりかまわず環境劣悪な肥料工場に職を得るが、仕事の苦しさから酒に溺れるようになる。そのうえ妊娠中の妻が亡くなり、長男まで道端の水たまりで溺死してしまう。ユルギスは都会を逃れ農村で働くが、それも長続きせず、シカゴに戻ると、仲間の多くは死んでしまっていた。裏社会に身を落とすが、やがて社会主義と出会い、労働者の理想にかすかな望みを託すようになる。終盤では「虐げられたシカゴの労働者たちを、われわれの旗印の下に結集させる潮流なのだ！」という文章が綴《つづ》られ、最後は「シカゴはわれわれの手に落ちる！　シカゴはわれわれの手に落ちるのだ！」という繰り返し強調された言葉で締めくくられている。

　『ジャングル』は、前半のシカゴの屠畜精肉業で働く移民たちの暮らしの悲惨さと、後半の社会主義の拡散という二段に分かれ、特に後半は主人公の心情描写よりも社会主義の「紹介」のような内容になっているために、小説としては、全体にややまとまりを欠く印象がある。しかし、労働者の権利という、当時はほとんど認められていなかった弱者の声を強く社会に訴え、それが当時の政治にまで影響を与えたという意味で重要な作品となった。というのも実際、ときの米国大統領セオドア・ルーズベルトは、本書を読んで食肉工場の実態を知り精査を命じているからであり、本書をきっかけにして、労働者の待遇や衛生管理が好転していったからである。また、のちの英国首相となるウィンストン・チャーチルも『ジャングル』に影響を受けたひとりであり、本書を評して「どんなに鈍い頭でも、どんなに固い心でも刺しとおす」（前掲書解説より）と述べている。シンクレアは、コナン・ドイルをして〝アメリカのゾラ〟と言わしめたほどで、『ジャングル』にはゾラの『居酒屋』や『パリの胃袋』の影響があるともいわれている。

　なお、本章に描かれている屠畜場のようすは、ファーブルが当時の伝聞や自身の経験にもとづいて記したものであり、現代の日本における食肉処理施設（屠畜場）とは衛生面や技術面において大きく事情が異なることも合わせて付記しておきたい。

12頁　オサムシ　広義のオサムシとは、鞘翅《しょうし》目《もく》（甲虫類）食肉亜目（オサムシ亜目）に含まれる。同亜目は、陸生のものと水生のものとに分かれ、オサムシは陸生のオサムシ科に分類される。同亜目にはまた、陸生種のハンミョウ科と、水生のゲンゴロウ科、ミズスマシ科などが知られる。これらは、いずれも同じ祖先から分化した類縁関係をもつ仲間とされ、オサムシ科はさらに六つの亜科に分けられる。オサムシ亜科、カタビロオサムシ亜科、チリオサムシ亜科、オーストラリアオサムシ亜科、ニュージーランドオサムシ亜科、セダカオサムシ亜科である。

　これらのうち狭義のオサムシは、オサムシ科オサムシ亜科オサムシ族オサムシ亜族 Carabina に含まれる仲間である。オサムシ亜族は、ユーラシアと北米（全北区《ぜんほっく》）に約八百種、日本に四十種（百亜種）が知られる。

　オサムシは、流線型をした魅力的な甲虫であるが、こんなふうにすらりとした撫《な》で肩《がた》であるのには理由がある。すなわち、前翅《ぜんし》（翅鞘《ししょう》）を持ち上げてみると、下におりたたまれているはずの薄い後翅《こうし》が退化して痕跡のようになっている（口絵Ⅱ頁三段目左）。また後翅を動かす筋肉も退化している。つまり、オサムシは飛べないのである。そのかわりに、肢《あし》は六本とも長く発達していて、歩くのは速い。漢字名は「歩行虫」で、地上をひたすら徘徊《はいかい》する甲虫である。

　なぜ飛ばないのかという理由については諸説あるが、飛行に使う器官を犠牲にして、その栄養を次世代の卵に振り分ける選択をしたのだという考えがある。この、飛ぶという行動と交換に繁殖を優先させるという進化の方向性は、安定した環境であれば生き残る機会が高まり、子孫を残しやすく有利に働く。また天敵から飛んで逃げることができないことを補うかのように、強い酸性の防御物質を尾端《びたん》から噴射して身を守る仕組みをもっている。

　このようにオサムシの仲間は甲虫のなかでも独特な進化の方向をとったが、多くの昆虫が獲得した〝飛翔〟という特徴を犠牲にしたぶん、環境の変化には適応しにくい部分もある。オサムシの仲間はこのように移動性の低い昆虫であるため、集団ごとの交流が途絶えて、地域的な種分化が進み、亜種あるいは変異が多いことでも知られる。

　一般に甲虫の類《たぐ》いは、ハムシでも、カナブンでも、タマムシでも、ゾウムシでも、金色や金緑色《きんりよくしよく》に輝く華やかなものは、南方に産するものだが、オサムシだけは例外で、きらきら輝く美しいものは、寒い北の国に産する。一般的な色彩は、基本的に黒っぽく、そこに緑色や赤銅色《しやくどういろ》の光沢を帯びたものが多い。なお温帯から亜寒帯に住むオサムシのなかに派手な金属光沢をした体色をもつ種《しゆ》がいるのは、先に述べた、尾端から噴射する防御物質の存在を天敵に伝える警戒色であるという説もある。

　冬期、フランスの、アルプスやピレネー山地でオサムシの採集を試みると、雪の下から、ルビーのような赤や、一見、黒一色のようでありながら、緑や紫に光るもの、背面に彫刻のような条線《じようせん》の入った美しいものなどが〝掘り出される〟ことを、二十世紀初めに活躍した標本商ウジェーヌ・ル・ムールト Eugène LE MOULT（一八八二―一九六七）が、その自伝『蝶の採集』*Mes chasses aux papillons* に記している（奥本大三郎著『捕虫網の円光――標本商ル・ムールト伝』平凡社参照）。

　昔々、オサムシの採集法がよくわからなかった時代には、山道を偶然歩いているのを手摑《てづか》みするか、側溝に落ちているのを拾うか、せいぜい、石を起こして探すくらいのものであった。そののちに、冬期に地中や朽《く》ち木《き》で越冬中のオサムシを探す、いわゆる〝オサ掘り〟が流行《はや》るようになった。昭和三十年代に、特に関西の虫屋が、カミキリムシとともに、オサムシを盛んに採集し、細かく分類した。イワワキオサムシ *Ohomopterus iwawakianus*、マヤサンオサムシ *Ohomopterus maiyasanus*、ヤコンオサムシ *Ohomopterus yaconinus* などなど。

イワワキオサムシ

　採集場所は、北側の崖や木陰の、要するに、陽あたりがよくなく、気温の変化の少ないところ。また、一

定の湿度のあるところがよいといわれている。びしょびしょに水分の含まれているところでもよく、ハンミョウなどとともに、集団で掘り出されることがある。

日本産オサムシでいうと、本州産が地味なのに対し、北海道産のアイヌキンオサムシ *Megodontus kolbei* などという種は、まさに金《きん》色燦然《しょくさんぜん》たる光を放つ。地中から掘り出すと、まるで極小の、黄金製の観音像を得たような気持ちになる。

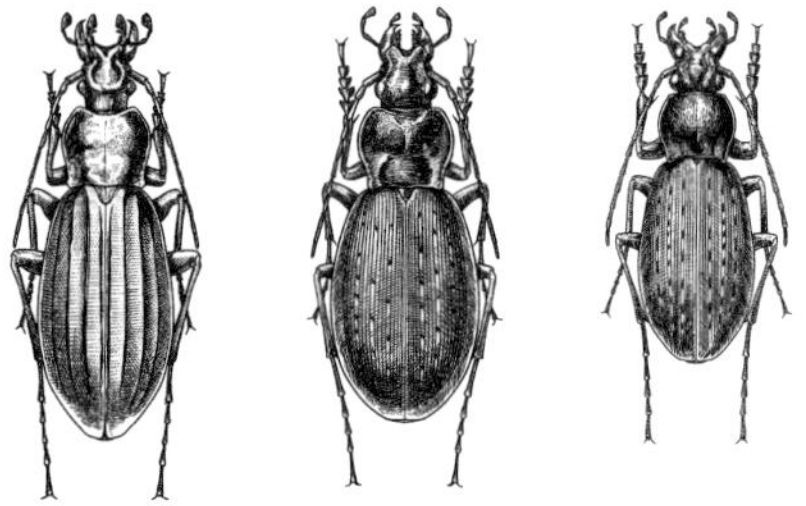

マヤサンオサムシ　ヤコンオサムシ　アイヌキンオサムシ

そのうちに、オサムシの活動期には、紙コップのトラップ採集がよい、といわれるようになった。昔はガラスコップやブリキの空き缶などを使っていたが、安価な、しかも軽い紙コップなら、大量に重ねて持ち運んで仕掛けることが可能である、かくて、大量採集の時代になったわけである。餌《えさ》は、酢酸、寿司飯を作るインスタントの粉、乳酸飲料、炭酸飲料、蛹粉《さなぎこ》、焼酎と、人によって秘術がある。

先にオサムシは飛ばないと述べたが、広義のオサムシのなかには例外もいて、カタビロオサムシという仲間は、その名の通り、肩が張って、翅鞘《ししょう》の下にちゃんとした後翅を具《そな》えていて飛ぶことができる。樹上をおもな住《す》み処《か》とし、毛虫などを捕食する。フランスには、ニジカタビロオサムシ（口絵Ⅱ頁二段目右から三〜四）という美麗種がいて、マイマイガの幼虫の毛虫が大発生すると、この虫が多数集まってきて、捕食しているところが観察できる。

なお、日本の固有種であるオサムシの一種マイマイカブリ *Damaster blaptoides* の分化が千五百万年前であることがわかっており、これは古地磁気《こちじき》の研究でも日本列島の形成が千五百万年前であることと話が一致し注目されている。

漫画家の手塚治虫《てづかおさむ》（一九二八―八九）は少年のころから漫画と昆虫を熱愛し、当初のペンネーム表記の治蟲はオサムシに因《ちな》み「おさむし」と読ませていたが、のちに本名の治《おさむ》と同じ「おさむ」という読みに変更したという。また「原色甲蟲圖譜」（昭和十八年）、「昆蟲つれづれ草」（昭和十九年）などの手作りの本の奥付には、著者・手塚治蟲、発行所・治蟲堂と記されている。首の長い自分の姿になんとなくオサムシの仲間のマイマイカブリのイメージを感じとっていたらしい。

◆**キンイロオサムシ**　オサムシの分類は、長いあいだ外見に頼っていた。それに続く分類法としては、交尾器の構造が重んじられるようになった。そして現在のオサムシの研究では、ミトコンドリアの遺伝子を解析して描かれた分子系統が示され、従来の形態分類学とは異なる新たな領域に踏み込んでいる。これらの研究は、世界中のオサムシ二千個体の遺伝子を分析した結果にもとづき、分子遺伝学者の大澤省三《おおさわしょうぞう》（一九二八―）、分子進化学者の蘇智慧《スウジウ》（一九六三―）、医師でオサムシ研究者の井村有希《いむらゆうき》（一九五四―）らによって進められてきた。

これまで、キンイロオサムシ属は、その形態的な特徴から、本章で詳述されるキンイロオサムシ *Autocarabus auratus* のほかにコブスジキンイロオサムシ *Autocarabus cancellatus* とピレネーキンイロオサムシ *Autocarabus cristofori* が知られていた。しかし遺伝子上からみるとコブスジキンイロオサムシの場合、フランス産、イタリア産、ルーマニア産は、それぞれがかなり古い時代に分岐し、互いに交流が途絶えていることがわかった。同様にピレネーキンイロオサムシも分子系統的にはキンイロオサムシやコブスジキンイロオサムシとは、まったく別系統に属することが明らかにされた。

これまでは、形態が少しでも異なっていれば、（たとえ遺伝子上の変異が少なくても）〝別種〟とされることが多かった。しかし、外見上に違いがないようにみえても、遺伝子の変異は〝別種〟といえるほど異なるものがいることがわかってきたのである。遺伝子の比較という研究が〝オサムシ〟を舞台に、種《しゅ》の進化の道筋をたどるという新しい世界を切り拓きつつある。なおキンイロオサムシ属の属名《ぞくめい》 *Autocarabus* は、同物異名《シノニム》で *Tachypus* が有効と考える研究者もいる。

17頁　ボシュエ　ディジョンの名家に生まれ、幼少より聖職に入る。ディジョンとパリの神学校に学び、一六五二年に司祭としてメッスに赴任。一六七〇年、ルイ十四世の王太子師傅《しふ》（貴人を守り育てる守役《もりやく》、教師）に任じられる。一六八一年から死去するまでモーの司教を務めた。アカデミー・フランセーズ会員。主な著書に『アンリエット＝マリー・ド・フランス追悼演説』*Oraison funèbre de Henriette-Marie de France*（一六六九）、『世界史論』*Discours sur l'Histoire universelle*（一六八一）、『プロテスタント教会分派史』*Histoire des variations des Eglises protestantes*（一六八八）などがある。

15

キンイロオサムシの結婚

捕食者の繁殖生態

庭でイモムシ、毛虫、ナメクジを駆除するキンイロオサムシには〝庭師《ジャルディニエール》〟という称号がふさわしい――その天敵はキツネとヒキガエルだ――ガラスの水槽《すいそう》の中では、仲間同士共食《ともぐ》いもする――六月の中旬、一頭の雄が食べられていた――それから一頭、また一頭と急速に数が減っていく――寿命の尽きた者が食われているのか――雌が雄を襲っているところを見つけた――雄は元気そうなのに抵抗しない――八月になると二十五頭いたオサムシは五頭の雌だけになる――二十頭の雄はすべていなくなった――この季節には、残された雌も食べることに関心を示さなくなる――期待に反して産卵はみられない――十月に、四頭の雌が死んだ――生き残った一頭の雌は、ヴァントゥー山に雪が積るころ冬眠に入った。

扉絵　交尾中のキンイロオサムシを狙うアカギツネ

話はよくわかった。イモムシ[1]、毛虫とナメクジ[2]を駆除してやろうと、一所懸命頑張っているキンイロオサムシ[3]に対して〝[4]庭師《ジャルディニエール》〟という称号は実にぴったりだ。この虫は菜園や花々の咲き乱れる花壇に監視の目を光らせている見張り番なのだ。

オサムシに関する私の研究は、古くからこの虫に言われていることに対して、この点で特に何も付け加えるものではないけれど、すくなくとも、以下に述べる点に関しては、この虫の、今まで思いもかけなかった側面をみせてくれることであろう。

すなわち自分の力を上まわるものを除いて、ありとあらゆる獲物を食い散らかす、鬼のように獰猛《どうもう》な肉食昆虫であるオサムシは、次にはおのれ自身が食われる番にまわるのである。では、何者によってオサムシは食われるのか。それは、自分の仲間であるオサムシと、そのほか多くの者たちによって、である。

1　**イモムシ、毛虫**　チョウやガ（蛾）の幼虫の俗称。体表が無毛のものがイモムシ（芋虫）、有毛のものが毛虫と呼ばれる。

2　**ナメクジ**　蛞蝓。有肺目《ゆうはいもく》（カタツムリ類）のうち殻《から》が退化しているものの総称。

3　**キンイロオサムシ**　金色歩行虫。*Autocarabus auratus*（旧*Carabus auratus*）体長17～30㎜　鞘翅目《しょうしもく》（甲虫類）オサムシ科キンイロオサムシ属。↓本巻14章13頁図、解説。

4　**庭師《ジャルディニエール》**　原語は**jardinière**《ジャルディニエール》　花壇や畑で害虫を食べるためフランスではこの俗名で呼ばれる。

まず最初にこの虫のふたつの天敵、キツネ[5]とヒキガエル[6]について触れておこう。連中は食物が不足すると、しかたなく、この栄養が乏しく、おまけにぴりっと辛いえぐみのある餌《えさ》を食べる。背に腹はかえられぬというわけだ。おぞましい排泄物に含まれる毛を食物として利用するシンジュコブスジコガネ[7]について語ったとき私は、キツネの糞《ふん》が大部分アナウサギ[8]の毛玉でできていることから、ごく簡単にほかの者の糞と見分けがつく、と書いておいたが、ときによるとそこに、オサムシの翅鞘《ししょう》が交じっていることがあるのだ。キツネの糞はキラキラ光るキンイロオサムシの黄金の翅《はね》の金箔《きんぱく》で飾られていて、これこそキツネの献立《メニュー》の内容証明書である。

オサムシなんかろくに栄養にもならないし、食べでがないうえに味もいがらっぽいけれど、何頭か食べれば少しは腹の足しになる、という次第だ。

ヒキガエルの場合にも同様の証拠がある。夏になると荒地《アルマス》[9]の小径《こみち》で、私はときどき妙なものを見つけたものだ。いったいそれがなんなのか、初めのうち私にはまったくわからなかった。それは黒い腸詰《ソーセージ》のような形をしていて、大きさは人間の小指くらい。陽《ひ》にあたって乾燥したものは、触るとぼろぼろ崩れるようになる。よく見るとそこにはたくさんのアリ[10]の頭がぎっしりひと塊《かたまり》になっていること

5 **キツネ** 狐。日本を含む北半球に広く分布するアカギツネ *Vulpes vulpes* のこと。

6 **ヒキガエル** 無尾目《むびもく》ヒキガエル科ヒキガエル属 *Bufo* の仲間。南仏では、ヨーロッパヒキガエル *Bufo bufo* や、やや小型のナタージャックヒキガエル *Bufo calamita* がみられる。

7 **シンジュコブスジコガネ** 真珠瘤条黄金。*Trox perlatus* 体長8〜12㎜ 鞘翅目（甲虫類）コブスジコガネ科コブスジコガネ属。→第8巻17章257頁図、解説。

8 **アナウサギ** 穴兎。*Oryctolagus cuniculus* 体長35〜45㎝ ウサギ目《もく》ウサギ科アナウサギ属。ヨーロッパ中部から南部、アフリカ北部に分布。家畜化されたカイウサギの祖先。

9 **荒地《アルマス》** セリニャンの村はずれにあるファーブルの研究所兼

がわかる。そのほかには特に何も見えない。せいぜい細かなアリの肢《あし》のかけらが見つかるくらい。それにしても、いったい全体これはなんなのだろう。何百何千ものアリの頭をぎっちり固めてできたこの粒々の塊は。

まず最初、私の頭に浮かんだのは、フクロウ[11]が栄養分を胃で選別したのち吐き出したペリットではないか、ということだった。しかしよく考えてみるとそうでないことがわかる。夜行性の猛禽類《もうきんるい》であるフクロウは、たしかに昆虫を好んで捕食するけれど、まさかこれほど小さな獲物を食うはずがないのだ。

こんなとるに足りない小物の虫を、一頭一頭、舌の先にくっつけて拾い集めるなんて、この塊の造り主はよほど暇《ひま》と忍耐力をもった捕食者なのであろう。いったいそれは何者だろう。ひょっとしたらヒキガエルであろうか。この荒地《アルマス》の庭の中で、こんなアリ料理を食べるような奴は、ほかに見あたらないのだ。実験してみれば謎が解けるであろう。

うちの庭に、昔から見知っている馴染みのヒキガエルがいる。そいつがどこに隠れているか、私はその住《す》み処《か》も知っている。夕方、庭をひとまわりするとき、われわれは、しょっちゅう顔を合わせるのだ。カエルは私を金色の眼でじっと見つめる。それから、仕事にいそしむためであろう、のそりのそりと歩いていってしまう。こいつはコーヒーの受け皿がいっぱいになるくらい大きく、家の者たち

住居のこと。アルマスとはプロヴァンス語で「荒れ地」という意味。→第2巻1章。→第7巻23章296頁脚注図。→同章訳注。

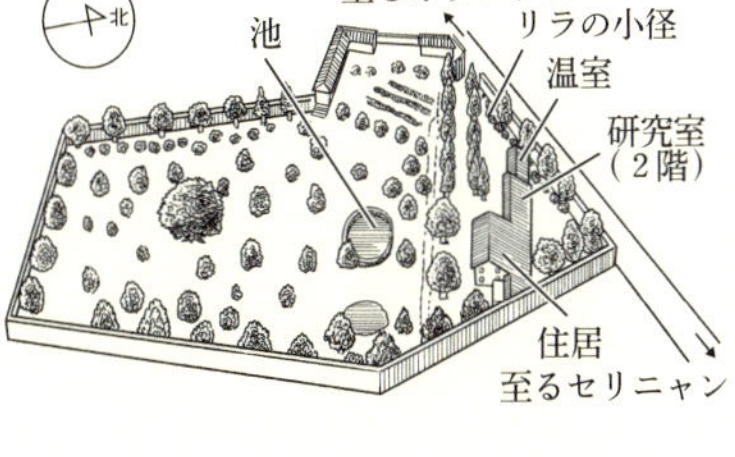

10　**アリ**　蟻。膜翅目《まくしもく》（ハチ・アリ類）アリ科 Formicidae の仲間。

11　**フクロウ**　梟。*Strix uralensis*　全長50～62㎝　フクロウ目《もく》フクロウ科フクロウ属。ネズミや昆虫を食物とする猛禽《もうきん》類《るい》。未消化な骨や翅鞘《ししょう》などを吐《と》瀉物《しゃぶつ》（ペリット）として吐き出す。

から尊敬されている古強者《ふるつわもの》のヒキガエルである。家では彼のことを〝哲学者《フィロゾフ》〟と呼んでいる。ひとつ彼に頼んで、アリの頭を固めた腸詰《ソーセージ》の問題を解明してみよう。

私はカエルを飼育装置に閉じ込め、餌を与えずに放っておいた。そして、あのでっぷり肥《ふと》った太鼓腹《たいこばら》の中身が消化されるのを待ってみた。時間はそう長くかからなかった。何日か経つと、虜《とりこ》にされたヒキガエルは、庭の小径で見つけたものとまったく同じ、細い円筒形《えんとうけい》に固められた黒色の糞を私に施《ほどこ》してくれたのだ。これはつまり、以前から見ているものと同様、アリの頭を捏《こ》ねて造った塊である。私は〝哲学者《フィロゾフ》〟を解放してやった。彼のおかげで、私の頭をあんなにも悩ませていた問題は解決したわけだ。ヒキガエルがアリを大量に食べているという点に関して、私は確信をもつことができたのである。アリはたしかに小粒の食物ではあるけれど、拾い集めるのが易しいし、それにいくらでもいる。食っても食っても減らないほどいるのだ。

とはいえ、ヒキガエルとしても特にアリが好きだというわけではない。もう少し食べでのある餌が見つかればそっちのほうがもっといいに決まっている。このカエルがおもにアリを食べているのは、それが庭にふんだんにいるからであって、地面を這《は》っているほかの昆虫となると、アリにくらべてずっと数が少ないからなのである。たまたまもっと大型の虫が見つかれば、大食らいのヒキガエルにとっては願ってもない御馳走《ごちそう》ということになる。

そういう特別豪華な食事にありついた証拠として、私が庭で見つけたいくつかの排泄物の例を挙げておこう。それらはほとんどすべて、オサムシの翅鞘《ししょう》[12]から成っていたのである。そして金色に輝く鱗《うろこ》を練り固めたようなこの糞の残りの成分はアリの頭であった。これは糞の主《ぬし》が誰であるかをはっきり物語っているではないか。

したがって、ヒキガエルはその機会がありさえすればオサムシを食べるのである。庭に住んで人間の役に立つヒキガエルは、それと同じくらい役に立つオサムシをわれわれから奪っている。人間にとっての益虫が別の益虫に亡ぼされているわけだ。この世のすべての物は人間のために創られているという、われわれの思いあがった考えをたしなめてくれるよい教訓である。

さらにけしからぬことがある。イモムシ毛虫やナメクジの悪さを監視している、庭の巡査であるキンイロオサムシには、仲間同士互いに殺し合うという悪癖があるのだ。

ある日、家の戸口の前にそびえるプラタナスの木陰を一頭のオサムシがせかせ

12　**翅鞘**　甲虫の前翅《ぜんし》のこと。もともと飛ぶための翅《はね》が、身を守るために硬い翅に変化している。甲虫の分類名である鞘翅目は、この前翅に因《ちな》んだもの。

▼キンイロオサムシを食べようと狙うヨーロッパヒキガエル。

か歩いていくのを私は見つけた。巡礼者は大歓迎だ。これで水槽《すいそう》の中に確保しているオサムシたちの群れの数をまた一頭増やすことができるというものだ。

捕まえてみて、この巡礼者の個体は翅鞘の先端がわずかに欠けていることがわかった。仲間うちで喧嘩《けんか》をした結果なのであろうか。それについては何も知る手がかりがない。大事なことは、この虫が深手《ふかで》を負っていて今にも死にそうになってはいないか、ということであった。

よく調べてみると、傷は浅くて実験にも使えそうなので、すでに二十五頭のオサムシたちが収容されている、ガラス張りの水槽に入れてやることにした。


翌日、私はこの新入りのことを調べてみた。なんと、死んでいるではないか。

夜のあいだに仲間たちが寄ってたかってこの個体を攻撃し、翅鞘の先端が欠けていたために攻撃をちゃんと防げなかった、この虫の腹の中身を、ごっそり抉《えぐ》り取《と》るように食い尽くしてしまったのである。手術の手際は実にあざやかなもので、体のどこもばらばらになってはいない。肢も頭部《とうぶ》も胸部《きょうぶ》も、すべてもとのままの状態できちんと残っている。ただ腹部《ふくぶ》に、中身を抉り出した大きな穴がぽっかり開いているだけだ。こうなるとオサムシは、二枚の翅鞘をぴたりと閉じ合わせてできた金の法螺貝《ほらがい》とでもいったところだ。中身をそっくり刳《く》り抜《ぬ》いた牡蠣《かき》の殻《から》でもこうはきれいにならない、というほどである。

13 **カタツムリ**　蝸牛。有肺目《ゆうはいもく》柄眼亜目《へいがんあもく》 Stylommatophora の仲間。雌雄同体《しゆうどうたい》で肺をもつ陸生巻き貝。世界に約二万種が知られる。

14 **オウシュウコフキコガネ**　欧州粉吹黄金。*Melolontha*

こんな結果になってしまって私は驚いた。というのは、水槽の中に食物が決して欠乏しないよう、私としては充分気をつけていたからである。[13]カタツムリ、[14]オウシュウコフキコガネ、[15]ウスバカマキリ、[16]ミミズ、イモムシ、毛虫その他、オサムシの好きな食物を取っ替え引っ替え、量も充分すぎるほど食堂に入れてやっていたのだ。だから、翅鞘に傷がついて、攻撃しやすくなっている仲間をむさぼり食った私の水槽のオサムシには、「飢えていたから」、という言い訳は決して成り立たないわけである。

オサムシの世界では、負傷者にとどめを刺し、傷を負った仲間の腹が空《から》っぽになるまで食い尽くすという習わしでもあるのだろうか。

哀れみの感情は、虫のあいだにはないようである。体の一部を損傷し、必死になってもがいている仲間を前にしても、同じ種族のなかに立ち止まる者は誰もいないし、助けてやろうとする者もいない。

肉食の虫同士の場合では、事態の展開はさらに悲劇的である。ときによると通りすがりの虫が、傷ついた者のもとに駆《か》けつけることがある。彼をはげますためであろうか。とんでもない。傷ついた者の味見をするのだ。そして、もし旨《うま》いと思ったら、すっかり食べ尽くしてしまって、その者の障害を根本的に治《なお》してやるのである。

melolontha　体長20〜30㎜　鞘翅目（甲虫類）コガネムシ科コフキコガネ属。

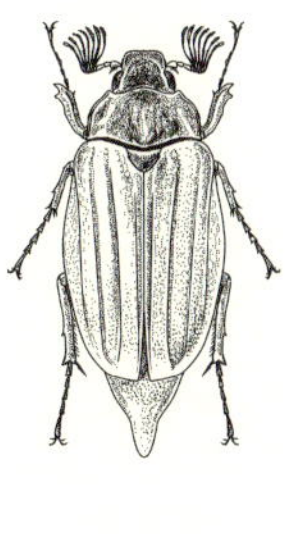

15　**ウスバカマキリ**　薄羽鎌切。*Mantis religiosa*　体長50〜70㎜　カマキリ目《もく》カマキリ科ウスバカマキリ属。→第5巻18〜21章。

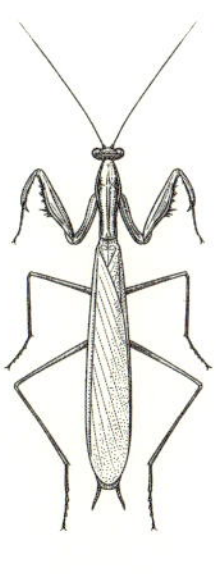

16　**ミミズ**　蚯蚓。環形動物門《かんけいどうぶつもん》貧毛綱《ひんもうこう》 Oligochaeta の仲間。世界に約三千種が知られる。円筒状《えんとうじょう》の体節が連なった体をもつ。多くのものが雌雄同体。目が無いという意味の「目不見《めみず》」が語源とされる。

そうなると、あの翅鞘の欠けたオサムシは、尻の先が剝《む》き出《だ》しになっていたために仲間の食欲を誘う結果になった、というのはありえる話である。彼らはこの負傷者を、噛《か》みちぎってもかまわない獲物とみなしたのだ。

しかしこんなふうにあらかじめ傷ついていない場合だと、互いに相手を尊重し合うのであろうか。

まずあらゆる観点からして、きわめて平和な関係が保証されているのは確かなことのようだ。食事のとき、同じひとつの食卓を囲んでいる仲間のうちで争いはまったく起こらない。あってもせいぜい、口にくわえた獲物を奪い合う程度のことだ。

板切れの屋根の下で、長いこと昼寝をしているあいだにも、暴力を振るい合うようなことはない。冷たい砂の中に体をなかば埋めて、私の飼育している二十五頭のオサムシは、互いにあまり距離をおかず、各自、自分が掘った小さな窪《くぼ》みの中で食べたものの消化を待ちながら、うとうと静かにまどろんでいる。板切れを取《と》り除《の》けてやると、虫たちはみな目を覚まし、逃げようと右往左往して、絶えずぶつかり合っているけれど、それでも傷つけ合うことはない。

だから平和は深く根づいていて、永遠に続くもののように思われた。ところが

▼冷たい砂の中に体をなかば埋めて、うとうと静かにまどろむ。

六月の最初の暑さがやってきたころ、水槽の中を覗《のぞ》いてみると一頭のオサムシが死んでいたのだ。手足は取れたりしていないで、汚れなどひとつもない、金色をした空っぽの貝殻のようになっていた。まえに負傷していた虫がむさぼり食われたときに起きたのとちょうど同じことで、中身を食べられてしまった牡蠣そっくりなのであった。

私は死骸を調べてみた。腹部にぽっかり穴が開いていることを除けば、どこにも傷がない。つまりこの虫は、ほかのオサムシに食われて空っぽにされるまえには何も異常がなかったことになる。

それから何日か経って、また一頭のオサムシが殺され、まえの二頭と同じように中身を空にされていた。鎧具足《よろいぐそく》のどこにも損傷はなかった。死んだ虫を、腹側を下にそのままぽんと置いておくと無傷であるかのように見える。だが引っくり返すと中身はがらんどうで、殻の中に身はまったく入っていない。

それから少しして、また空っぽの個体が出た。それからまた一頭、さらに一頭、という具合に、私のガラスの飼育装置では急速に虫の数が減っていったのである。もしこんな調子で殺戮《さつりく》の嵐が吹き荒れつづけたら、私の水槽の中にオサムシは一頭もいなくなってしまったことであろう。

私のオサムシたちは歳をとって衰え、寿命が尽きて死んだのだろうか。だから生き残っている連中が死骸の肉をすっかり食べてしまったというのであろうか。あるいは、虫の個体数が減ったのは、まだ元気いっぱいの者たちが犠牲となったからだというのだろうか。

この問題をはっきりさせるのは容易ではない。オサムシが仲間の腹を食い破るのはとりわけ夜間のことだからである。しかし注意して見張っていたおかげで私は二度ほど、白昼の殺戮を目撃することができた。

六月の中頃、私の見ている前で、一頭の雌が雄を襲っていた。雄は体が少し小さいのでそれとわかる。仕事は始まったばかりだった。雌は犠牲者の翅鞘の先端を持ち上げ、腹部背面の先のほうに食らいついていた。雌は雄を激しく引っ張り、もぐもぐ嚙んでいる。ところが、くわえられている雄は、いかにも元気そうなのに身を守ろうとすることもなく、雌のほうを振り返りさえしないのだ。雄は遮二《しゃに》無二《むに》前進して、なんとか恐ろしい雌の牙《きば》から逃れようとする。雄は雌を引きずったり、反対に雌に引きずられたりして、前進後退を繰り返している。抵抗といえばそれだけだ。争いは十五分ばかり続く。通りすがりの雄どもが顔を出し、足を止めてこんなことを思っているようにみえる。

「もうすぐ自分の番だな……」

とうとう、くわえられていた雄は、うんと力をこめて雌から体を引き離し、這《は》

▼雄に襲いかかる雌。

う這《ほ》うの体《てい》で逃げ出していく。もし彼がうまく逃げることができなかったなら、獰猛な雌によって間違いなく腹の中身をすっからかんにされていたことであろう。

それから何日かして、私は同様の光景を目撃した。しかも今回は、完全に決着がつくところまでいったのだ。このときもまた雌が雄の後ろから咬《か》みついていた。雄はなんとか逃れようと、じたばた無駄なあがきを繰り返すだけで、それ以外は雌のなすがままになっている。

ついには雄の腹部の硬い殻が裂け、ぱっくりと大きな傷が口を開いた。力の強そうな雌は内臓を引きずり出してがつがつ飲み込んでいく。雄の外骨格《がいこっかく》の中に首を突っ込んで中身を空にしていくのだ。雄は肢をびりびり震わせると、哀れにも息を引き取ったのであった。

いっぽう、雌は別になんとも感じていないようす。彼女は、先のほうにいくにしたがってすぼまる胴体の、できるだけ奥のほうまで、食べられる肉を求めて探りつづける。死んだ雄の体でのちに残るのは、舟形《ふながた》にぴったり閉じ合わされた二枚の翅鞘と、まったく無傷の体の前半分だけである。肉を食われ、からからに干からびた死骸は、その場に打ち捨てられてしまうのだ。

私はときどき水槽の中でオサムシの死骸を見つけることがあったわけだが、それは決まって雄の死骸であった。この連中も先ほどの雄と同じような最期を遂げたのだと思われる。そして今はまだ生きている雄たちも、こんなふうに死んでいくにちがいないのだ。

六月のなかばから八月の一日までのあいだに、初め二十五頭だった私のオサムシの群れは五頭の雌だけになってしまった。二十頭もいた雄たちは、一頭残らず腹を食い破られ、すっかり空っぽにされて姿を消したのである。これは誰の仕業か。下手人《げしゅにん》はおそらく雌たちであろう。

このことはまず第一に、運よく私が目撃することのできた、雌による二回の攻撃の例によって証明される。白昼に私は、雌のオサムシが、雄の翅鞘の下の腹部に穴を開けて齧《かじ》っているところと、すくなくともそうしようとしているところを、二度にわたって見た。残りの殺害については、この目で直接観察したわけではないが、そうと信じることのできる有力な証拠が、私にはある。それは先ほども述べたように、雌に捕まった雄は反撃もしなければ身を守ろうともしない、ということである。ただもう一所懸命、前方に体を引っ張って雌から逃れようとするだけなのだ。

これがもし、ただの戦いであり、生きるための普通の殺し合いであるなら、攻撃される側も当然相手に向かっていくはずである。なぜなら彼にはそうすること

▼体の中身を食い尽くされた雄のキンイロオサムシ。

17 **ラングドックサソリ** ラングドック蠍。*Buthus occitanus*（旧 *Scorpio occitanus*）体長

が可能だからだ。一騎打ちの勝負であったら、攻められたほうは反撃するし、咬まれれば咬みつき返すはずだ。雄の力量からすると充分自分に有利な戦いができるはずである。それなのに雄は愚かにも、なす術《すべ》もなく雌に尻を齧られているのである。

抵抗したり、自分を食っている雌に少しくらい咬みついて反撃したりすればよさそうなものなのに、自分では抑えがたい嫌悪感のようなものが働いて、どうしてもそうすることができないのだとしか、考えられない。

雄のこの寛大さをみているとラングドックサソリ[17]の雄のことを思い出す。ラングドックサソリの雄は婚礼が終わると、相手に食われるがまま、武器を使おうともせずに死んでいくのだが、その毒針を使えば雌をやっつけることもできるはずなのだ。

またこの我慢強さは発情期にあるウスバカマキリの雄のことをも想起させる。彼らは、ときによると体の半分を食いちぎられてしまいながらも、やり残した仕事を続け、抵抗のそぶりなど少しもみせずに、少しずつ雌に齧られてしまうことがある。これは婚礼の儀式なのであって、雄には異議の唱えようもないことなのだ。

私が水槽で飼っていたオサムシの雄たちは、どれもこれも一頭残らず腹に穴を

60〜80㎜　節足動物門《せつそくどうぶつもん》鋏角亜門《きょうかくあもん》クモ上綱《じょうこう》クモ綱《こう》クモ亜綱《あこう》サソリ目《もく》キョクトウサソリ科キョクトウサソリ属。→第9巻17〜23章。→第9巻17章87頁図、解説。

▼ラングドックサソリの番《つがい》。右が雄。

▼交尾をするウスバカマキリの番。上が雄。

開けられたわけだが、これも同様の習性に従っているのである。彼らは、もはや交尾に飽きてしまったその伴侶の犠牲となったのだ。四月から八月までの四か月間、毎日のように番《つがい》ができていた。試験的な交尾もあるけれど多くの場合それは首尾一貫したものだった。オサムシは火のように情熱的で、際限なく交尾を続けていたのである。

オサムシは恋にかけてはなかなか手が早い。大勢のなかで前ぶれもなく、通りすがりの雄が手あたり次第に、出会った雌に跳びつくのだ。誘いをかけられた雌は、承諾のしるしにちょっと首をあげる。いっぽう、言い寄った雄のほうは触《しょっ》角《かく》の先で雌のうなじを軽く叩く。まもなく短い交尾がすむと、雌雄《しゆう》の関係はそれで終わりだ。二頭はさっと別れ、私が与えておいたカタツムリを食べはじめる。そして双方ともまた別の相手を見つけて交尾し、それからまた、また別の相手と番《つが》うという具合で、体のあいている雄たちのいるかぎり続けられる。飽食のあとでいきなりの恋、恋のあとでまた飽食。オサムシにとって、人生とはつまりそれに尽きるのである。

私の水槽の雌の数は、言い寄る雄の数と釣り合いがとれていなかった。雌が五頭に対して雄が二十頭だったのである。それでなんの問題もなかった。恋のさや当てもなく、殴り合いの諍《いさか》いもなく、ごくごく平和にオサムシたちは通りがかっ

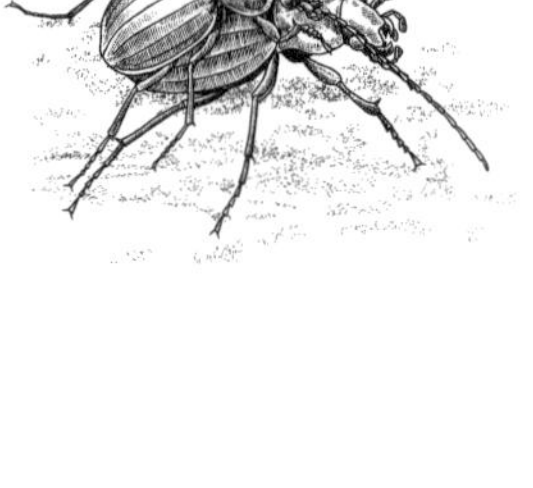
▼交尾をするキンイロオサムシ。上が雄。

た雌と手当たり次第に交尾し、思いを遂げるのである。

こんなふうに博愛主義的であると、ある者は一日まえに、別の者は一日あとにというように、運次第で何度も相手と出会えることになる。各自がその恋の情熱を燃やすことができるというわけだ。

私としてはもっと雌雄の数の均衡《バランス》のとれた群れだったらよかったのに、と思う。私が手に入れた者たちは、特に選んで、というのではなく、偶然こういう組み合わせになっただけなのであった。

春の初めに私は、近所の手近な石の下でオサムシを見つけ次第、雌雄を区別することなくすべて採集した。*この虫の性別を外見からだけで判断するのは、結構難しいことなのであった。

その後、水槽の中で飼ってみて、区別の目安としては、少し体の大きいのが雌だということがわかってきた。したがって私の水槽の雌雄の数がかなり不均衡《アンバランス》になったのは偶然の結果だったわけである。自然の状態ではこんなに雄ばかりが多いことはありえないものと思われる。

また野外では、同じひとつの石の下に、これほど数多くの群れが一緒にいることはない。オサムシはたいてい単独で暮らしているのであって、同じ住み処に二頭も三頭もが集まっていることはめったにないのだ。だから私の水槽の群れは例外的なものだったのだが、それでも騒ぎが起きるようなことはなかった。

このガラス張りの住まいの中には充分広い場所があるから、遠足もできるし、いつでも雌雄で番うこともできる。一頭だけでいたいと思う者はそうすることができるし、連れ合いの欲しい者はすぐ、相手を見つけることができるわけだ。

それに囚《とら》われの身でいても、オサムシたちは少しもそれを苦にしているようにはみえない。この点については、しょっちゅう獲物を食い荒らしていることや、毎日交尾を繰り返していることからしても明らかである。野外で自由に暮らしていてもこれほど溌剌《はつらつ》としてはいられないだろう。あるいは、むしろ我が家のオサムシたちのほうが元気いっぱいなのかもしれない。何しろ野外だと、食物は水槽の中ほどふんだんにはないだろうからである。だから生活の充足ぶりからいえば、私に囚われている連中は正常な状態にあり、この状態はいつもの生活習慣を維持するのにはとても都合がいいはずだ。

ただし、仲間同士との出会いは、ここでは野外よりはるかに頻繁に起きる。おそらくそのためであろう、もはや用がなくなった雄を雌が虐待し、尻に咬みついて腹の中身をきれいに食い尽くしてしまう機会が、野外にいるときよりもずっと多いのだ。

こんなふうにかつての恋人を獲物として狩る習性は、雌雄の暮らしている距離があまりに近すぎるということのために、より深刻なものになってはいるのだろうが、それはもちろん、今に始まったことではない。こういう習性は思いつきで突然生じるようなものではないからだ。

交尾の時期が終わると、野原で雄を見つけた雌はこれを獲物として扱い、結婚の儀式の締めくくりとして食べてしまうのにちがいない。もっとも、外で何度か石を引っくり返してみても私がこんな光景に出くわすことは一度もなかった。

それでも、ガラスの飼育装置の中で観察したことだけで、私は充分に確信をもつことができた。――オサムシの世界とはいったい、なんという世界なのであろう。肥った雌は卵巣《らんそう》が成熟し、もはや雄が不要になると、その番った恋人を食ってしまうのだ。生殖の法則は、雄の存在をなんと軽んじているのであろう。こんなふうに雄を切《き》り細裂《こまざ》いてしまうとは！

*

恋のあとに続くこうした共食《ともぐ》いの発作は、虫のあいだに広まっている、よくみられる現象なのであろうか。今のところ私は、はっきりとこのような兆候を示す虫の例を三つ知っている。それらは、ウスバカマキリ、ラングドックサソリ、そしてキンイロオサムシである。

恋人を餌食《えじき》にするという、この恐ろしい行動は、キリギリスの類《たぐ》い、つまり直翅目《ちょくしもく》にもみられる。ただし先に挙げた三つの例にくらべると残酷さの度合いはいくらか軽い。というのはこの場合、餌食にされる雄は死んでいて、生きたまま齧られるというわけではないからだ。カオジロキリギリス[18]の雌は死んだ雄の腿《もも》肉《にく》を喜んで齧るし、アオヤブキリ[19]も同じような行動をとる。

この場合、普段食べているものにそれが近い、という言い訳はある程度まで成り立つだろう。カオジロキリギリスにしてもアオヤブキリにしても、何よりもまず肉食の虫であるし、雌は同じ種《しゅ》の仲間でも死んでいれば、たとえそれが昨夜の恋人であろうと、とにかく食ってしまうのだ。獲物という点ではその価値に変わりはないのである。

だが、*菜食主義の虫の場合、これについてどう言えばよいのであろう。産卵の時期が近づくと、コバネギス[20]の雌は、まだ活力にあふれている連れ合いの雄に齧りつき、その太鼓腹に穴を開けると、食欲にまかせて食べてしまうのだ。人のよさそうな雌[21]コオロギでさえ、突然性格がとげとげしくなって、かつて彼女にあれほど熱烈に小夜曲《セレナード》を聞かせてくれた雄を蹴り飛ばしたりする。彼女はこの演奏家の翅を引き裂いたり、ヴァイオリンを壊したり、おしまいには肉を咬みとってしまったりするのである。

だからおそらく、交尾のあと雌が雄に対して、殺さずにはいられないほどの嫌悪感をみせるのはわりあい頻繁に起こることで、特に肉食昆虫のあいだではその

18　**カオジロキリギリス**　顔白キリギリス。*Decticus albifrons*　体長32～38㎜　直《ちょく》翅《し》目《もく》（バッタ類）キリギリス科カラフトキリギリス属。→第6巻9～11章。

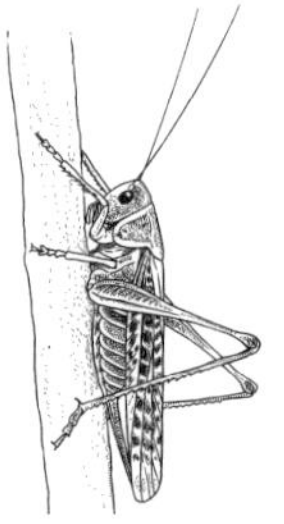

19　**アオヤブキリ**　青藪切。*Tettigonia viridissima*　体長28～46㎜　直翅目（バッタ類）キリギリス科ヤブキリ属。→第6巻12章。

20　**コバネギス**　小翅ギス。直

傾向が強いのではないかと思われる。いったいどういう理由で、こんな残忍な習性が身についたのか。もし機会さえあれば、私は必ずそれを調べてみるつもりでいる。

　水槽の住人のオサムシたちは、八月の初めになると、五頭の雌だけになってしまった。雄を食い尽くして以来、板切れの下に隠れている雌たちの行動もずいぶんと変化した。彼女らは食べることにはあまり関心を示さなくなる。私がカタツムリの殻を半分壊して剝き出しにしてやっても、もう駆け寄ってはこない。腹の太いカマキリやイモムシ、毛虫など、少しまえまで、彼女たちが喜んで食べていた料理にも見向きもしなくなる。板切れの下の隠《かく》れ家《が》でまどろんでいて、互いに顔を合わせることはめったにない。産卵の準備をしているのであろうか。私は毎日のように水槽のようすを調べ、小さな幼虫たちが出てくるのを今か今かと待ちわびていた。母親のオサムシには、幼虫のために何かをしてやるような技能がないので、おそらく世話なんか一切しないのだろうが、それでもそんな幼虫たちのみすぼらしい門出を見てみたいと思っていたのである。

　私の期待も空しく、産卵などというものはみられなかった。そのうちに十月の寒さが訪れた。四頭の雌は死んでしまった。これは寿命が尽きて死んだのだ。生

翅目（バッタ類）キリギリス科エフィピゲル属 *Ephippiger* の仲間。日本には分布しない大陸系のキリギリスの仲間。雌雄ともに前翅《ぜんし》は非常に短く、後翅《こうし》は退化して失われている。小さな前翅ではあるが、コオロギのように左右の翅《はね》を擦《こす》り合《あ》わせて雌雄ともに鳴く。

21 **コオロギ** 蟋蟀。直翅目（バッタ類）コオロギ科 Gryllidae の仲間。
▼イナカコオロギ（田舎蟋蟀）*Gryllus campestris* 体長20～25㎜ 鳴く雄。

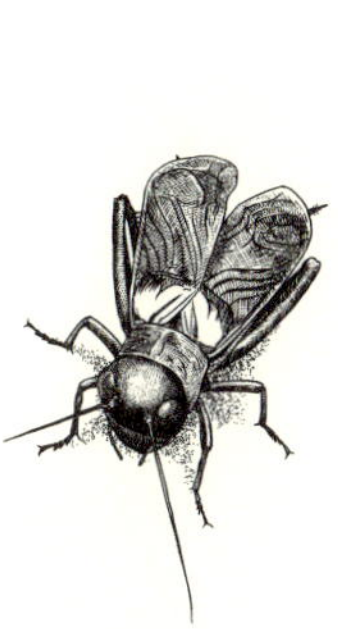

き残った一頭は、死んだ連中には見向きもしない。かつてこの雌は雄たちを生きながらにむさぼり食い、胃袋という墓の中に収めたわけだが、その同じ胃袋の墓の中に、死んだほかの雌たちを葬ろうとはしないのである。

生き残った雌は、水槽の浅い土の中にできるだけ深く潜ってじっと縮こまっている。十一月になって、ヴァントゥー山[22]に初冠雪が見られるようになると、彼女は隠れ家の奥底で冬眠に入る。このままそっとしておいてやろう。どうみても彼女は越冬しそうだ。そして産卵[*]は来年の春のことになるのであろう。

22 **ヴァントゥー山** プロヴァンス地方のデュランス川とローヌ川に挟まれた標高一九〇九メートルの独立峰。Ventoux《ヴァントゥー》のvent《ヴァン》は「風」という意味。ファーブルが隠棲《いんせい》したセリニャンの荒地《アルマス》からは東方に見える。↓第1巻13章。

15章　キンイロオサムシの結婚　訳注

59頁　この虫の性別　ファーブルは、オサムシの性別を外見だけで判断するのは難しいと述べているが、前肢《ぜんし》の跗節《ふせつ》の形態から簡単に雌雄《しゆう》の区別ができる。また、ファーブルが本文で述べているように、雌のほうが雄よりも体がひとまわり大きい傾向がある。

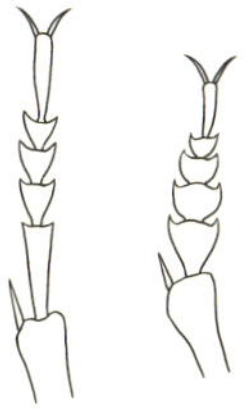

オサムシの跗節。雄（右）のほうが幅広い。

61頁　恋のあとに続くこうした共食《ともぐ》いの発作　本来オサムシは単独で暮らす捕食者で、集団生活をおくることはない。越冬の際には群れでいるようにみえるが、それはたまたま同じ条件の場所を選んでいるからなのである。それ以外で他個体と接近するのは、繁殖のために交尾を行なうときだけである。したがって飼育下で高密度になるのはオサムシにとっては異常な状態ともいえる。ファーブルは七〇×四〇センチほどのガラスの飼育装置で二十五頭のオサムシを飼育し「このガラス張りの住まいの中には充分広い場所があるから、遠足もできるし、いつでも雌雄で番《つが》うこともできる。一頭だけでいたいと思う者はそうすることができるし、連れ合いの欲しい者はすぐ、相手を見つけることができるわけだ」と述べているが、実際には、オサムシ二十五頭にとってこの空間は決して〝充分広い場所〟とはいえず、共食いが多くみられたのは、おそらくこうした高密度飼育のためであろう。

ファーブルは、カマキリ、サソリ、クモといった単独で暮らす捕食者の共食いや、交尾の前後に雌が雄を食べてしまう現象についてたびたび言及しているが、これも多くの場合は、狭い空間で飼育したために、雄が逃げおおせることができずに食われてしまったとみなすべきであろう。

62頁　菜食主義の虫　ここでファーブルは植物食の昆虫としてコバネギスとコオロギとを挙げているが、両者は雌雄《しゆう》ともにまったく動物質の食物を摂《と》らないわけではない。むしろ草食性の強い雑食の虫というべきものである。

64頁　産卵は来年の春のことになるのであろう　ファーブルのキンイロオサムシについての話は、結局ここで終わってしまっているので、簡単な生活史について以下に紹介しておく。オサムシの仲間が住んでいるのは、雑木林、草原、湿地、農地など、食物となるミミズやカタツムリなどの多い場所である。オサムシの繁殖は春に行なわれるものと、秋に行なわれるものとがある。暑い夏のさなかには落ち葉の下などで夏眠し、また冬も崖の土の中や朽《く》ち木《き》の中に潜り込んで冬眠をする。オサムシの繁殖は、大きな俵型《たわらがた》の卵を少数産むというもので、確実に育つ卵をていねいに産みつける〝戦略〟をとっている。雌は腹部《ふくぶ》の先を土の中に埋めて一個ずつ産みつけていく。卵は十日ほどで孵化《ふか》する。

幼虫は茶褐色をした扁平《へんぺい》な体形で、大きな大腮《おおあご》と三対《つい》の胸脚《きょうきゃく》をもつ。幼虫も肉食性で、ミミズやカタツムリなどを食べる。古来ムカデなどを指す機織《はたお》り機《き》の筬《おさ》からの連想に由来する「筬虫《おさむし》」という呼称が、オサムシの幼虫にも用いられるようになり、これが定着したのだという説もある。

三齢《さんれい》で終齢《しゅうれい》を迎え、地中に潜って蛹室《ようしつ》を作ったのちに蛹《さなぎ》になる。羽化《うか》した成虫は数年にわたって生きることが知られている。

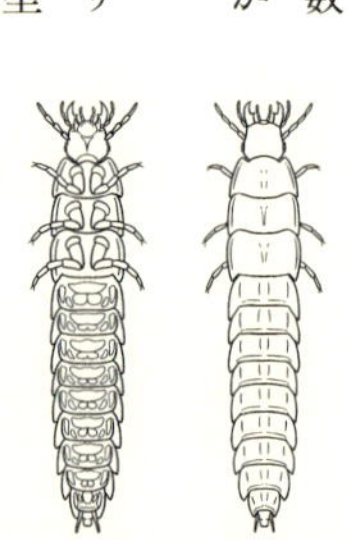
オサムシの終齢幼虫。

先に述べたように、オサムシは種《しゅ》によって春繁殖型と、秋繁殖型とが知られる。本章のキンイロオサムシの観察では交尾は冬眠前に行なわれている。しかし産卵の記述はない。ファーブルが「産卵は来年の春……」と記していることから、本種は春繁殖型だと推測され、一年に二化《にか》（二世代出現）だとすると、これらの観察は越冬成虫（春産卵）と春生まれの新成虫（越冬して翌年産卵）とを一緒にしている可能性もある。

16

ミヤマクロバエの産卵

雌が卵を産みつける場所

ミヤマクロバエは濃紺の大きなハエで、家の中に入り込んで食物に卵を産みつける——ハエにムネアカヒワの死骸を与えてみる——喉《のど》の内側と、まぶたと眼球の隙間《すきま》とに卵が産みつけられた——鳥の頭に紙の頭巾《フード》をかぶせる——ハエは胸の傷に産卵した——紙を折っただけの袋に鳥の死骸を入れる——ハエは集まってきたが産卵はしない——肉をブリキ缶に入れて蓋《ふた》を少しずらしておく——ハエは缶と蓋の隙間に産卵した——幼虫が通れる裂け目があればハエは卵を産むのだ——試験管に肉を入れて金網で蓋をする——ハイイロニクバエは金網の上から蛆虫《うじむし》を産み落とした——実験装置の高さを一・二メートルにすると産まなかった——このハエは落下距離が一定の限度を超えなければ幼虫を産み落とす——では、どうすれば被害が防げるのか——紙で食物を完全に包めばそれでよいのだ

扉絵　チチュウカイガマズミの繖房花《さんぼうか》で蜜を舐《な》めるミヤマクロバエ

大地から死という穢《けが》れを清め、死んだ動物の体を生命の宝物庫《ほうもつこ》へと返すために、肉の加工を請け負う者たちは山ほどいるが、南フランスにはそうした仲間のうち、ミヤマクロバエ[*1]とハイイロニクバエ[*2]とが分布する。

ミヤマクロバエのことは誰でも知っている。これは濃紺の大きなハエで、目のいき届かない食品戸棚の中で産卵の仕事を首尾よくやりおおせたあと、次に産みつける卵塊《らんかい》を腹の中で成熟させるために太陽のもとに出ようと、窓ガラスに止まって、羽音《はおと》も重苦しくぶんぶんいっている奴である。狩猟の獲物であろうと肉屋の商品であろうと、われわれの食物を荒らす忌《いま》わしい蛆虫《うじむし》[3]の源《みなもと》である卵を、このハエはどのようにして産みつけるのか。その策略とはどのようなものであろうか。またどうしたら、われわれはそれに備えることができるのであろうか。これこそ、私が調べてやろうと思っていることなのだ。

ミヤマクロバエは、秋から冬の初めにかけて、寒さが本格的になるまでの期間、

1　**ミヤマクロバエ**　深山黒蠅。→71頁図、解説。→訳注。

2　**ハイイロニクバエ**　灰色肉蠅。→89頁図、解説。→訳注。

▼ミヤマクロバエ（上）とハイイロニクバエの成虫。

3　**蛆虫**　ハエやアブなど双翅《そうし》目《もく》の幼虫の俗称。体形は円錐形《えんすいけい》や紡錘形《ぼうすいけい》で肢《あし》がない。群集虫、蠕蠕虫《うずすまるむし》あるいは蠕蠕虫《うざうざむし》は虫《むし》と同語源のウシが訛《なま》ったものと言われる。

われわれの住まいの中によく入ってくる。しかしこのハエが野外に姿を現わすのはそれよりずっとまえの時期だ。

二月初旬の天気のいい日にはもう、このハエがいかにも寒そうに陽《ひ》あたりのいい壁にぺたりと止まって、暖をとっているのがみられる。

四月になるとかなりの数のこのミヤマクロバエが、チチュウカイガマズミ[4]の花上で観察される。おそらくはこの白い小さな花の上で、甘い蜜を少しずつ舐《な》めながら、交尾を行なうのであろう。

春から夏の終わりにかけての天気の良い季節はずっと、花から花へと短く飛び移りながら野外で過ごす。秋になり、狩猟の季節になると連中は、われわれの家の中に侵入してきて、厳しい霜《しも》の降りる季節になってようやく外に出ていく。

私は家に籠《こ》もりがちで、普段あまり外に出ないし、何より寄《よ》る年波《としなみ》で衰えた足のことを考えると、これこそ、研究材料として、まさにぴったりの虫である。研究の対象を追いかけ回す必要がない。彼らのほうから私に会いにきてくれるのだ。それに私には鋭い目をもつ助手たち[5]がついている。家の者たちには私の研究計画のことを言ってあるので、めいめいが窓ガラスの上で捕まえたばかりの、ぶんぶんうるさく騒ぐこの来訪者を、小さな円錐形《コーンがた》の紙容器に入れてもってきてくれるのだ。

4 **チチュウカイガマズミ** 地中海莢蒾。*Viburnum tinus* 樹高3～5m スイカズラ科ガマズミ属の常緑低木。

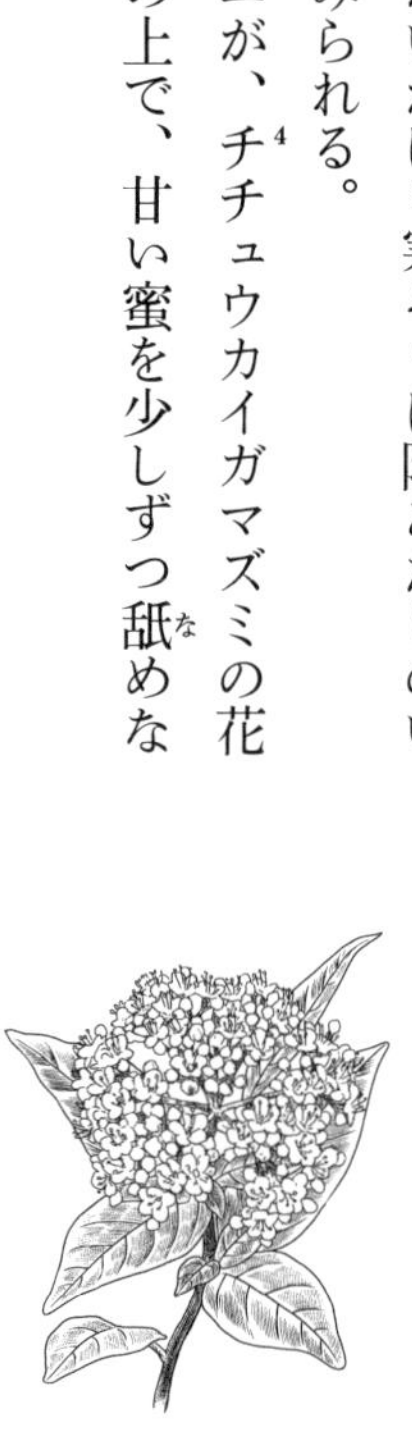

5 **鋭い目をもつ助手たち** ファーブルの子供たちのこと。第10巻が刊行された一九〇七年頃は、後妻のジョゼフィーヌとのあいだにポール（一八八八—）、ポーリーヌ（一八九〇—）、アンナ（一八九三—）がいた。

▼円錐形《コーンがた》の紙容器。上部を折って蓋《ふた》にする。

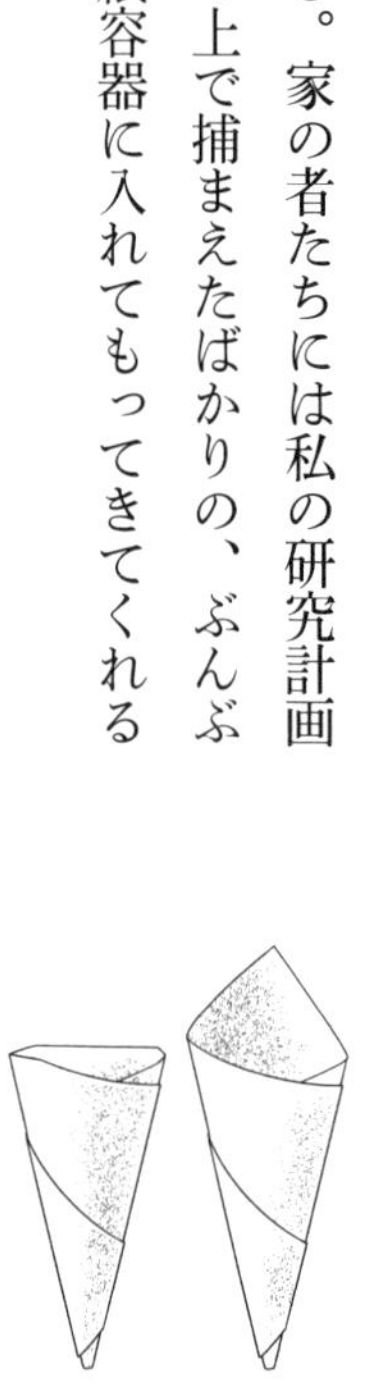

Calliphora vomitoria　（図は雌）

ミヤマクロバエ　深山黒蠅。体長８～12㎜　双翅目《そうしもく》（ハエ・アブ類）クロバエ科クロバエ属。仏名は Mouche bleue de la viande《ムーシユ・ブルー・ド・ラ・ヴイアンド》 で直訳すれば「青色の肉蠅」。クロバエ属の模式種《もしきしゆ》。複眼《ふくがん》は赤く、体色は金青色《きんせいしよく》、翅《はね》は透明。アメリカ、ヨーロッパ、日本の山地に分布。日本では同属のオオクロバエ *Calliphora lata* と一緒にみられる。幼虫は肉食だが、成虫は花の蜜を吸う花粉媒介者《かふんばいかいしや》。成熟した雌は腐肉《ふにく》などを見つけると卵を産みつけ、その卵はすぐに孵化《ふか》して蛆虫《うじむし》となる。→訳注。

こんなふうにして、私の飼育装置に、ミヤマクロバエが集められた。これは、砂をいっぱいに満たした平鉢《ひらばち》の上から釣鐘形《つりがねがた》の大きな金網をかぶせたものだ。蜂蜜を入れた受け皿がこの装置の食堂となっている。そこに囚《とら》われのハエどもが、好きなときに食事をしにやってくるわけだ。連中に母親としての務めを果たしてもらうために、アトリ[6]やムネアカヒワ[7]やスズメ[8]など、息子のポールが荒地《アルマス》の庭で撃ってくれる小鳥たちを用いることにする。

私は前々日に撃たれた一羽のムネアカヒワを入れてやり、その金網の中にミヤマクロバエを一頭、個体を取り違えるといけないので、たった一頭だけ放してやった。そのでっぷり肥《ふと》った腹を見ると、もうすぐ卵を産むことがわかる。

実際に一時間ほど経って、こんな金網の中に閉じ込められた興奮がおさまると、囚われのハエは産卵行動に移った。ハエは熱意のこもった、せかせかした歩き方で、小さな狩猟鳥《ジビエ》の体を調べはじめる。頭のほうから尻尾《しっぽ》のほうへ、尻尾のほうから頭のほうへと、往《い》きつ戻《もど》りつを繰り返したあと、最後に、もうすっかり濁ってしまい、眼窩《がんか》の奥に落ちくぼんでいる小鳥の眼の近くに歩みを止めた。

産卵管《さんらんかん》は直角に折れ曲がって、鳥の嘴《くちばし》の根本の部分、人間の口でいえば口角《こうかく》のあたりに挿し込まれる。

それから三十分ちかく、産卵が続く。ハエはじっとしたまま身動きひとつせず、

▼釣鐘形《つりがねがた》の飼育装置。砂を入れた平鉢《ひらばち》に金網をかぶせる。

6 **アトリ** 花鶏。*Fringilla montifringilla* 全長16㎝ スズメ目《もく》アトリ科アトリ属の小鳥。

7 **ムネアカヒワ** 胸赤鶸。*Carduelis cannabina* 全長14㎝ スズメ目アトリ科マヒワ属の小鳥。

何も感じていないかのようだ。それほど彼女は重要な仕事に没頭しているのであって、私が虫眼鏡の焦点距離まで近づいて観察していても逃げようとはしない。私が変に動いたりしたらハエは怯《おび》えるかもしれないが、私がじっとしているかぎり、なんの不安も感じないようである。彼女にとって私は〝無〟なのだ。

産卵は卵巣《らんそう》が空《から》になるまでずっと続けられるわけではない。あいだをおいて、ひと塊《かたまり》ずつ、小さく分けて産みつけられるのだ。ハエは何度も小鳥の嘴のところを離れ、金網に止まりにきては休息し、後肢《こうし》を互いに擦《こす》り合《あ》わせてブラシをかけている。それから、卵を産みつける道具である産卵管を、もう一度使用するまえにとりわけ念入りに掃除して、つるつるに磨きあげている。そして、腹の中がまだいっぱいだと感じると、さきほどと同じ鳥の嘴の根元の箇所に戻ってくる。産卵がふたたび始められ、少し経つと中断され、それからまた再開される、という具合。

こんなふうに小鳥の眼のすぐ傍《かたわ》らに止まったり、金網の上で休息したりを、かわるがわる繰り返しているうちに、二時間ばかりが過ぎていく。

ついに産卵が終了する。ハエはもはや小鳥の上には戻ってこない。卵巣の中が空になった証拠だ。翌日、このハエは死んでいた。

8　**スズメ**　イエスズメ（家雀）*Passer domesticus* のこと。体長14〜15㎝　スズメ目スズメ科スズメ属。日本産のスズメ *Passer montanus* より大型。

▼ムネアカヒワの嘴《くちばし》の根元に産卵するミヤマクロバエの雌。

卵は小鳥の喉《のど》の入口や、舌の付け根の軟口蓋《なんこうがい》の上に、びっしり、切れ目なく層をなして張りつけられている。その数は相当ありそうだ。喉の内壁は産みつけられた卵のために真っ白になっている。私は小さな木の棒を嘴のあいだに挿し込んで突っかい棒にし、口を開けたままにしてやって、その中でこれから起きることが見られるようにしておいた。

こんなふうにして私は、ハエの卵の孵化《ふか》が産卵後二日ほど経ってから起きるということを知った。寄り集まってうごめいている小さな蛆虫たちは、生まれるやいなや、その場を離れて喉の奥に姿を消してしまう。蛆虫たちの仕事ぶりをこれ以上調べようとするのは今のところ無駄である。もう少しあとで、われわれはもっとずっと調べやすい条件のもとで、それを知ることになるであろう。

ハエに荒らされた小鳥の嘴は、初めのうち、上嘴《うわくちばし》と下嘴《したくちばし》とが自然に合わさって、ゆるく閉じられていた。そしてその根元には、髪の毛ひと条《すじ》くらいの狭い隙間《すきま》が残されていたのである。産卵はそこから行なわれた。母親のハエは伸び縮み自在の蛇腹式《じゃばらしき》の産卵管を伸ばして、やや硬く強化されている、角質《かくしつ》の道具の先端部分を狭い隙間に挿し込んだのだ。探り針《ゾンデ》の細さと入口の狭さとはちょうど釣り合いがとれているかのようだ。

しかし、嘴がもし固く閉じられていたら、卵はどの箇所に産みつけられるので

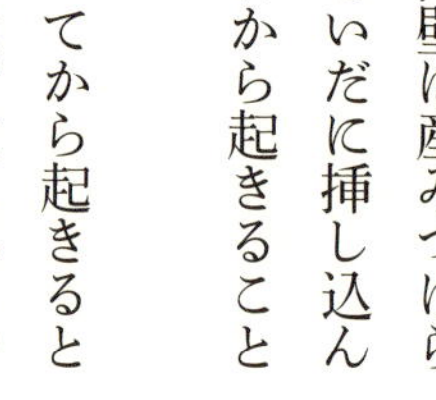
▼ムネアカヒワの軟口蓋《なんこうがい》に産みつけられたミヤマクロバエの卵。

あろうか。

私は上下の嘴を糸で結んでしっかりと閉じ合わせておき、すでに嘴の狭い隙間から卵を産みつけられているこのムネアカヒワを、第二のミヤマクロバエに与えてみた。

すると今度は、片いっぽうの眼の、まぶたと眼球との隙間に卵は産みつけられたのである。

それからまた二日経って卵が孵化すると、小さな蛆虫たちは眼窩の奥のほうの、肉のついた部分に潜り込んでいったのであった。眼と嘴――これがつまり、羽毛に覆《おお》われた鳥類の内部に侵入するための、ふたつの主要な経路ということになる。

ほかにも入り込める場所はある。それは傷口である。私はムネアカヒワに紙の頭巾《フード》をかぶせて、嘴と眼からの侵入を防ぐことにした。それを金網の籠の中に入れて、第三の母親バエに与えてみたのである。

一発の散弾が小鳥の胸に命中していた。しかし傷口から血は流れ出ておらず、傷がどこにあるのか、羽毛の外からそれがわかるような血の染みは少しもついていない。

そのうえ私は逆立っていた羽毛を筆で撫でてもとに戻してやった。それで小鳥は、見たところとてもきれいで、どう見ても無傷としか思えなかった。

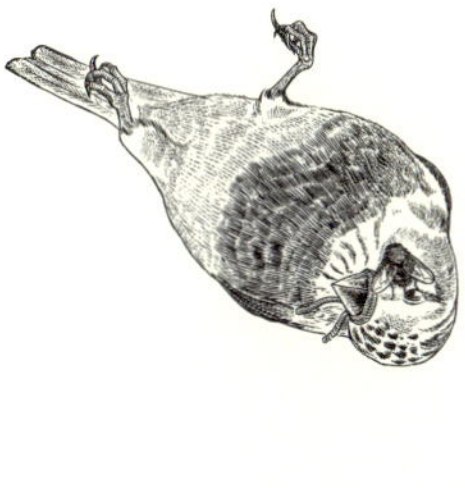

▼上下の嘴を糸で結んだムネアカヒワを与えるとミヤマクロバエの雌はまぶたと眼球の隙間《すきま》に卵を産んだ。

▼胸に散弾の当たったムネアカヒワに紙の頭巾《フード》をかぶせて第三の雌に与えてみた。

まもなくハエがやってくる。そうして注意深く端から端まで小鳥の体を検査する。前肢《ぜんし》の跗節《ふせつ》で鳥の胸と腹をとんとんと叩いてみている。これは触覚による一種の聴診というところだ。羽毛から返ってくる弾力で虫にはその下のあたりがどういう状態になっているかがわかるのである。仮に嗅覚《きゅうかく》がその助けになるとしても、それはごくわずかな程度のものでしかないであろう。獲物はまだ腐敗臭を発してはいないからである。

ところが傷口はたちまち見つけられてしまう。その箇所は、命中した弾がぐっと押し込んだ綿毛によって、いわば栓《せん》で閉ざされたような状態になっていたので、血の滴《しずく》などは少しも見られない。ハエは鳥の羽毛を搔《か》き分《わ》けて傷口を剝《む》き出《だ》しにしたりすることもなく、その場に腰を据《す》える。そして腹部《ふくぶ》を羽毛の中に埋めたまま二時間ほどのあいだ、そこでじっとしている。私が状況を知りたくて熱心に観察していても、ハエがそれによって気を散らされるようなことは少しもないのであった。

母親バエの仕事がすんだら、今度は私の番である。鳥の表皮にも傷口にもまったく何も見られない。卵を露出させるためには、栓のように傷口を塞《ふさ》いでいる綿毛を引き抜いて、いくらかの深さまで傷の奥のほうを探らなければならない。つまり、ハエは伸び縮み自在の産卵管を伸ばし、散弾によって押し込まれた綿毛の

▼紙の頭巾《フード》の近くで羽毛の下の傷口を見つけたミヤマクロバエの雌は、腹部《ふくぶ》を中に埋めたままじっとしている。

栓の、さらにその奥まで挿し込んだのだ。卵はひとつの塊になっていて、その数は三百ほどである。

　嘴と眼の部分に覆いか何かがあって、卵を産みつけることができず、また、獲物に傷がない場合でも、卵はやはり産みつけられる。ただしこの場合、産卵はためらいがちで、卵はごくわずかの数しか産みつけられない。そのことにもっとはっきり納得がいくように、私は鳥の羽毛を全部毟《むし》ってやる。そのうえで、通常の産卵経路を妨害するために紙の頭巾《フード》を小鳥の頭にかぶせてやった。

　ハエは長いあいだせかせかと歩きまわりながら、獲物をありとあらゆる方向から探っている。特に好んで頭巾《フード》をかぶった鳥の頭の上にとどまり、前肢の跗節で、とんとんと軽く叩いてはその感触を確かめている。そこに、自分の目的にちょうどいい開口部があることをハエは知っているのだ。そのうえ彼女は、小さな蛆虫たちが弱々しくて、奇妙な障害物に穴を穿《うが》ったり、そこを通り抜けたりできないことをよく知っている。それどころかこの障害物は、母親のハエ自身さえも遮《さえぎ》り、産卵管の働きを邪魔するのである。この紙の頭巾《フード》は母親のハエにとってまったく油断のならぬものである。鳥の頭部《とうぶ》という、誘惑に満ちた餌《えさ》が中に隠されているにもかかわらず、ごくわずかであれ、その覆いの上に卵が産みつけられることはない。

▼ムネアカヒワの羽毛を毟《むし》り、紙の頭巾《フード》を頭にかぶせる。

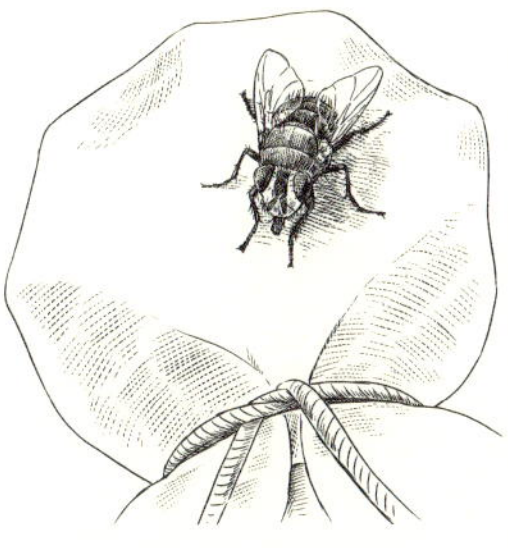
▼飛来したミヤマクロバエの雌は紙の頭巾《フード》を前肢《ぜんし》で軽く叩く。

何度も何度も、この障害物をなんとかかいくぐろうと、空しい努力を重ねたあげく、ハエはとうとうほかの部分を選ぶことにする。しかしその場所は胸でも腹でも背でもない。そういうところの表皮は硬すぎるし、光があたって明るすぎるのだ。彼女が必要としているのは、ほの暗い隠れ家《かくが》で、皮膚が非常に薄くなっているところなのである。

結局母親のハエが選んだのは、翼の下の、ちょうど腋の下《わきした》にあたる窪《くぼ》んだところと、腿《もも》の付け根の、腹に接している部分である。しかしどちらの場所でも、卵は産みつけられることは産みつけられるけれど、その数は非常に少ない。ということは、つまり、鼠径部《そけいぶ》や腋の下は、ほかにもっといい場所がないからしかたなく選ばれたにすぎないということなのだ。

鳥の羽毛は毟らず、頭に頭巾《フード》をかぶせたままで同様の実験をやってみたけれど、いい結果は得られなかった。羽毛はハエが奥深いところまで潜っていくのに邪魔になるのだ。

結局のところ、皮を剝《は》いだ鳥とか、あるいは、ふつうに肉屋で売っている肉片の上であると、それが暗い場所にありさえすれば、そのどの箇所にでも卵は産みつけられるのだ。肉のある場所が暗ければ暗いほど、ハエには好まれるのである。以上、さまざまな事実から次のようなことが結論として言える。産卵のためにミヤマクロバエは、あるときには肉が露出している傷口を探しており、またあるときには、ある程度の強度をもつ表皮などで保護されていない箇所、つまり口や眼の粘膜を探しているのだ。また、このハエには暗がりも必要である。なぜ暗い場所を好むのか。われわれはのちに、その理由を知ることになる。

眼窩や嘴からの蛆虫の侵入を防ぐという点において、紙の頭巾《フード》はきわめて効果的だったので、私は、同様のことを鳥の体全体に施《ほどこ》してみたらどうだろう、と考えるようになった。つまり獲物を、本来の表皮と同様、卵を産みつけようとするハエがそれをあきらめるように、人工の皮膚ですっぽり覆ってしまうのである。ムネアカヒワの、大きな傷を負ったものと、ほとんど無傷のものとを、それぞれ別々に、紙の袋の中に入れてみた。糊《のり》は使わずに、ただ紙を折って作っただけの袋で、ちょうど花作りの園芸家が種子を保存するために使うようなものである。紙はごくありふれた、特に丈夫でもないもの、普通の新聞紙で充分である。

これらの死骸を入れた袋は、自由に空気の通う窓際の、一日のうち、時刻によって暗い影と強い陽射しとが交互に訪れる研究室の机の上に置いてみた。

肉の発する臭気に惹《ひ》かれて、ミヤマクロバエは、窓がずっと開け放しになっているこの部屋にしきりに入ってくる。

▼傷を負ったムネアカヒワと、無傷のムネアカヒワとをそれぞれ紙袋に収めて、ハエの産卵を防げるかどうか、対照実験を行なった。

毎日毎日私は、腐りかけの鳥の匂いを嗅ぎつけたハエたちが紙袋の上に止まってひどく忙しそうに探索しているのを見ている。

連中が絶えず往ったり来たりしているところから察すると、ハエたちはそれを手に入れたくてたまらないのだ。しかしそのうちのどの個体も、いざとなると紙袋に卵を産みつけようとはしない。紙の折り目の溝の中に産卵管を挿し込もうとさえしない。

好適な季節は過ぎていく。しかし、心を惑わす紙袋の上には何も産みつけられてはいないのだ。母親のハエたちはみな、この薄い紙の壁は小さな蛆虫には乗り越えられないものと判断して産卵を控えているのである。

ハエのこの用心深さに私はちっとも驚かない。母性はいつの場合でも偉大な洞察力を有しているものだからだ。それより私が驚いたのは次のような結果のほうである。

ムネアカヒワの入った紙袋はまる一年間、机の上に放置されたままであった。そして、次の年もその次の年も、そこでそのままになっていた。

ときおり私は紙袋の中身を点検してみた。小鳥たちの体は完全にもとのままである。羽毛もきれいに整っているし、匂いもなく、乾燥してすっかり軽くなっている。小鳥の体は腐って分解されることなく*ミイラ化したのである。

9 **ヒバリ** 雲雀。*Alauda arvensis* スズメ目《もく》ヒバリ科ヒバリ属の小鳥。全長17㎝ 料理用語では、脂《あぶら》がのっているものを特に mauviette《モヴィエット》 という。ファーブルは若いころヒバリ撃ちを得意としていた。

10 **ツグミ** 鶫。*Turdus naumanni* 全長24㎝ スズメ目ヒタキ科ツグミ属の鳥。

11 **ノハラツグミ** 野原鶫。*Turdus pilaris* 全長25㎝ スズメ目ヒタキ科ツグミ属の鳥。

12 **チドリ** 千鳥。チドリ目《もく》チドリ科チドリ属 *Charadrius* の一種。干潟《ひがた》でみられる渡り鳥、あるいは旅鳥。

13 **タゲリ** 田鳧。*Vanellus vanellus* 全長32㎝ チドリ目

私はそれらの小鳥の死骸が、野外に放置された死骸にみられるように、血膿《ちうみ》となってどろどろに溶けて腐ってしまうものと思い込んでいた。ところが実際にはその反対だった。これらの死骸は特に変質することもなく、乾燥して硬くかさかさになってしまっただけなのであった。

この死骸が腐って分解されるためには、いったい何が足りなかったのであろうか。ただ単に、ハエの介入が不足していたのだ。だからハエの蛆虫は、死体を解体するうえでの第一の要因であり、蛆虫は腐敗と分解を司《つかさど》る比類のない化学者なのである。

この紙製の獲物袋から、とても無視することのできない、興味深いひとつの結果が導き出される。フランスの市場、特に南仏の市場では、猟の獲物はそのままなんの覆いもなしに店先の鉤《フック》にかけて釣り下げられている。

ヒバリ[9]は一ダースずつ、鼻孔《びこう》に通した糸でまとめられており、ツグミ[10]、ノハラツグミ[11]、チドリ[12]、タゲリ[13]、コガモ[14]、ヨーロッパヤマウズラ[15]、ヤマシギ[16]その他、焼き串の誉《ほま》れというべき秋の渡り鳥たちはどれもこれも、何日も何週間も、ハエの害にさらされているのだ。

お客のほうでは見た目が申し分ないのでつい買ってしまうのだが、家に帰り、いざ料理の下ごしらえという段になって、旨《うま》い焼き鳥になるものと思っていた鳥

チドリ科タゲリ属。

14　**コガモ**　小鴨。*Anas crecca*　全長35 cm　カモ目《もく》カモ科マガモ属の水鳥。

15　**ヨーロッパヤマウズラ**　ヨーロッパ山鶉　*Perdix perdix*　全長23～31 cm　キジ目《もく》キジ科ヤマウズラ属。

16　**ヤマシギ**　山鷸。*Scolopax rusticola*　全長35 cm　チドリ目シギ科ヤマシギ属。

が蛆虫に荒らされているのに気づくことになる。ええい、気持ち悪い！　こんな蛆虫たかりの気持ちの悪い鳥なんか捨ててしまおう！

　この場合の犯人はミヤマクロバエである。誰でもそれは知っている。それなのに誰も、狩りの獲物を売る小売りの商人も、卸商《おろししょう》も、猟師も、どうすればその被害を防げるか、まじめに考える者はいないのだ。蛆虫の侵入を防ぐにはどうしたらよいのか。実に簡単なことだ。獲物をひとつひとつ紙の袋に入れてやればいいのだ。ハエがやってくるまえに、初めからこういう予防策がとられていたら、どんな獲物でもハエの攻撃なんか少しも受けることなく、美食家の求めるように熟成するまで、いつまでも寝かせておくことができるのである。

　オリーヴの実《み》とミルテ[17]の実を腹にたらふく詰め込んだコルシカ産のツグミはとても美味で、それこそ御馳走《ごちそう》である。それがときおり、一羽ずつ紙の小袋に入れられ、空気のよく通る籠の中に積み重ねられてオランジュ[18]の町に送られてくることがある。それらは厨房《ちゅうぼう》のうるさい注文にかなった完璧な保存状態にある。ツグミに紙の着物を着せたらどうだろうと、素晴らしいことを思いついた無名の発送者を私は褒め讃えておきたい。しかし、このやり方をお手本とする者が出てくるであろうか。あやしいものだと思う。

　この保存法にはひとつ重大な反対意見が出てきそうである。つまり紙の衣裳《いしょう》を

17 **ミルテ**　ギンバイカ（銀梅花）とも。フトモモ科ギンバイカ属 *Myrtus* の常緑性の低木あるいは小高木。秋に実る果実は液果《えきか》で黒紫色《こくししょく》に熟し食用や果実酒にされる。

▼ミルテの実《み》をついばむツグミ。

18 **オランジュ**　南仏の町。ファーブルの住むセリニャンからは南西へ約七キロの位置。セリニャンの荒地《アルマス》に移住する直前まで、ファーブルはオランジュに住んでいた。

着せたりしたら、中の品物が見えなくなってしまう。いかにも旨そうなあの姿が見せられないではないか、というのである。通りがかりのお客に商品の種類も品質も知ってもらえないのだ。

しかし、獲物の姿を隠さないでおく方法がひとつ残されている。それは、なんのことはない、鳥に紙の頭巾《フード》をかぶせてやるだけのことである。頭部は喉と眼の粘膜があるために、ハエの攻撃をいちばん受けやすい部分だ。だから、たいていの場合、ハエの行く手をさえぎり、その侵略をきっぱり断つためには頭の部分を守ってやるだけで充分ということになる。

調査の方法を変えて引き続きミヤマクロバエにものを尋ねてみよう。今度は、深さ約一〇センチのブリキの缶に、肉屋で売っている肉をひと切れ入れたものを使うことにする。蓋《ふた》は斜めにかぶせてあり、その縁《ふち》の部分の一か所だけ、細い針が一本やっと入るくらいの狭い隙間が開いている。

ハエを誘引するための餌が、腐りかけの匂いを発散させはじめると、卵を産もうとする雌のハエは一頭ずつ、あるいは何頭も一緒に飛んでくる。彼女らはこのかすかな隙間から広がってくる匂い、私の嗅覚ではほとんど感じとれないくらいの匂いに引き寄せられているのだ。

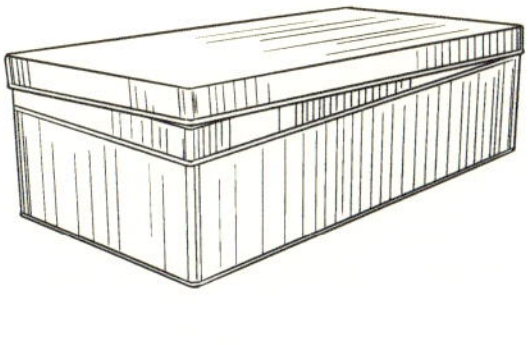

▼ブリキ缶に肉を入れてミヤマクロバエの雌が産卵するかどうかを観察した。蓋《ふた》は斜めにかぶせてあり、針一本分の隙間が開けてある。

しばらくのあいだ、雌のハエたちは金属の容器を点検して入口を探している。自分たちの求めている肉切れまで到達できるような道筋が見つからないので、ハエたちは、隙間のすぐそばのブリキの表面に卵を産みつけることに決めてしまう。ときによると、狭い通路になんとかねじ込むように、ハエたちは産卵管を挿し込んで、缶と蓋との合わせ目の縁《ふち》の部分の内側に卵を産みつける。

缶の内側でも外側でも、鮮やかな純白の卵は規則正しい配列をなして層状《そうじょう》に張りつけられている。

私が紙切れの箆《へら》をシャベルのように使って卵塊をすくい取ったのは、そういう箇所からであった。傷んだ肉の上から採集すると汚れがつくのはどうしても避けられないが、こんなふうにして私は、汚れひとつない卵を、研究のために必要なだけ手に入れたのであった。

先ほど見たように、ミヤマクロバエは紙の袋に入れたムネアカヒワの死臭が漏れ出してきているのに、どうしても袋の上に卵を産みつけなかった。ところが今回は、なんのためらいもみせずに、金属片の上に卵を産みつけるのである。卵を宿す場所の材質が、この場合いくらか関係しているのであろうか。

私は箱にブリキの蓋をかぶせるかわりに、開いた口のところに紙を幕のようにぴんと糊で張りつけてみた。それからポケットナイフの先で、この新しい蓋に細

▼肉を収めたブリキ缶に飛来したミヤマクロバエは、缶と蓋の隙間に卵を産みつける。

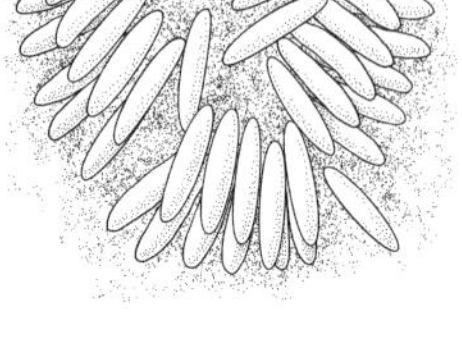

▼卵は規則正しく層状《そうじょう》に産みつけられた。

く切れ目を入れてやる。それで充分であった。雌のハエは紙に卵を産みつけたのである。

　ということは、卵を産むか産まないかを母親のハエに決断させる要因は、匂いだけではないのだ。ただ単に獲物が、切れ目のない紙を通してさえも充分に感知できるような臭気を発するということだけではなく、何よりもまず、裂け目があるかないかということなのだ。裂け目さえあれば、そのすぐそばの、箱の外側で孵《かえ》る小さな蛆虫が、そこを通路として内部に侵入することができるわけである。

　蛆虫の母親には母親なりの論理があって、きわめて適切な洞察力を有しているのだ。彼女は、自分の子供たちのか弱さを初めから知っているのである。この蛆虫たちには、いくらかでも抵抗力のある障害物を越えて通路を切り開くことなどできないとわかっている。それゆえに、匂いの誘惑はあっても、生まれたばかりの蛆虫が自力で入り込んでいけるだけの入口が見つからないかぎり、彼女は産卵を控えるというわけなのである。

　母親のハエが、例外的な条件のもとで、どうしても産卵しなければならないというような場合、その決断に、障害物の色や、輝きや、硬さの程度その他の性質が影響を与えるのかどうか、私はぜひとも知りたいと思った。

　この目的のために私は小さな広口壜《ひろくちびん》をいくつも使い、そのそれぞれに餌として、肉屋で買った肉の切れ端を入れておいた。

蓋としては、さまざまな色の紙や、油布《オイルクロス》[19]や、リキュールの壜の口にかぶせてある金色や赤銅色《しゃくどういろ》に輝く錫箔《すずはく》などを使用した。

雌のハエたちは、これらのどの蓋の上であれ、卵を産みつけるために止まるようなことはなかった。ところが、ナイフで少しばかり切れ目を入れてやると、どれもこれも、遅かれ早かれ蓋のところにやってきて、その切れ目の傍らに白い卵塊を産みつけるのである。

だから障害物の見かけはこの場合、なんの関係もないわけである。暗い色をしていようが、きらきら輝いていようが、艶消《つやけ》しであろうが、色どり鮮やかであろうが、そんな細かいことなどまったくどうでもいいのである。何より肝心なのは、小さな蛆虫が中に入り込むための通り道があるかどうかという、その一点なのだ。

広口壜の外の、大好きな食物から遠く離れたところで孵化した蛆虫たちは、自分たちの食堂を見つける術《すべ》をとてもよく心得ている。卵の中から這《は》い出《で》てくると、少しも迷うことはない。それほど蛆虫たちの嗅覚は確かなのだ。連中はぴったり合わさっていなかった蓋の縁の下側から、あるいは私がナイフで入れてやった切れ目から中に入り込む。そして今や蛆虫は、彼らの約束の地である悪臭ぷんぷんの天国へとたどりついたのである。

19 **油布《オイルクロス》** 木綿やリネンに亜《あ》麻仁油《まにゆ》で防水加工を施《ほどこ》した布。

▼肉を入れた広口壜《ひろくちびん》に、色紙、油布《オイルクロス》、錫箔《すずはく》などで蓋をしてミヤマクロバエの雌の産卵行動を観察する。

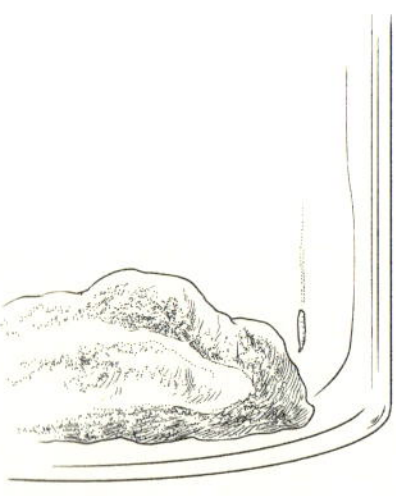
▼広口壜の底の肉にたどりついた孵化《ふか》したばかりの幼虫（蛆虫《うじむし》）。

早く到着したいと焦るあまり、彼らは広口壜の壁の高いところからぽとりと落ちたりするだろうか。決してそんなことはしない。悠々と這いながら壜の壁面を進んでいくのだ。彼らは尖《とが》った上半身で、松葉杖《まつばづえ》をつくように、あるいは錨《いかり》を降ろすように、周囲にちょんちょんと触れながら、絶えずようすを探っている。そして肉の塊にたどりつくと、たちまちそこに腰を据えるのである。

　実験装置を変えて研究を続けてみよう。長さが一アンパン[20]以上もある大きな試験管の底に、餌として肉の小さな塊を入れてやり、金網で蓋をする。網の目は一辺が二ミリぐらいでハエには潜《くぐ》り抜《ぬ》けることができない。

　ミヤマクロバエがこの装置に飛来する。視覚というよりも、嗅覚でかぎつけてやってくるのだ。ハエは中が見えない不透明なカバーで覆われた試験管のほうにも、裸のままの試験管のほうにも、同じように熱心に駆《か》けつけてくる。つまり目に見えない物も、見える物も同じぐらいハエを惹きつけるのである。

　ハエは試験管の口にかぶせた金網の上に止まって注意深くそれを検査する。しかし、そのときは何か条件がよくなかったのか、あるいは針金の編目がハエに警戒心を起こさせたのか、ハエがそこに卵を産みつけるところを私は、はっきりと見ることができなかった。

　このミヤマクロバエの証言には疑問の余地があったので、私はハイイロニクバ

20　**アンパン**　十七世紀以来プロヴァンス地方を中心に使われていた長さの単位。二〇〜二二・五センチ。

▼長さ二〇センチほどの試験管に肉を入れて金網で蓋をした実験装置。

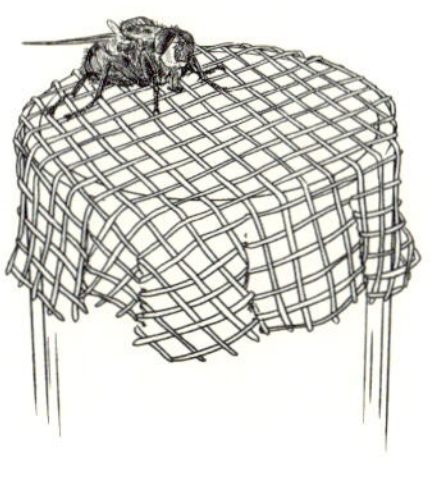

▼試験管の口にかぶせた金網に止まり、ようすを探るミヤマクロバエの雌。

エに助けを求めることにした。

このハエは産卵の準備にもそれほど細かい注意を払わないし、それにニクバエの場合、*産まれてくるのはすっかり形が整い、すでに力のある丈夫な、危なげのない蛆虫なので、私の見たいと思うことをたやすく見ることができる。ニクバエの母親は金網を調べてまわり、編目のひとつを選ぶ。そこに尾端《びたん》を突っ込むと、私が近くにいても気にすることもなく次々と蛆虫を産んでいく。その数は十頭ほどである。ただし、このハエは何度も繰り返しやってきて、子供の数を増やしていく。その勢いは、私がそれまで、まさかこれほど、とは思わなかったぐらい激しいものであった。

生まれたばかりの蛆虫は少し体がべとべとしているので、ちょっとのあいだ金網にくっついている。連中はうごめき、動きまわり、金網から身をふりほどくと、深い底のほうにぽとりと落ちる。一アンパンかそれ以上もの距離を落下するのである。これがすんでしまうと母親のハエは、子供たちが自力でやっていけるものと確信してどこかに飛んでいってしまう。蛆虫が肉の上に落ちるなら、それでもう何も言うことはない。しかし、もしよその場所に落ちたとしても、彼らは目的の肉まで這ってたどりつくことができるであろう。

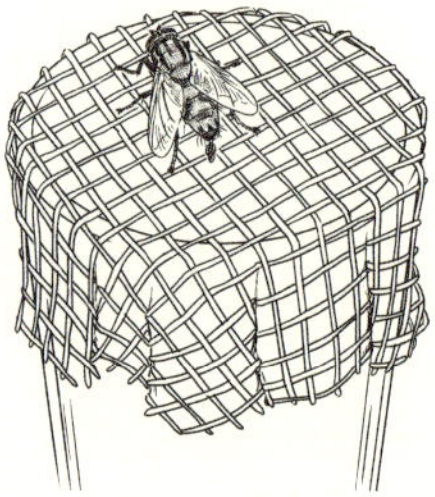
▼試験管の金網の隙間から幼虫（蛆虫）を産み落とすハイイロニクバエの雌。

Sarcophaga carnaria　（図は雌）

ハイイロニクバエ　灰色肉蠅。体長13〜15㎜　双翅目《そうしもく》（ハエ・アブ類）ニクバエ科サルコファガ属。複眼は青味がかった赤。背に縦縞《たてじま》、腹に横縞がある。肢《あし》は黒い。ヨーロッパからアフリカに分布。糞《ふん》や肉を好み、野外では動物の死体などに産卵するが、家にも侵入して食物に幼虫を産むため、衛生学者が警戒するハエの一種。学名（属名）*Sarcophaga* はギリシア語の sarcos（肉）＋phagein（食う）に由来。仏名は Mouche《ムーシュ・》 grise de la viande《グリーズ・ド・ラ・ヴィアンド》 で「灰色の肉蠅」という意味。→訳注。

試験管という深淵の底に何があるのかハエは知らない。ただ匂いに導かれているだけなのだ。この確信に満ちたハエの行動については、より詳しく調べてみるだけの価値がある。

どのくらいの高さから、ハイイロニクバエはその子供たちをあえて落下させるのであろうか。私は試験管の上に、壜の首ほどの口径《こうけい》をもつ管《くだ》を継ぎ足してみた。そして、その口の部分は金網か、あるいはナイフで細い切れ目を入れた紙の蓋で閉ざしておく。装置全体の高さは六五センチである。

しかしそんな高さはまるで問題にならない。小さな蛆虫は背筋が柔軟にできているので、落ちてもどうということはないのだ。数日のうちに試験管の中には蛆虫たちがうようよひしめくようになったが、それがハイイロニクバエの子であることは、蛆虫の尾端に、小さい花のように開いたり閉じたりする王冠状《おうかんじょう》の縁飾《ふちかざ》りがあることで、すぐにわかる。

私はこの装置にハイイロニクバエの母親が子供を産みつけているところを見ていない。ちょうどそのときに、私はそこに居合わせなかったのだ。しかし母親のハエがやってきたこと、そしてその子供たちが高いところから飛び降りたことには、疑いの余地はない。試験管の中が蛆虫でいっぱいであることが動かぬ証拠である。

▼ハイイロニクバエの幼虫の落下実験装置、長さ二〇センチほどの試験管に四五センチの長さのガラス管を継ぎ足した。

この高飛び込みに私は感心してしまう。そして、さらに説得力のある証拠を手に入れるために、管を別のものと取り替えてみることにした。その結果、装置の高さは一メートル二〇センチになった。

私はこの円柱をうすぼんやりとしか光の射さない、ハエのよく飛んでくる場所に立てておいた。金網をかぶせたその口の部分は、ほかのさまざまな装置、つまり試験管や広口壜などと同じ水準にある。それらの装置にはすでに蛆虫がうようよいるものと、まだまったくいないものとがある。

この場所のことがハエたちによく知られたとき、私はその管だけを残すようにした。ほかにもっと楽に卵を産みつけられる場所があるために、連中がそっちのほうにいってしまうと困るのだ。

ときおり、ミヤマクロバエとハイイロニクバエとは金網の上に止まって、しばらく調べてみてからどこかにいってしまう。快適な季節のまるまる三か月のあいだ、この装置はそこに置かれたままであったが、なんの結果ももたらさなかった。蛆虫なんか一頭もいないのだ。どういうわけであろう。肉の腐った匂いは、これだけ深い管の底からは上まで立ち昇ってこないのだろうか。とんでもない、拡散してきているのだ。鈍くなった私の嗅覚でも、それを感知することはできる。証人として呼んできたうちの子供たちの嗅覚は、もっとはっきりそれを嗅ぎつけて

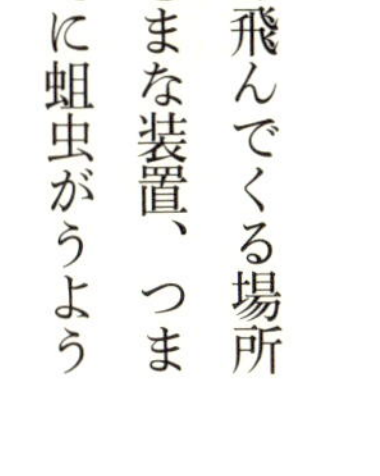

▼ハイイロニクバエの幼虫（蛆虫）の尾端《びたん》には開閉する王冠《おうかん》のように広がった襞《ひだ》がある。

▼ハイイロニクバエの幼虫の落下実験装置。試験管に管《くだ》を継ぎ足した。口の部分には金網がかぶせてある。高さは一メートル二〇センチ。

いるのである。

それならどうして、以前には相当の高さの円柱から蛆虫を落下させたハイイロニクバエが、二倍の高さの円柱からは突き落とすことを拒否するのか。母親のハエは、あまりに高いところから落下すると、蛆虫たちが怪我をしてしまうと心配しているのであろうか。

管の長さに母親のハエが不安を感じた、ということを示すものは何もない。彼女が管を点検したり、その寸法を測るところを私は一度も見ていないのだ。ハエは管の口に張った金網の上に止まる。ただそれだけだ。管の底のほうから立ち昇ってくる悪臭がそれだけ弱まっているために、この深淵の深さがわかるのであろうか。つまり嗅覚によって、蛆虫を落下させても大丈夫な高さであるかどうかが測定できるのであろうか。あるいはそうかもしれない。

いずれにせよ、匂いの誘惑があるにもかかわらず、ハイイロニクバエは蛆虫たちをあまりに高すぎるところから落下させるという危険にさらすことはない。

あるいは、この母親はもっと先のことまで心得ていて、羽化《うか》した新成虫が[21]囲蛹《いよう》の中から脱出するとき、いきなり無鉄砲な飛び方をして、長い管の壁面にぶつかり、外に出ることができないだろうと思っているのか。そんなふうに先のことをあらかじめ用心して見通しておく能力は、子供たちに将来絶対必要となる諸々の条件に応じて雌に母性本能を発揮させる、あの本能の法則に即したものである。

21 **囲蛹**　ハエなどの仲間に特有の構造をもつ蛹《さなぎ》。ハエの幼虫（蛆虫）は、三齢《さんれい》のときに脱皮をせず、外側の皮が角質化《かくしつか》し、蛹の表面に密着して固まり、蛹を囲む殻《から》のようになる。双翅目《そうしもく》短角亜目環縫群《たんかくあもくかんぽうぐん》（ハエ類）や撚《ねん》翅目《しもく》（ネジレバネ類）でみられる。

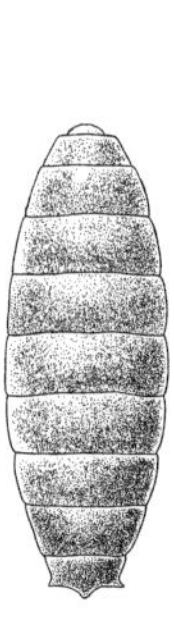
▼ハイイロニクバエの囲蛹。

だが、落下の距離が一定の限度を超えない場合、生まれたばかりのハイイロニクバエの蛆虫は、それこそまともに飛び込みをやるのである。私たちの実験によってそのことは証明されている。

この点を知っておけば、家庭経済のうえでちょっとした実用価値のあることに応用できるというものだ。昆虫学上の目を瞠《みは》るような発見が、場合によってはささやかな実用の役に立つのは結構なことである。

フランスの各家庭でふつうに使われている蠅帳《はいちょう》[22]というのは、四角い家具で、側面が四面とも金網張りになっており、ほかの二面、つまり上下の部分が木製の細工物という、大きな鳥籠のようなものである。内部の天井に取りつけられている何本もの鉤《かぎ》に食品を吊るして、ハエから守るようになっている。中の空間をより有効に利用するために、これらの食品は、ただ単にこの家具の床板の上にぽんと置かれることがよくある。しかしこんな装置でハエと蛆虫とを確実に防ぐことができるのだろうか――実は全然だめなのだ。

おそらくミヤマクロバエは防ぐことができるであろう。このハエは肉から離れた場所にある金網の上にはあまり卵を産みつけようとはしない。しかしハイイロニクバエという奴がいる。しかもこいつはミヤマクロバエより図々しくて仕事ぶ

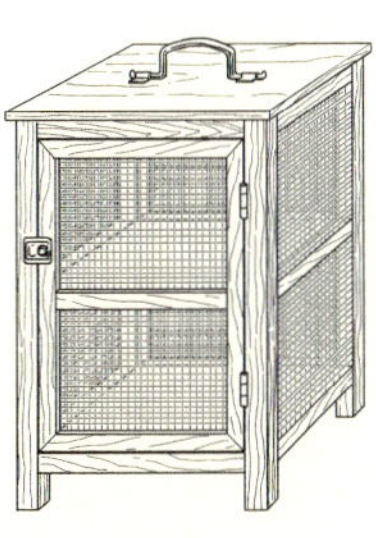

22　**蠅帳**　ハエなどが食品や料理にたからないように一時的に保存する棚や器具。虫の侵入を防ぎ、通気をよくするために金網が張られている。「蠅帳《はえちょう》」とも呼ぶ。

りもずっと手早く、蛆虫どもを網目から中に挿し入れ、蠅帳の内部にぽとりと落とすことであろう。このハエの蛆虫は身のこなしが素早く、這って歩くのが巧みなので、やすやすと床の上にある食品までたどりつくことであろう。連中の手に届かないのは天井から吊り下げられたものだけである。高いところにあるものに、とりわけ紐《ひも》を伝ってたどりつくなどということは、肉にたかる蛆虫の習性には含まれていないのだ。

上からかぶせる釣鐘形の金網もよく使われるが、この金網の円天井《ドーム》は、覆っているものを保護するという点では蠅帳よりもずっと劣っている。すなわちニクバエは、そんなものは問題にもしないのであって、金網の目を通して、自分の好きな食品の上にぽとりぽとりと蛆虫を落とすことができるのである。

では蛆虫を防ぐのにはどうすればよいのか。実を言うと、それはごく簡単である。保存しようとする獲物、ツグミでもノハラツグミでもヤマウズラでもヤマシギでも、一羽ずつ紙に包んでやればそれでよいのだ。肉屋で買った肉にしても同じように処置しておけばいい。充分に通気性のあるただこれだけの防備で、釣鐘形の金網や蠅帳なんかがなくても蛆虫はまったく侵入できなくなるのだ。これは紙に特別な防虫効果があるためではなく、ただ単に障壁となっていて通り抜けられないというだけの話なのだ。ミヤマクロバエはその場所に産卵しようとしないし、ハイイロニクバエも子供を産みつけることを控える。どちらのハエも、生まれたばかりの小さな蛆虫にはこの障害物を通り抜ける力がないことをよく知っているのだ。

毛織物や毛皮をひどく食い荒らすイガ[23]（衣蛾）の幼虫との戦いにおいても紙は同様に成功を収める。毛織物の毛を齧《かじ》りとり、毛皮の毛を毟るこの虫たちを予防するのに、ふつうは樟脳《しょうのう》やナフタリン、タバコの葉、乾燥させたラヴェンダーの花束その他、匂いの強い芳香物質を使っている。私としてはこういう防虫剤をけなすつもりはないけれど、使ってみた結果、たいした効き目はないということは認めなければならない。芳香性の発散物はイガの害をほとんど防いではくれないのだ。

だから私は、一家の主婦たちにはこういった薬品のかわりに、ちょうどいい大きさの新聞紙を使用することを勧めようと思う。毛皮でもフランネルでも、毛織物の衣類そのほかなんでも、虫に食われて困るものはていねいにたたんで新聞紙に包み込み、その端のところを二重に折り目をつけてしっかり針《ピン》で止めるのである。この折り目さえきちんとしていれば、イガは決して包みの中に侵入してくることはないであろう。我が家では私の助言に従ってこの方法を採用してからというもの、かつてのような虫による被害は二度と起きていない。

23 **イガ**　衣蛾。*Tinea translucens*　開張10～12㎜　鱗翅目《りんしもく》（チョウ・ガ類）ヒロズコガ科ティネア属。幼虫（下・鞘《さや》から前半身を出している）が衣類などを食害する。

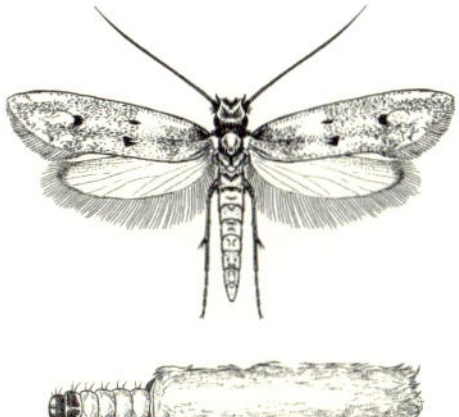

ハエの話に戻ることにしよう。肉をひと切れ広口壜の底に置き、その上に細かな乾いた砂をかけて隠しておく。砂の層の厚さは、人の指の幅一本分くらいである。壜の口は広くて蓋はしていない。匂いに惹きつけられてくるものは、何ものにも邪魔されることはない。

やがてミヤマクロバエたちがこうして用意した壜のところにやってくる。ハエたちは広口壜の中に入ったり出たりを繰り返す。目には見えないけれど匂いでわかる物体を調べているのだ。

そばで注意深く観察してみると、連中は忙しそうなようすで砂の表面を探査し、前肢の跗節でとんとんと叩いてみ、口吻《こうふん》で調べている。二、三週間のあいだ、私はやってくるハエたちの好きなようにさせておいたのだが、卵を産みつけたものは一頭もいなかった。

これは死んだ鳥が入っている紙袋が見せてくれたことの繰り返しである。おそらくはそれと同じ理由から、ハエは砂の上に卵を産むことを拒んだのだ。か弱い蛆虫にとって紙は、通り抜けることのできない障壁だと判断されていた。砂はもっと困る。ざらざらしているので、肌の柔らかい、生まれたばかりの蛆虫を傷つけるであろうし、乾燥しているために、蛆虫の運動に必要不可欠な体の湿り気

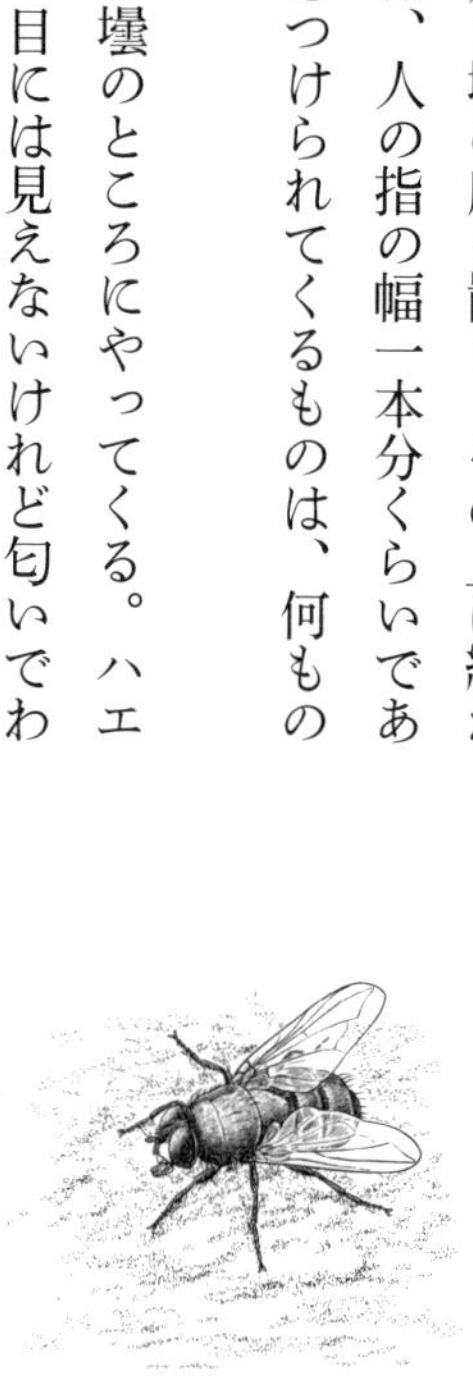

▼埋められた肉の匂いを感じて、砂の表面を探るミヤマクロバエ。

も吸い取ってしまうのであろう。

もっとあとになって蛹化《ようか》の準備をするときであれば、蛆虫たちも力がついているから、口器《こうき》を鶴嘴《つるはし》のようにうまく使って地面を掘り、潜っていくことができるであろう。しかし幼いころであるとそれは、連中にとって重大な危険をともなうことになるのだ。こうした困難をよく心得ている母親のハエたちは、いい匂いにどれほどそそられようと子供たちを産むことを控えるのだ。そして実際、私は長いこと待ったあと、卵塊を見落としているのではないかと心配になって広口壜の中身を徹底的に調べてみたのだが、肉の中にも砂の中にも、蛆虫も囲蛹もまったく見つからなかった。完全に何もいなかったのである。

砂の層の厚みはたかだか指の幅ひとつ分くらいであるから、この実験はいくらか慎重にやらなければならない。悪くなった肉は少し膨《ふく》らんで、ところどころ砂の表面に露出することがある。その露出部分がどんなに小さくても、ハエはちゃんとそこに飛んできて産卵するのだ。また、ときによると腐った肉から滲《にじ》み出《だ》した汁が砂の層に小さな染みをつくることがある。蛆虫が最初に腰を据える場所としてはそれでも充分なのだ。

こうした失敗の原因は砂の厚みを一プース[24]ほどにすることによって避けることができる。そうしてやればミヤマクロバエにしてもハイイロニクバエにしても、

24　**プース**　かつてフランスで使われていた長さの単位。一プースは約二・七センチ。

その他の死体を荒らすハエたちにしても、見事に遠ざけることができるのである。われわれ人間がいかに空しい存在であるかを教えるために、教会の説教者たちは墓地の蛆虫の話をしきりにもちだしてくる。

彼らの陰々滅々《いんいんめつめつ》たる説教を信じてはならない。命の終わりに待ち受ける死体分解の化学は、われわれの存在の惨めさを雄弁に物語っているのだ。そのうえにまた想像上の恐怖まで付け加える必要などないのである。

墓場の蛆虫などというものは、事物をありのまま見ることのできない、陰気な人間の発明である。地下、たった数プースのところで、死者は心静かに眠ることができるのだ。ハエがその死体を荒らしにいくようなことは決してない。

地面の上の吹きさらしのところなら、たしかにそのとおりだ。ハエたちの恐ろしい襲来も起こりえる。むしろそれは絶対に起こることでさえある。材料を溶かして別のものに造り変えるときには、死体は死体なのであって、人間にしてもいちばん下等な生き物となんら変わりはない。

そのとき、ハエどもが当然の権利を行使するのである。ハエはわれわれを、とるにも足らぬ肉切れと同等に扱う。改造の工房において、自然はわれわれに対して見事なまでに無関心だ。その坩堝《るつぼ》の底では、獣《けもの》も人も、乞食も、王侯貴族も絶対的に同じものなのだ。これこそ世界にたったひとつの平等、すなわち蛆虫の前での平等である。

16章　ミヤマクロバエの産卵　訳注

69頁　ミヤマクロバエ　本種《ほんしゅ》は、双翅目《そうしもく》（ハエ・アブ類）環縫《かんぽう》亜目《あもく》 Cyclorrhapha クロバエ科 Calliphoridae クロバエ属 *Calliphora* に含まれる。頭部《とうぶ》と胸部《きょうぶ》は灰色、腹部《ふくぶ》は金属光沢のある金青色《きんせいしょく》。複眼《ふくがん》は赤く、体全体や肢《あし》には黒い毛が生えている。世界中に分布するが、日本でも山小屋の便所などで大発生することがある。幼虫は腐肉《ふにく》を食べる分解者であるが、成虫は花の蜜や花粉を食物とする花粉媒介《かふんばいかい》者《しゃ》でもある。

　クロバエ属は、日本にも本種をはじめとしてオオクロバエ *Calliphora lata*、ホホアカクロバエ *Calliphora vicina*（帰化種《きかしゅ》）など五種が知られる。英名では、クロバエ属は blue bottle fly《ブルー・ボトル・フライ》 と呼ばれ、これは青黒い金属光沢をした体色に由来する。ちなみにクロバエ科の種《しゅ》で金緑色《きんりょくしょく》をしているものがキンバエで、英名は green bottle fly《グリーン・ボトル・フライ》 である。

　双翅目の昆虫は、翅《はね》が前翅《ぜんし》一対《つい》（二枚）のみで、後翅《こうし》は退化し、飛行中、体のバランスをとる一対の平均棍《へいきんこん》になっている。そのためアリストテレスは、これらの仲間を『動物誌』*Historia Animalium*（前三三〇年頃）で Diptera《ディプテラ》（二枚翅＝双翅目）と名づけている。双翅目には、ハエやアブのほかにカやブユ（ぶよ、ぶと）、ガガンボの仲間が含まれる。

◆ハイイロニクバエ　双翅目《そうしもく》（ハエ・アブ類）環縫《かんぽう》亜目《あもく》 Cyclorrhapha ニクバエ亜科 Sarcophaginae に含まれる。英語で flesh fly《フレッシュ・フライ》（肉食いのハエ）と呼ばれるように腐肉《ふにく》に集まる。

　ハエの仲間の多くは卵生《らんせい》だが、ニクバエの卵は雌の体内で孵化《ふか》寸前まで育つ卵胎生《らんたいせい》（産仔生《さんしせい》）で、卵ではなく幼虫（蛆虫《うじむし》）を、食物となる動物の死体などに直接産みつける。幼虫は、蛋白質《たんぱくしつ》に消化液を吐きかけて液化し、それを吸収して育つ。二齢《にれい》から三齢《さんれい》になると食物から離れて地中へと移動する。三齢幼虫になるときには脱皮をせず、外側の皮が角質化《かくしつか》して俵状《たわらじょう》の囲蛹《いよう》になる。囲蛹の中で幼虫は蛹《さなぎ》になり、やがて羽化《うか》して成虫になり、地上に出てくる。多くのニクバエの仲間は背中に目立った縞《しま》が三本あるので見分けやすい。近似種《きんじしゅ》であるイエバエの背中には四本の縞がある。

80頁　ミイラ化した　鳥の死体を紙袋に入れてその経過を観察した実験についてファーブルは、まる一年間、そして、次の年もその次の年も机の上に放置していたと記述している。

ファーブルが住む南仏は、地中海性気候であって、夏は高温で乾燥した日が続く。そのため細菌の活動や自己消化作用が始まるまえに死体から水分が失われて、腐敗せずミイラになってしまうのであろう。日本のように高温多湿な気候では考えにくい現象である。

88頁　産まれてくるのは……危なげのない蛆虫　ハエの多くは、卵を産む卵生《らんせい》であるが、ニクバエやハリバエの仲間などは、雌の体内で卵が孵化《ふか》し幼虫を生む卵胎生《らんたいせい》（産仔生《さんしせい》）である。卵胎生とは、雌の体内で卵の発生が進み、幼虫あるいは孵化直前の卵を産む繁殖形態のことを指す。

　卵胎生の場合、その受精卵の胚《はい》は、母体内で栄養や老廃物の交換が行なわれず、卵は内部の卵黄《らんおう》を使って発生する。雌の体内から産出されたときに、外見は卵の状態であっても受精卵（胚）の発生の進んだ状態であれば、それは卵胎生と呼ばれる。ニクバエの幼虫（蛆虫《うじむし》）が孵化する、つまり卵膜《らんまく》から脱出するのは、産道の途中あるいは、体外に産出された瞬間である。

98頁　地面の上の吹きさらし　ハエは地中に埋められた動物の死体に産卵することはない。ただし、地面で卵を産みつけられた死体が、なんらかの理由で土に埋まった場合、幼虫（蛆虫《うじむし》）は地中で孵化《ふか》する。

『昆虫記』第6巻7～8章で、その生態が詳述されているムナゲモンシデムシ（胸毛紋埋葬虫）*Necrophorus vestigator* は、地表に放置されたネズミやモグラなどの死体を地中に埋めて自分の幼虫の食物にする。

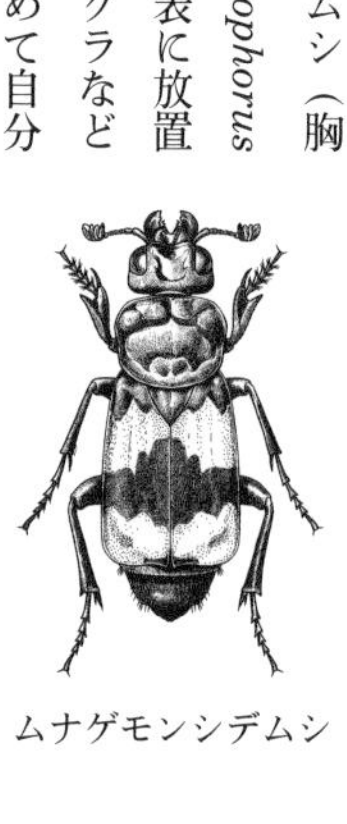

ムナゲモンシデムシ

　この虫は死体を見つけると、まずその皮を剝《は》ぐのであるが、それはハエの卵を排除するためなのである。そしてシデムシは防腐効果のある唾液を吐きかけながら、死体を球状《きゅうじょう》にして地中に埋める。その後、地中の死体の脇に坑《こう》道《どう》を掘って卵を産み、孵化した幼虫に雌が死体を溶かしたものを口移しに与えて保育する。

　ファーブルは、シデムシによって埋められたモグラの死体に毛がないことを「いったいこれはどういうことなのだろう。毛玉があると幼虫が食べづらいから、こんな下処理をしたのだろうか。それとも目的などというものはなく、ただ単に腐ったため毛が抜け落ちただけなのであろうか。私にはどちらとも決めかねる」と記している。

　現在では、シデムシが死体の皮を剝ぎ、さらに地中に埋めるのは、幼虫の食物である死体をハエから守るための手だてなのだと考えられている。

◆ハエどもが当然の権利を行使する　クロバエ科のハエは、

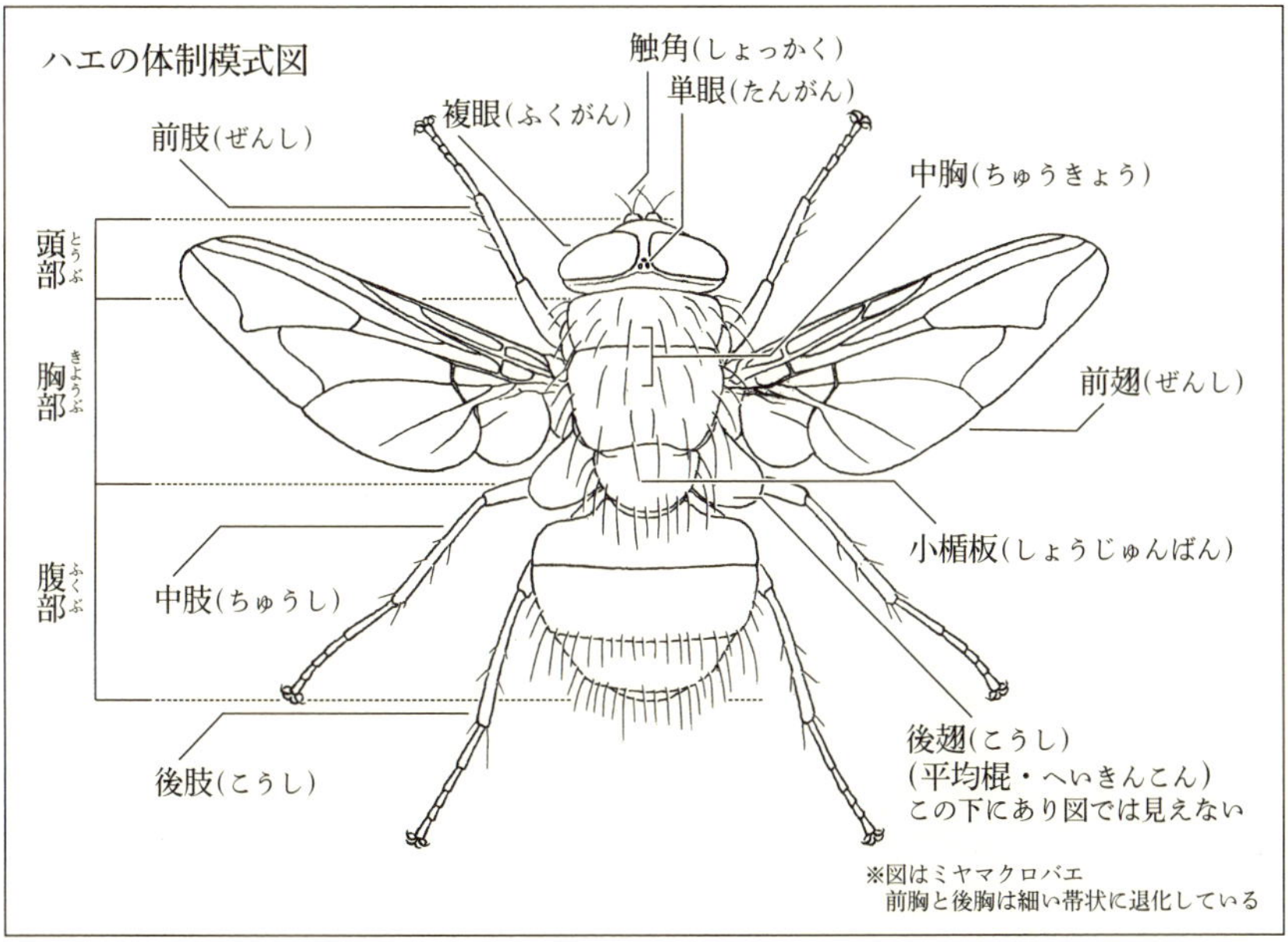

※図はミヤマクロバエ
前胸と後胸は細い帯状に退化している

糞《ふん》や腐った魚や肉に集まって産卵するため、衛生害虫としても注意の必要な存在である。つまり、腐肉《ふにく》などに発生した病原菌を食品などに媒介する危険な存在なのである。

　そのいっぽう、分解者として生態系のなかでは重要な働きも担《にな》っている。特に熱帯地域などでは、動物の死体や排泄物が出ると、たちまちハエが飛来して、卵ではなく幼虫（蛆虫《うじむし》）を産みつける。その幼虫はただちに死体や排泄物を食べて育つので、しばらく経つとそれらはすっかり掃除されてしまう。地球が清浄に保たれているのは、こうした自然のしくみができているからで、ハエは重要な役割を果たしているのだといえる。

　ちなみに、事故や犯罪事件現場の死体についているハエの幼虫の種類や成長段階などから、被害者の死後経過時間や、放置されていた場所、温度などを特定する研究が欧米では盛んに行なわれている。これは法医昆虫学 Forensic《フォレンシック》 Entomology《エントモロジー》と呼ばれるもので、ハエの幼虫の成長過程が正確に把握されていることを応用したものである。死体からもっとも成長の進んだ幼虫や蛹《さなぎ》を採集し、産みつけられた日時を逆算する。それらがニクバエなら、腐敗の進んだ死体に好んで幼虫を産みつけるので、その日数を合わせて死亡日時を特定するのである。

17

ミヤマクロバエの蛆虫《うじむし》

額《ひたい》の瘤《ヘルニア》で地中から脱出する新成虫《しんせいちゅう》

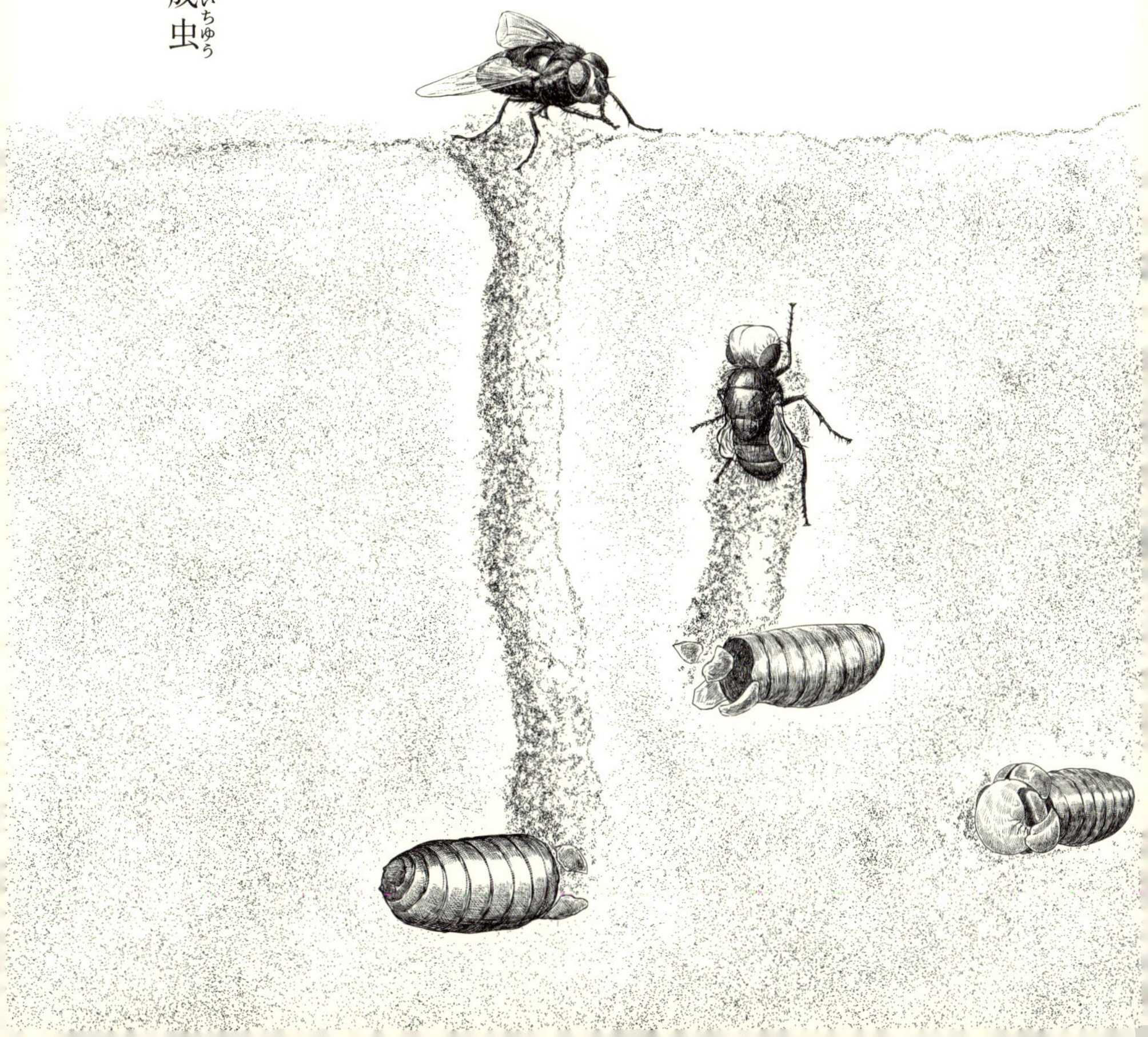

暑い季節、ミヤマクロバエの卵は二日ほどで孵化《ふか》する――蛆虫《うじむし》は口器《こうき》を杖《つえ》のように使って移動し、肉の中に潜り込む――そして口から消化液を吐き、肉を溶かして〝食べる〟――しかしコオロギやカエルの表皮は溶かすことができない――消化液が表皮に作用しないのだ――だから雌バエは産卵場所を選ぶ術《すべ》を見事に心得ている――雌バエが産む卵の数はどのくらいか――ハエが産卵したメンフクロウの死骸を観察する――しばらくして砂の中の囲蛹《いよう》の数をかぞえた――九百あった――おそらく一頭の雌が産んだものであろう――蛆虫は蛹化《ようか》の時期がくると土や砂の中に潜る――羽化《うか》して地上へ出るときは額《ひたい》の瘤《ヘルニア》を膨《ふく》らませたり萎《しぼ》ませたりして移動する――どのくらいの深さから地上へ登ることができるのか――砂の層が厚すぎるとハエは脱出できずに死んでしまった

扉絵　囲蛹から羽化して地表へ脱出するミヤマクロバエの新成虫《しんせいちゅう》

暑い季節だと、ミヤマクロバエ[1]の蛆虫《うじむし》[*2]は、卵が産みつけられてから二日ほどのあいだに孵化《ふか》してしまう。その場所は、私の飼育装置の内部では、中に置かれた肉の塊《かたまり》の上であったり、装置の外では、侵入可能な裂け目の縁《ふち》のところだったりするけれど、蛆虫たちは卵から孵化するとすぐ、仕事にとりかかる。

　厳密な意味で言えば、蛆虫は物を食うのではない。つまり、食物を細かく噛《か》み切《き》ったり、牙《きば》や歯で磨《す》りつぶしたりするのではないのだ。蛆虫の口器《こうき》はそういう類《たぐ》いの仕事には向いていないのである。それは角質化《かくしつか》した二本の細い棒のようなもので、互いに軽くは触れ合うけれど、鉤形《かぎがた》に曲がったその先端同士が、がっきと噛み合うことはない。そういう配置になっていたのでは、物をくわえたり噛み砕いたりすることはできないわけだ。

　喉元《のどもと》にあるこの二本の摑《つか》み鉤《かぎ》は、栄養摂取よりも歩行のほうにはるかに役立っている。蛆虫は行きたいところの前方にその鉤を打ち込み、それから尻の部分をぐっと収縮させて、そのぶんだけ前に進むわけである。つまりこの虫は、管状《くだじょう》

1　**ミヤマクロバエ**　深山黒蠅。*Calliphora vomitoria*　体長8～12㎜　双翅目《そうしもく》クロバエ科クロバエ属。→本巻16章71頁図、解説。

2　**蛆虫**　ハエやアブなど双翅目の幼虫の俗称。体形は円錐形《えんすいけい》や紡錘形《ぼうすいけい》で肢《あし》がない。群集虫《うずすまるむし》、蠕蠕虫《うざうざむし》あるいは虫《むし》と同語源のウシが訛《なま》ったものと言われる。→訳注。

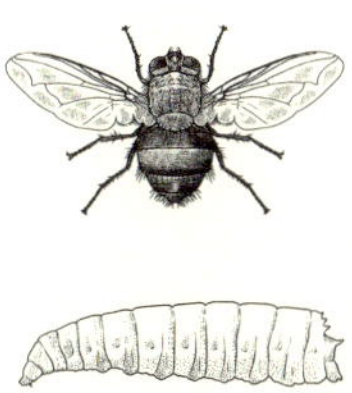

▼ミヤマクロバエの成虫と幼虫。幼虫は尖《とが》っているほうが頭部《とうぶ》。

になった喉のところに、人間の道具でいえば登山用の杖《つえ》[3]にあたるものがあり、それを支えに、はずみをつけてぐいと前進することができるのだ。

　口にあるこの道具立てのおかげで、蛆虫は肉の塊の表面を進むばかりではなく、またたやすく肉の中にも入り込んでいく。この虫がまるで軟らかいバターの中にでも潜り込むように肉の中に姿を消すのを私は見ている。

　虫はそこに穴を掘り進む。しかし、その穴の中では肉の汁を少し口にするだけで、そのほかに肉片を咬《か》み取《と》るようなことはない。固形のものをほんのわずかなかけらでも、切り取ったり飲み込んだりはしない。蛆虫の食物はそういうものではないのだ。必要としているのは薄いおかゆというか、コンソメスープなのである。それは虫が自分で作るさらさらした牛肉エキス[*4]のようなものなのだ。

　消化とは結局のところ液化することでしかないのだから、ミヤマクロバエの蛆虫は、飲み込む以前にその食物を消化していると言っても別に矛盾はしないわけである。

　弱った胃腸の負担を軽減しようと、調剤師たちは豚や羊の胃袋の表面を薄く削り取る。こうして彼らはペプシン[*5]という消化酵素、つまり蛋白質《たんぱくしつ》の仲間で特に肉類を液化する作用をもつ薬剤を作り出すのである。

　もしも調剤師らが蛆虫の胃袋の表面を掻《か》き取《と》ることができたらどうだろう。彼

3　**登山用の杖**　原文は bâton《バトン》 ferré《・フェレ》　十九世紀の登山家が用いた長い杖《つえ》。先端に尖った金属製の石突きがついている。

▼摑《つか》み鉤《かぎ》（口鉤《こうこう》）を歩行面に引っかけ、そこを支えに体を伸縮させて移動する。

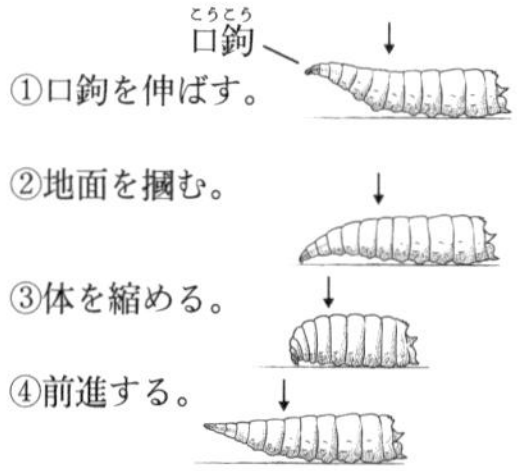
口鉤《こうこう》
①口鉤を伸ばす。
②地面を摑む。
③体を縮める。
④前進する。

4　**牛肉エキス**　牛肉を濃縮したペースト状の調味料。ドイツの化学者リービッヒ LIEBIG, Justus Freiherr von（一八〇三―七三）が工業製品として一八六五年から売り出した。→訳注。

らは素晴らしく優秀な薬品を作ることができるであろう。なぜかといえば、この肉食性の蛆虫もまた、卓越した効力をもつペプシンをもっているからである。次の実験がそのことを証明している。

熱湯で茹《ゆ》でた卵の白身を細かく賽《さい》の目《め》に切り、小さな試験管に入れてやる。そしてその上から私はミヤマクロバエの卵をばら撒《ま》いてやった。卵には少しの汚れもない。それはハエを誘引する肉を入れてから、わざとぴったり密閉しないでおいたブリキ缶の外側に産みつけられたものである。

それから、同様にまた別の試験管に茹で卵の白身を入れる。ただし、こちらのほうにはハエの卵は入れない。そして、これら二本の試験管に綿で栓《せん》をしてから薄暗いところに置いておく。

数日経つと、生まれたばかりの蛆虫がうようよしている試験管の中には、さらさらの水のような透明の液体が溜まってくる。これを引っくり返して中身をこぼしたら、なんにも残らないことになるだろう。卵の白身はすっかり溶けて液体になってしまったのである。

いっぽう、透明な液の中の蛆虫たちはどうかというと、もうかなり大きくなっているのだが、ひどく居心地が悪そうにしている。体を支えてくれる固形物がないからで、呼吸をしようにも空気のあるところまで頭部《とうぶ》が届かないのである。そ

5　**ペプシン**　脊椎動物《せきついどうぶつ》の胃液に含まれる代表的な蛋白質分解《たんぱくしつぶんかい》酵素《こうそ》。→訳注。

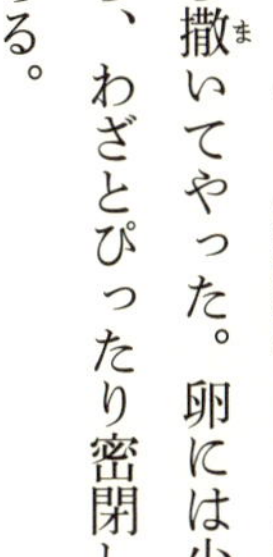

▼細かく刻んだ茹《ゆ》で卵《たまご》の白身を試験管に入れ、その上にミヤマクロバエの卵をばら撒《ま》く。

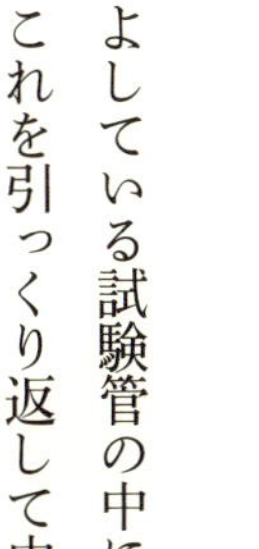

▼数日後、蛆虫《うじむし》が孵化《ふか》すると茹で卵の白身は透明な液体に変化していた。

れで大半のものは、自分たちが肉を溶かして作ったスープの中に沈んで溺《おぼ》れ死《し》んでしまうのだ。もっと逞《たくま》しい連中はガラスの壁を這《は》い登《のぼ》り、綿の栓のところまできて、ついにはそれを潜《くぐ》り抜《ぬ》けてしまう。摑み鉤のついている彼らの体の前のほうは細く尖《とが》っているので、釘《くぎ》を打ち込むように、綿の繊維の中に頭から分け入っていくのである。

その横に置いてある第二の試験管は、同じ大気に晒《さら》されているわけであるけれど、目立ったことは何ひとつ起こらない。茹で卵の白身は相変わらず艶《つや》のない白さと固さを保っている。私が初めに試験管に入れてやったときそのままなのだ。せいぜいかすかに黴《かび》の生えているのが認められるくらいである。

この最初の実験の結果は非常にはっきりしている。すなわち、ミヤマクロバエの蛆虫の働きによって、熱を加えた蛋白質は液化するのである。

一般に薬剤としてのペプシンの効き目は、その一グラム分が液化することのできる茹でた卵白《らんぱく》の量によって測定されることになっている。卵白とペプシンの混合物は摂氏六十度の保温器の中に置き、しかもたびたび搔《か》き回《まわ》さなければならない。

ところがミヤマクロバエの卵が孵化した私の実験装置は、揺すったり、保温器で温めたりなんかしていないのだ。そこでは、すべては静止したまま、室温の中で推移する。それにもかかわらず、わずかな日数のうちに、茹でた蛋白質は蛆虫の働きによって、さらさらした水のようになってしまうのである。

この液化の原因となる反応剤を私は検査していない。蛆虫は喉元にある牙のようなものをちらちらと絶えず口から出したり引っ込めたりしているが、そのとき、その反応剤をごく微量、吐き出しているにちがいない。

このピストン運動、いわば一種の口づけのようなものは、溶解液の放出をともなっているのだ。すくなくとも私はそんなふうに考えている。

蛆虫は食物の上に唾液《だえき》を吐きかけ、その箇所をスープ状に変える物質を付着させるのだ。この唾液の分量を量ろうにも私にはその方法がない。私は結果を確認しているけれど、その結果を引き起こす原因物質のほうは見出すことができない。

それでも、その結果というのは、単に唾液を吐きかけるという手段の簡単さからすると実に驚くべきものである。

豚や羊の胃から採《と》ったどんなペプシンも、この蛆虫のペプシンにはとうていかなわない。私はモンペリエ[6]の薬学校から送ってもらったペプシンの小壜《こびん》をもっている。学者の作ったこの薬の粉を私は茹で卵の白身のかけらに、ミヤマクロバエの卵をばら撒いてやったようにたっぷり振りかけてやった。保温器で温めることもせず、こういう場合に使うと補助的効果があるとされている、蒸留水や塩酸も加えなかった。実験は蛆虫の入っている試験管と正確に同じやり方で行なわれた

▼ミヤマクロバエの幼虫の口器《こうき》。

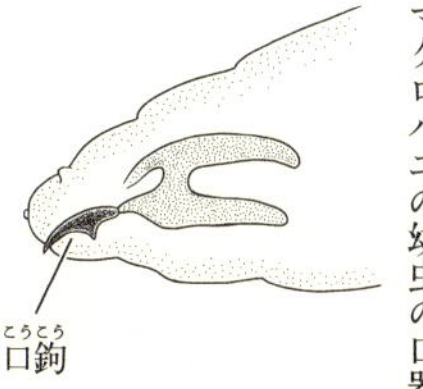

▼頭部にある摑《つか》み鉤《かぎ》（口鉤《こうこう》）を出す。

6　**モンペリエ**　南フランス、ラングドック地方の中心都市。ヨーロッパ最古の医学部をもつモンペリエ大学がある。ファーブルは、ここで数学と物理学の学士号を取得している。現在は三つの大学に分かれ、第三大学には生物学、進化学、環境学を扱うジャン＝アンリ・ファーブル研究室がある。

わけである。

結果は私が期待していたのとはまったく違っていた。卵の白身は液化されないのだ。ただ表面がじっとり湿っているだけなのである。それにこの湿り気にしても、水分を非常に吸収しやすいペプシンそのものに由来するものなのかもしれないではないか。

そうだ、私が言ったことは正しかったのだ――実現可能なのであれば、薬物学的に蛆虫の胃から消化剤を採取したらどれほどよく効く薬ができることであろう。この場合、蛆虫は豚や羊に優《まさ》っているのだ。


もう少し話を続けると、私はほかの材料についても同じ方法を用いて実験を行なった。材料として使用した肉片の上で、私はミヤマクロバエの卵を孵化させ、蛆虫たちの好きなように活動させてみたのである。

羊でも牛でも豚でも、どれも筋肉はさらさらの液状にはならない。筋肉は赤ワインのような色合いの、褐色がかった、とろりとしたピュレ[7]状になる。肝臓、肺、脾臓《ひぞう》は筋肉よりもよく溶けるけれど、それでもマーマレードのような半流動体的な状態になるのがせいぜいである。しかしこのピュレは水の中に入れると薄められ、そのまま溶けてしまうのではないかとさえ思われた。脳も液状にはならない。単に肌理《きめ》の細かなピュレのようになるだけである。

7 ピュレ purée フランス料理で、野菜や果物、肉、魚などを磨《す》りつぶしたり裏ごししたりして濃縮した素材のこと。

他方、牛脂《ぎゅうし》や豚の脂身《あぶらみ》、バターのような脂肪質だと、それとわかるような変化は被《こうむ》らない。しかも蛆虫たちは少しも大きくなることができずに急速に衰弱していくのだ。こういう食物は彼らには合わないのである。いったいそれはどういうわけなのか？

おそらくそれらは蛆虫の吐き出す反応剤では液化できないからなのであろう。通常のペプシンも同様に脂肪質には効かない。脂肪を乳化するためには、パンクレアチン[8]が必要である。蛋白質には作用し、脂肪質には作用しないという、この奇妙な特性の一致は、蛆虫が吐き出す溶剤と、高等動物のペプシンとが似たものであるということを、いや、おそらくは同一のものであるということをはっきりと示しているのである。

もうひとつの証拠は次のとおりである。すなわち、標準的なペプシンは角質状の物質からなっている表皮を溶解しないが、ハエの蛆虫のペプシンも、やはりこれを溶かすことはできないのだ。

死んだコオロギの腹を切り開いてやれば、それを餌《えさ》にミヤマクロバエの蛆虫を飼育するのはたやすいことであったが、死骸がそのままの状態であると蛆虫は育てられなかったのである。ハエの幼虫はコオロギの美味《おい》しい腹に穴を開けることができない。連中は表皮に阻まれてしまう。彼らの反応剤が効かないのである。

8　**パンクレアチン**　豚や牛の膵臓《すいぞう》を原料に作られる消化酵素剤。胃炎や膵炎《すいえん》などにより、消化酵素が不足し、消化不良を起こしているときに補助的に飲む消化剤。ペプチターゼ（蛋白質を分解）、アミラーゼ（炭水化物を分解）、リパーゼ（脂肪を分解）など、多種の分解酵素が含まれる。

私はまた皮を剝《む》いたカエルの腿《もも》を蛆虫たちに与えてみた。両生類《りょうせいるい》の肉はスープになってしまい、骨しか残らなかった。だが、皮を剝かないでおくと、蛆虫たちに囲まれていてもカエルの腿は無傷のまま残ることになる。あんな薄い皮膚でも中の肉を保護するのには充分なのである。

こんなふうに、表皮には反応剤が作用しないことは、ミヤマクロバエがなぜ、獲物となる動物の体の場所を選んで卵を産みつけるのか、ということの説明になる。ミヤマクロバエには、鼻腔《びこう》とか眼とか喉とかの薄い粘膜、あるいは肉が剝き出しになっている傷口が必要なのだ。それ以外の場所であると、たとえぷんぷん匂いがして、しかも暗いところにそれがあって、条件的には申し分のないものであっても、ハエは卵を産みつけようとはしない。

私が工夫して、そういう部分が見つからないような獲物を与えて実験してみた場合、せいぜい羽毛を毟《むし》った小鳥の腋《わき》の下《した》とか、腿の付け根とか、皮膚が特別薄い箇所にいくらかの卵を張りつけようとするぐらいのものである。ほかにもっとましな箇所がないからだ。

母親の明察によってミヤマクロバエは、産卵のために選ぶべき場所を見事なまでに心得ている。そしてそこだけが、生まれたばかりの蛆虫が口から吐き出す反応剤に侵されて軟らかくなり、溶ける場所なのだ。母親のハエは、自分自身が食事をするときにはもはや利用することのない化学的作用を、将来の自分の子供たちが用いることをよく知っているのだ。本能のなかでもとりわけ高度なものである母性本能が、そうしたことをハエに教えるのである。

　卵を産みつける箇所についてはこれほどまで念入りに選ぶミヤマクロバエだが、蛆虫にあてがう食物の質に関しては注意をはらわない。死体であれば、どんなものでもかまわないのである。

「腐ったものから蛆虫が湧《わ》く」という古代からの馬鹿馬鹿しい考えを最初に打ち砕いた、イタリアの学者レディ[9]は、実にさまざまな種類の肉を使って実験装置の中で蛆虫を飼育した。

　自分の挙げる証拠をできるだけ反駁《はんばく》の余地のないものにするために、彼は飼育実験の餌の種類数を極端なまでに増やしている。トラ、ライオン、クマ、ヒョウ、キツネ、オオカミ、ヒツジ、ウシ、ウマ、ロバ、その他さまざま、フィレンツェの豊富な[*]動物コレクションで手に入る肉によって蛆虫の餌を多様なものにしたのである。しかし、こんなに贅沢をする必要はなかった。蛆虫の偏見のない胃袋にとっては、オオカミもヒツジも結局のところ同じものなのだ。

　蛆虫の博物学者のはるか後代の弟子である私は、レディが気づかなかった側面からこの問題を取り上げてみようと思う。高等な動物の肉であればどんなもので

9　レディ　REDI, Francesco（一六二六—九七）　イタリアの医師、博物学者。肉を入れた三つの壜《びん》を用意し、それぞれの口を羊皮紙《ようひし》で覆《おお》う、金網で覆う、何も覆わないという処置をして経過を観察した。その結果、羊皮紙で覆った壜からは蛆虫が出現せず、金網で覆った壜と、何も覆わない壜からは肉に蛆虫が出現した。この一六六八年（一六六七年説もあり）に得られた実験結果からレディは、蛆虫は肉からでなく、ハエが産んだ卵から生まれるのであって、腐敗物から生物が発生するという「自然発生説」を否定することに成功した。

も[10]双翅目《そうしもく》の幼虫には食物となるわけだが、それほど高等ではない生き物の肉、たとえば魚類、両生類、軟体動物《なんたいどうぶつ》、昆虫、[11]多足類《たそくるい》の肉であっても、やはり同じなのであろうか。蛆虫たちはこんな食物を受けつけるであろうか。そして特に、それらを液化することができるであろうか。このことはとりわけ重要な条件である。

私はタラの身を生のままひと切れ与えてみた。身は白く繊細で、半分透きとおっており、われわれ人間の胃にとっては消化しやすいもので、それはまた蛆虫の溶解液にとっても同様である。タラの身は溶けて水のようにさらさらしたオパール色の液体になる。茹で卵の白身もほぼ同様に液体になった。

まだ充分溶けきらない固形物が点々と残っている状況のなかで連中はとにかくまず大きくなる。それからすっかりさらさらのスープのようになった液体の中で、体を支えるものがなくなり、溺れて死にそうになると、蛆虫たちは不安げに試験管のガラス壁面を這い登って外に出たそうにする。彼らは綿の栓まで登ってきて、なんとかしてこれを潜り抜けて脱出しようとするのである。

蛆虫たちは非常に根気がよいので、綿という障害物があるにもかかわらず、ほとんど全員が脱出してしまう。卵の白身を入れた試験管でも同様の脱出劇が見られた。ちゃんと発育するところをみると、食物のほうは気に入っているのだが、溺死《できし》の危険が迫ってくると、それ以上栄養を摂《と》ることをやめて逃げ出してしまう

10　**双翅目**　Diptera　ハエ、アブ、カ、ガガンボなどの仲間。後翅《こうし》が退化して棒状の平均棍《へいきんこん》となり、前翅《ぜんし》二枚だけしかない。本章では、特にハエの仲間、イエバエ科、クロバエ科、ニクバエ科などを指す。

11　**多足類**　節足動物門《せっそくどうぶつもん》多足亜《たそくあ》門《もん》に属する仲間。唇脚類《しんきゃくるい》（ムカデ綱《こう》）、結合類《けつごうるい》（コムカデ綱《こう》）、少脚類《しょうきゃくるい》（エダヒゲムシ綱《こう》）、倍脚類《ばいきゃくるい》（ヤスデ綱《こう》）が含まれる。

のである。

ほかの魚、たとえばエイやイワシ、それからアマガエルやアカガエルの筋肉を与えてみると、肉はピュレ状に溶けるだけである。ナメクジやオオムカデ、ウスバカマキリを細かく切ったものも同様の結果になった。

これらの実験材料すべてにおいて、蛆虫の溶解作用は、肉屋の肉、つまり牛肉などを用いた場合と同じくらいはっきりと見てとれる。しかも蛆虫たちは、私が好奇心のままに無理矢理食わせた、こういう奇妙な食物に満足しているようである。連中はこれらの食物のなかで元気に育ち、そこで変態を遂げて蛹化《ようか》する。

したがって結論はレディが想像していたよりはるかに範囲の広いものなのだ。すべての肉は、高等動物のものであろうが下等動物のものであろうが、そんなこととは関係なしに、ミヤマクロバエの蛆虫の食物になるのだ。獣《けもの》や鳥の死体がより好まれるのは、おそらく分量が豊富で大量の卵を産みつけることができるからであろう。しかしほかの種類の肉でも機会があれば、なんの支障もなく受け入れられる。動物としての生を終えた亡骸《なきがら》は、すべてこの死体開拓者たちの領有に帰すのである。

ミヤマクロバエの母親一頭が産む卵の数はいくつぐらいであろうか。私は卵をひと粒ずつかぞえあげて、ひと腹三百粒、とすでに記しておいた。しかしまったく思いがけない幸運に恵まれて、もっと詳しく調べることができたのだった。

一九〇五年の一月の初旬、最初の週に、突然、ほんの短い期間だったが、私の住むプロヴァンス地方としては例外的な寒気に見舞われた。寒暖計は零下十二度まで下がった。すでにオリーヴの木の葉を赤茶に枯らしてしまった北風の、そのもっとも強烈なひと吹きが、私のもとに一羽のメンフクロウ[12]、一名〝鐘楼《しょうろう》のフクロウ〟の死骸をもたらしてくれた。私の家からそう遠くない吹きさらしの地面に死んで横たわっていたのを見つけたのだという。私には〝生き物好き〟という評判が立っているから、きっと喜ぶに違いないと思われたのであろう。それでこんなプレゼントを戴《いただ》いたわけである。

実際それは私にとっていい贈り物となったが、それはこの死骸の発見者が思ってもいなかったような理由からそうなったのである。

フクロウの死骸は完全な状態であった。羽毛もちゃんと揃《そろ》っていたし、目立った外傷もなかった。おそらくその個体は凍死したのであったろう。私はこの贈り物をありがたく頂戴したが、それは、いま言ったように、ほかの人だったらまちがいなく断ったであろうような理由からだった。

死んで色の変わってしまったメンフクロウの大きな両の眼は、厚く産みつけら

12 **メンフクロウ** 面梟。*Tyto alba* 全長34㎝ フクロウ目《もく》メンフクロウ科メンフクロウ属。教会の鐘楼《しょうろう》などに営巣《えいそう》するためフランスでは「鐘楼のフクロウ」とも呼ばれる。

13 **トビケラ** 飛螻蛄。毛翅目《もうしもく》（トビケラ類）Trichoptera の仲間。→第7巻20章。
▼ファーブルが第7巻20章で観察したキツノウスバキトビケラ（黄角薄羽黄飛螻蛄）*Limnephilus flavicornis* 成虫の開張30～40㎜ 毛翅目（トビ

れた卵の層の下に隠れていたのだ。私はそれをミヤマクロバエの卵だと見てとった。さらに同じような卵塊《らんかい》が鼻孔《びこう》の近くにもついていた。蛆虫を育てる苗床《なえどこ》のようなものが欲しいのであれば、これこそまさに、今まで見たこともないくらい豊かな苗床であった。

私はフクロウの死骸を平鉢《ひらばち》の砂の上に置いて釣鐘形《つりがねがた》の金網をかぶせ、自然のなりゆきにまかせてみた。この鳥を置いた場所はとりもなおさず私の研究室である。その部屋は外とほとんど同じくらい寒い。かつてトビケラ[13]の幼虫を飼育した水槽《すいそう》の水がまるまる氷の塊になってしまったことがあるくらいである。こうした気温の下にあると、フクロウの眼はいつまでも変わることなく、卵の白い幕に覆《おお》われたままである。動くものは何もない。動きはまったくみられないのだ。私は待ちくたびれてしまって、死骸にはもう注意をはらわなくなった。寒さによってハエの卵が全滅してしまったのかどうか、その決定は未来にまかせることにした。

三月のうちに卵塊は姿を消してしまっていた。どのくらいまえからそうなっていたのか私は知らない。しかし鳥のほうは何も変わっていないように見える。仰向けになった腹部《ふくぶ》の表面は、羽毛に乱れはないし、色合いも新鮮なままである。

獲物を持ち上げてみた。軽くてからからに干からびている。野原で夏の太陽に灼《や》かれて硬くなった古靴のように、叩くとこんこんと音がする。匂いはというと、

ケラ類）ウスバキトビケラ科ウスバキトビケラ属。幼虫は水中で小枝などを材料に糸を吐いて鞘《さや》（筒巣《つつす》）を造る。

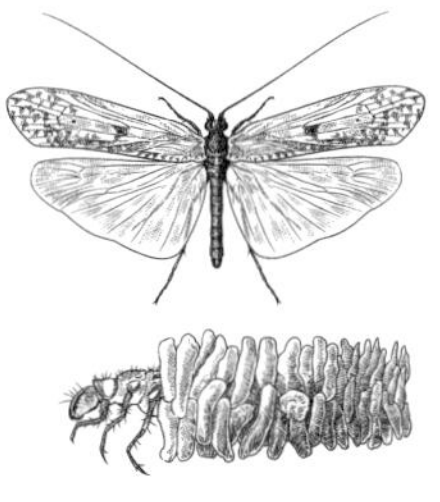

▼トビケラを飼育した水槽《すいそう》を誂《あつら》えた経緯は、第7巻19章「アヒルの沼の思い出」で語られている。ファーブルはこの水槽を、本巻14〜15章で紹介されるキンイロオサムシの飼育など、さまざまな生物の観察に利用した。

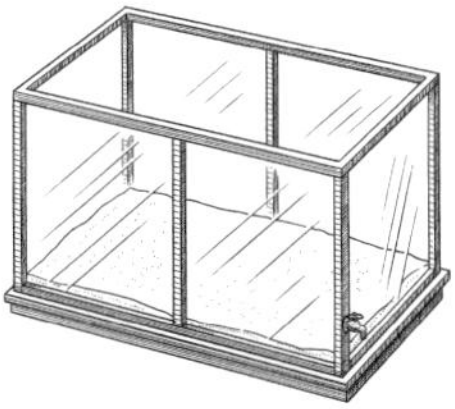

少しもない。乾燥が腐敗の進行を抑えたのだ。そもそもこんな凍《い》てつくような時《じ》候《こう》には、ものは腐敗しにくいものなのだ。

ところが、砂に接している背中のほうは、それとは対照的に、部分的に羽根も抜けていて見るもおぞましい惨状を呈している。尾羽根は羽毛の軸《じく》が剝き出しになっており、何本かの骨は筋肉が剝《は》がれて露出し、白くなって見えている。皮膚は黒ずんだ革のようになって、篩《ふるい》の底のように円い小さな穴がぽつぽつ開いている。ぞっとするようなおぞましさだが、この死骸から学べることは非常に多かった。

背中の部分がひどく傷んだ哀れなフクロウは、われわれにまず、零下十二度の低温さえも、ミヤマクロバエの卵を駄目にすることはないということを教えてくれる。厳しい北風をものともせず、蛆虫たちは無事に孵《かえ》るのだ。肉汁をたらふく飲み、それからでっぷり肥《ふと》り脂《あぶら》ぎって、鳥の背中に穴を開けると、地中に潜っていったのである。連中の囲蛹《いよう》[14]はいま、平鉢の砂の中で見つかるはずだ。

実際に囲蛹はそこにあった。それも、ものすごい数で。集めるのには篩を使わなければならないほどであった。ピンセットなんかで馬鹿正直にひとつひとつ選《え》り分《わ》けたりしようものなら、こんな大群を拾い終わることは決してあるまい。砂は篩の目からこぼれ落ち、囲蛹が上に残る。それをひとつひとつ数えるなんてと

14 **囲蛹**　ハエなどの仲間に特有の構造をもつ蛹《さなぎ》。ハエの幼虫（蛆虫《うじむし》）は、三齢《さんれい》のときに脱皮をせず、外側の皮が角質化《かくしつか》し、蛹の表面に密着して固まり、蛹を囲む殻《から》のようになる。双翅目《そうしもく》短角亜目環縫群《たんかくあもくかんぽうぐん》（ハエ類）や撚《ねん》翅目《しもく》（ネジレバネ類）でみられる。

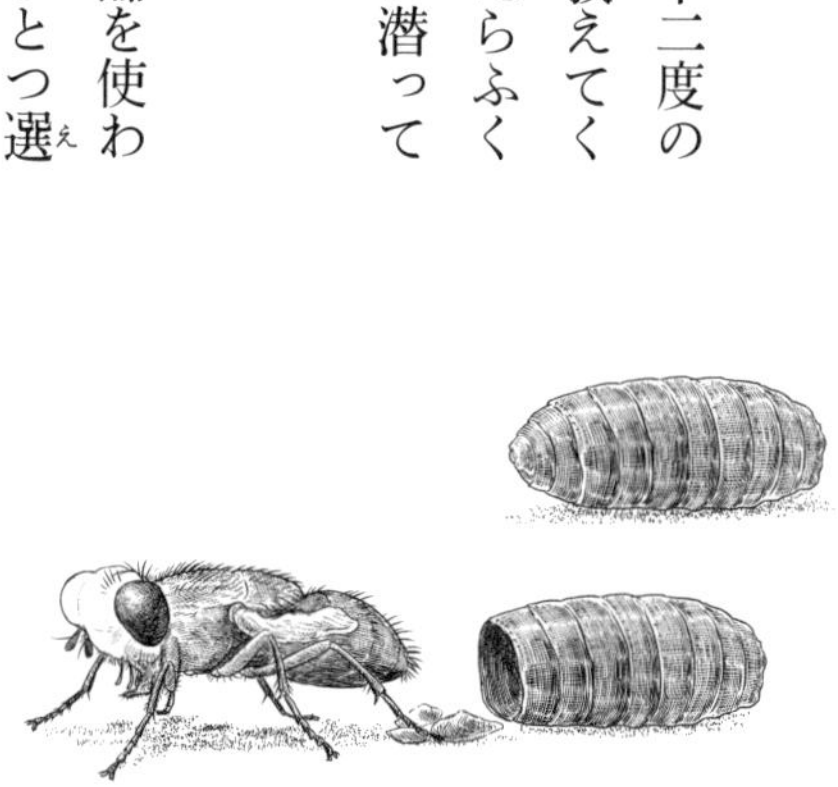

▼ミヤマクロバエの囲蛹と羽化《うか》（囲蛹から脱出）した新成虫。

ても根気が続かない。私は囲蛹を枡《ます》で計ることにした。実際のところ枡の役目を果たしたのは指貫《ゆびぬき》だ。つまり、裁縫で使う指貫にあらかじめ囲蛹を満たし、その数をかぞえておいて、それが何杯分になるかを見積もってみたわけだ。計測の結果は九百個に近いものになった。

これらの囲蛹は一頭の母親の産んだものであろうか。私はそうだと思っている。厳寒の候にはわれわれの住居の中にもきわめて稀《まれ》にしか見られないミヤマクロバエが、凍てつくような北風の吹きすさぶ戸外にかなりの数で集まって、みんな一緒に仕事にいそしんでいる、などということはほとんどあり得ないからだ。

季節はずれの、たった一頭の生き残りの雌が、寒風に弄《もてあそ》ばれながらフクロウの眼の上に、差し迫った卵巣《らんそう》の中の重荷を産みつけたのにちがいない。この九百という数の卵は――たぶん、一頭の母虫のひと腹全部の子供ではないだろうが――死骸を液化するという、双翅目の気高い役割を証明しているのだ。

蛆虫にさんざん荒らされたメンフクロウを捨ててしまうまえに、気味悪さを抑えてその内部を少し見てみよう。これはもはや、なんとも名づけようのない残骸が外枠のようになった、でこぼこの空洞である。筋肉と内臓は無くなっている。次々に溶かされてピュレ状になり、蛆虫の群れに飲まれてしまったのだ。水分を含んだところはどこもかしこも乾燥していき、どろどろしたところは固まって

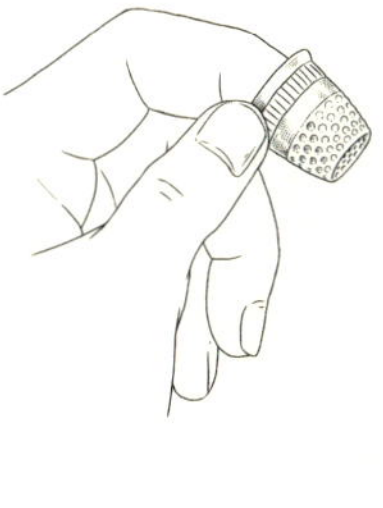

▼ファーブルが囲蛹の数をかぞえるために枡《ます》がわりに利用した指貫《ゆびぬき》（西洋指貫）。裁縫で縫い針を押すのに使う。

いったのである。

　こちらの隅、あちらの片隅と、私は死骸をピンセットで探ってみたのだけれど無駄であった。そこに囲蛹はただのひとつも見つからなかった。蛆虫たちはすべて、一頭残らず移住してしまったのだ。連中はどれもこれも、その柔らかな肌に快い、死骸の中の小部屋から立ち去ってしまったのだ。ビロードのような肌ざわりを捨てて、ざらざらした土の中に潜っていったのである。

　今、蛆虫たちが必要としているのは乾燥した場所なのであろうか。いや、すっかりからからに乾いてしまった死骸の中だって乾燥していたはずだ。では、連中は寒さと雨とに対して用心をしているのだろうか。もしそうなら、この鳥の羽毛の厚い羽根蒲団《はねぶとん》以上におあつらえむきの隠れ家《かくが》は、ほかにないはずである。鳥は、腹や胸のほか、土に触れていないところはどこも、ちっとも傷むことなく、もとの状態に保たれているのだ。

　蛆虫たちはわざわざ安楽な生活からのがれ、それよりずっと住みにくい住居のほうに行ったように思われる。変態の時期になると、どれもこれも、素晴らしく快適な住まいであるフクロウから去り、砂の中に潜り込んだのである。

　皮膚に開けられたいくつもの小さい穴を潜り抜けて、蛆虫は死骸の天幕《テント》から脱出していった。これらの穴を開けたのは蛆虫たち自身である。そのことについては一点の疑いもない。けれどもわれわれは、母親のハエが、獲物の肉がいくらかでも硬い皮膚で保護されているようなところには決して卵を産みつけないということを見たばかりなのである。その理由は、表皮を形づくる物質に対してはペプシンが効かないからだ。そうした箇所では液化が行なわれないために、食物であるスープは作ることができないのであろう。

いっぽうでまた蛆虫は、喉にある二本の摑み鉤を表皮に突き刺してそれを引き裂き、液化が可能な肉の部分まで到達することができない。あるいは、すくなくともその術《すべ》を知らないのだ。つまり、生まれたばかりのこれらの蛆虫には力がないし、そもそも、そういうことをしようという気がないのである。

ところが地中に降りていく時期が近づくと、蛆虫には活力がみなぎり、また突然必要な技術に開眼し、表皮を辛抱強く腐蝕《ふしょく》させて、そこに通路を切り拓く方法を実によく心得るようになる。彼らは歩行に使う棒のような摑み鉤を打ち込み、引《ひ》っ掻《か》き、引き裂く。本能が突然開花するのである。

ちょうどそのころになると、初めのうちはできなかったあれこれのことを、虫は習得のための見習い期間もなしにできるようになる。地中に潜るために充分成熟したハエの蛆虫は、スープ作りに専念していた小さいころにはペプシンや摑み鉤で攻撃しようとさえしなかった膜質の壁に穴を開けてしまうのである。

▼三齢《さんれい》に達したミヤマクロバエの幼虫は、蛹化《ようか》のために食物から離れて乾燥した地面を探してうろつきまわる。この状態をワンダリング・ステージと呼ぶ。

それにしても、いったいどういう理由から蛆虫は、この素晴らしい隠れ家となっているフクロウの死骸を見捨てるのであろうか。なぜ土の中に住《す》み処《か》を定めにいくのであろうか。死骸の最初の掃除屋として蛆虫は、悪臭を放つものを無くしてしまうという、もっとも急を要する仕事に専念する。けれどもその溶解化学の試薬ではどうすることもできない多量の残りものを置いていくのだ。

そうすると、次にはこの残りものが消えなければならないわけだが、双翅目のあとでは別の解剖学者たちが駆《か》けつけてきて、かさかさになった死骸に取りつき、皮や、腱《けん》や、靭帯《じんたい》を齧《かじ》り、骨が白く見えるようになるまで刮《こそ》げ取《と》る。

この仕事にもっとも熟達している者は、といえばそれはカツオブシムシ[15]であって、動物の残骸を実に熱心に齧り取る。遅かれ早かれカツオブシムシたちは、ハエの幼虫がすでに荒らした獲物のところにやってくるのだ。では、もし囲蛹がそこにあったらどんなことになるであろうか。

――それは目に見えている。角質《かくしつ》の食物の大好きなカツオブシムシは、表面が硬い小樽《こだる》のような囲蛹に齧りつき、かりっとひと口で咬み破ってしまうであろう。生きているものを連中はおそらく好まないだろうから、中身には手をつけないとしても、すくなくともかさかさした物質でできた容れ物のほう、つまり蛹《さなぎ》の殻《から》は賞味することになるだろう。すると将来のハエは鞘《さや》に穴が開いて死んでしまうこ

15　カツオブシムシ　鰹節虫。鞘翅目《しょうしもく》（甲虫類《こうちゅうるい》）カツオブシムシ科 Dermestidae の仲間。→第8巻16章。

とになる。製糸工場の倉庫では同じようにして、カツオブシムシの一種ハラジロ[16]カツオブシムシが、角質の表皮に覆われたカイコガ[17]の蛹を齧るために、繭《まゆ》に穴を開けて被害をもたらしている。

蛆虫はこの危険を予知していて、ほかの相手がやってくるまえに撤退するわけである。これほどの知恵が、蛆虫のいったいどこに記憶として宿されているのか。これは頭さえもない貧相な蛆虫なのだ。この虫の体の先端の尖った部分を〝頭〟という名で呼ぶためには、言葉の意味を拡大解釈する必要があるだろう。

囲蛹の殻を守るためには、死骸を放棄するほうがよいということ、そして成虫のハエになったときの安全を確保するためには、あまり深く土の中に潜りすぎないほうがよいということを、蛆虫はどのようにして知ったのであろうか。

ミヤマクロバエが羽化《うか》して成虫になり、土の中から姿を現わすときに用いるその方法とは、頭部をよく動くふたつの部分に分割し、膨《ふく》れあがった両方の赤い大きな眼を、互いに離したり近づけたりするというものである。両眼のあいだから、ガラスのように透きとおった*大きな瘤《ヘルニア》が、出たり消えたりすることを繰り返す。ふたつの目玉が別々の方向に分かれ、いっぽうが右に、もういっぽうが左に押しのけられるときには、まるで虫の頭がぱかっと割れてその中身が排出されているかのようである。すると、瘤《ヘルニア》がいきなり姿を現わす。その端の部分は丸くなっ

16 **ハラジロカツオブシムシ** 腹白鰹節虫。*Dermestes maculatus*（旧 *Dermestes vulpinus*） 体長7〜10㎜ 鞘翅目（甲虫類）カツオブシムシ科カツオブシムシ属。

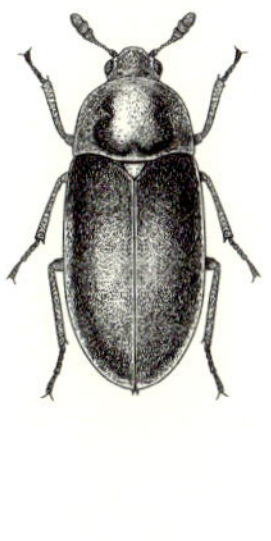

17 **カイコガ** 蚕蛾。*Bombyx mori* 開張35〜45㎜ 鱗翅目《りんしもく》（チョウ・ガ類）カイコガ科カイコ属。人間によって改良された昆虫。原種はクワゴという野生のガ（蛾）。成虫には口がなく、幼虫時代に蓄えた栄養で〝電池式〟に活動する。その幼虫がカイコである。

▼繭《まゆ》の中の蛹《さなぎ》（断面図）。

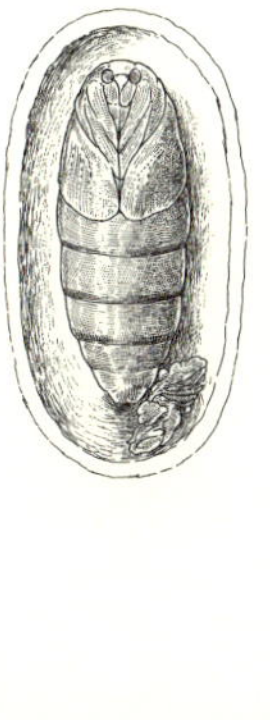

ており、釘の頭を肥らせたような形に膨らんでいる。それからふたつに割れていた額《ひたい》はもとどおりに閉ざされ、瘤《ヘルニア》は中に収まる。その跡には何か形のはっきりしない牛の鼻面《はなづら》のようなものが見えているだけだ。

つまり、繰り返し、繰り返し絶えずぴくぴくと脈[18]打つ額の瘤《ヘルニア》は、地[19]中から脱出するための道具なのであって、新しく羽化してきたハエはその突き棒の助けを借りて砂を小突き、さらさら崩れさせるのだ。そして、それに応じて肢《あし》で蹴って砂を後方に押しやり、虫の体はその分だけ上方へと迫《せ》り上《あ》がるわけである。

ふたつに割れてぴくぴく脈打つ頭部の圧力で土の中を迫り上がっていくというのは、骨の折れる仕事である。しかもこの、精も根も尽き果てるような仕事を、体を保護していた蛹の殻から脱出する、まさに虫としてはいちばん体の脆弱《ぜいじゃく》なときに行なわなければならないのだ。出てきたハエの色は淡く、体はぶよぶよと柔らかく無様《ぶざま》で、翅《はね》はあるかなし、といった具合。それは縦にぎゅっと縮み、横にひとつの切れ込みが入ったつんつるてんの状態で、貧相に背中の上のほうを覆っているだけである。のちにもじゃもじゃした剛毛がいっぱいに生える灰色のハエは、今はなんとも惨めなありさまだ。

空を飛ぶための大きな翅は、もっとあとになってから広げられるのであって、今のところそれは、これから通り抜けなければならない障害物の中にあっては邪

18 **脈打つ額の瘤《ヘルニア》** 額嚢《がくのう》と呼ばれる器官のこと。内部に体液を出し入れすることによって膨《ふく》らませたり萎《しぼ》ませたりすることができる。→訳注「大きな瘤《ヘルニア》」。

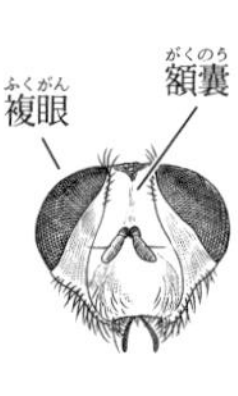

▼額嚢の動き① 額《ひたい》が割れて額嚢（瘤《ヘルニア》）が出現する（正面図）。

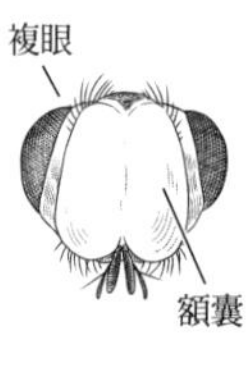

▼額嚢の動き② 額嚢（瘤《ヘルニア》）が膨らみ、複眼《ふくがん》が両側に広がる。

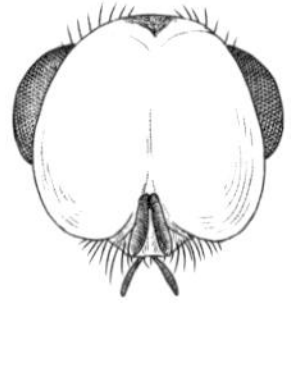
▼額嚢の動き③ 額嚢（瘤《ヘルニア》）が最大に膨れた状態。このあと額嚢は萎み①に戻る。

魔になるだけのものであろう。いずれ正式の衣裳《いしょう》が整うのだが、そのあかつきには、厳《おごそ》かな黒色の地が、藍色《あいいろ》のなかにきらきらと輝く鮮やかな青を引きたたせることになるのである。

ぴくぴくと脈打ちながら砂を崩していく額の瘤《ヘルニア》は、地中から出てきたあともしばらくのあいだは、まだ機能し、いつでも出し入れが可能だ。

脱出してきたばかりのハエの後肢《こうし》をピンセットでつまんでみよう。するとたちまち額の瘤《ヘルニア》は作動し、さきほどまで砂の中にいて通路を切り拓かねばならなかったときと同じように、膨らんだり、萎《しぼ》んだりしはじめるのだ。

地中では動きを妨げられていたわけだが、それと同様に動きを制限されると、虫は一所懸命になって、自分が知っているたったひとつの障害物との格闘法をとることになる。つまり、脈打つ瘤《ヘルニア》を使って、それまで土の障害物を突《つつ》いていたように、空《くう》を突いているのである。

どんなに厄介な状況であろうと、それを克服する手段は〝ハエのひとつ覚え〟であって、額をふたつに割り、額の瘤《ヘルニア》を現わして、それを出したり引っ込めたりすることだけなのだ。二時間近くのあいだ、疲れて休むことはあったけれど、ぴくぴく動く小さな機械は私のピンセットの先で働きつづけたのである。

そのうちに絶望的に動いているハエの皮膚が固まってくる。翅が広がり、黒と

19　**地中から脱出するための道具**　この額嚢を用いた地中からの脱出のようすは、本章扉103頁に図示してある。

▼囲蛹から脱出したばかりの新成虫《しんせいちゅう》。まだ翅《はね》は広げられていない。

暗青色《あんせいしょく》の混じった喪服を着込んだようになるのだ。するとそのとき、両側に押しのけられていた左右の眼は接近してもとの正常の位置に戻る。頭部の裂け目はふたたび閉じられ、脱出用の瘤《ヘルニア》は中に入ったままふたたび姿を現わすことはない。

だがそのまえに、ひとつ用心しておかなければならないことがあるのだ。それは、頭の中に収められて姿を消す瘤《ヘルニア》に、前肢《ぜんし》でていねいにブラシをかけることである。半分ずつに割れていた頭が最後にくっついてしまうまえに、頭部の中に砂粒を挟み込んだりしてはいけないとの用心からである。


ハエになって地下から登ってこなければならないとき、どんな苦難が待ち受けているかを蛆虫はよく知っている。虫はその身に具《そな》わっている貧弱な道具で登るのがどれほど辛いものか、それに登り道がほんのわずか延びても命にかかわるほどのものであることを、まえもって心得ているのである。将来の危険を蛆虫は予感しており、できるかぎり慎重にその危険を回避しようとするのだ。

喉のところに二本の摑み鉤を具えているので、蛆虫は自分が望むだけの深さのところまで楽々と降りていくことができる。できるだけ静かで、できるだけ気温も穏やか、ということを求めるとなると、住まいは可能なかぎり深い場所になければならない。だから下へ下へと降りていけるのであれば、もっとも深いところが蛆虫と囲蛹の安楽にとって最良の場所ということになる。

▼地上に出たミヤマクロバエの新成虫。瘤《ヘルニア》についた砂粒などを前肢《ぜんし》でていねいに払い落とす。

降りるだけなら蛆虫はいくらでも深く降りていくことができる。そして今や〝深く潜れ〟というその啓示に従うことができるときなのに、虫はあえてそうはしないのである。私は蛆虫たちを細かな乾燥した砂を満たした、深い平鉢の中で飼育している。この環境なら砂も掘り返しやすいはずだ。

　ところが、囲蛹が埋まっているのは常にそれほど深くない場所なのである。おおよそ人の手の幅ひとつぶん——いちばん深くまで潜ったものでも、せいぜいそれぐらいのところである。大半の連中はもっと地表に近いところでとどまっている。そこで、薄い砂の層に覆われて、蛆虫の表皮は固まり、棺桶《かんおけ》か小箱のようになって、その中で変態の眠りにつくのだ。何週間か経つと、土に潜った虫は目覚めて変身するのだが、なんとも弱々しくて、土の中から脱出するのに、ふたつに割れた額のぴくぴく脈動する瘤《ヘルニア》しかもっていないわけである。

　蛆虫は慎重を期してあまり深いところに潜らなかったわけだが、実際ハエがどのぐらいの深さからふたたび上まで登ってくることができるのか、それが知りたいと思うなら実験するのは簡単である。

　いっぽうが塞《ふさ》がった、何本もの太い管の底に、私は冬のあいだ手に入れたミヤマクロバエの囲蛹をそれぞれ十五個ずつ置いてみた。囲蛹の上から細かな乾いた

▼地中に潜るミヤマクロバエの終齢幼虫《しゅうれいようちゅう》。

砂をさらさらと入れて縦の円柱のようにする。そしてその砂の円柱の高さには装置ごとに変化をつけておいた。四月になって羽化が始まる。

実験に使った砂の柱のなかでいちばん短い、深さ六センチのものがもっともよい結果を示した。囲蛹の状態で埋葬された十五頭のうち、十四頭は成虫になって、楽々と地表にたどりついた。一頭だけが死んでいた。登ってみようとした形跡がなかった。

砂が一二センチの場合、脱出してきたものは四頭。二〇センチの場合は二頭だけで、それ以上の数にはならなかった。残りのハエたちは、円柱の途中の、ある者は上のほう、ある者は下のほうで、疲れきって死んでいたのであった。

砂の層が六〇センチあった最後の管では、脱出してきた成虫のハエはたった一頭しか入手できなかった。これほどの深さから登ってくるために、この頑強な個体はそうとう悪戦苦闘しなければならなかったにちがいない。というのも、残りの十四頭は、自分たちの蛹の殻さえ破ることができなかったからである。私の推測では、さらさらした砂の流動性と、その結果として生じる、液体のそれに似た、あらゆる方向からかかる圧力が、この脱出の困難さと無関係ではないと思われる。

そこで、別に二本の管を用意してみた。今度は湿った腐植土《ふしょくど》を入れて軽く押し

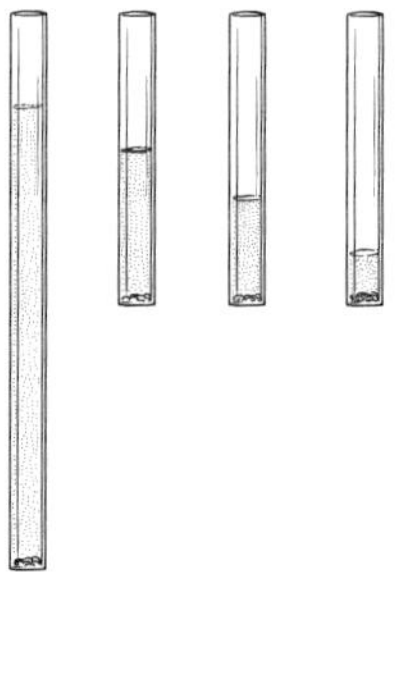

▼羽化したハエがどのぐらいの深さからふたたび地表へ登ることができるかを確かめる実験。ガラス管で四種の深さを与えてみた。

込むようにしたので、もう砂のようにさらさらと落ちてきて圧力がかかるという支障もないわけだ。その結果、六センチの土の層からは、埋めた囲蛹十五個のうち八頭が脱出し、二〇センチの土の層からはたった一頭しか得られなかった。

脱出に成功したハエの数は砂の円柱のときより少ない。私の工夫によって圧力は減らせたけれど、同時に摩擦抵抗は増加したのだ。砂は額の突き棒で小突いていけばひとりでに崩れていく。ところが腐植土には砂のような流動性がないので、ハエは自力で坑道《こうどう》を切り拓かなければならないのである。

実際にハエが通り抜けた経路をたどってみると、登り道が煙突のように、いつまでもそのままの状態で残っているのがわかる。ハエはその眼と眼のあいだでぴくぴく動いている瘤《ヘルニア》でこの煙突を掘り抜いたのである。

したがって、ハエが成虫の姿になって地表に出なければならないときには、埋まっている場所がどこであろうと、砂地でも腐植土でもなんらかの土が混じったところでも、その脱出は困難をきわめるのだ。それゆえ、蛆虫はあまり深いところを嫌うのである。もちろん、より安全性が増すという意味では、蛆虫自身にも深いところのほうがよいということはわかっているようではあるのだが。

蛆虫は蛆虫なりの用心をしている。将来の困難を見越して、虫は今このときの安寧《あんねい》に都合のいい、深い潜り方を避けるのだ。未来のことを思えば、現在のことにかまってはいられないのである。

▼飛び去る新成虫。

17章　ミヤマクロバエの蛆虫《うじむし》　訳注

105頁　**蛆虫**　おもにハエやアブなど双翅目《そうしもく》の幼虫の俗称。体色は乳白色《にゅうはくしょく》で肢《あし》がない。キンバエやニクバエなどの幼虫（蛆虫《うじむし》）は、死体などの蛋白質《たんぱくしつ》を分解する酵素を分泌《ぶんぴつ》して溶かし、スープ状にして〝食べる〟。この行動については第8巻14章「キンバエ」に詳しく記述されている。

106頁　**牛肉エキス**　ドイツの化学者リービッヒは、食物に含まれる栄養と人間の健康について、化学者の立場から研究を行なった。糖《とう》や脂質《ししつ》は体内で発熱し、体温を維持するので「呼吸性の栄養」ととらえ、いっぽう蛋白質《たんぱくしつ》は体を作るもととなるので「成形性の栄養」ととらえた。そして筋肉は蛋白質でできているわけであるから、運動をすると体からは蛋白質が失われるとし、健康を維持するためには、運動量に応じて蛋白質を補う必要があると結論づけたのである。

　このような栄養思想にもとづいてリービッヒは、肉の栄養（蛋白質）を濃縮した栄養補助剤としての肉エキスを考案した。当時は南米のアルゼンチンやウルグアイで牧畜業が発展しつつある時代で、皮を剝《は》いだあとの牛肉が大量に余っていた。冷凍冷蔵技術も発達していなかったため肉は大量に廃棄されていたのである。一八六五年、リービッヒはこうした肉を有効利用しようと、ウルグアイに工場をもつリービッヒ肉エキス会社 The Liebig Extract of Meat Company をロンドンに設立し、ウルグアイの工場では、年間十五万から二十万頭の牛が加工された。リービッヒ肉エキスは、挽肉《ひきにく》に水を加えて圧搾《あっさく》し、その肉汁を加熱したあと、沈殿した蛋白質を取り除いて濃縮。これにカラメルで風味をつけたものである。

　リービッヒは、これで多くの貧困層が救われるものと期待したが、栄養があり、常温でも保存がきき、味がよかったので、実際には、ヨーロッパ各国の軍隊での需要が多かった。また、当時多かった結核患者のための栄養補助食品として、のちに流通した麦芽飲料オバルチンなどとともに、サナトリウムなどで推奨されるものとなった。この牛肉エキスには実際の体積の三十倍の肉の栄養が含まれていると宣伝されていたが、化学者のなかには、味はよくても栄養はない、と批判する者もいた。当時、蛋白質を構成しているアミノ酸は発見されておらず、また栄養という概念についても、複数の栄養素が相互に関連するという質と量の問題が明らかになってはいなかったのである。

その後、栄養学は進歩し、蛋白質を構成するアミノ酸が発見されて、その働きも解明されることになった。肉エキスは前述のとおり、栄養補助剤として誕生したわけだが、いくたびかの会社の吸収と合併ののち、現在でも調味料、そして微生物の培養に使われる培地《ばいち》の原料として販売されている。

人間の味覚は、生命維持に必須の蛋白質、脂質、糖質を旨味《うまみ》と感じるように進化してきた。牛肉エキスを美味《おい》しいと思うのは、実は自然の摂理ともいうべきことなのである。

◆**ペプシン**　脊椎動物《せきついどうぶつ》の胃液に含まれる代表的な蛋白質分《たんぱくしつぶん》解酵素《かいこうそ》。イタリアの生理学者で生物学者のスパランツァーニ SPALLANZANI, Lazzaro （一七二九―九九）によって一七八三年にその存在が確認された。

113頁

動物コレクション　原語は ménagerie《メナジュリー》 で、異国の珍しい野生動物などを展示するための建物のこと。「動物小屋」とも訳される。

十五世紀から十七世紀にかけての大航海時代、ヨーロッパの王侯貴族のあいだで、植民地からもたらされる動植物のコレクションが盛んになった。こうして集められた標本は、近代の博物学の資料となり、生きた動物のコレクションは現在の動物園 zoological garden《ズーロジカル・ガーデン》 となった。

パリの植物園付属動物園のライオンタマリン舎。

王立植物園 Jardin du Roi《ジャルダン・デュ・ロワ》 を起原とするパリの植物園付属動物園の正式名称は、現在でも Ménagerie, Le Zoo du《メナジュリー・ル・ゾー・デュ》 Jardin des Plantes《ジャルダン・デ・プラント》 である。なおこの ménagerie《メナジュリー》 という言葉には、サーカスなどの、動物の「見世物小屋」という意味もある。

123頁

大きな瘤《ヘルニア》　ファーブルが額《ひたい》の大きな瘤《ヘルニア》と表現している乳白色《にゅうはくしょく》の器官は、正式には額嚢《がくのう》と呼ばれる。地中で羽化《うか》したハエが、蛹《さなぎ》の殻《から》と蛹全体を覆《おお》っている囲蛹《いよう》の殻から脱出し、さらに地表に出るまでの移動の〃足〃の役割を果たす。額嚢は、内部に体液を出し入れすることによって膨《ふく》らませたり萎《しぼ》ませたりすることができるので、ハエはこ

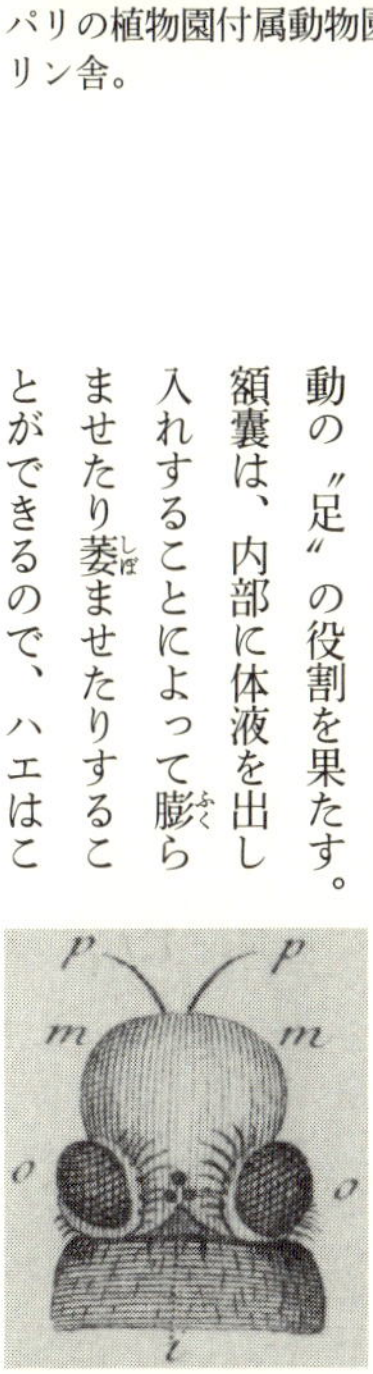

レオミュール『昆虫学覚書』挿図「額嚢」（訳者蔵）。

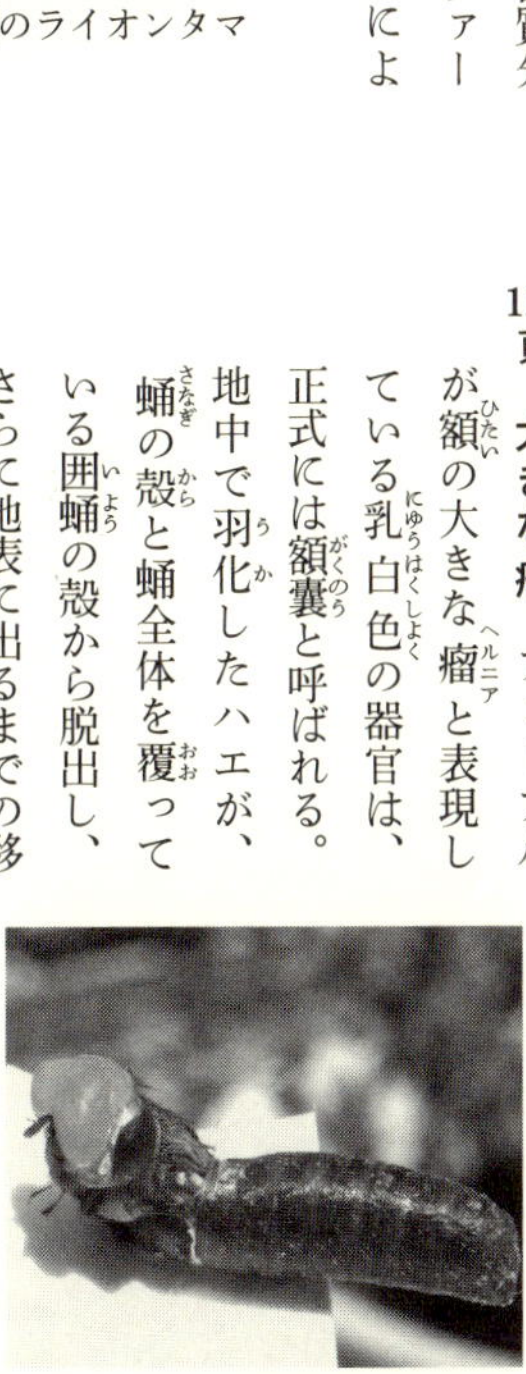
羽化のために、額嚢で囲蛹を破って脱出するハエの新成虫。

れを使って地中を少しずつ移動するのである。この地上への脱出のようすについては第8巻15章「ニクバエ」でも触れられている。

額嚢の存在は、双翅目《そうしもく》環縫亜目《かんぼうあもく》（ハエの仲間）をさらに細分する手がかりとなっている。多くのハエは、額嚢を有する有額嚢類《ゆうがくのうるい》に含まれるが、これらとは別に額嚢をもたないノミバエ科やショクガバエ科などは、無額嚢類《むがくのうるい》に分けられている。

18

コマユバチ

ハイイロニクバエの天敵

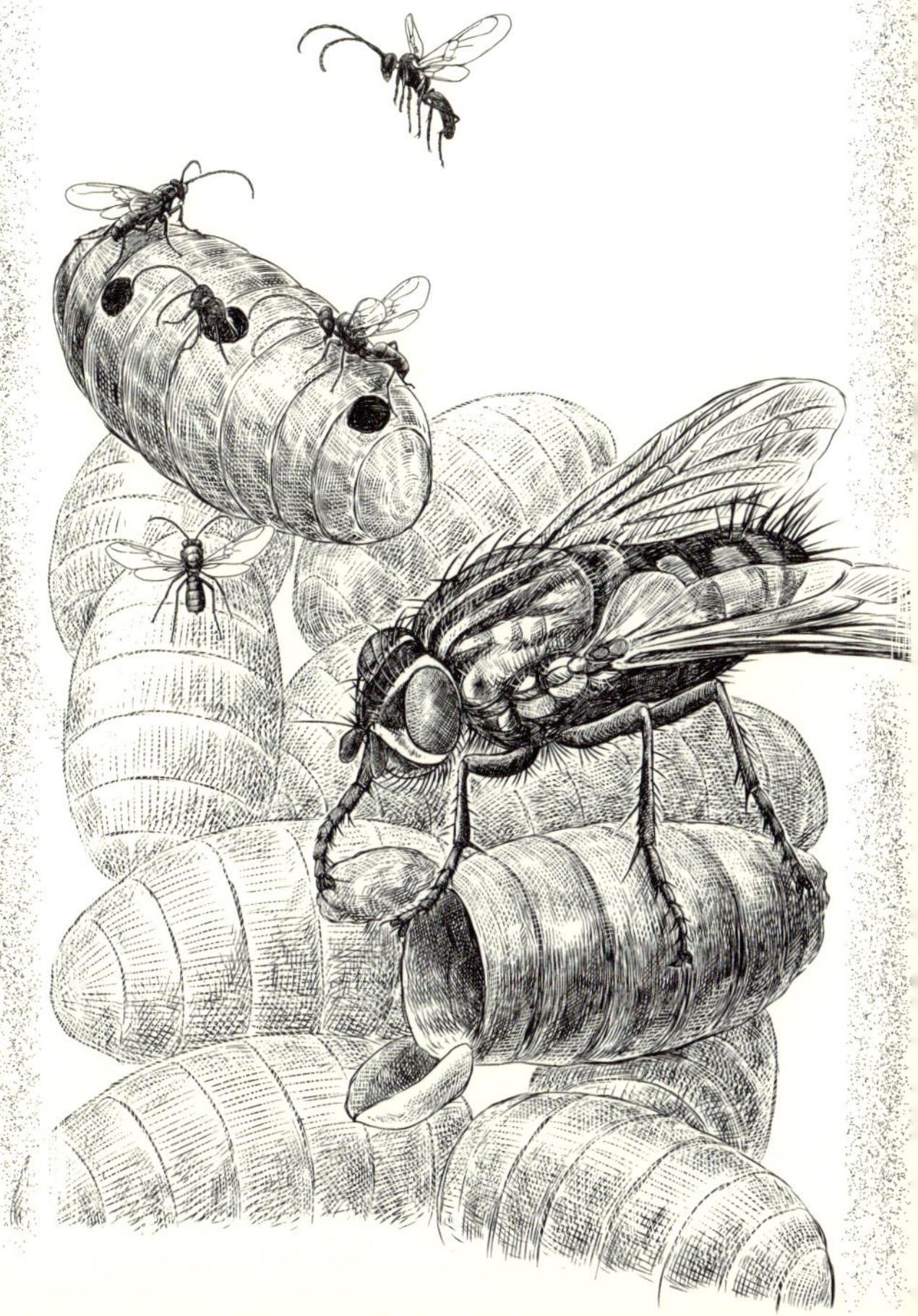

今日食う立場の者が、明日は食われる立場になる――ハイイロニクバエやミヤマクロバエの蛆虫《うじむし》はエンマムシに食べられる――さらに恐ろしい災厄《さいやく》がある――ハイイロニクバエの囲蛹《いよう》の中に小さな幼虫がぎっしり詰まっていたのだ――八月末に寄生者《きせいしゃ》が囲蛹から脱出してきた――コマユバチの仲間であった――このハチはいつハエに寄生するのか――コマユバチは蛆虫の軟らかい皮膚に卵を注入するのだ――飼育装置から採集した多数のハエの囲蛹は三つの群《グループ》に分類される――ハエが羽化《うか》した群《グループ》、コマユバチが羽化した群《グループ》、何も出てこなかった群《グループ》である――最後の群《グループ》の囲蛹の中の蛆虫は死に絶えていた――それはなぜか――ハチが産卵のために刺した傷から周囲の毒が侵入したのか――世界には、公衆衛生のために働くハエの蛆虫が必要なのだ

扉絵　ガラス管に集めておいた囲蛹から羽化したハイイロニクバエとコマユバチ

地中から砂を掘り返して外部に脱出すること——羽化《うか》したばかりのハエを待ち受けている困難はただそれだけではない。ミヤマクロバエ[1]はそのほかにも、さまざまな危険にさらされる運命にある。生とはすなわち、今日食う立場にある者が、明日は食われる立場になるという、殺しと解体の場なのだ。死骸を食い荒らす者も、いずれは自分が食われることを避けることはできない。

そういう、死骸食らいのハエを大量に殺す虫を私は知っている。それは死骸が溶けてできた沼の岸辺で、腸詰《アンドウイエット》のように肥《ふと》った＊蛆虫《うじむし》を漁《あさ》るエンマムシ[2]だ。

その肉汁の沼にはキンバエ[3]やハイイロニクバエ[4]やミヤマクロバエの蛆虫が一緒になってうようようごめいている。エンマムシは連中を岸辺の自分たちのほうに引き寄せて、どれもこれも区別せずにむさぼり食ってしまう。エンマムシにとって、獲物としての価値はどの蛆虫もみな同じなのである。

しかし、このような蛆虫の奪い合いは、陽《ひ》の光の激しく照りつける野外でしか

1 **ミヤマクロバエ** 深山黒蠅。*Calliphora vomitoria* 体長8～12㎜ 双翅目《そうしもく》（ハエ・アブ類）クロバエ科クロバエ属。→本巻16章71頁図、解説。

2 **エンマムシ** 閻魔虫。鞘翅《しょうし》目《もく》エンマムシ科 Histeridae の仲間。→第8巻16章。▼ハエの幼虫（蛆虫《うじむし》）を捕食するアカモンツヤエンマムシ（赤紋艶閻魔虫）*Saprinus maculatus* 体長4～7㎜。

観察できない。エンマムシもキンバエも、決して人家に入り込んでくることがないからである。ハイイロニクバエのほうは家の中に入ってくることもあるけれど、どこか遠慮がちでこそこそしている。おそらく居心地がよくないのであろう。

勢い込んで駆《か》けつけてくるのはミヤマクロバエだけだ。こうしてミヤマクロバエは、蛆虫の腸詰《アンドゥイエット》をむさぼり食らうエンマムシに貢《みつ》ぎ物《もの》を差し出すことを免《まぬか》れているのである。それでも野外であると、死骸さえ見つかれば、ミヤマクロバエは手あたり次第に卵を産みつけるので、結局はほかのハエたち同様、大食漢のエンマムシに自分の蛆虫を、たっぷりと召し上げられる結果になる。

そのうえ、これよりもっと恐ろしい災厄《さいやく》があって、そのためにミヤマクロバエの子供たちは大量に殺戮《さつりく》されている。ただし、この問題に関して、このハエの好敵手《ライヴァル》であるニクバエで私の観察したことが、そのままミヤマクロバエにもあてはまるとすれば、の話なのだが。いや、きっとあてはまると私は思っている。

ハイイロニクバエについてこれから述べることを、ミヤマクロバエにおいて確認する機会は、今まで私にはなかった。だがそれはいいだろう。一方のハエについての観察でわかったことを、他方のハエの話として繰り返し述べることに私はなんのためらいも感じない。それほど、これら二種のハエの蛆虫は互いに酷似しているのだ。

3　**キンバエ**　金蠅。双翅目（ハエ・アブ類）クロバエ科キンバエ属 *Lucilia* の仲間。

4　**ハイイロニクバエ**　灰色肉蠅。*Sarcophaga carnaria*　体長13〜15㎜　双翅目（ハエ・アブ類）ニクバエ科サルコファガ属。→本巻16章89頁図、解説。

▼ミヤマクロバエ（上）とハイイロニクバエ。

事実は以下のとおりである。

私は蛆虫飼育装置のひとつからハイイロニクバエの囲蛹《いよう》[5]をたっぷり採集してきた。この蛆虫の尾端《びたん》は火山の噴火口のように窪《くぼ》み、そのまわりは王冠《おうかん》のような波形を描いているのだが、その部分を詳しく調べてみたいと思って私は囲蛹の底を抜いてみた。つまり、ナイフの先で囲蛹の最後の体節《たいせつ》のあたりをすぱりと切り落としたのである。

ところがこの角質《かくしつ》の殻《から》の中には、当然見つかると私の思っていたものが入っていなかったのだ。そこには何やらたくさんの、ごく小さな幼虫たちがぎゅうぎゅうに詰まっていたのである。そのさまはまるで、空間を無駄にしないようぎっしり鮨詰《すしづ》めになっている、壜《びん》の中の塩漬けのアンチョヴィといったところだ。褐色の硬い殻になってしまった表皮を除いて、もとのハエの蛆虫の中身は消え失せ、うようようごめく、ごく小さな幼虫の群れに変わってしまっていたのである。

この囲蛹の殻の中を占拠していた幼虫の数は三十五頭であった。私は連中をもとの殻の中に戻してやった。私が採集したほかの囲蛹のなかにも、きっとこんな具合に、中に小さな幼虫の詰まったものがあるはずだ。これから起きることを続けて観察しやすいように、私はそれらの囲蛹をガラス管の中に並べておいた。大切なのは、殻の中に入っていた幼虫が、どういう種類の*寄生者《きせいしゃ》なのかを知ること

5　**囲蛹**　ハエなどの仲間に特有の構造をもつ蛹《さなぎ》。ハエの幼虫（蛆虫）は、三齢《さんれい》のときに脱皮《だっぴ》をせず、外側の皮が角質化《かくしつか》し、蛹の表面に密着して固まり、蛹を囲む殻《から》のようになる。双翅目《そうしもく》短角亜目環縫群《たんかくあもくかんぽうぐん》（ハエ類）や撚翅目《ねんしもく》（ネジレバネ類）でみられる。

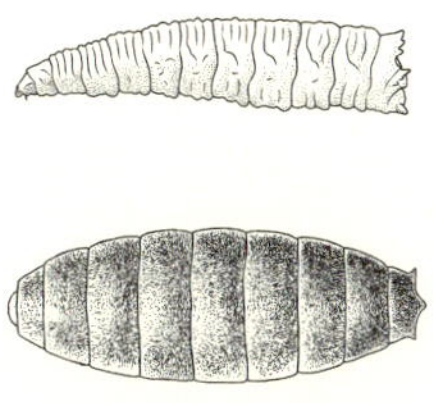

▼ハイイロニクバエの幼虫（蛆虫〔左が頭部〕）と囲蛹。

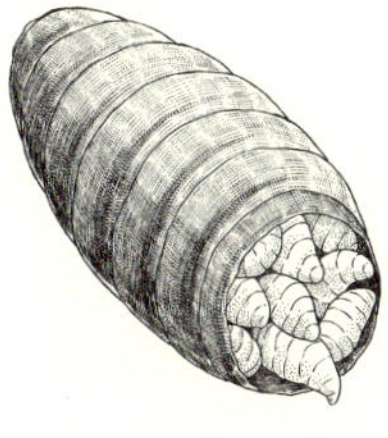

▼ハイイロニクバエの囲蛹の中にいた小さな幼虫。

である。しかし成虫が羽化してくるのを待つまでもなく、その生態を見ただけでもう、これらの幼虫がどんな種類のものであるかは簡単にわかってしまう。

　これはおそらく、生きた虫の内臓を食い荒らす非常に小さな寄生バチ[*6]の仲間の幼虫である。われわれは先にこの『昆虫記』[7]で、こうした寄生バチの仲間の一種が、小さな群れをなしてあの奇妙なゾウムシ――蛹化《ようか》するために薄い膜でできた球《たま》の中に閉《と》じ籠《こ》もるモウズイカタマゾウムシ[8]の蛹《さなぎ》を食い荒らすところを見ている。

　つい最近、冬になってから、私はオオクジャクヤママユ[9]の蛹のひとつから、これと同じような寄生バチの幼虫を四百四十九頭取り出している。

　やがてガ（蛾）の体になるはずの物質はすべてなくなり、ただ蛹の殻だけが、まるでロシア革《がわ》[10]でできた見事な袋のようになって、完全なままのかたちで残されていたのである。そしてその中には寄生バチの幼虫たちが、糊《のり》か何かでくっつき合っているのかと思われるほど身を寄せ合ってひしめいていた。筆で取り出そうとすると、ごっそり塊《かたまり》になって出てきて、それを一頭一頭ばらばらにするのはなかなか困難な作業になるのであった。

　寄生バチの幼虫たちはガの蛹の殻の中いっぱいに詰まっていて、食われてなくなってしまった蛹の中身も、これほどきっちりとは殻の中に詰まっていなかったのでは、と思われるほどであった。死んだ者から同じ分量だけの、しかし細かく

6　**寄生バチ**　生活史の一時期に寄生生活をおくるハチ。→訳注。

7　**『昆虫記』で……**　第10巻5章「タマゾウムシ」で〝種名不詳の寄生バチ〟が紹介されている。

8　**モウズイカタマゾウムシ**　毛蕊花玉象鼻虫。*Cionus thapsus*　体長3.5〜4.8㎜　鞘翅目（甲虫類）ゾウムシ科ゾウムシ亜科タマゾウムシ属。→第10巻5章165頁図、解説。

▼食草《しょくそう》のモウズイカの上で交尾をするモウズイカタマゾウムシ。

分割された生者が作られたのだ。この幼虫の群れは、まだ体の組織がしっかりと形づくられていない、いわば乳液のような状態の蛹の体を食物として発育したのである。巨大な乳房ともいうべき蛹は完全に吸い尽くされている。

蛹の中の生成されつつある肉が、四百五十頭の寄生バチの幼虫たちによってひと切れひと切れ嚙《か》みちぎられるところを想像すると誰でもぞっとする。こんな拷問にかけられている哀れな虫の苦しみを思うと恐怖にたじろいでしまうではないか。

しかしこの場合、ほんとうに苦痛というものがあるのだろうか。この点は疑ってみてよいであろう。

苦痛とは、いわば貴族の資格のようなものなのだ。苦痛を強く感じれば感じるだけ、高等な生き物だということになる。動物界の下位に属する者は、苦痛を大きく軽減されているにちがいない。特に発育の途上にあり、いまだ安定した均衡《バランス》を獲得していない生命の場合はおそらく、苦痛を感じることはまったくないであろう。

卵の白身は生きた物体ではあるけれど、針で刺されても、ぶるっと身震いひとつせずに平気でいる。コバチの幼虫という何百頭もの微小な解剖学者によって、細胞をひとつひとつ切り分けられているオオクジャクヤママユの蛹にとっても、

9　**オオクジャクヤママユ**　大孔雀山繭。*Saturnia pyri*　開張13～15㎝　鱗翅目《りんしもく》（チョウ・ガ類）ヤママユガ科サテュルニア属。→第7巻23章293頁図、解説。

10　**ロシア革**　十八世紀に帝政ロシアで生産されていた高級皮革。トナカイなどの皮をタンニンで鞣《なめ》したのち、仕上げに白樺《しらかば》油《ゆ》で加脂《かし》されるため独特の芳香をもつ。

事態はこれと同じではあるまいか。またハイイロニクバエの囲蛹やタマゾウムシの蛹の場合も、同じことではないのか。

蛹とはまさに、第二の誕生に向けて体の組織がふたたび溶け、卵のような状態に戻ったものである。したがって彼らにとっては、体がこま切れにされても別に痛くもなんともない、と信じてよいのだ。

八月の終わり頃に、ハイイロニクバエの囲蛹の寄生者たちは成虫になって外部に姿を現わす。それはまさしく私が予想したとおりのコマユバチ[*11]の仲間であった。寄生者は、内側から辛抱強く齧《かじ》って開けた、ひとつかふたつの小さな円い穴を通って、小樽《こだる》のような蛹の中から外に出てくる。ハエの囲蛹ひとつにつきコマユバチが約三十頭出てきた。寄生バチの数がこれ以上に多かったら、囲蛹の中には住む場所がもうないであろう。

この[12]小人《ミュルミドン》ともいうべきコマユバチは優雅なほっそりとした虫である。だが、なんという小ささであろう！　体長は二ミリあるかなし、というところ。衣裳《いしょう》は青銅《ブロンズ》のような青味がかった黒で、肢《あし》の色は薄く、腹部《ふくぶ》はハート形で先が尖《とが》って、心もちくびれており、卵を注入できるような産卵管《さんらんかん》は少しも見えない。頭部《とうぶ》を横に切った断面は縦より横に長い。

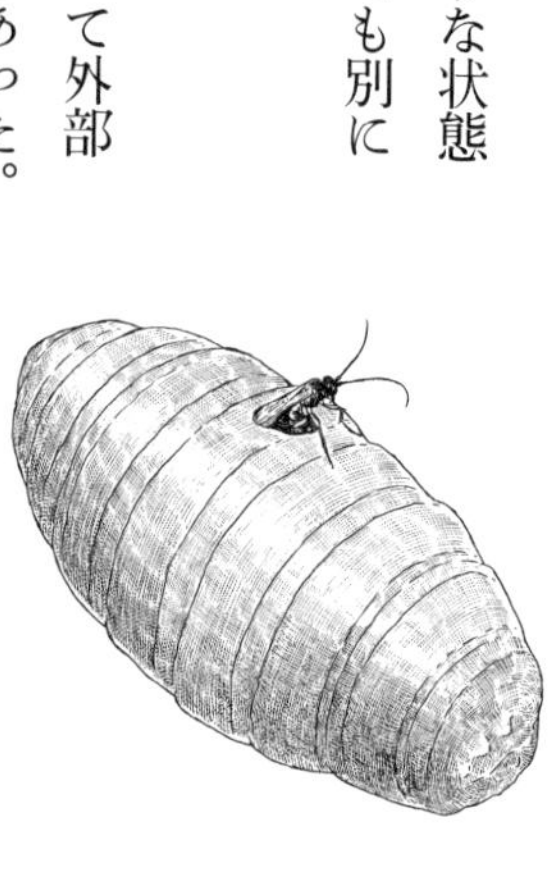
▼ハイイロニクバエの囲蛹から脱出する寄生者のコマユバチ。

11　**コマユバチ**　小繭蜂。膜《まく》翅《し》目《もく》（ハチ・アリ類）細腰亜《さいようあ》目《もく》ヒメバチ上科コマユバチ科 Braconidae の仲間。世界に五千種が知られる寄生バチ。→訳注。

12　**小人**《ミュルミドン》　ギリシア神話に登場する小人のこと。アリが変身したとされる。ただし、フランス語の myrmidon《ミルミドン》 には「小男、つまらぬやつ」という意味もある。

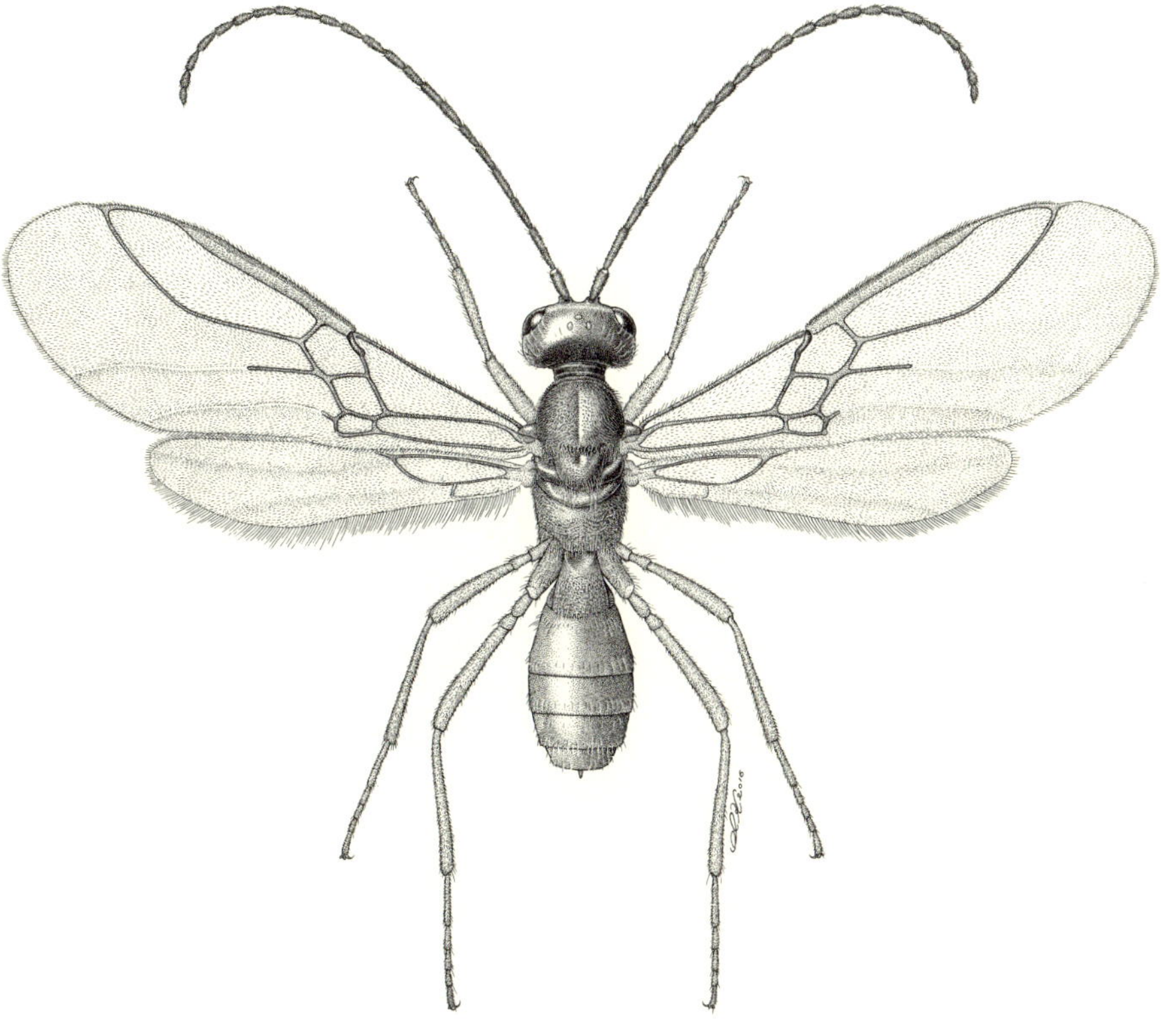

Dacnusa sp.　（図は雌）

ハエヤドリコマユバチ　蠅宿小繭蜂。体長約1.8㎜　膜翅目《まくしもく》（ハチ・アリ類）コマユバチ科ハエヤドリコマユバチ亜科ダクヌサ属。本章でファーブルは学名には触れておらず、形態の記述からも種《しゅ》の特定はできない。ここではニクバエ類の囲蛹《いよう》に寄生《きせい》するダクヌサ属のハエヤドリコマユバチの一種を掲載する。本種はハエの幼虫に卵を産みつける。寄生を受けたハエは正常に蛹化《ようか》するが、孵化《ふか》したコマユバチの幼虫がその体内を食べて蛹化、羽化《うか》する。本属は生物農薬としても利用されている。

雄は雌の半分の大きさしかない。また数も少ない。

交尾はこのコマユバチの場合、ほかのハチの仲間にもみられるように、たいして重要な仕事ではなくて、ときには*それなしですませても、種《しゅ》の繁栄がそこなわれることはないのであろう。

とはいえ、私がこのハチの一群を入れておいたガラス管の中では、雌の群れのなかにまぎれている数少ない雄が、通りかかる雌たちに熱心に求愛している。ハイイロニクバエの季節が続くかぎり、外ではするべきことが山ほどある。事は急を要するのだ。だからこの小人《ミュルミドン》たちは、できるだけ早く、ハエを皆殺しにする仕事に取りかかるのである。


では、この寄生バチはどうやってハイイロニクバエの囲蛹の中に侵入するのであろうか。真理にはいつも影のように、どうしても解明できない部分があるものだ。コマユバチに食い荒らされた囲蛹を得るところまでは私も幸運であったけれど、寄生バチの作戦については、何も知ることはできなかった。蛆虫を飼育していたガラス管の装置の内部で、このコマユバチの仲間が何かやってやろうと、中に飼育されているもののあいだをうろうろ探しまわっているようなところを、私は一度も見ていないのである。

私はそのことに注意を向けていなかったのだ。実際、夢にも思っていない事柄

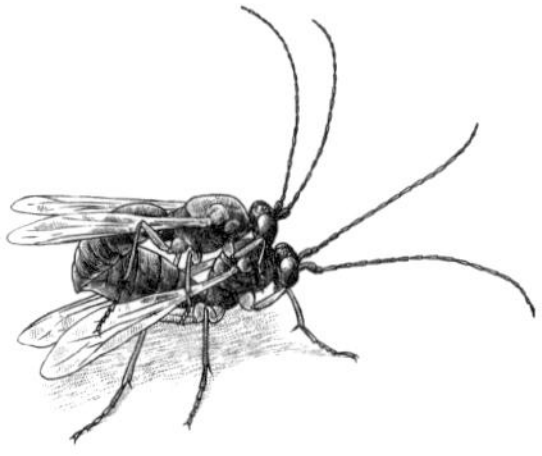
▼交尾するコマユバチ。

を見ることほど難しいものはあるまい。しかし、たとえ直接観察することができなかったにしても、論理的に考えていけば、おおよその真実に到達することができるものだ。

まず第一に、コマユバチは囲蛹の頑丈な鎧《よろい》を通して内部に侵入するのでないことははっきりしている。この微小なハチのもっている力では、その殻は硬すぎて、とても破ることなどできない。とすると、卵を注入できるのは蛆虫時代の軟らかい皮膚をおいてほかにないことになる。すなわち、寄生バチの母親は突然現われると、蛆虫たちがひしめいている肉汁の沼の表面を調べ、これ、と思う獲物を選んでその上に止まる。そして、尖った腹の先から、それまで隠しておいた短い探り針《ゾンデ》をちょっとのあいだだけ突き出して、獲物の蛆虫にさっと手術を施《ほどこ》す。蛆虫のよく肥った腹にほんの小さな傷をつけ、そこから卵を注入するのである。三十頭ものコマユバチの幼虫が中に寄生しているところをみると、注射はおそらく何度も繰り返されるのであろう。

つまり、蛆虫の皮膚には一か所、あるいは何か所も穴が開けられるのだが、その作業は蛆虫が腐った肉の汁の中で泳いでいるときに行なわれるわけだ。

そうだとすると、ひとつの非常に*興味深い問題に直面することになるが、そのことについて詳細に述べるためには、脇道にそれる必要がある。それはいま論じている問題といっけんなんの関係もないようにみえるけれど、実のところはきわめて密接に結びついているのである。だから多少の前置きがないと、あとのことが理解できないであろう。まず、その前置きから記しておこう。

そのころ私は[13]ラングドックサソリの毒と、それが昆虫におよぼす影響の研究に没頭していた。そのとき思ったのだが、サソリの毒針をこちらの望むとおり、実験台になった虫の体の、まさにここ、という部分に向けさせたり、さらには注入する毒の量を調節したりすることは絶対に無理であろうし、またサソリそのものを自由に行動させておくとすれば、それはそれで非常に危険なことであった。

しかし私は虫に注射する一点をなんとかして自分自身で選びたかった。また、毒の分量も思いのままに変えてみたかったのである。それにはどうすればよいか。

サソリは、たとえば[14]スズメバチや[15]ミツバチがもっているような、毒液を溜めておくための嚢《ふくろ》をもっていない。瓢簞形《ひょうたんがた》をして、先端に毒針のついた尻尾《しっぽ》の最後の体節の中には、強力な筋肉の塊しか詰まっておらず、毒を分泌《ぶんぴつ》する細い管《くだ》はその筋肉に張りめぐらされているのである。

サソリの尾に毒の小壜のようなものがあれば、それだけを取り出して、実験が

13 **ラングドックサソリ** ラングドック蠍。*Buthus occitanus*（旧 *Scorpio occitanus*） 体長60～80㎜ 節足動物門《せっそくどうぶつもん》鋏角亜門《きょうかくあもん》クモ上綱《じょうこう》クモ綱《こう》クモ亜綱《あこう》サソリ目《もく》キョクトウサソリ科キョクトウサソリ属。→第9巻17～23章。→第9巻17章87頁図、解説。

▼ナルボンヌコモリグモを捕らえたラングドックサソリ。

しやすいよう、そこから毒を採取することもできるのだが、そんなものはないので、毒針がついている最後の体節を切り取ってみた。私はそれを、死んですっかりかさかさに乾燥した一頭のサソリから得たのである。時計皿を器《うつわ》にし、何滴か水をたらして潤《ほと》びさせ、細かくつぶした。それから二十四時間のあいだ水に浸したままにしておいた。その結果できた液体を注射してやろうというのである。もしサソリの尾の瓢簞に毒が残っているのだとしたら、時計皿の滲出液《しんしゅつえき》の中には、すくなくともそれが含まれているはずである。

　私が注射するのに用いた道具は実に簡単なものだ。それは先端がひゅっと鋭く尖ったきわめて細いガラス管である。それを口で吸って、試験したいと思う液体を吸い上げ、息を吹いてそれを押し出すのだ。ガラス管の先はほとんど髪の毛のように細いので、私の思いのままに液体の分量の加減ができる。通常、その分量は一立方ミリメートルである。たいていの虫の場合、硬い殻に覆《おお》われた箇所に注射しなければならない。それで私は壊れやすい道具の先がぽきりと折れないように、実験に供される虫の体の一点をあらかじめ針で刺して穴を開けておく。その穴に液体の入った注射器の先を刺し込み、息を吹くのである。

　これだけのことが一瞬にして、実に見事に、しかもある程度の正確さが求められる研究にふさわしいようなきっちりしたやり方で実行された。私はこの粗末な

14　**スズメバチ**　雀蜂。膜翅目（ハチ・アリ類）スズメバチ科 Vespidae の仲間。社会性の狩りバチ。→第8巻18〜20章。▼モンスズメバチ（紋雀蜂）*Vespa crabro*　体長19〜35㎜

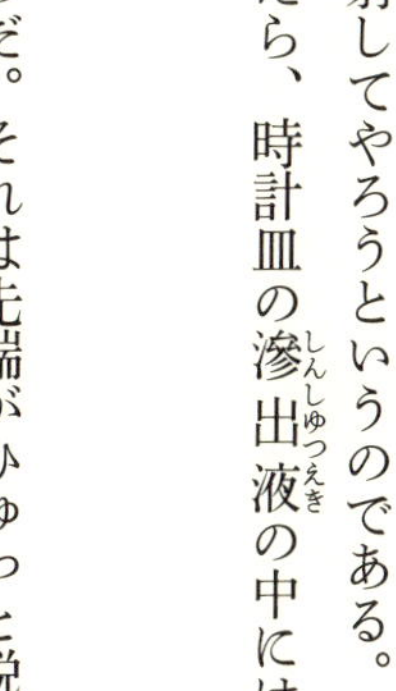

15　**ミツバチ**　蜜蜂。膜翅目（ハチ・アリ類）ハナバチ科ミツバチ属 *Apis* の仲間。▼セイヨウミツバチ（西洋蜜蜂）*Apis mellifera*　体長12〜14㎜　養蜂に使われる。→第4巻16章。

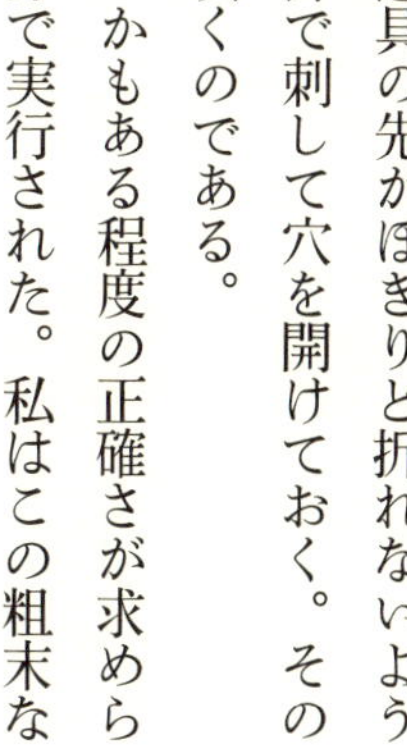

注射器に非常に満足であった。

　また得られた結果に関しても同様に満足を覚えたのである。サソリ自身が毒針で獲物を傷つけ、私の時計皿の中の液体のように水で薄められていない毒の原液を注入したとしても、この注射と同じような効果をあげることはできなかろうと思われるほどであった。注射の効き目はサソリのひと刺しよりもさらに強力であり、刺された虫の痙攣《けいれん》はさらに激しいものであった。私の作った毒の水は、サソリの毒そのものに優《まさ》っていたのである。


　私は実験を何回も繰り返した。使用したのはいつも同じように調合した液体で、それが自然に蒸発して乾いてくると、水を数滴加えてふたたび使えるようにし、乾くとまた水を足すというふうに何度も何度も用いたのである。

　しかし毒の力は弱まるどころか、強くなるいっぽうなのだ。そのうえ、手術を施された虫の死骸は奇妙な具合に変質していくのだが、その変質のようすはこれまでの観察では見たことがないようなものであった。

　それで私は、これらの虫の死は、サソリが攻撃のために使う本当の毒の効き目とは無関係なのではないかと疑うようになった。もしそうであるなら、私がサソリの尾の最後の体節、つまり毒針のついた瓢簞形の体節から手に入れた毒液を、サソリの体のほかのどの部分からでも得ることができるはずである。

毒針のある瓢箪形の体節よりずっと体幹に近いほうに位置する、尻尾の体節をひとつ切り取って何滴かの水の中でつぶしてやる。二十四時間浸しておいたあと、私が得た液体の効力は、毒針のある体節を用いて得た先の液体の効力とまったく同じであった。

　私はサソリの鋏《はさみ》で実験をやりなおしてみた。その中には筋肉の塊だけしか詰まっていないのであるが、結果にはなんの変わりもない。

　したがってサソリの体のすべて、どの部分であっても、そのかけらを水に浸しさえすれば、私の好奇心の的《まと》であるこの毒を作り出すことはできるのである。たとえば、ミドリゲンセイ[16]の体には、その内部にも外骨格《がいこつかく》にも、すべて、発疱《はっぽう》成分のカンタリジンが含まれている。しかしサソリの場合にはそのようなことはまったくない。いわゆる〝サソリ毒〟は、尻尾の先の瓢箪形体節にだけあって、体のほかのどの部分にも存在しないのである。

　したがって、私が観察したような現象の原因となるものは、虫の仲間すべてに共通する一般的な性質に帰するものであり、それは、もっとも無害な昆虫の仲間にも見出されるものであるにちがいない。

　この問題について私は、おとなしい甲虫の仲間であるオウシュウサイカブト[17]で調べてみることにした。実験材料の性質を明確にするため、虫の体の一部を塊の

16　**ミドリゲンセイ**　緑芫菁。*Lytta vesicatoria*　体長12～23㎜　鞘翅目（甲虫類）ツチハンミョウ科ミドリゲンセイ属。

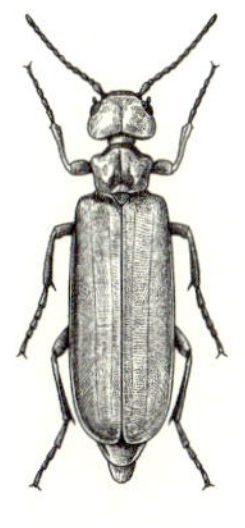

17　**オウシュウサイカブト**　欧州犀兜。*Oryctes nasicornis*　体長20～40㎜　鞘翅目（甲虫類）コガネムシ科サイカブト属。ヨーロッパ最大級のカブトムシ。

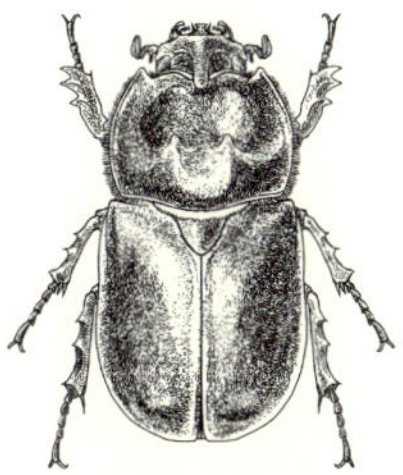

まま乳鉢《にゅうばち》の中で磨《す》りつぶして粉々にしたものを使うのではなく、乾燥させたサイカブトの、胸部《きょうぶ》の内側から刮《こそ》げ取《と》った筋肉の組織だけを利用することにした。あるいはまた、腿節《たいせつ》の中身の乾いた筋肉を取り出して用いたりもした。[18]マツノヒゲコガネ、[19]カミキリムシ、[20]ハナムグリの乾燥した死骸も同様に処理した。こうして採取したものに、それぞれ少しの水を加えて二日ほどおくと、時計皿の中でふやけて柔らかくなる。これを押しつぶしてやると成分が水に溶け出て抽出されるのである。

今度は大きく一歩前進した。私が作った液体はどれも猛烈な毒性を有していたのだ。それについては次に述べるとおりである。

私は最初の実験材料として[21]スカラベ・サクレを選んだ。この虫は体も大きいし、丈夫でもあるから、こうした実験にはもってこいなのである。私は一ダースばかりのスカラベの、それぞれ前胸《ぜんきょう》、胸部、腹部、それから特に敏感な中枢神経《ちゅうすうしんけい》からは離れた場所にある、片方の後肢《こうし》腿節《たいせつ》に手術を施した。私の注射器で刺されたその一点がどこであっても、生じる結果は同じ、あるいはほとんど同じであった。

虫は雷に打たれたように斃《たお》れる。仰向けに引っくり返ると、肢を、とりわけ前《ぜん》肢《し》をでたらめに動かしている。私が本来の姿勢に起こしてやると、まるで[22]サン＝ギー舞踏病に罹《かか》ったような状態である。スカラベは頭部を下げて背中を丸め、肢

18 **マツノヒゲコガネ**　松髭黄金。*Polyphylla fullo*（旧*Melolontha fullo*）　体長25～36㎜　鞘翅目（甲虫類）コガネムシ科ヒゲコガネ属。→第10巻9章。

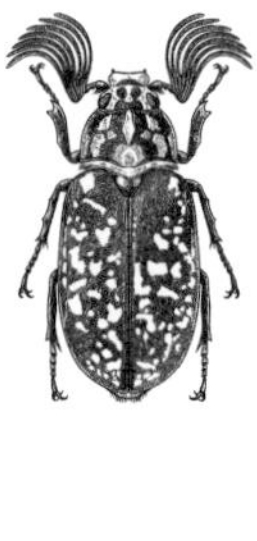

19 **カミキリムシ**　髪切虫。鞘翅目（甲虫類）カミキリムシ科Cerambycidaeの仲間。→第4巻17章。

20 **ハナムグリ**　花潜。鞘翅目（甲虫類）コガネムシ科ハナムグリ亜科Cetoniinae の仲間。▼キンイロハナムグリ（金色花潜）*Cetonia aurata*　体長14～22㎜

を突っ張っているが、その肢は痙攣している。虫はその場で足踏みをする。少し進んだかと思うと少し後ずさりし、まるで脈絡もなく右に左に体を傾け、体の均衡《バランス》をとることも前に進むこともできないでいる。しかもその動きはかなり激しいもので、完全な健康状態にある虫の動きに劣らぬ、力のこもったものである。これはまさに体調の激変であって、虫は筋肉の調整がうまくいかず、ばたばた大騒ぎを繰り返しているのだ。

私は虫に物を尋ねる仕事をしているので、やむをえずというか、結果的に連中を拷問にかけることになるのだが、そんな私でさえ、これほど悲惨なありさまはめったに見たことがない。

もしも今日、私が揺り動かした知識の砂粒が、知の建築物の中に組み込まれてその位置を占め、いずれわれわれの研究を助けてくれることになるだろう、とかすかにでも思うのでなかったら、こんな可哀想なことをして……、と、私は良心の呵責《かしゃく》を覚えたことであろう。

生命は、糞虫《ふんちゅう》の体内にあろうと人間の体内にあろうと、すべて同じものである。だから、昆虫の生命を探るということは、われわれの生命を探ることなのであって、決して無視できぬ重要な知見を得るために歩みを進めることなのだ。

こういう希望が私の残酷な研究の罪滅ぼしになる。それは、いっけん子供っぽ

21　**スカラベ・サクレ**　体長28～39㎜　鞘翅目（甲虫類）コガネムシ科タマオシコガネ属。ただし、ファーブルがスカラベ・サクレ *Scarabaeus sacer* として観察していたのは、よく似た同属別種のティフォンタマオシコガネ *Scarabaeus typhon* であった。→第1巻1～2章。→第5巻1章37頁図、解説。→第5巻「はじめに」～5章。

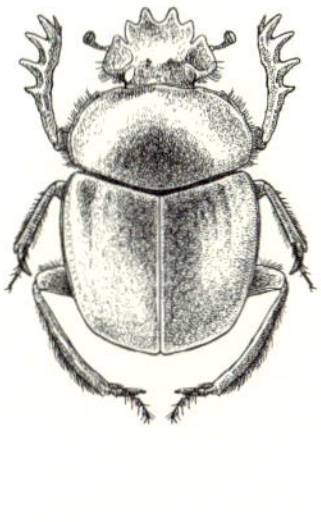

22　**サン＝ギー舞踏病**　本人の意思とは別に、顔面の痙攣《けいれん》が起きたり、手足が激しく動いたりする疾患。原文は danse de《ダンス・ド》 Saint-Guy《サン＝ギー》 で「聖ギーの踊り」と訳せる。これは現在では小舞踏病（シデナム舞踏病）と呼ばれており、子供がリウマチ性の熱で発症するものが多い。

いことのように思われるけれど、その実は真剣に考えるべき問題なのである。

私が拷問にかけた一ダースばかりのスカラベのうち、ある者たちはすぐに死に、別のある者たちは数時間生きながらえていたが、その日から翌日にかけてすべて死んでしまった。私はそれらの死骸を風通しのよい研究室の仕事机の上に放っておいた。

標本にするために薬品で殺された昆虫は、硬直してからからに乾くものだが、私が手術を施した虫たちは、逆に軟らかくなり、まわりの空気が乾燥しているにもかかわらず関節がしなやかなのであった。そして、これらの関節ははずれやすくなってしまって、体の各部分はぐらぐら動き、簡単にばらばらになってしまう。同じ結果はカミキリムシ、マツノヒゲコガネ、[23]サメハダオサムシ、[24]キンイロオサムシでもみられた。そのいずれにおいても、急激に変調をきたし、たちまちのうちに死んでしまう。そして、どれも関節がゆるくなり、腐敗が急速に進むのである。

硬い外骨格に覆われていない虫の場合、肉の腐敗ぶりは一層激しいものになる。[25]すでに見たようにハナムグリの幼虫は、何度か繰り返してサソリに刺されても耐えることができたのだが、私のこの恐るべき液体をほんの一滴、どこでもよい、体の一か所に注入してやると、あっという間に死んでしまうのだ。しかも、幼虫

23 **サメハダオサムシ** 鮫肌歩行虫。*Carabus coriaceus*（旧 *Procrustes coriaceus*） 体長26〜42㎜ 鞘翅目（甲虫類）オサムシ科カラブス属。

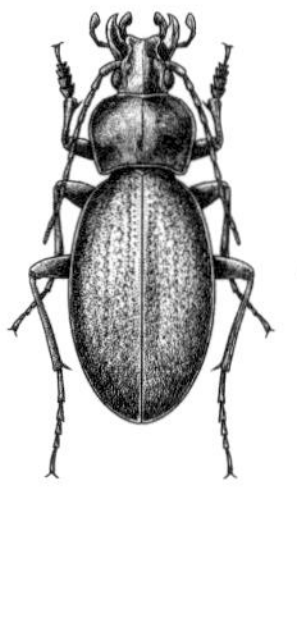

24 **キンイロオサムシ** 金色歩行虫。*Autocarabus auratus*（旧 *Carabus auratus*） 体長17〜30㎜ 鞘翅目（甲虫類）オサムシ科キンイロオサムシ属。
→本巻14〜15章13頁図、解説。

25 **すでに見たように……** 第9巻20章でファーブルは、ラングドックサソリに刺されたハナムグリの幼虫が無事成虫になるまでの過程を観察している。

は濃い茶色に変色して、二日ばかりのあいだに腐って黒くなるのである。

サソリの毒がほとんど効かない大型のガ（蛾）、オオクジャクヤママユも、私の注射に対してはスカラベその他の昆虫と同じように抵抗力をもっていなかった。私はこのガの雄と雌、一頭ずつの腹に注射をしてみた。

初めのうち二頭は別にどうということもなくこの手術に対して持ちこたえているようにみえた。彼らは釣鐘形《つりがねがた》の金網にしがみついて身動きしないでいる。何も感じていないかのようである。だが毒はまもなく効きはじめるのだ。この場合はスカラベなどのように大騒ぎをして死ぬのではない。死は静かに侵入してくるのである。ぶるぶる翅《はね》を震わせながらガはゆっくりと死んでゆき、金網からばさりと落ちる。

翌日、ふたつの死骸はひどく軟らかくなり、腹部の体節は、ちょっと引っぱっただけでゆるく伸びて互いに分離し、腹はぱっくり口を開けてしまう。

体毛を毟《むし》り取《と》ってみると、皮膚は、もともとは白かったのだが、茶色に変色しており、やがて黒くなってしまった。腐敗は急速に進み、ガの死骸はすっかり腐り果ててしまうのだ。

これは微生物と培地《ばいち》[26]のことを語るのにいい機会であろう。しかし私はそんなこ

26 **培地**　採取した微生物を増殖し、集団《コロニー》を形成させて、その性状や形態から種《しゅ》を特定したり、複数の株に分けたりする培養基《ばいようき》。培養する微生物に合わせて各種栄養が配合されている。

とはすまい。目に見えるものと見えないものとの曖昧《あいまい》な境界に関していうと、顕微鏡というものを、どうも私は信用する気になれない。顕微鏡は、実際に見えるものを、想像力によって見えるものに、たやすく置き換えてしまうのだ。つまり、顕微鏡は理論が見たいと望むものを気前よく見せてくれるのである。

それに、微生物が見つかったとしたところで、論点がずれるだけで問題は解決しない。注射をすることによって体の組織が崩壊してしまうという問題に、それに劣らず難解な別の問題がとって代わるのだ。その問題とはつまり、この微生物はどのようにしてそういう組織の崩壊を引き起こすのか。それはどんな具合に振る舞うのか。その効果をもたらす力は、いったい何のなかに存在するのか、というものである。

それでは、この私はこれまで提示してきた事実をどのように説明すればいいのであろうか。むろん私はいかなる説明も与えない。絶対に与えることはない。なぜなら、説明しようにも私はそのことを知らないからである。そこで、ほかにはなす術《すべ》がないので、未知なるものの黒い波の上で、精神の疲れを少しは癒してくれる比喩というか印象《イメージ》を、ふたつほど述べるにとどめておくことにしよう。

われわれはみな子供のころ、カードのカプチン遊び[27]、つまり紙で作ったカプチン僧の人形を倒して楽しんだものだ。できるだけたくさんの紙を、縦長に半円筒《はんえんとう》

27 **カプチン遊び**　トランプのような長方形の紙片を半円筒形《はんえんとうけい》に折り曲げたもの（あるいは二つ折りにして下側を斜めに切り込んだもの）を等間隔に並べて将棋倒《しょうぎだお》しにする遊戯。紙片の形状が頭巾《フード》をかぶったカプチン僧を連想させるのだという。

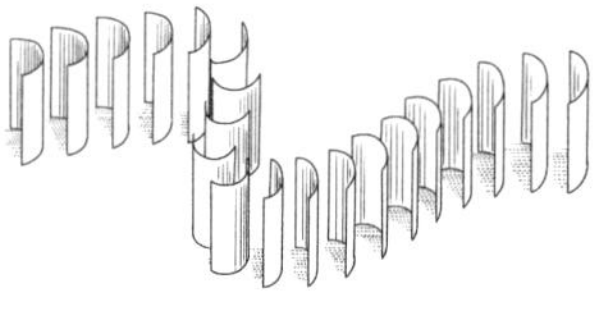

▼並べられたカード。

形《けい》に折り曲げ、テーブルの上に次々と、うねうね蛇行するように適当な間隔に並べていく。こうして半円筒の紙が曲線を描いて規則正しく立ち並んでいるところは見た目にはなかなか美しい。そこにはまさに、すべての命ある物質の条件といえる秩序が存在する。

さて、カプチン遊びで並べた端っこのカードを、ちょんと突《つ》いてみる。するとカードは倒れて隣のカードを倒す、二番目のこのカードは三番目のを倒す、というふうにして順々に列の端まで倒れていく。たちまちのうちに、次々と波の動きが伝わるようにカードは倒れていって、美しい列柱のような建造物は崩壊してしまう。秩序のあとに無秩序が続くのである。私としては、この無秩序はほとんど死とさえ呼べるものだと思う。

このようにカプチン僧たちのこの行列をひっくり返してしまうためには、いったい何が必要だったのか。――最初の、ほんの小さな衝撃である。それは倒壊した行列全体とくらべると、まったくとるに足りないほどのものだ。

あるいはまた風船形のフラスコの中に、加熱して過飽和《かほうわ》の状態にした明礬《みようばん》[28]の溶液が入っているとしよう。それが沸騰している最中にコルクで栓《せん》をし、自然に冷却させる。こうしておけば中の明礬はいつまでも透明な液状に保たれる。液体が揺れるので、そこには何か生命のようなものが感じられる。

▼将棋倒しになったカード。

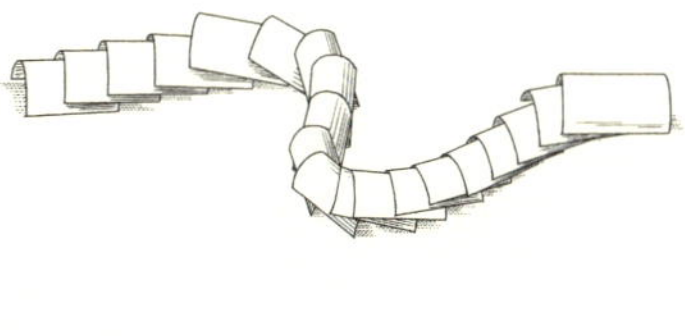

28　**明礬**　硫酸カリウムアルミニウムの水和物《すいわぶつ》（水分を含む物質）。英名 Alum《アルム》。古代より染色や皮鞣《かわなめ》しなどに用いられてきた。アルミニウムの呼称は明礬 Alum《アルム》 から発見されたことに由来する。

では栓を抜き、その中にひとかけらの明礬[29]の結晶を入れてやる。するとその明礬のかけらがどれほど小さいものであっても、液体はたちまち固体になり、熱を発散するのである。

いったい何が起こったのか。それは次に述べるとおりである。

明礬の水溶液は小片に触れると、それを中心にして明礬の分子が吸い寄せられ、結晶作用が始まったのだ。やがて、その結晶作用は少しずつ広がっていって、固まっている部分は周辺の液の固体化を引き起こす。この現象の原因となったのはごくごく小さなひとつのかけらであり、衝撃を与えられた塊が無限に大きくなっていくのだ。極小のものが巨大なものに大変革を起こしたのである。

言うまでもないことであるが、読者の皆さんには、これらふたつの事例と私の注射の作用との比較を、ひとつの譬《たと》え話《ばなし》と考えていただきたい。それはなんの説明にもなっていないけれど、漠然と何かを感じとってほしいのである。カプチン僧の長い行列は、最初のカードに小指をちょっと触れただけでパタパタと倒れていく。大量の明礬の水溶液は、目にも見えないほどの小さなかけらの影響を受けてたちまち結晶化する。

これと同じように、私が注射した虫たちは、とるに足りない、いっけん無害そうなひと滴《しずく》の液体によって、痙攣を起こして死んでしまうのである。

29 **明礬の結晶** 硫酸アルミニウム水溶液に硫酸カリウムを加え、熱して結晶水を失わせた焼き明礬のこと。白色の粉末。医師あるいは薬商人が先祖とされるフィレンツェのメディチ家も、媒染剤《ばいせんざい》として重要だった明礬を商《あきな》ってその基礎を築いた。

この恐るべき液体の中にはいったい何があるのだろう。まず第一に水。これ自身では作用を起こすことはなく、作用する物質の媒体となるにすぎないものである。これが無害である証拠が必要だというのなら、次のような実験をすればよい。スカラベの六本の肢のどれか一本の腿節に、同じ注射器できれいな水をひと滴、注入してやる。その分量は先ほどの致命的な毒液の分量よりもずっと多いくらいにする。

手を放してやるとすぐに、虫はさっさと逃げていく。その歩き方はいつもどおりの確かなもので、せかせかしている。この虫を糞球《ふんきゅう》[30]の前に置いてやると、実験にかける以前と同じ熱意を込めて、ころころ転がしはじめるのだ。水を注射されても虫は平気なのである。

では先ほどの、時計皿の混合液の中には、水のほかに何が含まれているのであろうか。そこには死骸のかけら、とりわけ、乾燥した筋肉の残《のこ》り屑《くず》がある。これらの物質からは、何かの成分が水の中に溶け出しているのだろうか。それとも、ただ単に細かく砕かれて粉末のようになっているだけなのだろうか。私としては断定するのは避けておこう。それに、結局のところそれはたいして重要なことではない。

30　**糞球**　糞球《くそだま》とも。ここではスカラベ・サクレが羊や牛の糞《ふん》を切り出して球形に成形したもの。スカラベは食物である糞をこのように転がして運搬する。他人が作った糞球でも、人工的に作った糞球でも、スカラベはただちに転がしはじめる。巣穴に運ばれた糞球は、自分の食物としたり、雄が雌に与えたり、卵を産みつける梨球《なしだま》に成形されたりする。

▼糞球を転がして運搬するスカラベ・サクレ。

いずれにしても、この毒性はもっぱら虫の死骸の屑のみに由来するのである。

したがって、生命の停止した動物質は、生きている生物の内部に入ると破壊を引き起こすのだ。死んだ細胞は生きた細胞を殺す。生命のきわめて繊細《デリケート》な静力学にとって、死んだ細胞はひと粒の砂のようなもので、それが生命を支えることを拒絶すると、建物全体が崩壊してしまうのである。

この点に関して、*[31]剖検創傷《ぼうけんそうしょう》という名で医師たちに知られている恐ろしい事故について思い起こさなければならない。医学生が解剖をする際、不慣れであるがゆえに執刀中に解剖刀《メス》で手を切ったり、あるいは不注意から、手にごく小さな引《ひ》っ掻《か》き傷を作ってしまうことがある。

こういう、刃物の先でつけた、ほとんど誰も気に留めることもないような傷、あるいは藪《やぶ》の中で何かの植物の棘《とげ》に引っ掻かれてできた、まるでとるに足りないように見えるかすり傷は、強力な消毒薬ですぐ手当しないと、命にかかわるものとなることがあるのだ。

屍肉《しにく》に触れた解剖刀《メス》は汚染されている。手もまた同様である。それだけで充分致命傷になるのだ。腐敗の毒は体内に侵入し、早いうちに救わないと負傷者は死ぬことになる。死者が生者を殺すのである。

このことはまた[32]サシバエと呼ばれているハエを思い出させる。このハエの針の

31 **剖検創傷**　死因を調べるために死体を解剖する際に、メスや針などで負う傷のこと。この傷から感染症に罹《かか》ることが多く、古くから恐れられていた。→訳注。

32 **サシバエ**　刺蠅。*Stomoxys calcitrans*　体長6〜7㎜　双翅目（ハエ・アブ類）イエバエ科サシバエ属。ほかのイエバエのような舐《な》める口《こう》器《き》ではなく、咬《か》む口器をもち、動物の血液を吸う。炭疽《たんそ》など感染症を媒介する衛生昆虫。

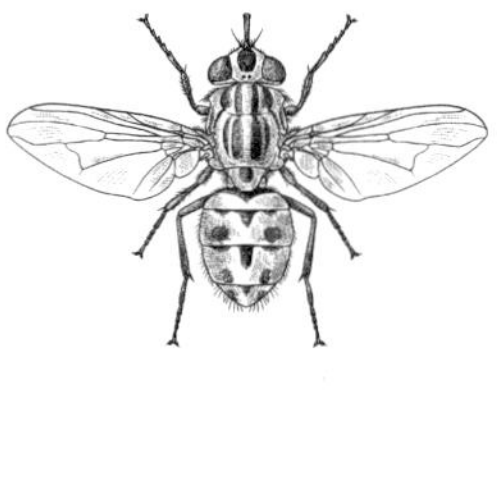

ように尖った口は死骸の血膿《ちうみ》に汚染されていて、同じく恐ろしい事故を引き起こすのだ。

要するに、虫たちに対して私の行なった注射は、剖検創傷やサシバエの刺し傷にほかならないのである。

たちまちのうちに肉を変質させ、茶色くしてしまう炭疽《たんそ》[33]という現象のほかに、私の毒液はサソリの刺し傷によるものと似た痙攣を引き起こす。この痙攣作用から考えると、サソリの毒針が注入する毒と、私が注射器に満たしたサソリの筋肉からの抽出液とは酷似しているといえる。

したがって次のように自問することが許されるわけだ。つまり、毒というものは一般に、これもまた、分解によって作り出されるものであり、絶えず新たに作り変えられる有機物の屑なのであって、要するに少しずつ体外に排出されるかわりに、攻撃と防御のために蓄えておかれる老廃物なのではないか、と。

動物は、ときには腸の残《のこ》り滓《かす》で住《す》み処《か》を作り出す。それと同じように自らの体の残滓《ざんし》で身を守っているのではないか。無駄になるものは何もないのだ。生命の滓は防御のために用いられたのである。

あらゆる点を考慮してみると、私が作り出した液体は肉の抽出液《エキス》ということに

33　**炭疽**　炭疽菌による感染症。皮膚に黒い瘡蓋《かさぶた》を作ることから炭疽と呼ばれる。牛や羊などの家畜に発症し、それが人間にも感染することから古くから知られていた。炭疽菌が感染者（動物）の体内で増殖し、毒素を出すことが原因で発病する。人から人へも感染するが死亡例は稀《まれ》。感染した動物が死ぬと菌は胞子となって土壌で生き延び、ふたたび別の動物が、草などとともに口に入れることで感染が広がる。また感染した動物を咬んだサシバエが動物や人を咬むことで菌が媒介されることもある。この炭疽の研究により、細菌が病気の原因（病原）となることが一八七六年に初めて証明された。

なる。昆虫の肉をほかのもの、たとえば牛肉とかえてみたら、同じ結果が得られるであろうか。論理的にはそういうことになる。そして論理は正しかったのだ。

私は台所で重宝されているリービッヒの牛肉エキス[34]をほんのわずか、何滴かの水でのばした。この液体を六頭のハナムグリに試してみたのだ。そのうち四頭は幼虫、二頭は成虫であった。

初めのうち、手術を受けた虫はいつものとおり動いている。しかし翌日になると、二頭の成虫は死んでいた。幼虫たちはもっと長いあいだもちこたえ、翌々日になってから死んだのであった。

成虫も幼虫も、関節はぐにゃりとゆるんでしまい、肉は茶色く変色する。これは腐敗の前ぶれである。

ということは、この液体をわれわれ人間の血管に注射すると、やはり生命にかかわるということになるのであろう。消化管《しょうかかん》の中では素晴らしいものが、循環器《じゅんかんき》の中では恐るべきものとなるわけだ。こちらでは毒、あちらでは栄養、ということなのだ。

蛆虫は肉を溶かし、その肉汁の中で跳ねまわっているが、この汁もまた別の種類のリービッヒの肉エキスであり、私の作った液体ほどではないにしても、似たような毒性をもっているのだ。この肉汁を注射してやると、すべての虫は、カミ

34 **リービッヒの牛肉エキス**
牛肉を濃縮したペースト状の調味料。ドイツの化学者リービッヒ LIEBIG, Justus Freiherr von（一八〇三―七三）が工業製品として一八六五年から売り出した。→本巻17章訳注「牛肉エキス」。

キリムシでもスカラベでも、オサムシでも、痙攣を起こして死んでしまうのである。

話がずいぶんと脇にそれてしまったけれど、われわれはようやく、最初の出発点であるハイイロニクバエの蛆虫のところまで戻ってきた。死骸の血膿の中に常に浸かっているこの蛆虫もまた、自分をでっぷりと肥らせている栄養分のあるこの汁を注射されたら命が危険にさらされるであろうか。私は自分自身でこの実験をやってみる勇気がなかった。粗末な道具類とためらいがちのこの手とで、こんなに小さくて繊細《デリケート》な実験材料を扱うと、傷のつけ方が深すぎて、その傷だけで蛆虫を殺してしまう心配がある。

幸いなことに、私には比類のないほど器用な助手がいる。それは寄生性のコマユバチの仲間である。このコマユバチにたのんでみよう。卵を産みつけるのに、このハチは蛆虫の腹に何回も穴を開けるが、この穴はひどく小さいものである。しかし、蛆虫の体の周囲に存在する毒素もきわめて微小なものなので、場合によっては蛆虫の体内に染み込むことがあるわけだ。そうすると、いったいどういうことが起こるであろうか。

同じひとつの飼育装置から採取したハエの囲蛹はかなりの数であったが、得られた結果を見てみると、だいたい同数ぐらいの、三つの群《グループ》に分類される。第一の群《グループ》の囲蛹からは成虫のハイイロニクバエが出てくる。第二の群《グループ》からは寄生者のコマユバチが現われ、ほぼ三分の一を占める。そして、これも全体の約三分の一にあたる残りの群《グループ》からは、この年にも、次の年にも、何も出てこなかったのである。

最初の二つの群《グループ》の場合は正常に事が進んだ。つまり前者の場合、蛆虫はそのままハエに成長し、後者の場合、寄生したコマユバチは蛆虫をむさぼり食って成虫となったわけである。

しかし、第三の群《グループ》の場合は、何か不測の事態が生じたのだ。私はこれらの羽化することのない囲蛹を開いてみた。その内部は黒い塗料が上塗りされたようになっている。これは死んで腐ってしまった蛆虫の残骸なのである。

だから蛆虫にはコマユバチが開けた細かい穴から毒が染み込んだのだ。皮膚が硬い殻になるだけの時間はあったけれど、もう遅すぎた。体の肉はすでに毒に汚染されていたからである。

ご覧のとおりである。腐ったスープの中で、蛆虫はなんとも深刻な危険にさらされているのである。

いっぽう、この世界には蛆虫が必要である。それも非常に数多くの、非常に大食らいの蛆虫が。それは死が汚染したものをできるだけ早く大地から取り除くために必要なのである。
「三匹ノ[35]はえハ一頭ノらいおんト同ジホド速ヤカニ馬ノ屍《しかばね》ヲ食イ尽クス」とリンネ[36]は言っている。

この言葉は少しも誇張したものではない。実際にそのとおりなのだ。ハイイロニクバエやミヤマクロバエの子供たちは実に仕事が速い。彼らは身を寄せ合い、盛り上がらんばかりにひしめき合って、常に食物を探し求め、常にあの尖った口をくねくねさせている。

もしこれらの蛆虫がほかの肉食の虫のように、大腮《おおあご》や小腮《こあご》など、切り取ったり切り裂いたり切断したりするのに向いた鋏をもっていたら、こんなひしめき合いの群れの中では、どうしても互いに引っ掻き傷をつけ合うことになってしまうだろう。そしてそんな引っ掻き傷は、身のまわりの恐ろしいスープの毒に侵されて命にかかわるものになるであろう。

蛆虫たちはこの危険な仕事場で、どう守られているのであろうか。連中はものを食べない。飲むのである。ペプシン[37]を吐き出して、まず食物をさらさらのスープのような流動物に変える。連中はほかに例のない、奇妙な栄養の摂《と》り方《かた》をしている。その際、物を細かく切るための危険な道具類や、剖検創傷を伴う解剖刀《メス》の

35　**三匹ノ……**　原文はラテン語で Tres《トレース》 muscæ《ムスカエ》 consumunt《コンスームント》 cadaver《カダーウエル》 equi《エクイー》 æque《アエクエ》 cito《キトー》 ac《アク》 leo《レオー》. で、逐語訳は「三匹ノはえハ、食イ尽クス、馬ノ屍《しかばね》ヲ、同ジホド早ク、らいおんト」となる。

36　**リンネ**　LINNE, Carl von（一七〇七―一七七八）。スウェーデンの博物学者。植物、動物の分類を系統的に整理して、属名＋種名（種小名《しゅしょうめい》）の組み合わせによる二名法を確立した。→第1巻6章訳注。

37　**ペプシン**　脊椎動物《せきついどうぶつ》の胃液に含まれる代表的な蛋白質分解《たんぱくしつぶんかい》酵素《こうそ》。ここでは消化液程度の意味で使われている。

類《たぐ》いなどには用がないのである。公衆衛生のために働く衛生役人[38]ともいうべき蛆虫に関して、私の知っていること、もしくは推測によって知ったつもりになっているわずかばかりのことは、今日のところ、以上に尽きるのである。

38 **衛生役人** 原文は、officier《オフィシエ》 de《ド》 santé《サンテ》 フランスで一八〇三年から一八九二年までのあいだ認められていた医療従事者。医学博士の資格はもっていないが、患者の治療を行なうことができた。

18章　コマユバチ　訳注

135頁　蛆虫　ハエやアブなど双翅目《そうしもく》の幼虫の俗称。体形は、円《えん》錐形《すいけい》や紡錘形《ぼうすいけい》で肢《あし》がない。群集虫《うずすまるむし》、蠕蠕虫《うざうざむし》あるいは虫《むし》と同語源のウシが訛《なま》ったものと言われる。

137頁　寄生者《きせいしゃ》　寄生とは、複数の生物が互いに関係をもって暮らしているとき、特定の種《しゅ》が利益を得ている状態を指す。利益を得る側を寄生者といい、それに寄生される側を宿《しゅく》主《しゅ》という。寄生者は、宿主を食物や住む場所にし、移動の手段にしたりするなど、さまざまな恩恵をこうむる。

ただし、見かけが寄生現象に似ていても、同種間でみられる哺乳類《ほにゅうるい》の妊娠（妊娠した雌と胎児の関係）や、チョウチンアンコウの仲間の、雌にくらべて極端に小さな雄が雌の体に癒着してしまう現象などは、寄生とはいわない。

寄生者は、特定の宿主をもち、さらに宿主の体内に特定の寄生場所をもっている。また、最終的な宿主（終宿主）にたどりつくまえに、中間宿主（待機宿主や媒介動物を含む）をもつものもいる。たとえば、クジラを終宿主とする寄生虫のなかには、オキアミや魚の体内で、クジラに食べられるのを待っているものもいる、という具合である。

また、二次寄生といって、寄生者をさらに宿主とする寄生形態もある。このような、寄生者に寄生する現象は、三次寄生、そして四次寄生まで知られている。なお、一種の宿主に別々の二種の寄生者がみられる場合は、二重寄生と呼んで区別されている。

こうした寄生生物には、一般に複雑な生活史をたどるものが多くみられ、その全貌が明らかになっていないものも少なくない。寄生生活をおくる生物の存在は、ほぼあらゆる分類群で多発的にみられる現象である。これは「寄生」という生活形態が、生物の進化の過程で選択されやすい性質をもっているためだと説明されている。

人の体内に寄生するカイチュウのように、寄生生物は、宿主の栄養の上前ははねるものの、一般に宿主を死にいたらしめるほど搾取《さくしゅ》することはない。しかし、昆虫でみられる例では、完全に宿主を殺してしまうものが多いため、生物学では特に捕食寄生と呼んでいる。

生物間の関係は複雑で、単純に寄生関係といっても、複数の種がともに利益を得ていて、実際には共生関係に近いものや、先に紹介した捕食寄生のように、「食べる—食べられる」関係、つまり「捕食—被捕食」の関係ともいえるものまで、その関係がはっきりしないものも多い。

なお寄生《パラサイト》という言葉は、語源的には、ギリシア語の「傍」、「次」、「超」などの意味を表わす接頭語 para- と、「食物」を表わす sitos という語から成っていて、本来は金持ちの食卓に連なった道化のことであり、やがて食客《しょっかく》、居候《いそうろう》を意味するものとなった。

『昆虫記』ではハチやハエなどをはじめ、各種の寄生者について多くの記述がなされている。なかでも第2巻14章から17章にかけて語られる、ゲンセイやツチハンミョウの、ハチへの寄生生活はきわめて複雑で、どうしてこんな面倒な手続きを踏む必要があるのか、首を傾げたくもなる。しかし、実際にはこれが、自然選択の結果選ばれた最適の「道」を証明しているのだと考えている人が多いようである。

ここで、これまで『昆虫記』のなかで紹介されたおもな寄生の例をいくつか挙げてみる。

第1巻18章「ハナダカバチに寄生する者」では、ハエやアブを狩るハナダカバチと、その幼虫に寄生するヤドリニクバエの幼虫について語られている。ハナダカバチは自分の幼虫の食料としてハエやアブの死骸を巣穴に運び込むのであるが、ヤドリニクバエはハチの巣穴の前で待ち伏せし、戻ってきたハチが抱えているその獲物の尾端《びたん》に素早く卵を産みつける。やがてハチの巣穴の中で孵《かえ》ったハエの幼虫たちは、ハチの幼虫を食料として育つことになる。

第2巻14章から17章では、ゲンセイやツチハンミョウのスジハナバチへの複雑な経路をたどる寄生と、これらの幼虫の過変態について紹介されている。

第3巻5章「寄生者と狩人」では、幼虫のためにさまざまな形状の巣を造るハチと、その巣に寄生する者たちについて語られている。ハナダカバチの巣穴に直接侵入して卵を産みつけるアリバチやカルネセイボウ、スジハナバチの巣に寄生するツノセヤドリハナバチの幼虫、岩の上に造られたアメデトックリバチのドーム形の小部屋に産卵管《さんらんかん》を刺し込むオオセイボウ、マルハナバチの巣に幼虫が寄生するマルハナバチヤドリなどの例を挙げてファーブルは、寄生する側と、される側の色や姿かたちについて考察し、擬態《ぎたい》説《せつ》に疑問を呈している。

第3巻6章「巣の乗っ取りと寄生の起源」では、はたして寄生者は楽をしようとしているのか、という疑問から、カベヌリハナバチが造る硬い泥の巣に辛抱強く穴を開けて卵を産み、さらに脱出してから穴を閉ざすトガリハナバチモドキなどの例を挙げて考察している。

第3巻9章「シリアゲコバチ」では、泥で造られたカベヌリハナバチの巣の壁に産卵管で穴を開け、さらに内部に

コマユバチの体制模式図

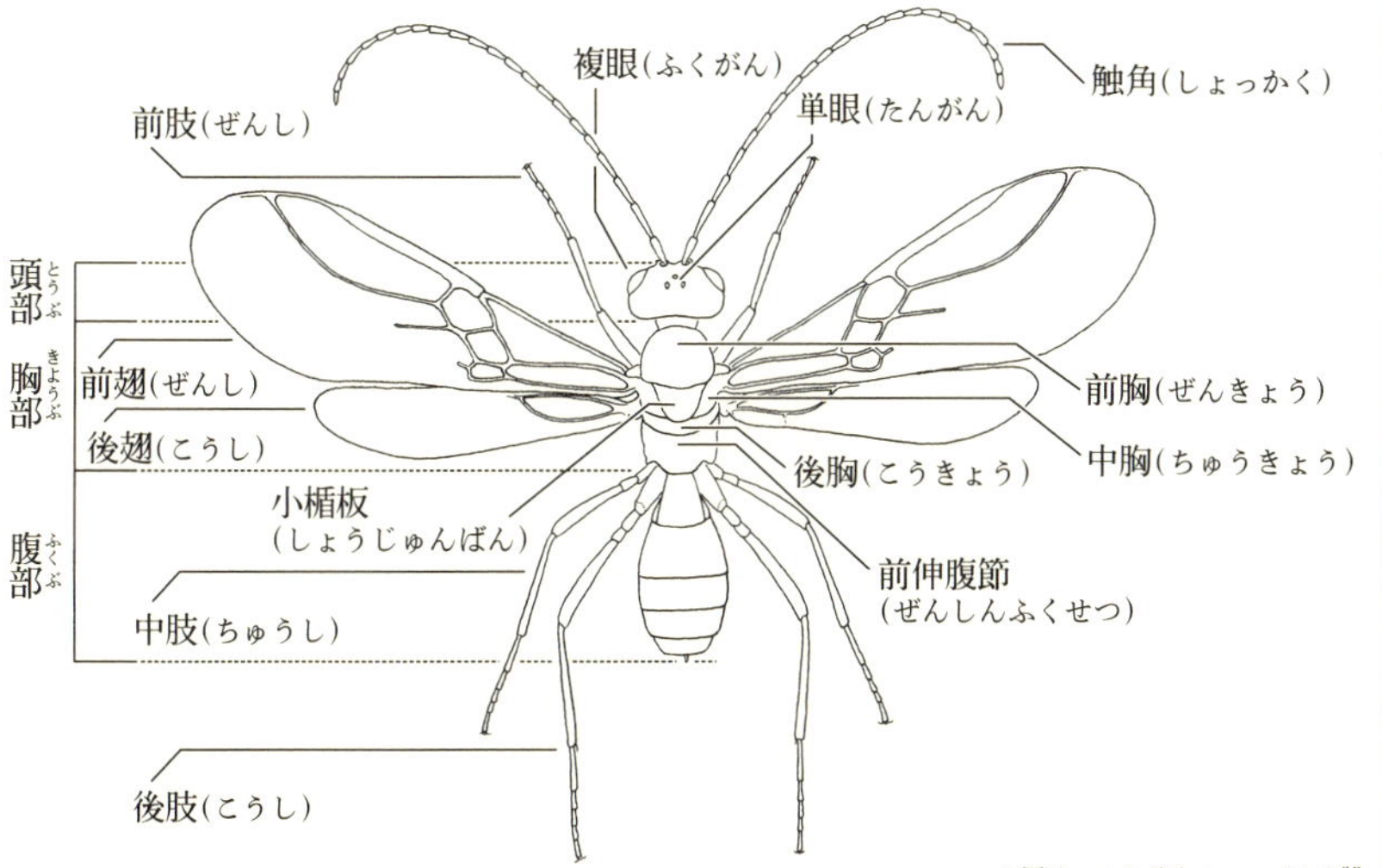

※図はハエヤドリコマユバチの雌

いる蛹《さなぎ》の体内に産卵するシリアゲコバチが紹介されている。第3巻13章「クシヒゲゲンセイ」では、トガリアナバチに寄生するクシヒゲゲンセイがとりあげられている。クシヒゲゲンセイの仲間は、トガリアナバチの獲物であるバッタやカマキリを中間宿主として利用するのだが、卵から孵《ふ》化《か》したクシヒゲゲンセイの一齢幼虫《いちれいようちゅう》は、バッタやカマキリにとりつき、その体内に侵入する。そして、これらの虫が、獲物としてトガリアナバチに狩られるのをじっと待つのである。運よく、自分の侵入した虫がハチの獲物となり、巣に収容されると、その体内から外に出てくる。そしてハチの卵を食べ、麻酔のかかったハチの獲物、すなわち自分を巣まで「乗せてきて」くれたバッタやカマキリを横取りして食べてしまうのである。つまりクシヒゲゲンセイの寄生形態の場合は、バッタやカマキリが中間宿主、トガリアナバチが終宿主ということになる。

　このようにファーブルは、「寄生」という現象に注目して昆虫を観察しながら、自分の見たことを『昆虫記』に記している。

138頁　**寄生バチ**　生活史の一時期に寄生生活をおくるハチのことを寄生バチと呼ぶ。寄生バチは、分類学的にみると、幅広い分類群（科）にまたがって存在し、またその寄生形態もさまざまである。本章に登場するハエヤドリコマユバチの含まれるコマユバチの仲間は、世界で五千種、日本で三百種が知られる。本巻24章でもオオモンシロチョウに寄生するアオムシサムライコマユバチについて記述される。

140頁　コマユバチ　本章で詳述されている、ハエに寄生するハエヤドリコマユバチは、コマユバチ科ハエヤドリコマユバチ亜科 Alysiinae に含まれる。ファーブルは、このコマユバチに関して形態をあまり詳しく描写していない。学名も記されていないので、日本からユーラシア大陸西部まで分布し、ハエの囲蛹《いよう》に寄生する *Dacnusa* 属の一種と推定するしかない。141頁の標本図は日本産同属の一種を、昆虫研究者の藤江隼平《ふじえしゅんぺい》氏提供の標本によって作図した。

もう一種、『昆虫記』に登場するコマユバチの仲間として、第8巻3章に、エンドウゾウムシに寄生するコマユバチ科トリアスピス属のエンドウゾウコマユバチ（豌豆象小繭蜂）*Triaspis thoracicus* が紹介されている。

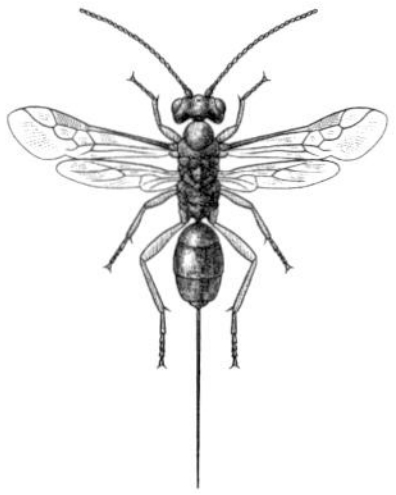
エンドウゾウコマユバチ

一説によると、すべての昆虫には一種以上の寄生バチが関わっているという。もしそれが事実であるならば、昆虫の種類数は現在知られている数の、ほとんど倍以上あることになる。しかしこの、天敵としての小型の寄生バチの存在は、寄生される昆虫にとっては、結果的に、実にありがたいものともいえる。というのは、もし天敵がいなければ、昆虫は繁殖力が強いために殖《ふ》えすぎて、食樹《しょくじゅ》、食草《しょくそう》、食物を食べ尽くし、たちまち自滅してしまうからである。

ところで、こうした寄生バチの行動は、狩りバチの狩りを彷彿《ほうふつ》させるものがある。狩りバチは、獲物に麻酔をかけて巣穴に運び、獲物の体表や、その近くに卵を産みつける。孵化《ふか》した狩りバチの幼虫は、麻酔のかかった獲物、つまり死んでおらず腐ることのない獲物の体を、神経など命にかかわる部分を慎重に避けながら食べ進む。獲物が死を迎えるのは、食べ尽くされて空《から》っぽになり、狩りバチの幼虫が蛹《さなぎ》になる直前のことなのである。

142頁　それなしですませても……そこなわれることはない　ハチの雌が、雄と交尾をしないでも卵を産み、幼虫が孵化《ふか》することを指す。このようなハチの未受精卵《みじゅせいらん》は孵化するとすべて雄になる。こうした生殖方法を単為生殖《たんいせいしょく》と呼び、また交尾をしていないため処女生殖《しょじょせいしょく》とも呼ばれる。

一般にハチの雌は、交尾をした場合でも、受け取った精子を受精嚢《じゅせいのう》という嚢状《ふくろじょう》の器官に一時的に貯蔵しておき、卵に受精させたり、させなかったりして雌雄《しゆう》の産み分けをしている。雌の卵管《らんかん》の中の卵子は、成熟すると輸卵管《ゆらんかん》へ送られる。輸卵管を通過するときに、受精嚢から交尾の際に蓄えられた精子が出されると受精卵として雌が生まれる卵になり、受精嚢が塞《ふさ》がれたままであると未受精卵つまり雄が生まれる卵になる。ふつう、動物の卵子は未受精では発生しないが、ハチの場合は発生が起こり、雄の胚《はい》になる。ハチの雄は母の遺伝子だけをもち、父もいなければ息子もいないということになる。ファーブルは第3巻19〜20章のツツハナバチや第8巻9章のコハナバチを観察して、雌バチが受精卵からは雌、未受精卵からは雄が生まれるということを独自の観察から検証した。そして、父親という性の介在しない卵の発生について深い疑問を抱いている。

143頁　興味深い問題　ファーブルは、コマユバチの雌がハイイロニクバエの幼虫（蛆虫《うじむし》）に卵を産みつける場面は観察できなかった。しかし、囲蛹《いよう》は硬い殻《から》に覆《おお》われているため、まだ体の軟らかい幼虫時代のうちに卵が産みつけられると推論した。そして産卵は、ハエの幼虫が吐き出す消化液で溶けた肉汁の中にいるときに行なわれ、孵化《ふか》するハチの数から、コマユバチは複数回にわたって幼虫の皮膚に針を突き刺したのだろうと考えている。さらにこれらの傷から侵入した肉の溶液、つまり「毒」が、蛹化《ようか》した蛹《さなぎ》を殺す原因になっているのだと述べている。

　ファーブルが本章で「非常に興味深い問題に直面する」と語りながら述べている毒の話には、複数の要素が絡《から》み合《あ》っているようである。

　当初ファーブルはサソリの毒そのものの効果に注目し、さまざまな実験を行なうために、乾燥した、毒針のついた最後の体節から滲出液《しんしゅつえき》を得ている。しかし、この滲出液を用いると、その効き目は予想以上に強力で、「私の作った毒の水は、サソリの毒そのものに優《まさ》っていたのである」と述べ、サソリ毒とは異なる別の〝毒〟の存在に関心が移っていく。つまり体中のどこの部位であっても、その筋肉を乾燥させたものを水に浸しておけば毒になるという仮説である。さらに、これらの毒液によって死んだ昆虫は腐敗が急速に進むという特徴があった。こうした結果からファーブルは、微生物あるいは特定の毒素のようなものの働きを予想するのであるが、「微生物が見つかったとしたところで、論点がずれるだけで問題は解決しない」とその可能性を退けてしまう。

　ここであらためて本章を注意深く読んでみると、毒の液体に水を足しながら何回も用いたという記述がみられるが、こうした事実からは、別の細菌類の発生が疑われるのではないか。つまり、この滲出液の毒の効き目は、死骸のみに由来するものではなく、むしろ実験動物に穴を開ける針やガラス管の使いまわしなどによる異物混入、実験汚染

contamination《コンタミネーション》に起因するものではないかと想像されるのである。

また、一連の脱線の結論は、章の後半で囲蛹の羽化率《うかりつ》の話に援用される。すなわちハエが正常に羽化する群《グループ》と、寄生者が羽化する群《グループ》、そして両者とも羽化しない群《グループ》の問題である。ファーブルは、最後の群《グループ》が羽化しない理由は、コマユバチが産卵のために幼虫（蛆虫）の皮膚に針で穴を開けた部分から「毒」が侵入したためと考えている。しかし、コマユバチが寄生《きせい》に成功した群《グループ》にしても、幼虫の皮膚には穴が開いているので、条件は同じと考えれば、残念ながらあまり説得力のある推論とはいえないことになる。

156頁 **剖検創傷《ぼうけんそうしょう》**　剖検とは死因を調べるために死体を解剖することである。そのときに使用したメスや針などで、解剖を行なう人間が傷を負うと、そこから感染症に罹《かか》ることが多かった。かつては、これを屍毒感染《しどくかんせん》と呼び、その病原は死毒 ptomaine《プトマイン》だと考えられていた。

もう何十年もまえのことだが、ある偉い生物学者に「シデムシやハイエナ、カラスのような死骸を漁《あさ》る動物が、なんともないのはどうしてですか」と尋ねてみたことがある。答えは「さあーねえ、プトマインを分解するのが早いんじゃないですか」というものであった。

ところが現在の事典を見ると、プトマインの存在は、はっきり否定されている。

プトマインは、Selmi（一八七二）が腐敗物中のアルカロイドを抽出し、これをプトマイン（屍体毒の意味）と呼んだのが始まりで、十九世紀の肉や魚介類の腐敗による食中毒はこのプトマインによるものであるという説が唱えられ、長い間原因不明の食中毒の原因物質にこの説が適用されてきた。その後学問の発展に伴い中毒の原因物質として、細菌によるものが次々に解明されるに及び、このプトマイン説は否定された。また実際に原因となった食品からプトマインと総称される物質が検出されないこと、プトマインが検出される食品は腐敗がひどく、到底食物にはなりえないことも否定の根拠であり、現在は歴史的にその名が存在するだけである。〔鈴木（昭）〕

（日本微生物学協会編『微生物学辞典』技報堂出版）

訳者が小さいころ、家にいた年寄りから〝屍毒〟の恐ろしさを教えられたことがある。人は死ねばもうその瞬間からその人ではなく、死人となって人に祟《たた》り、徐々に腐りはじめて毒素をもつのだという。小学校一年の私は、結核性の病気で、ちょうど田舎《いなか》の病院に入院させられていた。その病室の窓からかすかに黒い煙を吐く煙突が見えた。

「家にいた年寄り」と言ったのは母の姉で、この人は六人いた私の兄弟姉妹のなかで私をひいきにしてくれ、どこにでもついてくるのだが、夏、私の行きたくてたまらないのは、オオヤマトンボのいる近所の溜め池であった。池に続く畑の中の道に、夏草が丈高く茂っていて、何かが潜《ひそ》んでいそうな気配があった。そしてそのあたり一面に「死人の臭いがする」と言って、彼女は忌《い》み嫌《きら》った。

　今になって考えてみると、あの地方はタマネギの名産地で、まわりの畑はタマネギだらけであった。出荷の際、農家の人が、傷のあるもの、不良品のタマネギを草むらの中にぽいぽいと投げ捨てる。それが山になって腐敗臭を放ち、戦時中の空襲などの体験のあるこの人に、死人の臭いを連想させたのであったろう。

　医師でファーブルに関する資料や文献の蒐集家《しゅうしゅうか》でもある小川隆一《おがわりゅういち》博士に「剖検創傷」や「プトマイン」について教えを乞うた結果、送っていただいた文献のなかに、以下の項目があった。一九三〇年（昭和五年）刊行の辞典で、屍毒についての当時の観念をよく表わしているように思われる。

屍毒感染（シドクカンセン）
獨　Leicheninfektion

　人類若くば動物の屍體解剖に従事する者の手指に創傷存する時、之より屍體液 Leichensäfte の吸收せらるゝ爲めに起るものにして、往時屍毒 Leichengift は主としてプトマインによると解釋せられ Leichenvergiftung 卽ち poisoning by ptomaines と稱せし人あるも純毒性物質によるものは比較的稀なりと言ふ。卽ちグラウィッツ氏の唱ふるが如くプトマインに屬するカダヴェリン Kadaverin が化膿機轉を招く事はあらんも、新鮮屍體による恐るべき危險なる傳染は普通毒力强き細菌の吸收によるものにして、創傷部位に化膿性炎症を起す前に、急性重篤全身性傳染症狀を顯はす事多し。（後略）

（『現代医学大辞典〔第二十巻〕』春秋社）

同じく小川博士提供の文献をさらに遡《さかのぼ》って、一九二六年（大正十五／昭和元年）のものを繙《ひもと》くと、ファーブルの時代の〝雰囲気〟がよりよくわかるようである。以下に引用しておく。

第六　屍毒 Leichengift.
　屍毒ハ人畜等ノ屍體中ニ生ズル毒物ニシテ皮膚ノ創傷ヨリ感染スルコトアリ、ソノ毒物ハ純粹ナル一種ノモノニアラズシテ諸種ノ混合物ナラン屍體ノ腐敗スルニ當リテ生ズル「プトマイン」ニシテ「カダベリン」Kadaverin ニ屬スルモノナリ、屍體ガ全身性傳染病又ハ化膿性腹膜炎等ニヨリテ斃レタルモノニシテ、且新鮮ナル時ハソノ病原體ト共ニ侵入スルコト多シ、死後二十四時間以上ヲ經タル屍體ニテハ病原菌ハ殆ド死滅シ、唯腐敗菌ヲ殘スノミナルガ故ニ病原菌ニ感染スルコトナク、單ニ腐敗ニヨリテ生ゼル化學的物質ノミノ侵入ヲ受クルナリ。

ソノ侵入ハ人ノ注意ヲ引カザル程ノ輕微ノ小傷、皮膚ノ小皹裂等ヨリス、出血創ニテハ病毒ヲ血液ト共ニ流シ去ルコト多キガ故ニ感染スルコト少シ、大部分ハ手及前膊ヨリ感染ス。（後略）

（三輪徳寛著『三輪外科診断及療法〔第二巻〕』克誠堂）

19

幼年時代の思い出

ハシグロヒタキの青い卵

虫、小鳥、きのこ。これらは子供の喜びである——美しかった日々——小鳥の巣を見つけ、青い卵を手に入れる——助祭様《じょさいさま》にたしなめられる——村のはずれの小川では、喉《のど》の赤いアブラハヤの群れが泳いでいた——ブナの林で初めてきのこを採《と》る——大きさも形も色も違ったきのこ——それらを私は三つの仲間《グループ》に区別していた——大人になって、この私の分類法が正しかったことを知る——子供らしい好奇心を養っていた時代よ——ホラティウスは、「アヽ逃ゲ去ル年々《としどし》ハ滑リ行ク」と言っている——そして今、私はセリニャン近辺のきのこを写生している——苦労して描いた大量のきのこの絵は、私が死んだあとはどうなってしまうのだろうか

扉絵　巣の近くの岩にとまるハシグロヒタキ

虫は子供の喜びである。ぽつぽつ穴を開けた箱の中に、[1]セイヨウサンザシの花の寝床を敷きつめ、[2]コフキコガネや[3]ハナムグリを飼って楽しむ。小鳥はまた、抗《あらが》いがたい誘惑である。その巣や、卵や、黄色い嘴《くちばし》を開いて餌《えさ》をねだる雛《ひな》たち。

そんな虫や小鳥と同じくらい、*4きのこはその、いかにも多様な彩《いろど》りで、幼いころから私の心をとらえて離さなかった。

初めてズボン吊りをしたころ、そして何が書いてあるのやらまったくわからなかった、文字というものの謎がようやく解けてきたころ、幼くて無邪気な私の、初めて小鳥の巣を見つけたときの、そして初めてきのこを採《と》ったときの、あの、嬉しさに頭がぼうっとするような気持ちを今でも思い出す。

こうした重大な、いくつかの出来事について述べることにしよう。歳をとると、昔のことを思い出すのを好むようになるものである。

1　**セイヨウサンザシ**　西洋山査子。*Crataegus oxyacantha* バラ科サンザシ属。

2　**コフキコガネ**　粉吹黄金。鞘翅《しょうし》目《もく》（甲虫類）コガネムシ科コフキコガネ属 *Melolontha* の仲間。→第10巻9章。

▼オウシュウコフキコガネ（欧州粉吹黄金）*Melolontha melolontha*　体長20～30㎜　コガネムシ科コフキコガネ属。

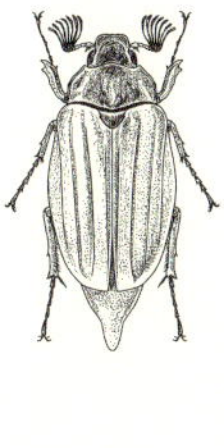

好奇心が芽生えて、われわれをぼんやりとした無意識の状態から救い出してくれる幸せな時代よ。おまえのはるかな遠い記憶は、私の一生でもっとも美しかった日々のことをふたたびよみがえらせてくれる。

日向《ひなた》でうつらうつらしていたヨーロッパヤマウズラ[5]の雛たちは、通りすがりの人の気配に驚いて、あわてて散り散りに逃げていく。美しい綿毛の毬《まり》のような雛たちは、てんでに茂みの中に隠れるのだが、静けさがもどり、母親がひと声鳴くと、みんなすぐ、母鳥の翼の下にもどってくる。

そんなふうに、何かのはずみに、私の幼年時代の思い出も、私のもとに呼び返されてくるのだ。それらの思い出はいわば、人生という茨《いばら》によって散々羽根を毟《むし》られた、また別の雛鳥たちなのである。そうした思い出のいくつかは、茨の中から逃げ出してきたときに頭が傷だらけになり、足もとがふらついている。そしてまた別のいくつかは、茨の藪《やぶ》の片隅で押し殺されてしまっているが、また別のものたちは、本来の新鮮さを完全に保っているのだ。

ところで、時の爪を逃《のが》れて生き残っている記憶のうち、もっとも生き生きしているのは最初のころに生まれたものである。柔らかい蠟《ろう》のようだった幼時の記憶は不変のブロンズ像と化しているのだ。

あの日、私はおやつにリンゴをひとつもらって豊かな気分だったし、お手伝

3 **ハナムグリ** 花潜。鞘翅目（甲虫類）コガネムシ科ハナムグリ亜科 Cetoniinae の仲間。▼キンイロハナムグリ（金色花潜）*Cetonia aurata* 体長14〜22㎜

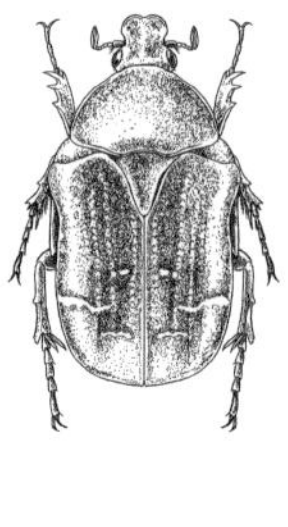

4 **きのこ** 菌類《きんるい》（子嚢菌《しのうきん》や担《たん》子菌《しきん》）などが胞子《ほうし》を分散させるために作る子実体《しじつたい》のこと。これらの菌類は、普段は糸状の菌糸《きんし》の状態で生活している。→訳注。▼ウラベニイグチ（裏紅猪口）*Boletus satanas* 担子菌類ハラタケ目《もく》イグチ科イグチ属。

いを言いつけられてもいなかったので、手近な丘の頂《いただき》まで行ってみようと思い立った。それまで、その丘は私にとって世界の涯《はて》であったのだ。尾根には木々が立ち並んでおり、風になびいて、今にも自分の根を引き抜いて逃げ出しそうに、腰が折れ曲がったまま揺れていた。

　私の家の小さな窓から、雷雨の日など、これらの木々がお辞儀をしているところを何度見たことであろう。また何度、彼らが、山の斜面に沿って北風が吹き上げては吹き降ろす雪煙の中で、死にもの狂いにのたうっているのを眺めたことであろう。あそこで、あの悲しそうな木々は何をしているのだろう。

　今日は青い空を背景に静かに立っているかと思うと、明日には雲が通り過ぎるたびに揺れ動いているあのしなやかな幹が、私は気になってしかたがなかった。

　木々が静まりかえっていると私は嬉しく、木々がおびえていると私は悲しかった。彼らは私の友達だったのだ。いつでも私はこれらの木々を眺めていた。朝になると、まばらに立ち並ぶ木々のカーテンの向こうから陽《ひ》が出て、光り輝きながら昇っていくのだった。太陽はどこから来るのだろう。あそこまで登ってみよう。そうしたら、きっとそれがわかるにちがいない。

　私は斜面を登っていった。そこは羊が草を食い尽くした痩《や》せた野原であった。藪なんかもないから、服に鉤裂《かぎざ》きをこしらえて、家に帰ってから叱られることも

5　ヨーロッパヤマウズラ

ヨーロッパ山鶉。*Perdix perdix*　全長23～31㎝　キジ目《もく》キジ科ヤマウズラ属。

ないだろう。よじ登るのに苦労するような岩もない。ただあちらにもこちらにも平たい大きな石が散らばっているだけだ。何もない草原を真っすぐ進んでいけばそれでいいんだ。だけどこの原っぱは、まるで家の屋根みたいに傾いている。やたら長い、長い道で、それなのに私の脚《あし》はとても短いのだ。

ときどき私は上のほうを眺めてみるのだった。でも自分の友達の、あの丘の頂の木々たちはちっとも近くなったようには見えない。さあ、頑張るんだ！　登りつづけるんだ。

おや、なんだ？　足もとに何かあるな。きれいな一羽の鳥が、大きな平たい石の庇《ひさし》の下の隠《かく》れ家《が》から飛んでいったぞ。しめた！　羽毛と細い藁《わら》とでできた小鳥の巣じゃないか。

それは私が初めて見つけた鳥の巣、のちに鳥たちが私にもたらしてくれた数々の喜びの最初のものであった。

そして、その巣の中には六個の卵が美しく並んでいた。卵は、まるで青空の染料に浸したみたいな、素晴らしい空色をしていた。あまりの嬉しさに、私は草っ原に寝そべって、じっと眺めていたのだった。

そのあいだ母親の鳥はジュクジュクチー、ジュクジュクチーと小さく喉《のど》を鳴らしながら心配そうに、邪魔者の私からあまり遠くない石から石へと飛び移ってい

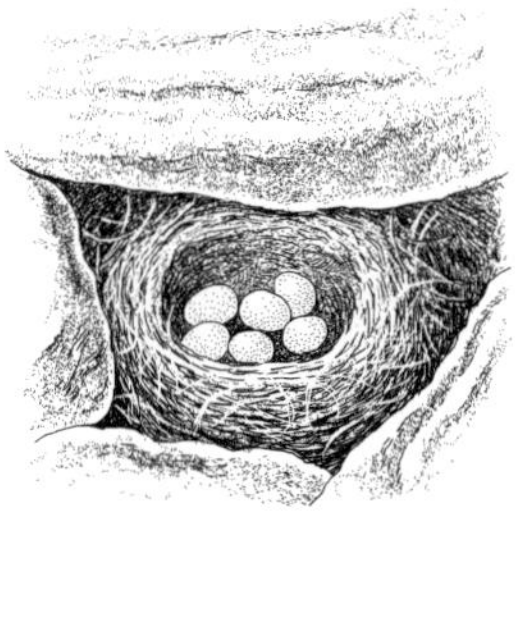

▼足もとで見つけた小鳥の巣と卵。

た。私はまだ小さくて、慈悲心なんかなかった。野蛮で、母親鳥の悲嘆がわからなかったのである。

いいことを私は思いついた。小さな猛獣の思いつきだ――二週間もしないうちにまたここに来て、雛たちが巣立つまえに捕まえてやろう。それまではこのきれいな青い卵をひとつ、たったひとつだけ、発見の栄誉の証《あかし》として取っておこう――。

壊してはいけないので、私は掌《てのひら》の窪《くぼ》みに苔《こけ》を少しばかり敷いてこの脆《もろ》い卵をその上にそっと置いた。初めて小鳥の巣を見つけた子供のころの喜びを知らぬ者は私に石を投げるがよい。

この繊細《デリケート》な荷物は、私がちょっとつまずいても割れてしまうであろう。だから私は、それ以上丘を登ることをあきらめた。お陽様が昇ってくる丘の頂の、木々が立ち並んでいるところまで行く機会はそのうちまたあるだろう。私は斜面を降りていった。

ところが丘のふもとのあたりで私は、助祭様《じょさいさま》に出会った。聖務日課書を読みながら散歩しておられるところであった。助祭様は、まるで私が聖遺物でも捧持《ほうじ》しているかのように、慎重にそろりそろりと歩いているのを見たのだ。そして私が背中に手をまわしているのを見て、何か隠してるな、と見てとったのである。

「おまえ、何を持っているんだね」

と助祭様は私に尋ねられた。

私はすっかりとまどってしまって手を開き、苔の蒲団《ふとん》の上の青い卵を見せた。

「ああ！　サクシコルの卵だな」

と助祭様は言われた。

「いったいどこでこれを採ってきたんだね」

「上のほうの、石の下です」


次々に質問されて私は小さな罪を告白した——偶然巣が見つかったんです。初めから探してたわけじゃありません。卵は六つありました。そのうちのひとつを採りました。これです。僕、ほかの卵が孵《かえ》るのを待ってるんです。雛にしっかりした羽根が生えそろったころ、またあの巣のところに行って全部取ってやろうと思ってます……。

「おまえ、ね」と助祭様は言われた。

「そんなことしちゃいかんよ、小鳥の母親から雛を盗んだりしてはいかん。罪もないあの家族を大切にしてやるんだ。小鳥たちが大きくなったら、巣立ちさせてやりなさい。小鳥は野の喜びなんだ。土の中の害虫を退治してくれるんだよ。いい子だから、小鳥の巣には二度と手を出すんじゃないよ」

もうそんなことしません、と私は約束し、助祭様は散歩を続けられた。まだ幼くてよく耕されてもいない知性の畑に、私はふたつの善き種子を蒔《ま》いてもらって家に帰ったのだった。

権威ある言葉が私に、小鳥の巣を壊すのはいけないことなのだと教えてくれたのである。どんな具合に小鳥が、畑の収穫に大きな害を与える虫を退治して人間の助けになるのかは、よくわからなかったけれど、親鳥を悲しませるのは悪い行ないなんだな、と心の奥底で感じることはできた。

「サクシコル」と助祭様は私の発見した卵を見て言った。「へえ、そうなんだ！」と私は思った。僕たちと同じように、動物たちにも名前があるんだ。誰が名づけたんだろう。

野原や森の、僕の知ってる鳥や獣《けもの》はなんという名前なんだろう。サクシコルという言葉にはいったいどんな意味があるんだろう。

何年かして私はラテン語の勉強をし、[6]saxicole《サクシコル》というフランス語はラテン語に由来するもので、もともと「岩に住む者」という意味があることがわかった。たしかにあの鳥は、私がうっとりと卵に見惚《みほ》れていたあいだ、尖《とが》った岩の先端から先端へと飛びまわっていたし、その住まいというか巣では、大きな石の縁《ふち》の

6　**saxicole**《サクシコル》　語源はラテン語の「岩」を意味する saxum《サクスム》 で、-cole《コル》（仏）は、「住む」や「生息する」を表わす接尾語。

部分が屋根の役目を果たしていた。その後、私の学力がもっと進んでいろいろと本を拾い読みしているうちに、岩だらけの斜面を好んで住むこの小鳥は、フランス語では motteux《モットゥー》 とも呼ばれるということがわかった。なぜかというと、これは畑を耕す季節になると motte《モット》 つまり、「土くれ」から「土くれ」へと飛び移り、掘り返されてミミズやコガネムシの幼虫などのいっぱい出てくる畝《うね》で餌を探してまわるからである。

最後に私は、この鳥の〝腰白《キュ＝ブラン》〟というプロヴァンス地方での名前を知った。これもまた実に言い得て妙、というべき表現で、この鳥が畝のあいだをぱーっ、ぱーっと短く飛翔する拍子《ひょうし》に、腰の付け根にある白斑《はくはん》がまるで畑の中をひらひらと舞う白い蝶を連想させるのである。

こんなふうにしてさまざまな言葉が生まれるのだ。こんな名前のおかげで、のちに私は野外の舞台に登場するたくさんの役者たち、道端でわれわれに微笑みかけるたくさんの花々に、その正統な名前で挨拶できるようになったのだ。

助祭様がなんの気なしに口にした言葉は、私にひとつの世界を、草や動物が、その正式の名、つまり学名で呼ばれる世界を教えてくれたのである。

動植物の名称という膨大な体系を読み解く仕事はいつかまたやることにして、今日のところは saxicole《サクシコル》 つまりハシグロヒタキ[7]の名を思い出すにとどめておこう。

7 **ハシグロヒタキ** 嘴黒ヒタキ。*Oenanthe oenanthe* 全長15㎝ スズメ目《もく》ツグミ科サバクヒタキ属の小鳥。171頁扉参照。

私の村の西側は、プラムやリンゴの実る小さな庭が急斜面をなして階段状に続いている。それぞれの段々を支える丈《たけ》の低い壁は、土の重みによって、人でいえば、肥《ふと》って腹が出たように膨《ふく》らみ、表面にむさ苦しく苔や地衣類《ちいるい》[8]を生やして黒ずんでいる。

この斜面の下に小さなせせらぎがあるのだ。それはどこまでたどっていっても、ぴょんとひと息に跳び越せるような小さな流れである。浅く広くなっている箇所では、水から半分頭を出した岩が飛び石の役目を果たしている。

子供の姿が見えないとき、母親たちがはっとして、もしかしたらあそこにはまったのかもしれない、と恐怖心にかられるような深い淵なんかどこにもない。水の深さはどこでも膝《ひざ》までしかなく、それを超えることはない。

私の親しい流れよ。あんなにも冷たく、澄んだ、静かなせせらぎよ。あれから私は滔々《とうとう》たる大河を見た。はてしない大海も見た。しかし私の思い出のなかではどれひとつとして、おまえというささやかな流れに優《まさ》るものはない。おまえには、私の心に最初に刻印を残した聖なる詩の貴《とうと》さがあるのだ。

ひとりの粉屋が、野原をあんなに楽しげに流れていくこの小川を働かせてやろうと思いついた。丘の中腹に傾斜を利用して水路を造り、水の一部を引いてきて

8　**地衣類**　光合成を行なう緑藻類《りょくそうるい》や藍藻類《らんそうるい》が、菌類が作る菌糸に入り込んで共生関係にある生物群。世界に約二万種が知られる。

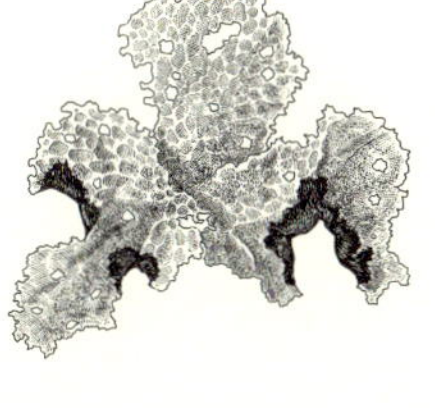

▼イワタケ（岩茸）*Umbilicaria esculenta*　日本では食用に供される地衣類。

大きな貯水池に流れ込むようにしたのだ。これが水車を回す動力源になった。人がよく往き来する小径《こみち》の道端にあるこの貯水池は壁にせき止められて行き止まりになっている。

ある日、友達に肩車をしてもらって、私はシダに覆《おお》われたこの陰気くさい壁の向こう側を覗《のぞ》いてみた。緑色のぬらぬらする髪の毛のような藻《も》がいっぱいに生えている底なしの貯水池が見えた。

このぬるっとした藻の隙間を、黄色と黒の、ずんぐりしたトカゲのような生き物がゆらーりと泳いでいた。今の私ならこれを*9 salamandre《サラマンドル》と呼ぶところだ。でも、そのころには、その生き物は夜ふけに聞かせてもらう恐ろしい御伽噺《おとぎばなし》に出てくる、毒蛇だとか龍《ドラゴン》だとかの子供のように思われた。「うわーっ、恐《お》っとろしい！　もういいよ、早く降りよう」

貯水池の下方は小川になっている。両方の岸辺には、ハンノキ[10]とトネリコ[11]が身をかがめ合い、枝先をからませて緑のアーチを形づくっている。それらの木々の根元には、曲がりくねった太い根が家の玄関のようになり、その奥には水中の生き物の隠れ家がいくつもぽっかりと口を開いており、それぞれ暗い廊下のようになって中のほうに続いている。こうした隠れ家の入口のあたりに、楕円形《だえんけい》にぼやけた木洩《こも》れ日《び》が降り注ぎ、ちらちらと震えているのであった。

9 **salamandre**《サラマンドル》　厳密にはファイアサラマンダー *Salamandra salamandra* と思われる。両生《りょうせい》類有尾目《るいゆうびもく》イモリ亜科イモリ科サラマンドラ属。図は成体。「イモリ」と訳されることもあるが、日本産のアカハライモリはイモリ属 *Cynops* に属する。→訳注。

10 **ハンノキ**　榛木。カバノキ科ハンノキ属 *Alnus* の落葉広葉樹。図右は実《み》（堅果《けんか》）。

そこを赤いネクタイを締めたアブラハヤ[*12]たちが占有していた。そっと近寄ってみよう。それから腹這《はらば》いになってよく見てみよう。なんてきれいなんだろう。この喉の真っ赤な小さな魚たちは！

互いに身を寄せ合い、頭を水の流れとは逆の方向に向けながら、魚たちは頬を膨らませたり、窄《すぼ》めたりしている。まるで、いつまでも口をすすぎ続けているかのようだ。流れ去っていく水の中にじっととどまっているためには、ただ尻尾《しっぽ》と背びれを軽く震わせるだけでよいのだ。木の葉が一枚はらりと落ちる。すると、魚の群れはぱっと姿を消してしまう。

小川のずっと向こうのほうには、ブナ[*13]の木立があった。幹はすべすべして真っすぐで、円柱が立ち並んでいるようである。その堂々と張った枝の暗い茂みの中では、新しく羽毛の生え変わったハシボソガラス[14]たちが、古い羽毛を引き抜きながらやかましく鳴きたてていた。地面は厚い苔に覆われている。

このふかふかした絨緞《じゅうたん》の上に一歩足を踏み入れると、すぐにきのこが見つかる。まだ傘《かさ》を開いていないために、まるで、放し飼いの雌鳥《めんどり》がうろついてきて、そこに産み落とした卵のようだ。

それが、私の初めて採ったきのこだった。ぼんやりした好奇心から、どんな具合にできているのか知りたいと思って、何べんも指のあいだでくるくる回してみ

11　**トネリコ**　梣。モクセイ科トネリコ属 *Fraxinus* の落葉高木。世界に約七十種が知られる。▼セイヨウトネリコ（西洋梣）*Fraxinus excelsior*

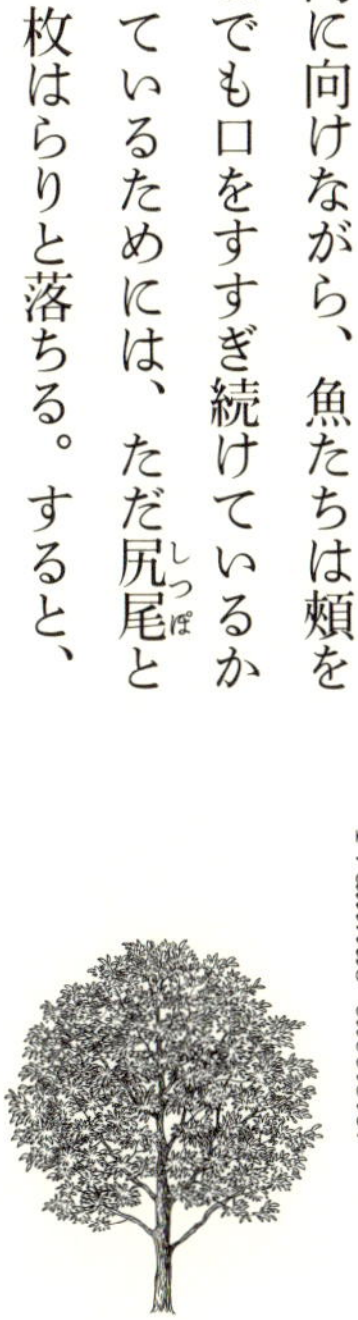

12　**アブラハヤ**　油鮠。*Rhynchocypris lagowskii*　体長6〜7㎝　コイ目《もく》コイ科ウグイ亜科アブラハヤ属。日本のアブラハヤと同種別亜種。→訳注。

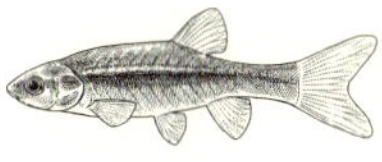

13　**ブナ**　橅。ここではブナ科ブナ属の落葉高木のヨーロッパブナ *Fagus sylvatica* を指していると思われる。→訳注。

た最初のきのこなのだった。まさに観察する心の芽生えであった。

　そのうちにほかのきのこが見つかった。大きさも、形も色も違っている。きのこというものを初めて見る私の目にそれは、ほんとうに面白い見物《みもの》だった。なかには釣鐘《つりがね》のような形をしたもの、蠟燭消《ろうそくけ》しのような円錐形《えんすいけい》をしたものや盃形《さかずきがた》のものがあった。紡錘形《ぼうすいけい》にひゅっと伸びたようなもの、漏斗形《ろうとがた》にへこんだもの、半球形に丸まっているものもある。壊すと一種乳液のような汁を出すものを見つけたこともあるし、つぶすとたちまち青色に変色するものを見つけたこともある。大きなきのこで、腐るとぐじゃぐじゃに形が崩れ、蛆虫《うじむし》がうようよ湧《わ》いているのさえあった。

　そのほかにまた洋梨《ようなし》の形をしていて、かさかさに乾いており、頭のところに丸い穴がひとつ開いていて、指先で胴の部分をぽんぽんと叩いてやると、煙突のようにぽっぽっと煙が出る。これがいちばん面白いきのこだった。私はこのきのこをポケットいっぱいに詰め込んで、好きなだけ煙を吹かせてやった。すると最後には中身が空《から》になって、火口《ほくち》のようなものになってしまうのであった。

　あの至福の森にはなんとたくさんの楽しみがあったことか。初めてのきのこを見つけたときから何度あの場所に行ったことだろう。あの木立で、ハシボソガラ

14　**ハシボソガラス**　嘴細烏。*Corvus corone*　全長47㎝　スズメ目カラス科カラス属。

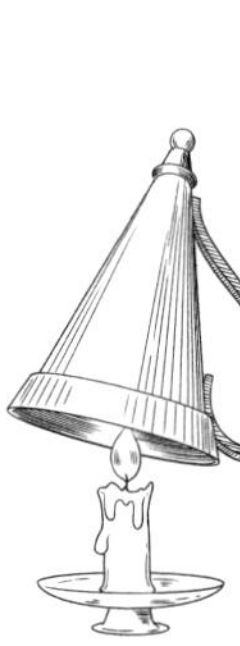

▼蠟燭消し。

スの声を聞きながら、私はきのこについて初めて学んだのであった。

しかし私が見つけたきのこは、当然ながら、家に持って帰ることは許されなかった。きのこは私の地方ではBoutorel《ボウトレル》[15]と言っていたのだけれど、悪い物とされていた。毒があって中《あた》ると死んだりするというのだ。

私の母はよく知りもしないくせに、あたまからきのこを毛嫌いして食卓には載せなかった。見かけはこんなに可愛らしいのに、なんでそんなに悪物扱いされなければいけないのか、私にはまったくわからなかった。でも結局のところ、私は経験からくる両親の言葉に従ったので、舐《な》めたり食べたりするような、うかつなことをして酷《ひど》い目《め》に遭《あ》うことはなかったのである。


ブナの林を何度も訪れているうちに、私は発見したきのこ類を三つの仲間《グループ》に区別するようになった。

第一番目の仲間《グループ》は、これがいちばん数が多いのだが、傘の裏に放射状《ほうしゃじょう》に襞《ひだ》がある。第二のものは、傘の裏が厚いクッションの裏打ちをしたようになり、目に見えるか見えないかぐらいの小さな穴がたくさん開いている。そして第三のものは傘の裏側に猫の舌のような細かい軟らかな棘《とげ》がいっぱいに生えているのである。記憶の助けにさまざまなきのこを整理しなければならないという必要性から、私は自分なりの分類法を考え出したのだ。

15　**Boutorel**《ボウトレル》　ラテン語でハラタケやヒラタケの仲間を指すBoletus《ボーレートウス》と関連する言葉だと思われる。

ずっとあとになって、私はきのこに関する小さな本を何冊か、たまたま手に入れることになるのだが、それらの本で、三つの仲間《グループ》に分ける私の分類法が昔からすでに知られているものであることを教えられた。しかも、それらの仲間《グループ》にはラテン語の名称さえつけられているではないか。それでも私は先を越されて残念だなどとは少しも思わなかった。

きのこの学名は、私に最初のラテン語の作文と翻訳の課題を与えてくれた気高いものであり、また司祭様《しさいさま》がミサの祈りで唱《とな》えるこの古めかしい言葉によって栄誉を讃えられて、私にとっていやがうえにも尊いものとなった。こうした学問的な呼称にふさわしいものであるからには、きのこというものは必ずや、重要なものであるにちがいなかろう。

ところが、それらの本にはまた、ぽっぽっと煙を吹き出して私を大いに面白がらせたあのきのこのフランス名が出ていた。それは〝狼のすかしっ屁《ぺ》〟[16]というのである。酷い名だなあ、と私は思った。これではいかにも下品ではないか。その横にはそれより品のいい *Lycoperdon*《リコペルドン》 という学名が記されていた。ところが、その品がいい、というのはうわべだけのことであった。というのは、その語源になっているギリシア語がわかってみると、この *Lycoperdon*《リコペルドン》 とは、なんのことはない、ラテン語で「狼のすかしっ屁」という意味だったからである。

16　**狼のすかしっ屁《ぺ》**　原語は vesse-de-loup《ヴェッス=ド=ルー》。*Lycoperdon*《リコペルドン》 はホコリタケ属。

▼ホコリタケ（埃茸）キツネノチャブクロとも。*Lycoperdon perlatum*　担子菌類ハラタケ目ハラタケ科ホコリタケ属。右のきのこから胞子が煙のように出ている。

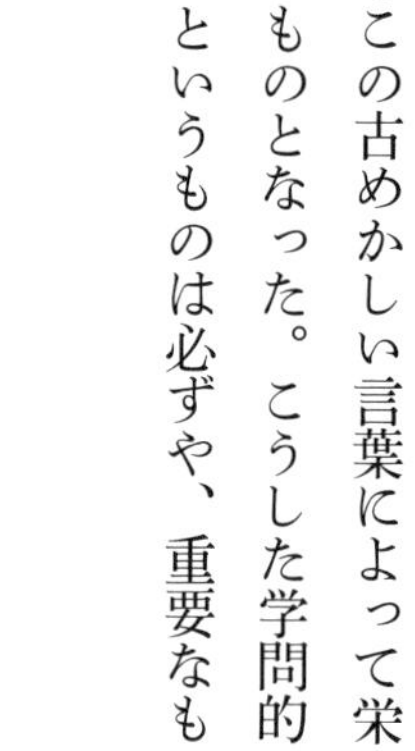

植物にまつわる用語には翻訳がはばかられるようなものが山ほどある。現代ほど慎《つつし》み深くなかった古代文化の遺産である植物学は、往々にして、慎ましさなんか、それこそ屁とも思わない、大胆で露骨な表現をそのままに保存しているのである。

子供らしい好奇心で私がひとり、きのこの知識を心のなかに養っていたあの恵み多き時代からは、今やなんと遠く隔たってしまったことか！「アヽ逃ゲ去ル年々《としどし》ハ滑リ行ク」とホラティウス[17]は言っている。まさにそのとおりである。歳月というものは、とりわけ、その終わりのころが近づくと、ますます速く過ぎ去っていくのである。

かつてそれはヤナギのあいだを縫って、傾きがあるかなきかのゆるやかな斜面を、ゆっくりと流れていく楽しい小さな流れであった。ところが今やそれは数多くの漂流物を押し流し、底知れぬ深き淵へと流れ落ちる急流なのだ。有効に使おうではないか。たとえそれが束の間のものにすぎないにしても。

日暮れ時が迫ってくると、樵《きこり》は、その日伐《き》った最後の薪《まき》を束ねる。それと同様に、知識の森の貧しい樵であるこの私は、生涯の終わりを迎えて、私の薪束を整理しておこうと思う。

虫の本能についての私の研究のなかでは、いったい何が後世に残ることであろ

17　**ホラティウス**　Quintus HORATIUS Flaccus（前六五—前八）。古代ローマの詩人。ローマ帝国を築いたアウグストゥスと同時代に活躍した。『歌章』、『諷刺詩』、『エポーディー』『詩論』が知られる。「アヽ逃ゲ去ル年々《としどし》ハ滑リ行ク」は『歌章』二巻十四歌。原文はラテン語で Eheu!《エヘウ》 fugaces《フガーケース》 labuntur《ラーブントウル》 anni.《アンニー》 である。

うか。おそらくほんのわずかなものであろう。私としては全力を尽くしたつもりだったが、それはせいぜいのところ、これまで探求されていなかったひとつの世界に、いくつかささやかな窓を切り開いたぐらいのものであろう。

　幼年時代から、私にとって無上の喜びであったきのこの研究となると、それよりもっと不幸な運命をたどることになるだろう。私は生涯を通じてきのこたちとの付き合いを保ってきた。今もなお、ただきのこたちとの旧交を温めるためにだけ、私は脚を引きずりながら、美しく晴れた秋の午後など、彼らのもとを訪ねるのだ。薔薇色《ばらいろ》の絨緞のようなヒースの中から、イグチ[18]の大きな傘やハラタケ[19]の柱頭がのぞいていたり、珊瑚《さんご》の茂みに似たシロソウメンタケ[20]が生えていたりする様を見るのが今でも私は好きなのである。

　わが終《つい》の棲家《すみか》たるセリニャン[21]でも、私はきのこに熱中した。セイヨウヒイラギガシ[22]やヤマモモモドキ[23]、ローズマリー[24]の茂るこのあたりの丘陵地帯は、それほど、多くのきのこを産するのである。それがあまりにも豊富なので、ここ数年というもの、私は途方もないことをくわだてている。それはきのこを正確な絵に描いて蒐集《しゅうしゅう》しようというものだ。というのは、きのこは、そのままの状態では標本として保存できないからなのである。

18 **イグチ**　猪口。担子菌類イグチ目《もく》イグチ科 Boletaceae の一種。食用きのこが多い仲間。▼ムラサキイグチ（紫猪口）*Boletus rhodopurpureus*

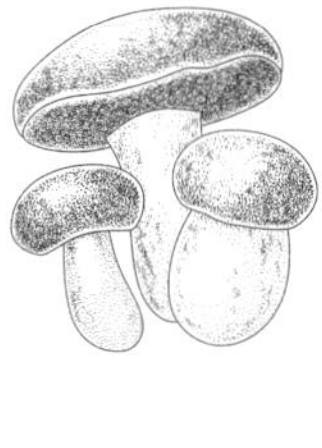

19 **ハラタケ**　原茸。担子菌類ハラタケ目ハラタケ科ハラタケ属 *Agaricus* の一種。

20 **シロソウメンタケ**　白素麺茸。ハラタケ目シロソウメンタケ科に含まれるシロソウメンタケ属 *Clavaria* の一種。▼シロソウメンタケ（白素麺茸）*Clavaria vermicularis*

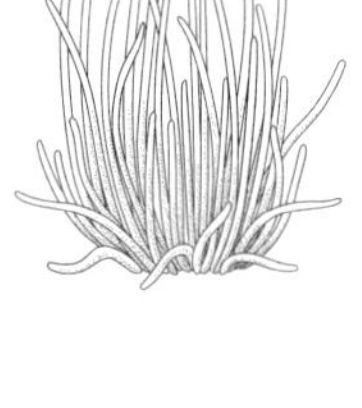

最大のものから最小のものまで、私はこのあたりのありとあらゆる種類のきのこを、実物大で描き始めている。水彩画の描き方なんか私は知らないけれど、そんなことはどうでもいい。人の描いているのを見たことさえないが、自分で工夫すればやれるようになるであろう。初めは下手でも次には少しましになり、それから上手く描けるようになるものだ。絵筆を執《と》ることは、文章を綴《つづ》るという日々の苦しみを紛らわせてくれるものでもある。

　そして今では、セリニャン近辺のさまざまなきのこ類を実物大に描き、そのとおりに彩色したものを何百枚か所有することになった。私のきのこの絵の蒐集にはそれなりの価値がある。それは、芸術的な表現には欠けているにしても、すくなくとも正確さという長所を有しているはずだ。

　日曜日ともなるとその絵を見に、田舎《いなか》の人たちが我が家を訪ねてきて、感心して眺めながら、こんな美しい絵が金型もコンパスも使っていない、手描きの作品だというのでびっくり仰天するのだ。それから彼らは描かれているきのこのことをすぐに、これはあれだ、あれはこれだ、と見分ける。そしてそれらのきのこのプロヴァンス名を私に教えてくれる。私の絵が正確であることのいい証拠だ。

　ところで、これだけの苦労を要した大量のきのこの絵の山はいったいどうなってしまうことだろうか。しばらくのあいだはたぶん、私の形見としてとっておか

21 **セリニャン**　オランジュから北東七キロにある村。ファーブルは一八七九年、五十五歳のときに村はずれに約一ヘクタールの土地を買い求めて研究所兼住居とし、プロヴァンス語で「荒れ地」を意味する harmas《アルマス》と名づけた。

22 **セイヨウヒイラギガシ**　西洋柊樫。*Quercus ilex*　ブナ科コナラ属の常緑硬葉樹。

23 **ヤマモモドキ**　山桃擬。*Arbutus unedo*　樹高5～10 m　ツツジ科アルブツス属の常緑樹。赤い実は食用になる。英名は strawberry tree《ストロベリー・ツリー》。

24 **ローズマリー**　*Rosmarinus officinalis*　樹高80～120 cm　シソ科マンネンロウ属の常緑低木。

れることであろう。けれどもやがては邪魔になって、この戸棚からあの戸棚へという具合に置き場所を移され、物置から物置へと移動させられたあげくに鼠《ねずみ》に齧《かじ》られ、染みだらけになって、親戚の男の子か誰かに与えられる。そしてその子は折り紙の鶏《にわとり》を折るために四角く切ってしまったりすることだろう。それが世の常というものだ。われわれの幻想がこれ以上はないほどの愛情で慈《いつく》しんできたものも、現実という鉤爪《かぎづめ》で引き裂かれてみじめな最期を遂げることになるのである。

▼折り紙の鶏。

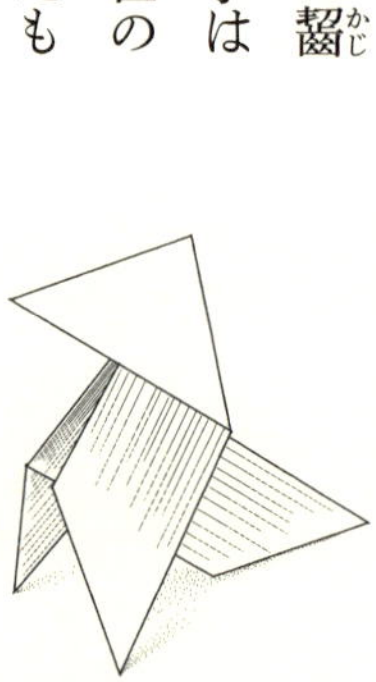

19章　幼年時代の思い出　訳注

173頁　きのこ　ファーブルは幼いころから、虫や小鳥と同様に、きのこの色と形、そしてそのたたずまいの不思議さに魅了されてきたと語っている。彼の育ったルーエルグ山地のサン＝レオン村は、モミなどの針葉樹を主体とする森林に囲まれているが、ブナの林も近くにあり、きのこを多産したようである。

晩年を過ごしたセリニャンの村の近くにもきのこはよく発生する。彼はこれらを採集し、観察し、料理の工夫をして客に供していた。幼時から老年まで、ファーブルは終生きのこと付き合った。まさに三つ子の魂百まで、である。

やがて少年ファーブルは、きのこを自己流で三つの仲間《グループ》に分類したが、その分類法は当時行なわれていた専門家のそれとも一致していたと語っている。こうして彼はきのこを研究する学問のことを知ったのである。そしてその学問の世界で使われるラテン語の響きに敬意を抱いた。

西欧世界で、ラテン語は学生の頭痛の種《たね》であった。時制も活用も複雑で、辞書が引けるようになるまでに、覚えることは山ほどある。学校では母国語の次にラテン語をやらされるのである。日本人はまず漢文（中国語の古文）で学問をし、ついでオランダ語、英語、ドイツ語などで学問をしてきたわけだが、同様に西洋人は古来、ギリシア語やラテン語で学問をしてきた。何よりもまずラテン語。というより、すくなくともラテン語の読み書きができなければ学問をする資格がなかったのである。

理科系の学問の教育が比較的未発達のころ、中学校は、実質的にはラテン語学校と言ってもよいほどであった。たとえばドイツのヘルマン・ヘッセの『車輪の下』のような小説には、そうした事情が述べられている。それら外国語の修得には多大の労力を要し、いっけん無駄にみえるところもあるけれど、実は、面倒なその修得の過程で人は多くのことを学ぶのであって、外国語が、母国語だけで学問をし、考える人にはなかなか得られない別の視点を与えることもまた確かである。ファーブルはウェルギリウスやホラティウスら、ラテンの詩人の詩句を暗誦《あんしよう》し、その響きを楽しんだようである。

国立パリ自然史博物館の、故クロード・コーサネル Claude CAUSSANEL 教授（一九三三―九九）が監修した、*Les Champignons de Jean-Henri Fabre*, 1991（本郷次雄日本語版監修『ジャン・アンリ・ファーブルのきのこ』同朋舎出版）には、弟フレデリックへの手紙が紹介されている。以下は拙訳である。

……熱意ある植物学徒にとって、ここは得も言われぬ魅力を秘めた土地で、僕なら一か月でも二か月でも、いやそれどころか一年でも、ひとりきり、たったひとりきりで過ごすことができるだろう。仲間といったら、ナラの木の上で鳴いているハシボソガラスやカケスしかいなくてもかまわない。それでも、苔《こけ》の下に美しいオレンジ色や、白や薔薇色《ばらいろ》のきのこが生え、そして野原には小さな草花が咲いていさえすれば、僕はほんのひとときでも退屈なんかしないだろう。

ところが、ファーブルの母親はきのこを決して食卓に載せなかったという。「私の母はよく知りもしないくせに、あたまからきのこを毛嫌いして食卓には載せなかった。見かけはこんなに可愛らしいのに、なんでそんなに悪物扱いされなければいけないのか、私にはまったくわからなかった。でも結局のところ、私は経験からくる両親の言葉に従ったので、舐《な》めたり食べたりするような、うかつなことをして酷《ひど》い目《め》に遭《あ》うことはなかったのである」。

実はここにも、ファーブルの母親嫌いが表われているのである。彼は父親に対しては点数が甘いけれど、母親について語るときはそっけない。どうやら母子でウマが合わなかったらしい。こうした母親への反感は、いわゆる世界の偉人のなかでは珍しいものである。

きのこは、ファーブルにとって、とりわけ虫の少なくなりはじめる秋の楽しみであった。このきのこ好きの傾向は、歳をとるにつれて深まっていったのではないかと思われる。老年期に人は、虫のように活発に動きまわるものより、草や花や石など、より静かなものに親しむようになるものだが、ファーブルもセリニャンに隠棲《いんせい》してから、きのこへの愛着がより深まった、というか、その余裕ができたように思われる。

晩年には、きのこの絵を多数描いている。きのこは外骨格《がいこっかく》をもつ昆虫などとは違って、そのまま乾燥させても美しい標本にはならない。アルコールやホルマリンに漬けてもやはり美しい色は残らないし、第一、それを納めるガラスの広口壜《ひろくちびん》は高価で場所をとる。それでファーブルは、このときもやはり独学で、水彩画にして残してやろうと考えたのである。そのようすは第4巻4章「ツバメとスズメ」で少し触れられている。

（……）私の午前中の日課であるキノコの絵の、まだ絵の具も乾かないのを広げて置いておいたりすると、ツバメは決まって、通りすがりに泥の判子や糞の花押《かおう》を落としていくのである。

ファーブルは室内への闖入者《ちんにゅうしゃ》の糞に悩まされながらも、ツバメ一家に宿を提供して、合計二百二十一枚のきのこの絵を残している。これらの水彩画を描いたのは、六十一歳のころ（一八八四年前後）と言われているが、「アジャクシオで描いたものが、まずかったので描き直す云々」の手紙があるところをみると、若いときすでに試みてもいるようである。ファーブルは本気で菌類《きんるい》を研究していたのであって、その試みは、決して、いわゆる余技ではなかった。

しかし田舎《いなか》に住み、文献もほかの研究者もいない環境では、単にきのこの種《しゅ》の同定《どうてい》をするだけでも容易なことではなかったらしい。きのこの文献で絵入りの豪華本は、昔から著名なものが数多く出されているが、高価なそれらの書物を自由に使うことはファーブルにはできなかった。挿絵のまったくない、説明文だけの参考書を頼りにしていたために、水彩画に記されたきのこの名称には、最初に記したものに線を引いて消し、別の名前に書きなおされているものがある。またそれが二転、三転しているものもある。

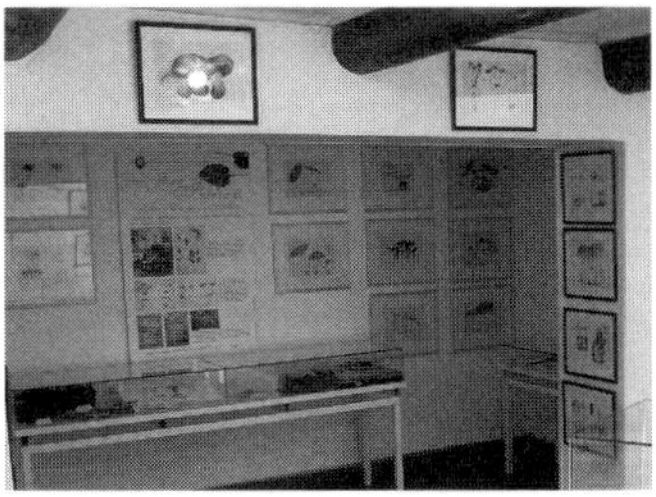

ファーブルが描いたきのこの水彩画。現在荒地《アルマス》に展示されているものは複製。

どうしても名前のわからなかったものは新種として記載しており、それらの種名は息子のジュールやエミールや友人のテオドール・ドラクールやジョン・スチュアート・ミルなど、自分の好きな人々に献名したが、それらのほとんどが同物異名、つまりシノニムとして、現在無効になっている。

ファーブルの残した水彩画のなかで、新種とされるもの、また種名がはっきりしないものは、もし実物の標本が残されていたら、今日ならば、胞子の形や遺伝子を調べることによって種を同定することが可能であった。ここでも、きのこを標本にして残すことの難しさが災いしている。みんな束の間の命の子実体《しじつたい》（きのこ）を詳しく研究するより、てっとり早く食べてしまうのだ。

182頁　salamandre《サラマンドル》　フランス語の salamandre《サラマンドル》は、実在のイモリやサンショウウオのことだが、いっぽうで想像上の火の中に住む蜥蜴《とかげ》（ラテン語でサラマンドラ、英語でサラマンダー）でもある。だから、サラマンドルを伝説の火蜥蜴《ひとかげ》だとばかり思っていると、フランスの田園を舞台とした小説にそれが出てきてぎょっとすることがある。幼いファーブルがサン＝レオンの貯水池で見たのも、ヨーロッパ一帯に分布する黒地に黄色模様のあるファイアーサラマンダーの一種で、本種《ほんしゅ》は地域によって十三の亜種に分類されている。

183頁　アブラハヤ　仏名は vairon《ヴェロン》。ユーラシア大陸に広く分布する。河川の酸素を多く含む上流域から中流域にふつうにみられる。多くの地域に放流され、生態系を攪乱《かくらん》する要因になっている。美味とは言いがたい魚で、マス、カワマス、サンドル（ルシオパーチ）などを釣るさいの活《い》き餌《え》として用いられる。また飼育が容易で小型であることから、実験動物として感覚器官の研究などにも用いられる。

◆ブナ　ヨーロッパのブナ林は〝森の母〟と呼ばれ、ヨーロッパ文明を育んだが、現在では農耕や牧畜、都市化のため、その多くが失われてしまった。これは、ヨーロッパブナ *Fagus sylvatica* と呼ばれる種《しゅ》で、イギリスやヨーロッパに分布する。日本でみられるブナ（シロブナ）*Fagus crenata* とイヌブナ（クロブナ）*Fagus japonica* は日本列島固有の種である。

20

昆虫ときのこ

虫が食べるきのこは安全なのか

昆虫ときのこの関係は深い——虫が食べるきのこは、人が食べても安全だという——本当だろうか——きのこを食べる虫には、齧《かじ》って食べる者と、スープのように溶かして飲む者とがいる——前者の代表はハネカクシであり、後者はハエの仲間である——ハエの蛆虫《うじむし》に食物としてウラベニイグチを与える——二ダースの蛆虫は、その日のうちにきのこを黒い液体に変えてしまった——人々から魔王《サタン》と恐れられているウラベニイグチをヒロズコガの幼虫と蛆虫は食い荒らす——しかし人間にとっての御馳走《ごちそう》であるタマゴタケには決して口をつけない——また毒のあるなしにかかわらずテングタケの仲間を蛆虫はすべて拒絶する——こういう情報《データ》を集めつづけても無駄である——虫の胃袋と人の胃袋は違うのだ

扉絵　〝神々の食物〟〝皇帝《カエサル》のきのこ〟と称されるオウシュウタマゴタケ

イグチ[1]やハラタケ[2]といったきのこ*[3]との、私の長い付き合いについて今ここで回想することは、昆虫の本能について研究することが本来の目的であるこの書物としては、少し場違いなようだが、実際のところ昆虫は、ある重要な問題できのこと関わりがあるのだ。それは、食用*に適するかどうかという問題である。

きのこのなかには食用になるものがいくつもあるし、そのなかには美味で高い評価を受けているものさえある。ただしその他のものは恐ろしい毒をもっている。植物学は、誰にでも研究できるというものではないけれど、それなら、その知識なしにどうやったら、毒きのこと、そうでないものとを区別できるのか。広く信じられているところによると次のようになる。

――昆虫、あるいは多くの場合その幼虫や蛆虫《うじむし》が食べているきのこは、おそらくすべて、人が食べても問題はない[4]。いっぽう、昆虫が食べないきのこは、どれも食用には適さない。昆虫にとって安全な食物が、われわれ人間にとって安全でないはずはないし、虫にとって毒であるものは、われわれにとっても同様に毒で

1　**イグチ**　猪口。担子菌類《たんしきんるい》（有性生殖《ゆうせいせいしょく》をする菌）ハラタケ目《もく》イグチ科 Boletaceae の仲間。

2　**ハラタケ**　原茸。担子菌類ハラタケ目ハラタケ科ハラタケ属 *Agaricus* の仲間。

3　**きのこ**　菌類（子嚢菌《しのうきん》や担子菌）などが胞子《ほうし》を分散させるために作る子実体《しじつたい》のこと。これらの菌類は、普段は糸状の菌糸《きんし》の状態で生活している。→訳注。

4　**人が食べても問題はない**　この記述は誤りです。こうした判断できのこを食べるのは非常に危険です（編集部）。→訳注「食用に適するか…」。

あるにちがいないのだ……。

いっけんいかにも、もっともらしい理屈から、人々はそんなふうに推論しているわけだが、この場合、栄養摂取に関する胃袋の能力は、動物によって非常に大きな差があるものなのに、そんなことは少しも考慮に入れていないのである。いずれにせよ、前記のように信じ込むことにはなんの根拠もないのではないか——これが今、私の検証してみたいと思っていることなのである。

昆虫は、特に幼虫の時期には、とりわけ激しくきのこを食害する。そういうきのこ食いの虫は、大きく二つの仲間《グループ》に分けることができる。第一の仲間《グループ》の者は、本当の意味できのこを食う。つまりきのこを細かく齧《かじ》り取《と》り、噛《か》み砕《くだ》き、そのまひと口ずつ飲み込んでしまう。第二の仲間《グループ》の者は、ハイイロニクバエ[5]の蛆虫[6]がやるように、あらかじめきのこをスープに変えてからそれを飲む連中である。第一の仲間《グループ》の者はそれほど数が多くない。

私がセリニャン近郊で得ることのできた知見に限って言えば、きのこを齧る連中は、鞘翅目《しょうしもく》四種と、ヒロズコガ[7]の幼虫一種というのがすべてであった。

そこに、軟体動物《なんたいどうぶつ》つまりナメクジ、より正確に言えば外套膜《がいとうまく》に赤い縁飾《ふちかざ》りをつけた、小型で茶色のアカオオコウラナメクジ[8]の仲間を一種つけ加えることができる。要するにきのこを食う者は全体に数が限られてはいるけれど、連中は活発で、

5 **ハイイロニクバエ** 灰色肉蠅。*Sarcophaga carnaria* 体長13〜15㎜ 双翅目《そうしもく》(ハエ・アブ類)ニクバエ科サルコファガ属。卵胎生《らんたいせい》で幼虫を直接産む。→本巻16〜18章。

6 **蛆虫** ハエやアブなど双翅目の幼虫の俗称。体形は円錐形《えんすいけい》や紡錘形《ぼうすいけい》で肢《あし》がない。ニクバエなどの幼虫は死体などの蛋白質《たんぱくしつ》を分解する酵素を分泌《ぶんぴつ》して溶かし、スープ状にして〝食べる〟。→第8巻15章。

7 **ヒロズコガ** 広頭小蛾。鱗翅目《りんしもく》(チョウ・ガ類)ヒロズコガ科 Tineidae のガ。

8 **アカオオコウラナメクジ** 赤大甲羅蛞蝓。*Arion rufus* 体長75〜180㎜ 腹足綱《ふくそくこう》有肺《ゆうはい》亜綱《あこう》柄眼目《へいがんもく》コウラナメクジ科アリオン属。

9 **ムネアカオオキバハネカクシ** 胸赤大牙羽隠虫。

きのこをひどく食い荒らすのである。とりわけヒロズコガの害が著しい。

　きのこを好む鞘翅目の筆頭に、私としてはハネカクシの一種を挙げたいと思う。それは、赤、青、黒の衣裳《いしよう》で華やかに飾りたてられた[9]ムネアカオオキバハネカクシである。この虫は、尻にある突起を杖《つえ》のように使って歩くその幼虫とともに、ポプラに生える[10]ヤナギマツタケでよくみられる。このハネカクシはヤナギマツタケしか食しないのであって、春でも秋でも私はこの虫によく出会うのだが、このきのこ以外の場所では一度も見たことがないのである。

　それにしてもこの食通の虫は、なかなか上手に自分の領地を選んだものである。このヤナギマツタケは、色彩こそ、薄汚れた白色で、表皮にはたくさんのひびが入っており、胞子《ほうし》を散らす傘《かさ》の裏面の襞《ひだ》の部分は赤茶色に汚れて見えるのだ。そんな見かけにもかかわらずフランスでいちばん旨《うま》いきのこのひとつなのである。人は見かけによらぬというが、きのこも同じなのだ。色も形も素晴らしいものが有毒であったり、見たところは貧相なものが素晴らしく旨かったりするのである。

　特定のきのこしか食べない鞘翅目が、そのほかにあと二種ほどいる。どちらも小さな虫であるが、そのうちのひとつは頭部《とうぶ》と胸部《きようぶ》が赤茶色で、翅鞘《ししよう》の黒い[11]オウシュウオオキノコムシである。その幼虫は[12]ヤケコゲタケを食べている。これは大

Oxyporus rufus　体長7〜12㎜　鞘翅《しようし》目《もく》（甲虫類）ハネカクシ科オオキバハネカクシ属。

10　**ヤナギマツタケ**　柳松茸。*Agrocybe cylindracea*（旧 *Pholiata aegerita*）　担子菌類ハラタケ目オキナタケ科フミヅキタケ属。

11　**オウシュウオオキノコムシ**　欧州大茸虫。*Triplax russica*　体長5〜6.5㎜　鞘翅目（甲虫類）オオキノコムシ科オオキノコムシ属。

12　**ヤケコゲタケ**　焼焦茸。*Inonotus hispidus*（旧 *Polyporus hispidus*）　担子菌類ヒダナシタケ目《もく》タバコウロコタケ科カワウソタケ属。

きな、いかつい姿をしたきのこで、傘の上面は粗い毛で覆《おお》われている。おもにク[13]ワ、ときによるとクルミ[14]やニレ[15]の古い幹の表面に、傘の側面の部分で張りつくように生えている。

そしてもうひとつの虫は肉桂《にくけい》のような色をしたオウシュウタマキノコムシ[16]で、その幼虫はもっぱらトリュフ[17]の中に住みついている。

きのこ食いの甲虫のなかでもいちばん興味深いのはフランスムネアカセンチコガネ[18]である。この虫の生態や、小鳥がピーピー鳴くようなその発声、そして常食にしている地下性菌類《ちかせいきんるい》のスナジイモタケ[19]を求めて掘られる縦穴《たてあな》のことについては、すでに別の巻で述べておいた。この虫もまた、トリュフが大好きなのである。私は、このフランスムネアカセンチコガネが、巣穴の中で抱えていたハシバミの実《み》ほどの大きさの本物のトリュフを取り上げたことがある。

かつて、幼虫のことを知るために私は、この虫の飼育を試みた。新しい砂を盛った大きな平鉢《ひらばち》に釣鐘形《つりがねがた》の金網をかぶせ、その中にこれを住まわせてみたのだ。スナジイモタケやトリュフが手に入らなかったので私は、この虫が好みそうな、硬めで身がよく締まったさまざまなきのこの類《たぐ》いを与えてみることにした。ところがこの虫はどれもこれも拒絶して食べてはくれなかったのだ。ノボリリュウタケ[20]もシロソウメンタケ[21]もアンズタケ[22]もチャワンタケ[23]も、みんな駄目なのであった。

13　**クワ**　桑。クワ科クワ属 *Morus* の落葉高木または低木。

14　**クルミ**　胡桃。クルミ科クルミ属 *Juglans* の落葉高木。約十五種の総称。

15　**ニレ**　楡。ニレ科ニレ属 *Ulmus* の落葉または常緑高木。樹高10～15m。

16　**オウシュウタマキノコムシ**　欧州球茸虫。*Leiodes cinnamomeus*（旧 *Anisotoma cinnamomea*）体長4～7㎜鞘翅目（甲虫類）タマキノコムシ科タマキノコムシ属。

17　**トリュフ**　*Tuber melanosporum*　子嚢菌類カイキン目《もく》セイヨウショウロタケ科セイヨウショウロタケ属。別名セイヨウショウロ（西洋松露）。地下にできる子実体《しじったい》（きのこ）は、バニラに似た芳香を発する。

18　**フランスムネアカセンチコ**

ところが、松林の中の浅い地中や、あるいは地表でもよく見かける小さなジャガイモのようなきのこの[24]ショウロを与えてみると、飼育は見事に成功したのである。

私はそのショウロをひと掴《つか》み、ころころと飼育用の鉢の砂の上に振《ふ》り撒《ま》いてみた。

陽《ひ》がすっかり暮れたころ、このフランスムネアカセンチコガネが井戸のような巣穴から外へ出てきて、砂の上を探しまわり、手ごろな大きさのショウロを選び出すと、そろりそろりと、それを住まいのほうに転がしていくところを、私は幾度も見かけたのであった。

虫は、穴の中に戻っていくとき、巣穴に蓋《ふた》をするようにショウロを入口のところに残していく。大きすぎて中に持ち込むことができないのである。そして翌朝になると、ショウロが齧られているのを私は見た。ただし、齧られていたのは、その下面だけである。

フランスムネアカセンチコガネは、地表で大っぴらに食事をすることは好まない。この虫には、人目につかぬ地下の巣穴が必要なのである。地中を掘り進んでいって食物になるものが見つからないと、地表まで探しにやってくる。そして好

ガネ　フランス胸赤雪隠黄金。*Bolbelasmus gallicus*　体長10～14㎜　鞘翅目（甲虫類）コガネムシ科トビイロセンチコガネ属。→第7巻25章。

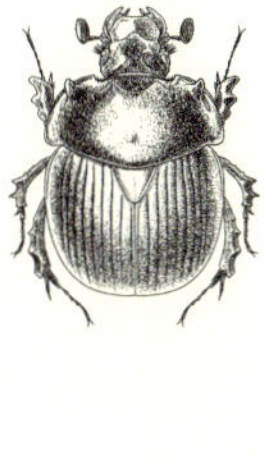

19　**スナジイモタケ**　砂地芋茸。*Hydnocystis clausa*（旧*Hydnocystis arenaria*）　子嚢菌類チャワンタケ目《もく》イモタケ科ヒドノキスティス属。砂漠のトリュフとして知られ、地中海沿岸でも古くから食用にされてきた。

20　**ノボリリュウタケ**　昇龍茸。子嚢菌類チャワンタケ目ノボリリュウタケ科ノボリリュウタケ属 *Helvella* の仲間。

みの食物が手に入ると、大きささえ手ごろなら、虫はそれを自分の巣穴に持ち込む。そうでない場合には、巣穴の入口に残し、そのまま外部には姿を晒《さら》すことなく、下のほうから齧っていくのである。

スナジイモタケ、トリュフ、ショウロ、今のところこれだけが、この虫の食物として私の知っているものである。これらの三つの例から、フランスムネアカセンチコガネは、ムネアカオオキバハネカクシやオウシュウキノコムシのように、ひとつの決まったものしか食べない虫ではないことがわかる。フランスムネアカセンチコガネは複数の種《しゅ》のきのこを食べることができるのだ。おそらくこの虫は、地下性菌類ならどれでも、区別しないで食べているのであろう。

ヒロズコガとなるとさらに食べるものの幅が広い。その幼虫は体長五、六ミリくらいの白い蛆虫で、頭部は黒く、てかてか光っている。これはたいていのきのこに、大きな群れをなしてうようよしている。幼虫はきのこの柄《え》の上のほうから食べはじめ、それからだんだんと厚みのある傘の部分に食い込んでいく。私にはわからないが、柄の上のほうが旨いのかもしれない。この幼虫は通常、イグチ科、ハラタケ科、チチタケ属[25]、ベニタケ属[26]に群がっている。そして、特定の限られた種を除けば、どんなきのこでも食べるのである。

弱々しいこの幼虫は、やがて食い荒らしたきのこの下で糸を吐くと、ごく小さ

21 **シロソウメンタケ** 白素麺茸。担子菌類ハラタケ目シロソウメンタケ科シロソウメンタケ属 *Clavaria* の仲間。
▼シロソウメンタケ *Clavaria vermicularis*

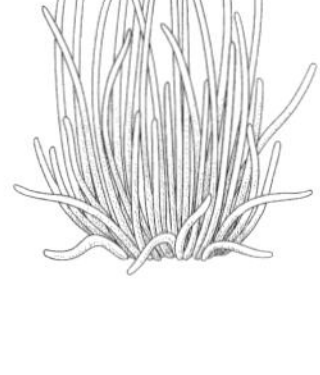

22 **アンズタケ** 杏茸。担子菌類ヒダナシタケ目アンズタケ科アンズタケ属 *Cantharellus* の仲間。
▼アンズタケ *Cantharellus cibarius*

23 **チャワンタケ** 茶碗茸。子嚢菌類チャワンタケ目チャワンタケ科チャワンタケ属 *Peziza*

な白い絹の繭《まゆ》を作り、微小なガ（蛾）になるのだが、きのこを食害するという点では、これがいちばんはなはだしいのである。

次はオオコウラナメクジについて語らなければなるまい。この大食らいの軟体動物もまた、ある程度の大きさのきのこであればどんなものでも、その中に大きな部屋を刳《く》り抜《ぬ》いて、のんびりと居すわったまま食べつづけるのだ。ほかのきのこ荒らしの連中に比べると数は少なく、ふつうはきのこの中に単独で居をかまえている。

口器《こうき》には丈夫な鉋《かんな》のような歯があり、きのこにとりつくとその歯を使って大きな穴を開けてしまう。食い荒らされたきのこでもっとも被害が目立つのは、このナメクジにやられたものである。

さて、こんなふうにきのこを齧って食う連中はいずれも、その食い残しのかけらや食痕《しょっこん》を見れば、それが誰の仕業か見当がつく。連中はきのこの中に、すべすべした壁をもつ坑道《こうどう》を穿《うが》ったり、見事な切り込みやへこみをつけたりする。まるで木工職人のような働きぶりを示すのだ。

第二の仲間《グループ》の者たちはきのこを溶かして飲むのであって、化学者のように働き、試薬を使って溶解させるのである。これらはすべて双翅目《そうしもく》の幼虫であり、普通の

の仲間。

24　**ショウロ**　松露。*Rhizopogon rubescens*　担子菌類イグチ目《もく》ショウロ科ショウロ属。日本で古くから知られる。

25　**チチタケ属**　乳茸。担子菌類ハラタケ目ベニタケ科チチタケ属 *Lactarius* の仲間。多くのものが子実体（きのこ）から乳状《ちちじょう》の液を分泌《ぶんぴつ》することから、この名がある。味がよく、食用にされるものが多い。

▼チチタケ *Lactarius volemus*

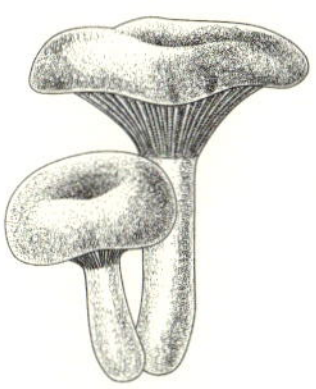

イエバエ[27]に近い仲間であって、多数の種に分かれている。それを一種ずつ同定するために幼虫を育てて成虫を羽化《うか》させることは、たいして役にも立たないうえに手間のかかる仕事になることだろう。だから連中のことは単にハエの蛆虫という一般的な名前で呼ぶことにしよう。

ハエの蛆虫の働きぶりを見るために、私は食物として、ウラベニイグチ[28]を選んだ。これは私の家の近所でたやすく採集できる、もっとも大型のきのこのひとつである。汚れたような白色の傘をもち、その裏側の管孔《かんこう》[29]は鮮やかな橙紅色《とうこうしょく》で、柄は球根のように丸く膨《ふく》らみ、洋紅色《ようこうしょく》の細い筋が美しい網目模様を描いている。

私はこのきのこの、まったく虫に食われていない完品をひとつ採《と》って真っぷたつに裂き、それらをそれぞれ深い皿に入れて並べた。片方は手を加えないでそのままにしておく。これは実験の証拠品というか、対照実験の材料なのだ。

もう一方の半分には、すっかり腐ってしまった、また別のウラベニイグチから採ってきたハエの蛆虫二ダースほどを、その管孔の上に置いてやった。

これだけの用意をしたその日のうちにもう、蛆虫の溶解作用は証明された。初めのうち表面が鮮やかな紅色《べにいろ》だった管孔は茶色く変色し、黒い鍾乳石《しょうにゅうせき》のように、斜めになったところをとろとろと流れてくるのだ。やがて身が侵され、数日のう

26 **ベニタケ属** 紅茸。担子菌類ハラタケ目ベニタケ科ベニタケ属 *Russula* の仲間。

27 **イエバエ** 家蠅。*Musca domestica* 体長6～8㎜ 双翅目（ハエ・アブ類）イエバエ科イエバエ属。

28 **ウラベニイグチ** 裏紅猪口。→次頁図、解説。

29 **管孔** きのこ（子実体）の裏側にある管状《くだじょう》の器官。密集してスポンジ状の層になっている。胞子がここから分散される。シイタケでいえば襞《ひだ》にあたる部分。

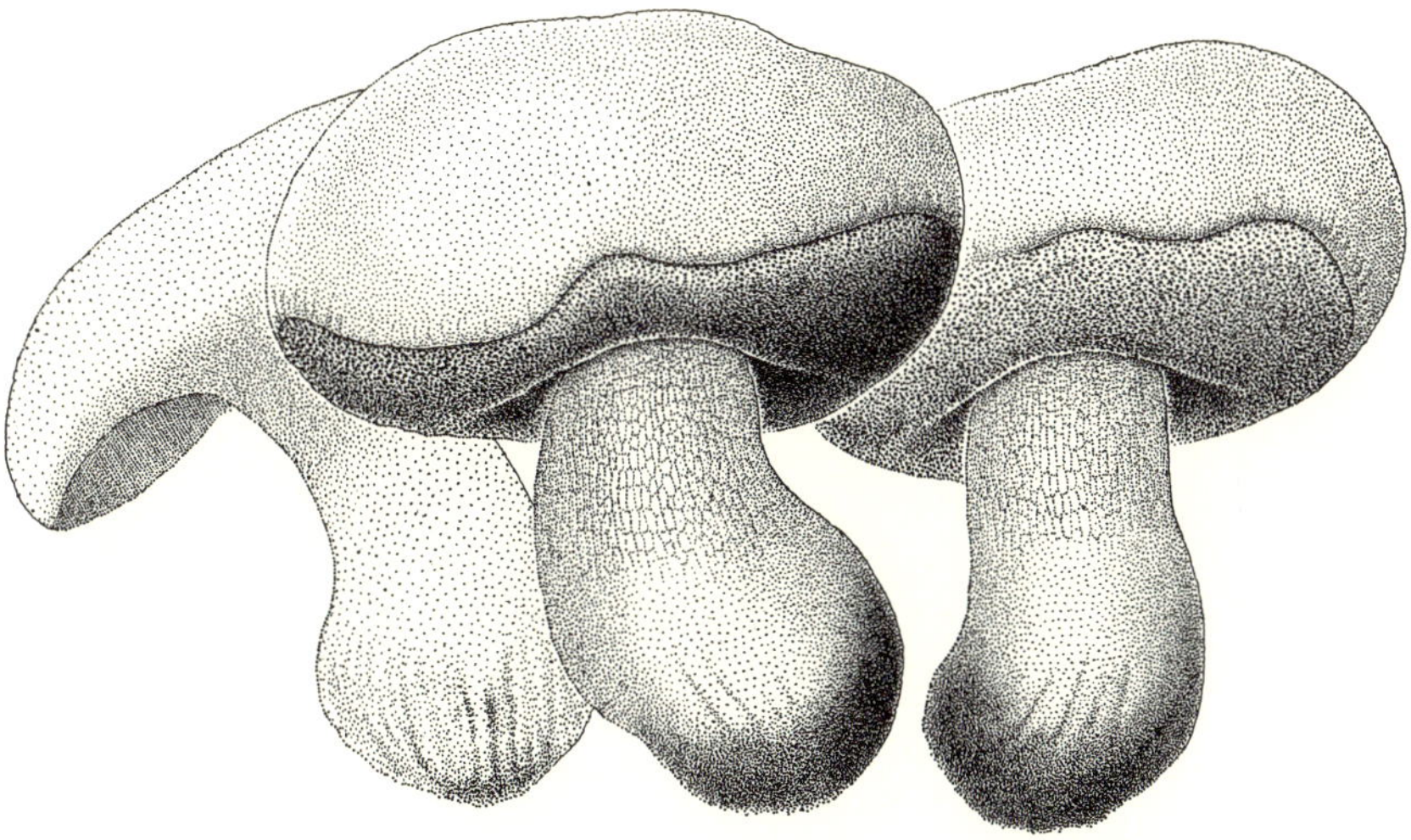

Boletus satanas　（図は子実体《しじつたい》）

ウラベニイグチ　裏紅猪口。担子《たんし》菌類《きんるい》ハラタケ目《もく》イグチ科イグチ属。傘《かさ》の直径最大で30cm　ヨーロッパと北米に分布。食べると消化不良を起こし嘔吐《おうと》と下痢を誘発する。イグチの仲間は、傘と柄《え》がシイタケのようにはっきりしたキノコで、傘の裏は襞状《ひだじょう》ではなく、管孔《かんこう》。そのためイグチ科にはアミタケ、アワタケなどの和名をもつものがある。イグチの仲間は食用菌が多く、管孔という目立った特徴から気軽に食用にされるが、本種《ほんしゅ》のように毒きのこも存在するので注意が必要。→訳注「イグチ」。

ちに瀝青《コールタール》を溶かしたようになってしまった。その液体はほとんど水と同じくらいさらさらしている。

このスープの中で蛆虫たちはくねくねとうごめき、尻をくねらせ、ときおり尻の呼吸孔《こきゅうこう》を水面上に浮かび上がらせる。これは肉を溶かして飲むハイイロニクバエとミヤマクロバエ[30]の蛆虫が以前、われわれに見せてくれたことの、そっくりそのままの繰り返しである。

ウラベニイグチのもう半分のほう、私が蛆虫をたからせなかった分はどうなったかというと、水分が蒸発して、いくらか干からびて見えることを除けば、最初のころのままの弾力が保たれている。したがって、とろとろに溶けてしまったのは、まさしく蛆虫の仕業、それも彼らだけの仕業なのだ。

この液化というのは簡単に起きる変化なのであろうか――蛆虫の手によってあれほど素早く液化されるところをみると、誰でもそう思いたくなるであろう。それにまたある種のきのこ、たとえばヒトヨタケ[31]の類いはひとりでに溶けて黒い液体になってしまう。その一種などは学名がラテン語で *Coprinus atramentarius*《コプリヌス・アトラメンタリウス》つまり「自然に溶けてインクになるヒトヨタケ」といみじくも名づけられている。

この変化は場合によっては、おそろしくすみやかに起こることがある。

ある日のこと私は、ひとつの小さな袋、すなわち外被膜《がいひまく》（壺《つぼ》）から伸びるきの

30　**ミヤマクロバエ**　深山黒蠅。*Calliphora vomitoria*　体長8～12㎜　双翅目（ハエ・アブ類）クロバエ科クロバエ属。仏名は Mouche bleue de la viande《ムーシュ・ブルー・ド・ラ・ヴィアンド》で直訳すれば「青色の肉蠅」。→本巻16章71頁図、解説。

31　**ヒトヨタケ**　一夜茸。*Coprinus atramentarius*　担子菌類ハラタケ目ヒトヨタケ科ヒトヨタケ属。種小名《しゅしょうめい》はラテン語で「インク」、「黒色」を意味する atramentum《アートラーメントゥム》に因《ちな》む。

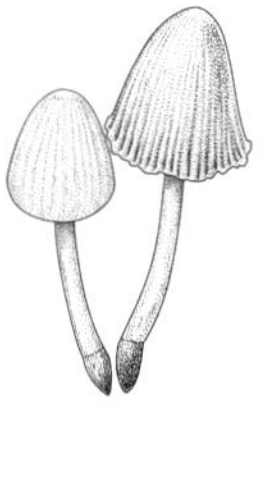

32　**マグソヒトヨタケ**　馬糞一夜茸。*Coprinus sterquilinus*　担子菌類ハラタケ目ヒトヨタケ科ヒトヨタケ属。本巻口絵V頁にファーブルが描いた標本画を

こで、フランスでいちばん優雅な[32]マグソヒトヨタケを写生していた。

すると私の写生が終わるか終わらないかのうちに、つまり新鮮そのものの、このきのこを採集してからまだ二時間ばかりしか経っていないのに、モデルのきのこは、仕事机の上に黒いインクの水溜《みずた》まりだけを残して姿を消してしまったのである。少しでも私が手間どっていたらデッサンが間に合わず、すんでのところで私はこの、めったに手に入らないきのこの珍品を絵に残すことができないところであった。

とはいっても、ほかのきのこ、とりわけイグチの仲間などがこれと同じように短い時間しかもたずに崩れてしまうわけではない。私は[33]ヤマドリタケ、つまり非常に味がよいことで珍重される名高い食用きのこで溶解の実験をしてみた。

もしかして、調味料として利用できる[34]リービッヒの牛肉エキスのようなものが、このきのこから抽出できないものかと私は考えていたのである。そのために私はヤマドリタケを細かく刻んで、一方は沸騰《ふっとう》した湯の中で、もう一方は炭酸ソーダをくわえた湯の中で煮出してみた。

まる二日間、私はこの作業を続けてみた。しかしこれだけ煮てもヤマドリタケは型崩れしなかったのだ。これをとろとろに溶かすためには劇薬を使わなくてはならなかったであろうが、そんなことをしてしまうと、食用の調味料を抽出する

掲載してある。

33 **ヤマドリタケ** 山鳥茸。*Boletus edulis* 担子菌類ハラタケ目イグチ科イグチ属。フランスでは cèpe《セップ》 の名でふつうに八百屋で売られている。

34 **リービッヒの牛肉エキス** 牛肉を濃縮したペースト状の調味料。ドイツの化学者リービッヒ LIEBIG, Justus Freiherr von（一八〇三―七三）が工業製品として一八六五年から売り出した。→本巻17章訳注。

という当初の目的からは、はずれてしまう。

このヤマドリタケの身のように、長いあいだ煮つづけても、また炭酸ソーダをくわえても、色も形も変わらないものを、きのこにたかるハエの蛆虫は、ちょうどニクバエの蛆虫が茹《ゆ》で卵《たまご》の白身を溶かしてしまうように、いとも簡単に液体に変えてしまうのである。

いずれの場合も、手荒な手段を用いずに、おそらくは両方ともそれぞれ成分の異なる特殊なペプシン[35]の力で液化するのであろう。肉を溶かす蛆虫はそれ独自のペプシンをもち、ヤマドリタケの身を溶かす蛆虫は、また別のそれをもっているのであろう。

そういうわけで、きのこを餌《えさ》にハエの蛆虫を飼っている皿の中はタールのような、かなりさらさらした黒いスープでいっぱいになる。しかし蒸発するのをそのままにしておくと、スープは甘草《かんぞう》[36]のエキスを思わせるような、硬くて脆《もろ》い薄片状に固まってくる。そして蛆虫も囲蛹《いよう》[37]もこの薄片の中に嵌《は》まり込《こ》んでしまい、身動きがとれなくなって死んでしまうのだ。溶解の化学が連中の命取りになったのである。

もちろん、蛆虫が地表できのこにたかるときには条件がまったく違う。余分な液体は少しずつ大地に吸い込まれて消えて無くなり、蛆虫たちは自由に動きまわ

35 **ペプシン**　脊椎動物《せきついどうぶつ》の胃液に含まれる代表的な蛋白質《たんぱくしつ》分解酵素《ぶんかいこうそ》。イタリアの生理学者、生物学者スパランツァーニ SPALLANZANI, Lazzaro（一七二九―九九）によって一七八三年にその存在が確認された。ここでは消化液程度の意味で使われている。

36 **甘草**　マメ科カンゾウ属 *Glycyrrhiza* の仲間。薬用植物として知られる。

37 **囲蛹**　ハエなどの仲間に特有の構造をもつ蛹《さなぎ》。ハエの幼虫（蛆虫《うじむし》）は、三齢《さんれい》のときに脱皮《だっぴ》をせず、外側の皮が角質化《かくしつか》して蛹の表面に密着して固まり、蛹を囲む殻《から》のようになる。双翅目《そうしもく》短角亜目環縫群《たんかくあもくかんぽうぐん》（ハエ類）や撚《ねん》翅目《しもく》（ネジレバネ類）でみられる。

ることができる。ところが皿の中だと、溶けた液がいくらでも溜まるものだから、それが乾燥して硬い層になってしまうと、蛆虫たちは死んでしまうのである。

蛆虫たちに攻撃されるとムラサキイグチ[38]もウラベニイグチと同じような結果になってしまう。つまり黒いスープに変わるのである。これら二種のきのこは、いずれも裂いたり、特に、つぶしたりすると青く変色する、という点に注目しておこう。

ヤマドリタケのように切り口の白い色がいつまでも変化することのないものであると、蛆虫による液化の結果できた液体は、ごく淡い栗色《くりいろ》のスープである。タマゴタケであると、溶解の結果できるものは見たところ、上等のアンズのマーマレードとまちがえてしまいそうなスープである。

ほかのさまざまなきのこで試したところも、この法則に合致している。すなわち蛆虫にやられると、どのきのこも、多少ともとろりとした、そしてさまざまな色をしたピュレ[39]のように変化するのだ。

傘の裏側が赤い二種のイグチの仲間、すなわちムラサキイグチとウラベニイグチとはなぜ、黒い汁に変化するのか。私にはなんとなくその理由がわかる気がする。どちらのイグチも時間が経つと緑色を帯びた青色に変化する。三番目のイグ

38　**ムラサキイグチ**　紫猪口。*Boletus rhodopurpureus*（旧 *Boletus purpureus*）担子菌類ハラタケ目イグチ科イグチ属。切断したり、つぶしたりすると、白い断面が青く変色する。本巻口絵V頁にファーブルが描いた標本画を掲載。

39　**ピュレ**　purée　フランス料理で、野菜や果物、肉、魚などをすりつぶしたり裏ごししたりして濃縮した素材のこと。

チの仲間、アイゾメイグチ[40]は、色彩の変化については非常に繊細《デリケート》だ。傘でも柄でも管孔でもいい、どこであろうと、ほんのわずかでも傷をつけてみると、初め真っ白だったのに、傷つけられたところがたちまち素晴らしく美しい青色になるのである。

ではこのアイゾメイグチを炭酸ガスの中に入れてみよう。それを砕いたり、つぶしたり、粥状《かゆじょう》にしたりしても青色に染まることはない。ところが砕いたものを炭酸ガスから外部へ出してみる。するときのこのかけらは、空気に触れてさっと、鮮やかな青色に変化するのだ。この現象は布を染めるのによく用いられる技法を連想させる。

染料として売られている藍《インディゴ》[41]は、石灰《せっかい》や、硫酸鉄《りゅうさんてつ》つまり緑礬《りょくばん》[42]とともに水の中に浸しておくと、酸素の一部を失って退色し、水に溶けるようになる。これは藍《インディゴ》の成分が、原料の植物であるアイ[43]の中に存在するときの状態、つまり染料を得るためにこの植物が加工処理されるまえの状態と同じになるのである。無色の液体が水面に浮かび上がってくるが、その一滴をとって空気に晒してみる。するとたちまち酸化作用が働き、ふたたび水に溶けない藍色の藍《インディゴ》に戻るのである。

これはまさに、あっという間《ま》に青色に変色するイグチがわれわれに見せてくれる現象である。実際にこれらのきのこには、水溶性で無色の藍《インディゴ》が含まれている

40 **アイゾメイグチ**　藍染猪口。*Gyroporus cyanescens*（旧 *Boletus cyanescens* ver. *lacteus*）担子菌類ハラタケ目イグチ科クリイロイグチ属。

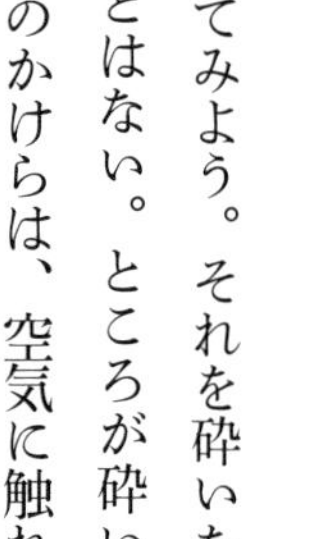

41 **藍**《インディゴ》　タデ目《もく》タデ科のアイ（藍）から得られる植物性の染料、顔料。そのままでは水に溶けないので石灰や緑礬《りょくばん》などを用いた化学的な処理が必要である。

42 **緑礬**　硫酸第一鉄。淡緑《たんりょく》色《しょく》の水溶性鉱物。空気中で酸化すると淡黄色《たんおうしょく》に変化する。

43 **アイ**　藍。*Persicaria tinctoria*　タデ目タデ科タデアイ属の一年草。タデアイとも呼ばれる。

のであろうか。これらのきのこの有するある種の特性さえなければ、そう信じてしまうところである。

青く変色するイグチの仲間、ことにその性質をもっとも強く示すアイゾメイグチは、空気中に長いあいだ晒しておくと、本物の藍《インディゴ》であることを示す安定した青色を保つことなく、色が褪《あ》せてしまうのだ。いずれにせよ、これらのきのこには、空気中ではきわめて変質しやすい色素が含まれているのである。

青く変色するイグチを蛆虫が液化した際、その液体が、黒色に変わることの原因はこの成分にある、とみなしてならない理由があるだろうか。そのほかの、身が白い色をしたきのこ、たとえばヤマドリタケなどは、蛆虫が液化したところでタールのような黒色にはならないのである。

細かく砕くと青く変色するイグチの仲間は、どれもこれも悪名が高くて、危険なきのこであるとか、すくなくとも疑わしいきのこであるとか、書物には記されている。そのうちの一種ウラベニイグチなぞは〝魔王《サタン》〟[44]と名づけられているけれど、それはまさにみながそのきのこを恐れている証拠なのである。

ところが、ヒロズコガの幼虫とハエの蛆虫とは、それとはまったく違った意見をもっているのであって、連中は人間が恐れているきのこをひどく食い荒らすのだ。

44 **〝魔王《サタン》〟**　学名も *Boletus satanas*、仏名も Bolet satan《ボレ・サタン》、英名も Satan's bolete《セイタンズ・ボリート》と、いずれも「魔王」Satanに因む。消化不良を起こす毒きのこである。→205頁図、解説。

いっぽう、不思議なことに、この〝魔王《サタン》〟の熱烈な愛好者であるヒロズコガの幼虫やハエの蛆虫は、われわれには素晴らしく旨い料理になるきのことして通っているものを絶対に食べようとはしないのだ。たとえば、もっとも名高いタマゴタケがそうだ。美食にかけては大通《だいつう》として知られる帝政時代のローマの人々が〝神々の食物〟とか〝皇帝《カエサル》のきのこ〟とか呼んだ[45]オウシュウタマゴタケの類いを、これらの虫は決して口にしないのである。

オウシュウタマゴタケはフランス産のさまざまなきのこ類のうちでも、もっとも優雅《エレガント》なものである。このきのこが地面にひび割れをつくって土を持ち上げ、地上に姿を現わそうとするとき、全体を包み込む外被膜は美しい卵形《たまごがた》をしている。それからこの包みはゆっくりと裂けてゆき、その放射状《ほうしゃじょう》に破れた口から、見事なオレンジ色の球状の物体が部分的に姿を見せる。

茹で卵を想像して欲しい。その殻《から》を剝《む》いたものが、外被膜に包まれた状態のタマゴタケだ。さらに、この茹で卵の上のほうの白身を取り除いて黄身を少し露出させてみよう。すると生えてきたばかりのタマゴタケそっくりそのままの姿になる。だからこのあたりの人々はこの類似性に感心して、タマゴタケのことを lou《ロウ》 Rousset《・ロウセット》 d'ïoù《・ディヨウ》 すなわち〝卵の黄身〟と呼んでいるくらいである。

そのうちに傘はすっかり姿を現わして円盤形に開く。この傘の手触りときたら、

45 **オウシュウタマゴタケ** 欧州卵茸。*Amanita caesarea* 担子菌類ハラタケ目テングタケ科テングタケ属。幼菌《ようきん》は膜に覆《おお》われた卵形《たまごがた》で、子実体（きのこ）が発達すると膜を破って傘《かさ》を広げる。食用菌として珍重される。195頁扉参照。

繻子《しゅす》よりも柔らかく、見かけはヘスペリデス[46]の果実よりも豪華であって、薔薇色《ばらいろ》のヒース[47]の中に立っているところはまさに目を奪われるような美しさである。

ところで、この見事なタマゴタケ、神々の食物とも称すべきものに、蛆虫どもはまったく手をつけようとしないのである。野外でたびたび調査してみても、蛆虫に食い荒らされたタマゴタケは一本も見つけることができなかったのだ。

蛆虫を広口壜《ひろくちびん》の中に閉じ込め、ほかの食物を与えないでおくのでないかぎり、彼らはこれに手をつけようとしない。そして、きのこがマーマレードのようにぐしゃぐしゃになっても別に喜んで舐《な》めているようには見えない。タマゴタケが溶けてしまったあとでもまだ、蛆虫は退散しようとするのである。要するにこの食物が気に入らないというわけだ。

もうひとつのきのこ荒らしの生き物である軟体動物にしても同じで、オオコウラナメクジもこれにはまったく食欲をそそられないようである。ほかにもっと旨いものがないとき、タマゴタケの傍《かたわ》らを通りかかると立ち止まって味をみたりするけれど、無理に食べようとはしない、どっちでもいいという感じである。

したがって、もし旨いきのこを識別するために昆虫やナメクジの証言が必要だということであれば、われわれはまさしく、いちばん旨いきのこを逃してしまうことになるのだ。

46 **ヘスペリデス**　ギリシア神話に登場するアトラスの娘（妖精《ニンフ》）たち。神の庭で黄金の林檎《りんご》を守っていた。この神話上の果実は、実際にはマルメロ、あるいは柑橘類《かんきつるい》（オレンジ）だとされる。

47 **ヒース**　原語は bruyère《ブリュイエール》。ツツジ科の灌木《かんぼく》。エリカとも。

素晴らしく美しいタマゴタケは蛆虫には敬遠されるけれど、それでも、被害を受けている。何かの幼虫にやられるのではなく、ある種の隠花植物《いんかしょくぶつ》[48]に寄生《きせい》されるのだ。それは黴《かび》などの不完全菌《ふかんぜんきん》の一種で、緋色《ひいろ》の染みをどんどん広げていってタマゴタケを腐らせてしまうものである。私はこの菌のほかにタマゴタケを害するものを知らない。

もうひとつのテングタケ属[49]で、傘の縁《ふち》にきれいな線状の切れ込みのあるツルタケ[50]は非常に旨いきのこで、味はほとんどタマゴタケに劣らない。通常これは灰白《かいはく》色《しょく》をしているので、このあたりではプロヴァンス語で lou pichot gris《ロウ・ピチヨット・グリス》 つまり「灰色のチビ助」と呼ばれている。しかしハエの蛆虫も、それから蛆虫よりもっとひどくきのこを荒らすヒロズコガの幼虫も、このきのこには決して手を出さないのだ。また、テングタケ[51]やシロタマゴテングタケ[52]、そしてコタマゴテングタケ[53]はいずれも有毒であるが、これら三種のきのこにも、ハエの蛆虫とヒロズコガの幼虫は手をつけようとはしない。

要するに、人間にとっては美味であろうが毒であろうが、それとは関係なしに、蛆虫たちはテングタケの仲間をすべて拒絶するのである。ただ、オオコウラナメクジだけがときおりテングタケの仲間を齧ることがある。蛆虫たちがどうして食

48 **隠花植物** 花を咲かせる顕《けん》花植物《かしょくぶつ》以外の植物と、菌類《きんるい》の総称。腐食土《ふしょくど》や糞《ふん》など他の栄養を吸収して生育する菌類（カビやきのこ）の総称。現在の分類では用いられていない。

49 **テングタケ属** 天狗茸。担子菌類ハラタケ目テングタケ科テングタケ属 *Amanita* の仲間。

50 **ツルタケ** 鶴茸。*Amanita vaginata* 担子菌類ハラタケ目テングタケ科テングタケ属。

51 **テングタケ** 天狗茸。*Amanita pantherina* 担子菌類ハラタケ目テングタケ科テングタケ属。

52 **シロタマゴテングタケ** 白卵天狗茸。*Amanita verna* 担子菌類ハラタケ目テングタケ

べないのか、その理由はわれわれにはわからない。

たとえば、テングタケには、幼虫にとって致命的な毒となるアルカロイド[54]が含まれているからだ、などと言ったところで無駄である。――それなら蛆虫が、まったく無毒のオウシュウタマゴタケを有毒な種と同様に忌《い》み嫌《きら》うのはどうしてだ、ということになるからである。

そうすると、これらのきのこは風味に欠ける、というか蛆虫の食欲を刺激する薬味が利いていないのだろうか。実際に、テングタケを生で噛んでみると味もそっけもないのである。


いっぽう、ぴりぴりと強い辛味をもつきのこからは何を学ぶことができるであろうか。松林にはチチタケの仲間のカラハツタケ[55]という、傘の縁が渦巻状《うずまきじょう》に内側に巻き込まれ、縮れた髪のような毛に覆われたきのこが生えている。その味は舌が灼《や》けるようで、辛さは唐辛子[56]よりもっと強烈である。学名の *torminosus*《トルミノスス》というのは「腹痛を起こす」という意味だが、この名の付け方は悪くない。特製の胃袋でももっていないかぎり、こんなものをしょっちゅう食べていたらひどい胃痛に苦しむことになるであろう。

ところが蛆虫はそういう特別の胃袋をもっているのだ。ユーフォルビアスズメ[57]の幼虫が、あの恐るべきトウダイグサ[58]の葉をいかにも旨そうにもりもり齧るよう

科テングタケ属。

53　**コタマゴテングタケ**　小卵天狗茸。*Amanita citrina*　担子菌類ハラタケ目テングタケ科テングタケ属。

54　**アルカロイド**　植物や菌類がもつ動物に対して有毒な物質。一種の防御物質。

55　**カラハツタケ**　辛初茸。*Lactarius torminosus*　担子菌類ハラタケ目ベニタケ科チチタケ属。

に、蛆虫はカラハツタケのぴりぴりする刺激が大好きなのである。人間でいうと、どちらの場合もそれは、真っ赤に熾《お》きた炭を噛むようなものである。

蛆虫たちにとっては、こうした香辛料が必要不可欠なのであろうか。いや、そういうことはまったくない。この同じ松林のなかにセイヨウアカモミタケ[59]の近縁種が生えている。色彩は素晴らしい橙黄色《とうおうしょく》で、同心円の環《わ》で飾られた噴火口《ふんかこう》のような形の傘をもっている。折れたり傷ついたりすると、その部分は緑青色《ろくしょういろ》になる。おそらくこれは青く変色するイグチの藍《インディゴ》の一種であろう。

このきのこを裂いたり、ナイフで切ったりして中の身を剝き出しにしてみると、血のように赤い液体が滲《にじ》み出《で》てくる。これはチチタケの仲間の、非常にはっきりした特徴である。このきのこにはカラハツタケのような、あんな、口がひん曲がるような辛さはない。生のまま噛んでみると、なかなか良い味がする。いずれにせよ、蛆虫はおだやかな味のするチチタケを猛烈に辛いチチタケと同じように大いに好むのである。蛆虫たちにとっては、薄い味も濃い味も、無味のものも、ぴりぴり辛いものもみな同じことなのである。

傷口から血の涙を滲ませるこのきのこの *deliciosus*《デリキオスス》「美味な」という学名（種《しゅ》小名《しょうめい》）は誇張しすぎである。たしかにこのチチタケは食べられることは食べられるけれど、消化にも悪い粗末な食物でしかない。うちの家の者たちはこれを普

56 **唐辛子** キダチトウガラシ（木立唐辛子）*Capsicum frutescens* を乾燥させた辛い香辛料。仏領ギアナの首都カイエンヌ産で、フランスではカイエンヌと呼ばれる。

57 **ユーフォルビアスズメ** ユーフォルビア雀蛾。*Hyles euphorbiae*（旧 *Celerio euphorbiae*）終齢幼虫《しゅうれいようちゅう》の体長45〜55㎜ 鱗翅目（チョウ・ガ類）スズメガ科ヒレス属。
▼トウダイグサを食べるユーフォルビアスズメの終齢幼虫。

58 **トウダイグサ** 灯台草。トウダイグサ科トウダイグサ属 *Euphorbia* の仲間。

59 **セイヨウアカモミタケ** 西洋赤樅茸。*Lactarius*

通の料理の材料としては使わず酢漬けにして、キュウリのピクルスの代わりにするほうを好んでいる。このきのこの本当の値打ちはたいしたことがないのに、持ち上げすぎの形容詞の種小名のおかげで過大評価されているのだ。

では、蛆虫たちの気に入るためには、テングタケの柔らかさと、チチタケの硬さの中間ぐらいの、ある程度の身のしまりが必要なのであろうか。この問題については、熟した[60]ナツメのような赤褐色《せっかっしょく》をした見事なきのこである[*61]オウシュウツキヨタケに訊《き》いてみることにしよう。

〝オリーヴのハラタケ〟というフランスの俗称は、このきのこにふさわしいとは言えない。たしかに、オリーヴの古木《こぼく》の根元によく生えているというのは本当だ。しかし私はこのきのこをオリーヴと同様に、ツゲやセイヨウヒイラギガシやトゲモモやイトスギ、アーモンドやガマズミその他の喬木《きょうぼく》、灌木《かんぼく》の根元からも採集している。このきのこは、何の木に生えるにしても、足場となるその木の性質にはまったくこだわりがないらしい。ただ、ひとつだけ著しい特徴があって、それによってこのきのこはヨーロッパに産するほかのすべてのきのこ類と区別される。すなわち、これは青白く光るのである。

傘の下面、そしてそこだけから、このきのこはホタルの光に似たぼーっとした

deliciosus 担子菌類ハラタケ目ベニタケ科チチタケ属。

60 **ナツメ** 棗。クロウメモドキ科ナツメ属 *Ziziphus* の落葉、または常緑の高～低木の仲間。赤褐色《せっかっしょく》で卵形の実《み》は食用。果肉は甘酸っぱい。地中海沿岸では古くから栽培されてきた。

61 **オウシュウツキヨタケ** 欧州月夜茸。*Omphalotus olearius*（旧 *Pleurotus phosphoreus*）ハラタケ目ホウライタケ科ツキヨタケ属。日本のツキヨタケと同属。→訳注。

ほの白い光を放つのだ。このツキヨタケは、自らの婚礼と胞子の発散とを祝うために明かりを灯《とも》すのである。

化学でいう燐光《りんこう》[62]とこの光とは関係がない。それはいわば緩慢な燃焼と言おうか、通常の状態より活発な一種の呼吸である。この光は、たとえば窒素ガスや炭酸ガスといった、呼吸のできない気体の中では消えてしまう。空気を含んだ水の中だと光りつづけているが、沸騰させて空気を失った水の中だともはや光らなくなる。

もっとも、その輝きは完全な闇の中でないと感知できないくらいかすかなものである。夜になると、または昼であっても、地下の穴倉《あなぐら》などのような場所であらかじめ暗さに目を慣らしておけば、このきのこは満月のひとかけらのように輝いて見える。それは実に素晴らしい光景である。

ところで、このきのこに対して蛆虫はどう反応するのか。蛆虫はこの灯火《ひ》に惹き寄《よ》せられるであろうか。実は、まったく惹きつけられないのだ。蛆虫もヒロズコガもナメクジも、これほど見事なきのこにまったく触れようともしないのである。

こんなふうに虫たちが拒絶するのは、非常に危険と言われている、このきのこの毒性によるものだ、などと早まって解釈してはなるまい。

実際、[63]荒れ地《ガリーグ》の小石だらけの土地には、オウシュウツキヨタケと同じように身

62 **燐光** 物質が光を放つ現象。こうした性質を利用した夜光（蓄光《ちっこう》）塗料の原料として、かつては放射性物質のラジウムなどが用いられたが、現在では安全性が考慮され硫化亜鉛などが使われている。

63 **荒れ地《ガリーグ》** 地中海沿岸にみられる白い石灰岩質《せっかいがんしつ》で地表の腐植土がほとんど失われた土地のこと。陽差しが強く降水の少ない地中海性の気候のため、乾燥に強い硬葉樹《こうようじゅ》の灌木やごく限られた草本《そうほん》が生えている。南仏の荒れ地《ガリーグ》には、タイムやローズマリーなどのハーブ類などが育ち、それが特有の風景になっている。→第9巻15章訳注。

の引き締まった〝ヒゴタイサイコのハラタケ〟ことエリンギ[64]というきのこが生えている。これは、プロヴァンス人が Berigoulo《ベリゴウル》 と呼んでもっとも高く評価しているきのこのひとつである。ところが蛆虫はそれを好まない。われわれ人間には御馳走《ごちそう》であるものが、蛆虫にとっては我慢のならない代物《しろもの》なのだ。

ともあれ、こういう種類の情報《データ》を集めつづけたところで無駄なことである。答えはいつも同じであろう。あるきのこを食べている虫は、それとは別のきのこは拒む。しかしその虫は決して、われわれ人間がそれらのきのこを食べてよいのか、それとも危険だから食べないほうがよいのかについて教えてはくれないのである。虫の胃袋とわれわれ人間の胃袋とはものが違う。われわれが毒だと思うものを虫は素晴らしく旨いと感じる。そしてわれわれが旨いと思うものを、虫は毒だと判断するのだ。そうだとすると、われわれの大半の者は、その時間もないし、その意欲もないから、植物学の知識を獲得してはいないわけだが、その場合きのこを相手にどうすればよいのか。どんな規則に従ってこれを取り扱ったらよいのか――実をいうと、その規則はきわめて単純なものなのである。

私はもう三十年ほどまえからセリニャンに住んでいるが、村ではきのこに中毒したという話はまったく聞いたことがない。このあたりでは、特に秋になると大

64 **エリンギ** *Pleurotus eryngii* 担子菌類ハラタケ目ヒラタケ科ヒラタケ属。枯死《こし》したアレチヒゴタイサイコ（荒地平江帯柴胡）*Eryngium campestre* などから発生するため、ヒゴタイサイコの属名 *Eryngium*《エリンギウム》 に因んで種小名や和名がついた。日本で種菌培養《たねきんばいよう》に成功し、一般的に知られるようになった。

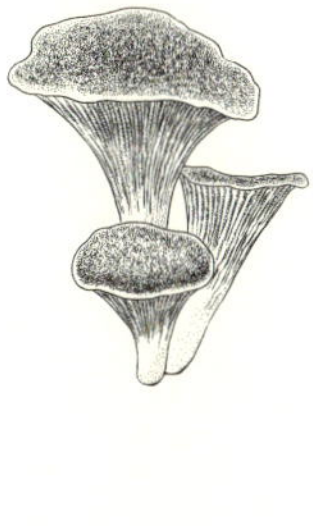

量にきのこを食べているにもかかわらず、そんな話を聞かないのである。この村では山を歩きまわって、貧しい食卓に貴重な彩《いろど》りを添《そ》えようと、きのこ狩りをしない家は一軒もないだろう。人々がどんなきのこを収穫しているのかというと、ほとんどありとあらゆるものを採っているのだ。

　近所の森をひととおり歩きながら、私は何度もきのこ狩りをしている人たちの籠《かご》の中身を見せてもらったものだ。みんな喜んで見せてくれた。そこには菌類学《きんるいがく》の大家たちが眉《まゆ》をひそめそうなものが見られるのであった。毒きのことして分類されるアイゾメイグチも頻繁に見られた。あるとき、きのこ狩りの男に私がそれは毒きのこだと、注意してやると、彼は驚いて私の顔を見た。

「えっ？　この狼のパン【原注1】が毒ですって？」

と彼はぷっくりした*イグチをぽんぽん手ではたきながら言うのだった。

「まさか！　これは牛の骨髄《こつずい》みたいにとろりとして旨いですよ。だんな、牛の骨髄そのままです」

【原注1】 Les Bolets《レ・ボレ》 つまりハラタケ目《もく》イグチ科のきのこは、この地方では一般に pan《パン》 de loup《・デ・ロウプ》 つまり「狼のパン」という名で呼ばれている。人々は簡単に剥離《はくり》する mousso《モウズ》（泡）と呼ばれる管孔を取り除いたのち、種類の区別なく食用に供している（訳注　イグチ科でも有毒種が知られている）。

彼は私の心配性を笑い、きのこに関する私の無知を小馬鹿にしながら立ち去っ

65 **ペルズーン** Christiaan Hendrik PERSOON,（一七六一―一八三六）。南アフリカ生まれの菌類学者。

66 **ナラタケ** 楢茸。*Armillaria mellea* 担子菌類ハラタケ目キシメジ科ナラタケ属。

67 **キカラハツモドキ** 黄辛初

たのである。

その男の籠の中に私は、菌類学の大家ペルズーン[65]が「猛毒」valde venenatus《ウアルデ・ベネナトウス》と分類しているナラタケ[66]を見出した。しかしこれは、特にクワの木の根元などにたくさん生えているために非常によく食べられているきのこなのだ。

また同じ籠の中には、いかにも旨そうで食べたくなるが、それだけ危険なウラベニイグチや、胡椒《こしょう》のようにぴりっとくる辛さではカラハツタケにも負けないキ[67]カラハツモドキや、大きな外被膜から現われる見事な円屋根形《クーポルがた》の白い傘の縁に、カゼイン[68]の薄片のような粉っぽい屑《くず》をつけたスベスベテングタケ[69]などが見られた。この象牙のような円屋根形《クーポルがた》のスベスベテングタケなどは、臭いは胸がむかむかするし、後味にしたって石鹸《せっけん》でも食べたようで、いかにも中毒しそうに思われるけれど、誰もそんなことは気にしていないのである。

これほど無頓着《むとんちゃく》にきのこを採っていて、どうして中毒事故が避けられるのであろうか。私の村や、このあたり一帯のかなり広い地域では、きのこを〝漂白〟するのが習慣になっている。つまり、塩をひとつまみ入れて沸騰させた湯の中できのこを茹でるのである。それから最後に冷たい水で少しゆすいで仕上げをする。これだけの下処理をすれば、あとはお好みの方法で料理すればよい。このようにして、初めは危険であったものも無害になるのだ。というのも、まず茹でてから

擬。*Lactarius zonarius* 担子菌類ハラタケ目ベニタケ科チチタケ属。本巻口絵Ⅴ頁にファーブルが描いた標本画を掲載。

68 **カゼイン** 牛乳や母乳に多く含まれる蛋白質の一種。動物が必要とするアミノ酸をすべて含んでいる。哺乳類《ほにゅうるい》の乳汁《にゅうじゅう》の主成分。

69 **スベスベテングタケ** 滑滑天狗茸。*Amanita leiocephala* 担子菌類ハラタケ目テングタケ科テングタケ属。

水洗いすることによってきのこの毒素が除去されたからである。

私も自分で試してみて、この田舎《いなか》ふうのやり方には効果があることを確認している。きわめて毒性が強いとされているナラタケを、私は家族の者たちとしょっちゅう食べたものである。沸騰[70]した湯で毒を消すと、これは文句なしに美味《おい》しい食物となるのだ。

そしてスベスベテングタケもまた、煮たものがよく我が家の食卓にのぼった。こうした処理をしなかったら、このきのこは危険なものであるにちがいない。

青く変色するイグチの仲間、特にアイゾメイグチとウラベニイグチも私は試したことがある。それらのきのこは、用心したほうがいいですよという私の忠告にまるで取り合わなかった、あのきのこ採りの男が「牛の骨髄みたいにとろりとして旨い」と褒めただけのことはあった。

私はときおり、書物のなかではあれほど悪評の高いテングタケを料理に使ってみたけれど、不快な目に遭《あ》うようなことは決してなかった。

友人のひとりの医師に、熱湯による処理についての私の考えを話してみると、彼は自分も試してみようということになった。彼は夕食にテングタケに劣らず悪名高きコタマゴテングタケを選んだのであったが、少しも具合の悪いようなこと

70 **沸騰した湯で毒を消す** この記述は誤りです。このような下処理を行なっても毒きのこを無毒にすることはできません（編集部）。→訳注「食用に適するかどうかという問題」。

71 **マリウス・ギーグ** Marius GUIGUE（生没年不詳）。ファーブルの友人。盲目の指物師《さしものし》。村の楽団の太鼓叩《たいこたた》きでもあった。→第10巻上口絵Ⅷ頁。

72 **コッスス** 原語は Cossus《コッスス》で、羅和辞典には「木食虫」、

にはならなかった。

もうひとりの友人で、盲目の[71]マリウス・ギーグ、そう、一緒に古代ローマの食通が喜んだ[72]コッススの味見をしてもらったまさにあの人は、ひどく恐ろしいと言われているオリーヴのハラタケを食べたのである。ハラタケ料理は美味しいとは言えないまでも、すくなくとも無害であった。

こうした事実から、あらかじめよく茹でておくことが、きのこによって引き起こされる中毒事故から身を守る最良の策だということになるわけだ。昆虫が、ある種のきのこは食べるのに、別のきのこは食べないということが、なんらわれわれの指針にはならないとしても、すくなくとも長い経験から生まれた田舎の人々の知恵が、簡単でしかも有効なやり方をわれわれに教えてくれるのである。

収穫してきたきのこがいかにも旨そうに見えるとしよう。しかしそれが無毒であるのか有毒であるのか、その性質がよくわからないときには、茹でるとよい。よくよく茹でるとよいのである。深鍋の熱湯の中から出てきたときには、ちょっと[73]危険そうに思われたきのこでも心配せずに食べることができるのだ。

しかしそんなのは乱暴な料理法だと言われることであろう。熱湯で茹でたりしたら、きのこはくたくたになって香りも味もなくなってしまうだろう……とんで

「ローマ人の添名《そえな》」とある。古代ローマ人に食用にされた白い蛆虫で、ふつうはオウシュウボクトウガの幼虫を指すが、ファーブルはヒロムネウスバカミキリの幼虫だと推定して、実際に友人たちとともにこの幼虫を味見している。→第10巻6章。

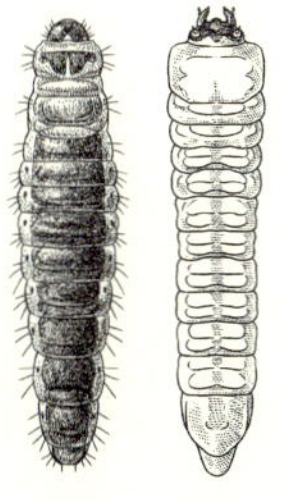

▼ヒロムネウスバカミキリの幼虫（右）とオウシュウボクトウガの幼虫。

73　**危険そうに思われたきのこ**……　野外で採集された種《しゅ》の不明なきのこを食べるのは危険です。自己判断せずに専門家の助言を求めてください。日本では、食用きのこに類似したドクツルタケ、ヒトヨタケ、ニガクリタケなどの中毒例が多いので注意が必要です（編集部）。

もない誤解だ。きのこはこの試練によく耐えるのである。

私がヤマドリタケのエキスを抽出しようとしたとき、手に負えなくて失敗した話はまえに述べたとおりである。長時間茹でてみても、それどころか炭酸ソーダの力まで借りてみても、ヤマドリタケはマーマレードのようになるどころか、ほとんど変化はみられなかったのであった。ある程度の大きさがあって、料理の手間をかけるだけの値打ちが充分にありそうな、ほかのきのこの仲間も、同じくらい丈夫にできているのである。


それに味は少しも落ちないし、香りも弱くはならない。しかもずっと消化によくなるのだ。おおむね胃にもたれることの多いきのこという食物にとって、これは第一の条件である。それゆえ私の家では、どんなきのこでも、高名なタマゴタケでさえも、いつも熱湯で茹でることにしているのだ。

たしかに私は料理については素人《しろうと》であるし、その洗練ということに関しては別になんとも思っていない野蛮人である。食通など私は眼中にないのだ。私は粗食に甘んじる人、特に野外で働く人を相手にしているのである。

無毒なきのこと有毒なきのことの区別は難しいけれど、もしこの難題さえ回避できれば、きのこは、インゲンやジャガイモ料理のひと皿に楽しい変化をつけてくれる。プロヴァンス地方のこの用心深いきのこの調理法を、ほんの少しでも世間に広めることができたら、私の長いあいだの観察の労苦も報いられようというものである。

197頁　きのこ　きのことは、菌類《きんるい》が仲間を増やす目的で胞子《ほうし》を分散させるために形成する子実体《しじつたい》のこと。つまり、きのこは菌類の体の一部なのである。ふだん菌類をわれわれが肉眼でとらえることはない。しかし森の倒木や堆積した腐《ふ》植土《しょくど》の中に菌類ははびこっており、それが繁殖のために子実体を形成すると、初めて「おや、きのこが生えてきた」ということになる。

また、「黴菌《ばいきん》」とは、人体に有害だったり、物を腐らせたりする微生物の俗称であるが、「黴《かび》」も同じく菌類の俗称である。高温多湿になると物が「黴びる」という現象によって、菌類がわれわれの目につくようになるわけである。大きな〝きのこ〟と、小さな〝かび〟という差はあっても、ともに菌類の仲間で、その本体は細胞が糸状に連なった菌《きん》糸《し》と呼ばれるものである。

菌類は、かつては光合成をしない植物の一群として「隠《いん》花植物《かしょくぶつ》」の仲間と考えられてきた。現在は、生物の五界説（動物界、植物界、原生生物界、原核生物界、菌界）のひとつとして、独立した菌界の生物ととらえられている。菌類は、細胞に核をもつ真核生物で、光合成はしないで従属栄養で育ち、胞子を形成して増殖し、変形菌門《へんけいきんもん》 Myxomycota と真菌門《しんきんもん》 Eumycota に大別される。真菌門は、鞭毛菌亜門《べんもうきんあもん》、接合菌亜門《せつごうきんあもん》、子嚢菌亜門《しのうきんあもん》、担子菌亜門《たんしきんあもん》、不完《ふかん》全菌亜門《ぜんきんあもん》の五つの亜門に大別され、われわれが〝きのこ〟と認識する菌類の多くは、子嚢菌亜門や担子菌亜門に含まれている。菌類はまた、自然界では分解者として非常に重要な役割を果たしている。それぞれの性質から、森の掃除屋として腐生菌《ふせいきん》、弱った植物を淘汰《とうた》する寄生菌《きせいきん》、植物と共生して栄養を循環させる菌根菌《きんこんきん》などと呼ばれる。菌類はふだんは人に気づかれない存在ではあるが、生態系のなかでは重要な働きを担い、また何より、われわれの目の前に〝きのこ〟となって、森の御馳走《ごちそう》として現われるのである。

◆食用に適するかどうかという問題　きのこはつくづく不思議な存在である。色も形も「奇想天外」という形容そのままに、実にさまざまで、森や庭に、ある日突然生えてきたかと思うと、突然消えてしまう。このきのこの正体は、菌糸《きんし》が集合してできた子実体《しじつたい》と呼ばれる部分で、人間はこれを煮たり焼いたり油で炒めたりして食用とする。普通の穀物や肉類のような栄養があるわけではない。しかし香り

ウラベニイグチの体制模式図

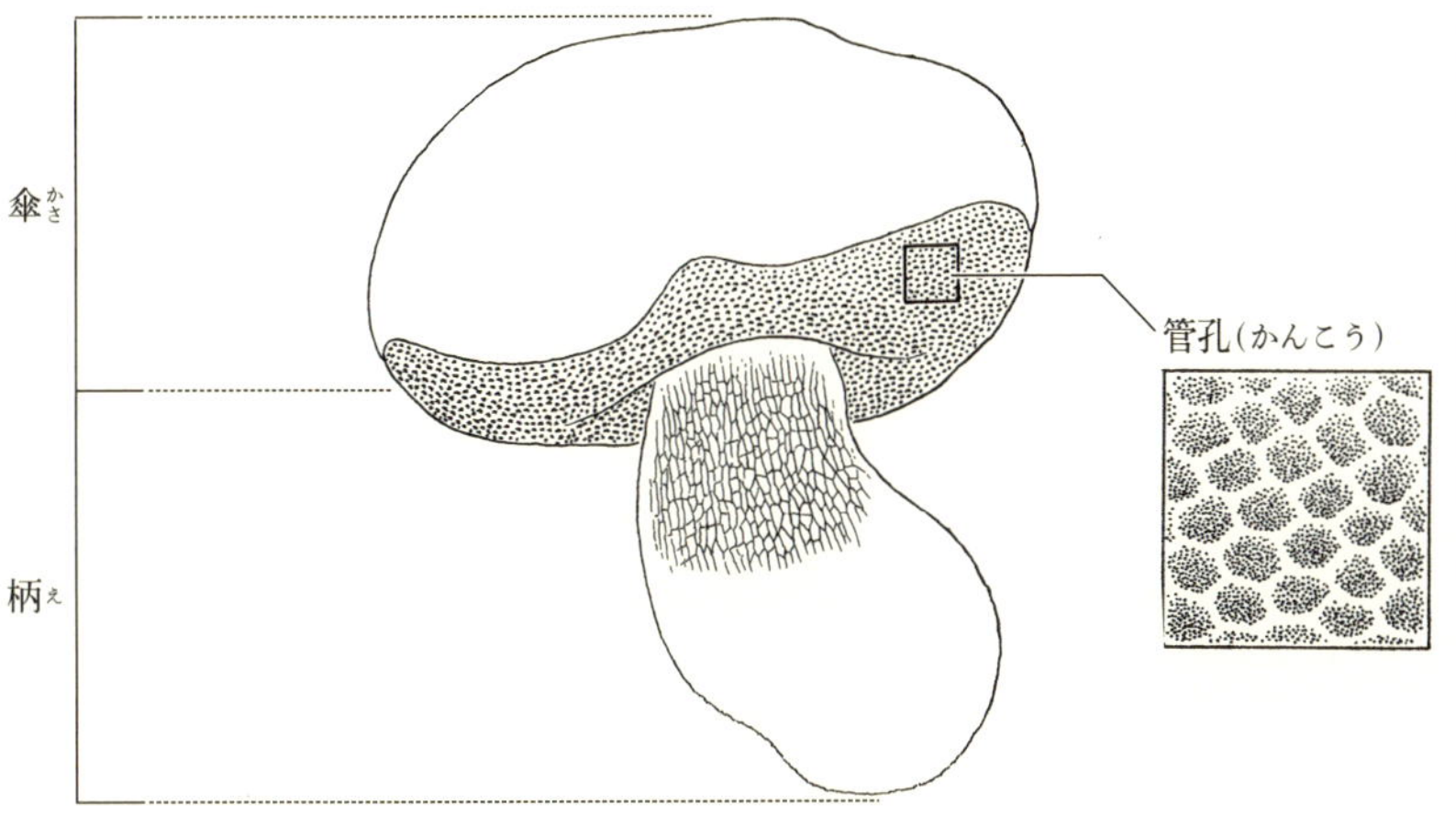

と歯触りがそれぞれ独特で、高く評価されるのである。あるものには毒があり、魚のフグなどと同じく、これがまたきのこの妖《あや》しい魅力となっている。

　われわれ日本人はもちろんマツタケ、シイタケ、シメジ、ナメコ、マイタケなどが大好きである。シイタケが和食の出汁《だし》の重要な要素であることは言うまでもないが、このきのこの人工培養の技術は日本が世界に誇るものだと言える。シイタケ栽培は江戸時代から丸太に鉈目《なため》を入れて自然に菌が付着するのを待つ方法で行なわれてきたが、昭和になって種菌培養《たねきんばいよう》技術《ぎじゅつ》が確立した。現在ではシイタケ以外にも二十種以上のきのこが培養されている。そのいっぽうでアカマツ林に生えるマツタケは、人手不足から林床《りんしょう》の手入れがいき届かず、弱ったアカマツが、マツノザイセンチュウという病原線虫によって枯死《こし》し、健全な松林が減少したために、今や国産のものは得がたく、高級品となってしまった。種菌培養（菌床栽培《きんしょうさいばい》）に使われる多くはきのこの腐《ふ》生菌《せいきん》で、マツタケやホンシメジなど菌根菌《きんこんきん》は培養が難しい。

　日本人同様、世界中の人がきのこを賞味する、とわれわれはなんとなく考えているが、それはどうやらそうでもないらしい。欧州に限って言うと、ロシア、イタリア、フランスの人々はきのこを食物として「熱愛」する。なかでもイタリアのフンギ・ポルチーニ（ヤマドリタケ）、フランスのトリュフやセップ（ヤマドリタケ）、アミガサタケなどは、マツタケも顔負けの、驚くべき高値で売買されている。ちなみに、マツタケの香りは、西洋人には悪臭と感じられるそうである。われわれ日本人にとっては不可解なことではないか。

　きのこが食用に適するか適さないかを見分けるには、その種《しゅ》をはっきり同定《どうてい》しなければならない。現在なら胞子《ほうし》の遺伝子を「見て」種を判定することになるであろう。しかし古典的な研究では、少し味見をしてみた程度で、食用にすることを頭から否定してしまったし、農民のほうは、飢えに迫られたこともあって、とにかく手を出してみたのであろう。

　ファーブルは、昆虫やコウラナメクジをお毒味役に使って得られる結果は、そのきのこが人間の食用に〝なる〟か〝ならないか〟の問題とは無関係であると本章で述べている。ここまでは正しいが、多少毒のあるとされるものでも、茹《ゆ》でて水でよく洗えば食べられる、というような書き方をしているのは大変な間違いである。

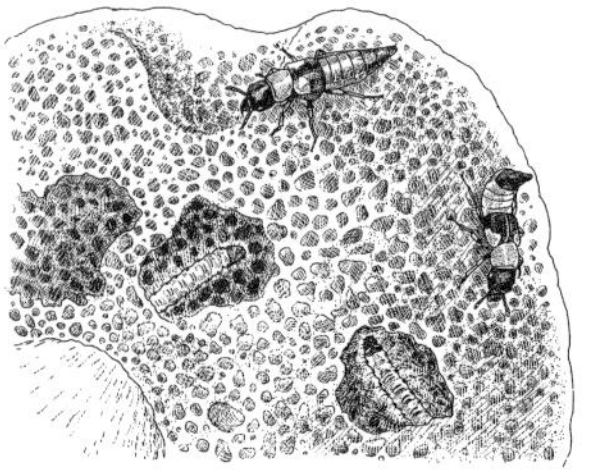

きのこを食べるムネアカオオキバハネカクシ（上）とヒロズコガの幼虫。

　当時も、その方法が乱暴で危険であると批判されたようだ。ただし、ファーブルがとりあげたきのこのなかには、現在猛毒であることが判明している種は含まれていないともいう。国立パリ自然史博物館のクロード・コーサネル Claude CAUSSANEL 教授（一九三三―九九）が監修した *Les Champignons de Jean-Henri Fabre* 1991（本郷次雄日本語版監修『ジャン・アンリ・ファーブルのきのこ』同朋舎出版）の解説を受け持った菌学者のパトリック・ジョリ Patrick JOLY は、この点に関しては、むしろファーブルの言葉が足りなかったのだとして、カミーユ・フォーヴェル Camille FAUVEL による、息子ポールの次のような証言を引用している。拙訳で以下に引用する。

　ファーブルが致死毒をもつタマゴテングタケの仲間として列挙しているもの（たとえばタマゴテングタケやその白化型ドクツルタケ）などは食用にはできないだろう。私はポール・ファーブルに尋ねてみた。

――お父上はタマゴテングタケやドクツルタケを絵に描いておられますね。ということは、これらのきのこはセリニャンに発生するということですか。

――この近所の森に生えるところがあるんです。
――ファーブル先生はこれらのきのこのことをよくご存知でしたか。
――とてもよく知っていました。
――そういうきのこもやはり、茹《ゆ》でたあとで食されたわけですね。
――まさか、そんなことしませんよ！

つまり毒きのこを茹でて〝解毒〟することはできない、ということなのである。毒きのこの毒といっても、〝まずい〟程度のものからはじまって、下痢や発熱を引き起こすもの、さらには後遺症が残るもの、そして死に至るものまで、その効き目は段階的である。また、こうした毒の効き目は、食べた量や、個人の感受性などによっても変わってくる。だからきちんと種名が明らかになっているきのこ以外は食用にしてはいけない。ファーブルの述べている「茹でる」という方法にしても、苦みや消化器への刺激物が〝薄まる〟ものもあるが、根本的な解毒にはならない。同様に酢に漬けるなどの調理法、あるいは「縦に裂ける」、「虫が食べている」などの見分け方のどれも信じることはできない。

217頁　オウシュウツキヨタケ　ファーブルが仏名で Agaric《アガリック》 de l'olivier《ド・ロリヴィエ》 つまり「オリーヴのハラタケ」と紹介しているオウシュウツキヨタケは、ファーブル自身の記述にあるように「ツゲやセイヨウヒイラギガシやトゲモモやイトスギ、アーモンドやガマズミその他の喬木《きょうぼく》、灌木《かんぼく》」そしてナラやクリなどにも発生する。地中海沿岸に多く、ロワール川以北ではみられない。本文でも触れられているようにファーブルは、この菌類《きんるい》の発光現象に関心を抱いていた。『昆虫記』には述べられていないが、ファーブルは、やはり発光するアンドンタケ（アカカゴタケ）*Clathrus ruber*（旧 *Clathrus cancellatus*）に写真乾板をあてて、放射線《ほうしゃせん》をとらえようと試みたという。つまり、きのこの発光現象を放射線によるものではないかと推測していたのである。同じ可能性をオウシュウツキヨタケにも感じていたらしいが最後までその正体を突き止めることはできなかった。今日では、この発光は菌糸《きんし》や子実体《しじつたい》に含まれるランプテロフラビン Lampteroflavin という物質によることがわかっている。しかし発光することが菌類にとって、どんな意味があるの

発光するオウシュウツキヨタケ。

かは、いまだに明らかにされていない。

なお本種《ほんしゅ》は、この発光する性質からアイルランドやスコットランドで古くから Jack-o'-Lantern《ジャッコ＝ランタン》（ランタン持ちの男）とも呼ばれ、妖怪や鬼火のように思われていた。ちなみに秋の収穫祭や悪魔祓《あくまばら》いなどを起源とするハロウィンの祭に使われるカボチャの提灯《ランタン》も同様の名で呼ばれるが、もともとアイルランドなどでは、カボチャではなくカブが提《ラン》灯《タン》に用いられていた。のちにアメリカに移住したアイルランド人たちが現地で豊富に手に入るカボチャでこれを代用したのだという。もともとケルトの伝承にあった鬼火の〝正体〟ツキヨタケが、カブそしてカボチャへと姿を変えて今に伝えられていると考えると面白い。

オウシュウツキヨタケは、イルジン illudin（かつてはランプテロール Lampterol と呼ばれた）という強い毒をもっている。日本にも同属のツキヨタケ *Omphalotus japonicus* が知られ、発光現象も毒の成分も同じであることがわかっている。日本のツキヨタケは、食用になるヒラタケ、ムキタケ、シイタケと姿が似ており、日本でいちばん食中毒の多いきのこだと言われている。欧州産のものとは姿が異なるため、長く別属にされてきたが、遺伝子などの研究から近年同属とされた。

220頁　イグチ　南仏の人々が「狼のパン」と呼ぶイグチの仲間は、ヤマドリタケをはじめとして、食用に用いられる菌（食用菌）が多い。イグチの多くは菌根菌《きんこんきん》で、森林を形成する樹木と共生関係にある。菌からは樹木の根に、樹木の根からは菌に、それぞれ相互に栄養が供給されている。このようなことから、イグチは森を作るきのこだとも言われている。

イグチは森林のきのこの代表であり、また食用菌が多いので古くから人に知られてきた。ただし、〝魔王《サタン》〟ことウラベニイグチのような毒きのこもイグチの仲間には存在するので注意が必要である。

また、きのこの傘《かさ》の裏に管孔《かんこう》をもつイグチ属の学名（属《ぞく》名《めい》）*Boletus*《ボレトゥス》 の語源となったラテン語の boletus《ボーレートゥス》 は、本来きのこ全般を指す広い意味で使われていた。それだけイグチの仲間は、人々に身近な存在のきのこであったということなのであろう。

ファーブルは原注で、イグチの管孔のことをプロヴァンス語で mousso《モウズ》（泡）と呼ぶと述べているが、英語の mushroom《マッシュルーム》（きのこ）という言葉は、フランス語で「泡」や「苔《こけ》」を意味する mousse《ムース》 から派生した mousseron《ムースロン》（数種の食用キノコの総称）を語源とし、当初は英語では musseroun と綴《つづ》ったらしい。

21

忘れられぬ授業

化学という学問の素晴らしさ

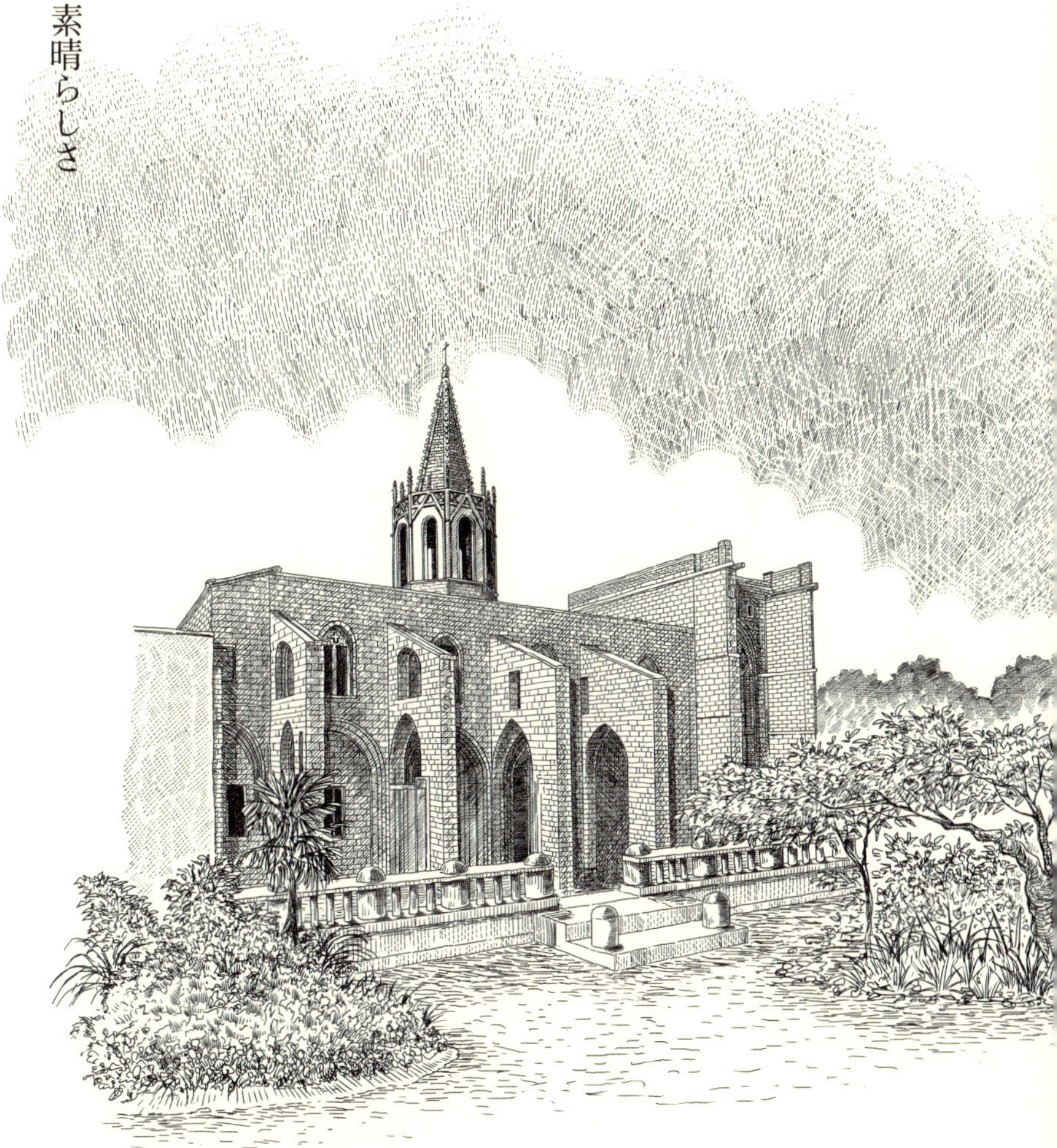

私は生涯に二回、科学の授業を受けている――カタツムリの解剖と化学の授業とである――前者は、私を生物学の世界へと導いてくれた――後者は、二酸化マンガンと硫酸から酸素を取り出す実験だった――実験中突然爆発音がした――蒸留器《レトルト》が破裂したのだ――飛び散った硫酸で同級生はみな被害を受けた――事故から何か月かのち、私は中等学校《コレージユ》の担任としてカルパントラに赴任した――生徒たちは将来、自分の畑を耕すであろう――あるいは皮鞣《かわなめ》し、鋳物工《いものこう》、酒の蒸留職人などになるかもしれない――彼らに化学の知識を伝えよう――今回は私自身が酸素の実験を行なう――ガラス容器に気体の泡を集め、吹き消した蠟燭《ろうそく》を入れる――火がついた――これこそが酸素だ――何ごとにも屈しない強い意志があれば、おのずと道は開かれる

扉絵　アヴィニョンのサン＝マルシアル教会

残念ながら、きのこ[*1]の話はこれぐらいでおしまいにしておこう。きのこに関しては、ほかにも、解決しなければならない問題がまだまだ山のようにあるのだが。たとえば、ハエの蛆虫[2]《うじむし》は、なぜ〝魔王《サタン》〟ことウラベニイグチ[3]は食べるくせに、オウシュウタマゴタケ[4]は食べようとしないのか。彼らにとって美味《おい》しいものが、なぜわれわれ人間にとっては毒なのか。またわれわれの味覚からすれば美味と感じられるものが、どうして彼らにとっては不味《まず》いのか。

植物学的に細かく分類されたきのこの種《しゅ》によって、それぞれ異なった特殊な化合物――おそらくはアルカロイド[5]――を含むものがあるのだろうか。われわれはこうしたアルカロイドだけを取り出して、その特性を徹底的に究明することができるであろうか。医学はわれわれ人間の病苦をやわらげるために、今ではキニーネ[6]や、モルヒネ[7]その他の物質を用いているけれど、それと同じように、きのこのアルカロイドを使用することができないと誰に言えるだろう。

1　**きのこ**　菌類《きんるい》（子嚢菌《しのうきん》や担《たん》子菌《しきん》）などが胞子《ほうし》を分散させるために作る子実体《しじつたい》のこと。これらの菌類は、普段は糸状の菌糸《きんし》の状態で生活している。→訳注。

2　**蛆虫**　ハエやアブなど双翅《そうし》目《もく》の幼虫の俗称。円錐形《えんすいけい》や紡錘《ぼうすい》形《けい》で肢《あし》がない。

3　**ウラベニイグチ**　裏紅猪口。*Boletus satanas*　担子菌類ハラタケ目《もく》イグチ科イグチ属。人間にとっては毒きのこ。

また、マグソヒトヨタケ[8]がひとりでに液化したり、イグチが蛆虫にたかられたことによって溶けてしまうといった現象の、その原因も突き止める必要があるだろう。このふたつの事実は同種の事象と見なすべきものであろうか。

ヒトヨタケは蛆虫のペプシンに似た消化剤の助けで自分自身を消化するのであろうか。

オウシュウツキヨタケ[9]の、あの満月の輝きにも似たぼーっとほの白い光の元になる、酸化しやすい物質が何であるかについても知りたいと思う。

イグチのなかには、染物屋で使用する藍《インディゴ》より、もっと色の変わりやすい藍《あい》の働きによって、さっと青く変色するものがあるけれど、それはどういう訳なのか。

それからチチタケ[10]の仲間のセイヨウアカモミタケ[11]に傷をつけると緑色になるが、これも同様の原因によるのであろうか。

忍耐力を要するこんなきのこの科学的研究が私はやりたくてたまらないのだ。だが私のもっている実験器具はごく初歩的なものである。それに何より、長いあいだ抱いてきた研究の希望は私の手をすり抜けるように逃げてしまい、二度とふたたび戻ってきてはくれないのである。しかし、もう時間がない。寿命がないのだ。とはいえ、もう少し化学の話をしたいと思う。そして、ほかにこれという話題もないので、古い記憶を呼び覚ましてみよう。

4　**オウシュウタマゴタケ**　欧州卵茸。*Amanita caesarea* 担子菌類ハラタケ目テングタケ科テングタケ属。食用菌として珍重される。

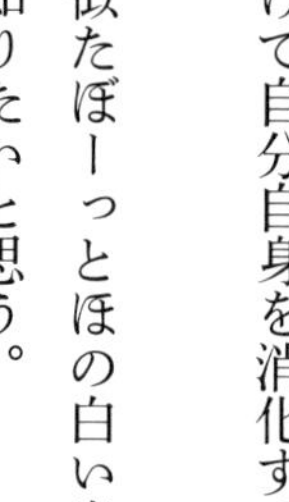

5　**アルカロイド**　植物がもつ、動物に対して有毒な物質。一種の防御物質。

6　**キニーネ**　アカネ科のキナ *Cinchona pubescens* から採取されるアルカロイド。マラリアの特効薬。

7　**モルヒネ**　ケシ科の植物から採取されるアルカロイド。強力な鎮静作用がある。

8　**マグソヒトヨタケ**　馬糞一夜茸。*Coprinus sterquilinus* 担子菌類ハラタケ目ヒトヨタケ科ヒトヨタケ属。

虫たちの物語のなかに、語り手自身の思い出がところどころで顔を出すことがあっても、読者は許してくださるであろう。年をとると、まさに人生の花ざかりであったような、昔々のなつかしい日々がふとよみがえり、つい、こうして回想にふけってしまうものなのだ。

私は生涯に合計二回、科学の授業を受けている。そのうちの一回は解剖の授業であり、もう一回は化学の授業だった。最初のほうの授業を私は、深い学問を身につけた博物学者のモカン＝タンドン[*12]から受けた。私たちがコルシカ[13]の高山、モンテ＝レノーゾでの植物採集から帰宅した際、この学者は、食卓の上の水を張った皿の中で、カタツムリの体の構造を解剖して見せてくれたのだった。

それは短い授業だったが、私はこれから多くを学んだ。それは学問の世界へと私を導き入れてくれたのである。しかし、それ以後、先生と名のつく人からのいかなる助言も、教示もなく、私は解剖刀《メス》を操ってなんとか動物の内臓を調べていかなければならなかった。

もうひとつの授業である化学のそれは、解剖学の授業ほどはうまくいかなかった。それは次のとおりである。

私が師範学校[14]に在学していた時代、科学方面の教育は実にお粗末なものであっ

9 **オウシュウツキヨタケ** 欧州月夜茸。*Omphalotus olearius*（旧 *Pleurotus phosphoreus*） 担子菌類ハラタケ目ホウライタケ科ツキヨタケ属。フランスの俗名は、Agaric de l'olivier《アガリック・ド・ロリヴィエ》で直訳すると「オリーヴのハラタケ」。

10 **チチタケ** 乳茸。担子菌類ハラタケ目ベニタケ科チチタケ属 *Lactarius* の仲間。子実体（きのこ）から乳状《ちちじょう》の液を分泌《ぶんぴつ》するものが多く、食用菌が多い。

11 **セイヨウアカモミタケ** 西洋赤樅茸。*Lactarius deliciosus* 担子菌類ハラタケ目ベニタケ科チチタケ属。

12 **モカン＝タンドン** MOQUIN-TANDON, Christian Horace Bénédict Alfred（一八〇四―六三）。フランスの博物学者、植物学者、医師、作家。→訳注。

た。算術と幾何学の断片とが授業の大半で、物理学は、といえばほとんど無きに等しかった。われわれは赤い月[15]のことや、霜《しも》や、露《つゆ》や、雪や風など、気象に関する大雑把な知識を与えられた。こうした農村生活に関わりの深い物理現象について少しでも知っていれば、農民たちとお天気のことについて無駄話をするにはそれで充分だと思われていたのである。

　博物学などというものは、まったくなかった。博物学の「は」の字も教えられなかったのだ。そぞろ歩きのおり、われわれの心を優しくなごませてくれる植物など、問題にもならなかったし、これほど面白い習性をもっている昆虫のこともまったく教えられなかった。化石を大量に蔵していて、さまざまなことを教えてくれる岩石のことも教わることはなかった。世界に向かって開かれた窓からちらとでも外を見れば、心を奪われるような楽しさがあるのに、それは許されていなかったのだ。文法の勉強で私たちは息が詰まりそうになっていたのである。

　化学についても、なんの言及もなかったけれど、それはまあ当然であろう。けれども、「[16]化学《シミー》」というこの言葉そのものを、私は知ってはいた。実地に目の前でやってみせてもらったわけではないので、本当のところはよく理解できなかったが、たまたま読んだ書物で、化学はさまざまな元素を結合したり分離したりすることによって、物質の配置換えを行なうものだということは知っていたのであ

13 **コルシカ**　地中海上のフランス領の島。主都アジャクシオは行政や商業の中心地で、その歴史は七世紀にさかのぼる。

14 **師範学校**　教員を養成するための学校。当時のフランスは初等教育の改革のさなかで、教員の数が圧倒的に不足していたため、その育成が急務であった。

15 **赤い月**　四月から五月の夜空で、雲がなく満月がよく見えると、放射冷却のため農作物に霜《しも》が降りるという観天望気《かんてんぼうき》。原語は lune rousse《リュヌ・ルウス》。

16 **化学《シミー》**　原語は chimie《シミー》 アラビア語の「錬金術」をラテン語化した alchemia《アルケミア》 に由来し、定冠詞と思われた al が脱落した。英語の chemistry《ケミストリー》 も同様。日本では江戸時代にオランダ語の chemie《セミー》 が舎密《せいみ》と訳された。

17 **サン＝マルシアル僧院**　十四世紀に設立されたベネディク

る。しかしそういう研究について、私はなんという奇怪な印象《イメージ》を描いていたことか！

化学なるものは私にとって、魔法や錬金術の偉大なる秘法の匂いがした。私の感じでは、化学者などという人々は誰でも、仕事中、手には魔法の杖《つえ》を持ち、頭には星の飾りをちりばめた魔術師のとんがり帽子をかぶっていることになっていたのだ。

母校の名誉教授としてときおりわれわれのもとを訪れる、ある偉い先生を実際に見ても、こんな馬鹿馬鹿しい考えを払いのけることはできなかった。この先生は高等中学校《リセ》で物理学と化学を教えていた。また週に二回、夜の八時から九時まで、学校の建物と隣り合った大きな講堂で無料の公開講座を受け持っていた。その建物は昔のサン＝マルシアル僧院[*17]で、今ではプロテスタントの教会になっている。

これこそまさに、私の思い描いていたような降霊術師の巣窟《そうくつ》であった。鐘楼《しょうろう》の頂《いただき》では、錆《さ》びた風見鶏が軋《きし》んでギイギイ悲しそうな音をたてていた。夕暮れ時には大きなコウモリたちが建物の周辺を飛びまわったり、[18]樋嘴《ガーゴイル》の腹の中に飛び込んでいったりしていた。夜になるとトラフズク[19]が迫《せ》り出《だ》した[20]軒蛇腹《コーニス》の上でホーッ、ホーッと鳴いていた。まさにあの建物の中の、巨大な円天井《ヴォールト》の下で、件《くだん》の

ト修道会系の学校を起源とし、一八八一年以降はプロテスタントの教会になった。本章にあるように建物の一部が師範学校や博物館として使われていた時代もある。→訳注。

18　**樋嘴《ガーゴイル》**　怪物の形をした雨《あま》樋《どい》のこと。

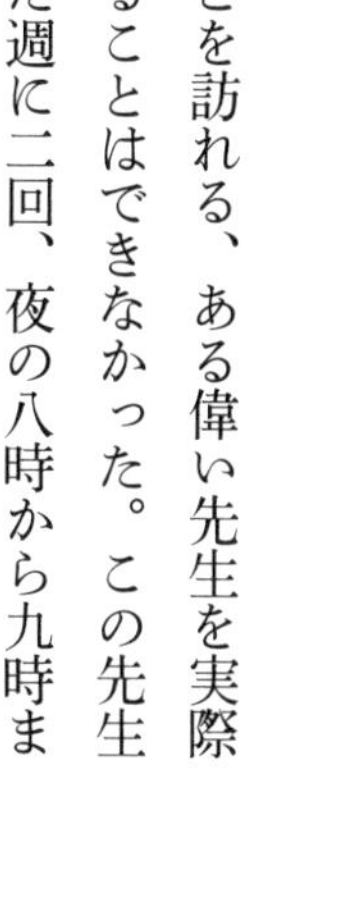

19　**トラフズク**　虎斑木菟。*Asio otus*　全長36㎝　フクロウ目《もく》フクロウ科トラフズク属。淡黄褐色《たんおうかっしょく》の体に褐色の縦斑《たてふ》と白斑《はくはん》がある。耳のような長い羽《う》角《かく》をもち、目は橙黄色《とうおうしょく》。繁殖期に《hôu-ou《ウーウ》》と鳴く。

化学者は仕事をしているのだ。どんな魔法の秘薬を彼は調合しているのだろう。いつの日にか私は、それについて知ることがあるのだろうか。

その日、例の化学者はとんがり帽子もかぶらずにわれわれの学校にやってきた。普通の市民の服装をしていて、特に異様な感じはしなかった。風のように、彼はわれわれの座っている教室に入ってきた。ドングリが殻斗《かくと》に嵌《は》め込《こ》まれているように、耳が擦《こす》れて痛くなりそうなほど糊《のり》のきいた、硬い大きな襟《カラー》に赤ら顔が埋《う》まっていて、赤毛のもじゃもじゃした巻毛の房《ふさ》が、こめかみのあたりに張りついていた。頭のてっぺんはてかてか光って、古色のついた象牙の球のようであった。ぎくしゃくした身振りで二、三人の生徒を指名すると、ぶっきらぼうなもの言いで質問を発した。そうやって少しばかりそれらの生徒を痛めつけたあと、くるりときびすを返して、来たときと同じく嵐の過ぎ去るようにさっと帰ってしまった。

いやいや、化学に好感をもたせてくれたのはこの人ではない。本来は優秀な人物なのかもしれないけれど、この人に教えられたのでは、化学に対して、私はとてもとても、好ましい印象はもてなかったであろう。

彼の実験室には、椅子の肘掛《ひじか》けぐらいの高さに窓がふたつ、われわれの学校の

20 **軒蛇腹**《コーニス》 建物の庇《ひさし》の下に施《ほどこ》された装飾的な突出部分のこと。

庭に面して開いていた。私はよくその窓のところに行っては、頬杖《ほおづえ》をついて中を覗《のぞ》き込《こ》み、私の貧弱な頭脳で、いったい化学とはいかなるものであるか探ろうとしたものだった。しかし残念ながら、私の位置から見えた部屋は実際に研究が行なわれる聖域ではなく、実験器具を洗う単なる準備室にすぎなかったのだ。

蛇口のついた鉛管《えんかん》が何本も壁を這《は》っており、隅のあたりには木の桶《おけ》が並んでいた。ときにこれらの桶は、蒸気を吹きつけて熱せられ、ぼこぼこ泡をたてて沸騰《ふっとう》していることもあった。その桶の中では、煉瓦《れんが》を砕いて粉末にしたような赤っぽい粉が煮られていた。こうして私はその部屋で、アカネ[21]という染料の採《と》れる植物の根を煮詰めて、より純度の高い濃縮した製品に変えようとしているのだということを知ったのである。これはあの先生のもっとも好んでいる研究課題だったのだ。

私としては、ふたつの窓から見えるものだけでは満足できなかった。できることならもっと奥のほうまで入り込んで、教室そのものの中まで踏み込みたいと思っていたのだ。そして私のこの願いはやがて実現することになる。

学期末のことであった。私は正規の学年を一年飛び越して卒業証書をもらったばかりのところで、時間があった。卒業まで、あとまだ何週間か残っている。学校の外に出ていって十八歳という若さを思い切り享受しようか。

21 **アカネ**　ここでは、セイヨウアカネ（西洋茜）*Rubia tinctorum* のこと。茎の高さ50～80 cm　アカネ科アカネ属の多年草。学名（属名《ぞくめい》）は「赤」、種小名《しゅしょうめい》は「染料」に由来するラテン語。根にアリザリンを含み赤い染料を抽出した。日本のアカネ *Rubia argyi* も同様に根が染料に用いられたため「赤根」とも表記された。

いやいや、この二年間というもの、静かに眠れる場所と食事とを私に保証してくれたこの学校で、残りの月日を過ごすことにしよう。私は小学校の先生の職《ポスト》が与えられるのをここで待つことにするのだ。校長先生、熱意ある私にお好きなようにご指示ください。お望みのとおりにしてくださってかまいません。あとのことはどうでも、勉強さえできたらいいのです。

優しい心の持ち主の校長は、私の向学心を理解してくださった。私の決心をはげまし、長いこと忘れていた[22]ホラティウスと[23]ウェルギリウスをもう一回勉強しなおしたらどうかね、と言ってくださったのだ。先生はラテン語の素養があり、私にラテン語の作品を少し翻訳させて、私の心の中で消えかかっていた学問の火をふたたび掻《か》き立《た》ててくださったのである。

それどころか、私にラテン語とギリシア語対訳の[24]『キリストの学《まね》び』を貸してくださった。ラテン語のほうはなんとか読み解くことができるので、これを頼りにギリシア語を解読することにしよう、と私は考えた。そうすれば昔、[25]イソップの『寓話』を訳していたころに覚えた、わずかばかりの私のギリシア語の語彙《ごい》を増やすことができる。そうしておけば将来の勉強にも役立つことであろう、というわけだ。これは私にとって思わぬ幸運であった！　寝る場所と食事と古代の詩と学術のための言語。こんな幸せが一挙に与えられたのである。

22 **ホラティウス** Quintus HORATIUS Flaccus（前六五—前八）。古代ローマの詩人。ローマ帝国を築いたアウグストゥスと同時代に活躍した。『歌章』、『諷刺詩』、『エポーディー』が知られる。

23 **ウェルギリウス** Publius VERGILIUS Maro（前七〇—前一九）。ローマ帝政期を代表する大詩人。北イタリア、マントゥア付近の農村に生まれ、ローマで弁論術などを修めた。『牧歌《ブコリカ》（田園詩）』、『農耕詩《ゲオルギカ》』、『アエネーイス』で知られる。

24 **キリストの学び** オランダの聖職者トマス・ア・ケンピス Thomas à KEMPIS（一三七九／八〇—一四七一）が十五世紀初頭に著わした説教書。原題は *De Imitatione Christi*。

25 **イソップ** AISOPOS（紀元前六世紀頃）。動物寓話集『イソップ物語』の作者とされ

さらなる幸運が私を待っていた。学校の科学の先生、引退した例の名誉教授の方ではなく、現役の教師で、週二回、比例算と三角形の特性を教えてくれる先生が、学年末を学術の祭典で祝ってやろう、と考えつかれたのだった。「諸君に酸素をお見せしよう」と先生は約束してくださった。彼はまた、あの名誉教授の同僚でもあったので、許可をとって、件《くだん》の実験室にわれわれを連れていき、われわれの目の前で酸素を取り出してご覧にいれようというのであった。

酸素——そう、酸素が見られるのだ。万物を燃やすあの気体、それを明日見ることができるのだ。そう聞いて私は、ひと晩じゅう一睡もすることができなかった。

翌日、木曜の昼食後のことであった。その日の予定としては、化学の授業が終わったあと、すぐにわれわれは崖の上の小高いところにちょこんと載っているような小さな村、[26]レ・ザングルまで散歩《ピクニック》に出かけることになっていた。そんなわけで、私たち生徒は、黒のフロックコートにシルクハットという、よそ行きの格好で着飾っていたのである。

全部で三十人ばかり。全学の生徒が揃《そろ》っていた。そしてこれから見せてもらうことについては、われわれ生徒と同じく初心者の学生監《がくせいかん》に引率されて、隣接する講堂まで出かけたのであった。

る。残されている膨大な寓話は、彼の創作によるものではなく、インドを含む各地の伝説や説話に取材したものと考えられている。イソップは古代ギリシアの植民都市サモス（現在のギリシア南東にある島）の奴隷で、のちに自由の身となり、当時もっとも重要な神託《しんたく》の地であったデルフォイを訪れた際に市民に殺されたと伝えられる。イソップはアイソポスの英語読み。

26 **レ・ザングル**　ローヌ川を挟んで、アヴィニョンの町の対岸、ガール県の村にある丘陵地帯。ファーブルがスカラベをはじめ自然観察に通った土地。現在のレ・ザングルの丘の近辺は、ほとんどが住宅地になっている。

▼当時の男性の正装はフロックコートにシルクハットであった。

実験室の敷居をまたいだときには、胸のときめきを覚えずにはいられなかった。飾り気のない古い教会の、オジーヴ穹窿《きゅうりゅう》[27]の天井をもつ広い身廊《しんろう》[28]に入っていくと、声が反響し、石の花形装飾や浮き出した円形の刳《く》り形《かた》で縁取《ふちど》られたステンドグラスから光がひっそりと差し込んでいる。

奥のほうには大きな階段席があり、何百人もの聴衆が座れるようになっていた。その反対側、聖歌隊の席があったところには、とんでもなく大きな煖炉《マントルピース》飾りが部屋の横幅いっぱいに広がっていた。中央には、ところどころ薬品で腐蝕《ふしょく》した、巨大な、まさに堂々たる仕事机《テーブル》が据《す》えられており、この仕事机《テーブル》の片方の端には、瀝青《タール》で防水処理を施《ほどこ》し、内側に鉛《なまり》の板を張って水をいっぱいに入れた箱がひとつ置いてあって、これが気体を採集する器具であることは私にもすぐわかった。

先生は実験にとりかかった。大型の細長い無花果型《いちじくがた》をしたガラス壜《びん》で、太くなった腹の部分で急にきゅっと折れ曲がっているものを手に取り、「これが蒸留器《レトルト》です」とわれわれに言った。それから粉炭《こなずみ》のような何か黒い粉末を、円錐形《えんすいけい》に丸めた紙の容器ですくって蒸留器《レトルト》に入れた。「これは二酸化マンガン[29]と言います」と先生はわれわれに教える。この粉の中に、これから採集しようとしている気体、すなわち酸素が、金属と化合したかたちで凝縮されて多量に含まれているのだと

27 **オジーヴ穹窿** オジーヴとは交差ヴォールトと呼ばれるアーチ型天井（穹窿）につけられた補強板（リブ）のこと。

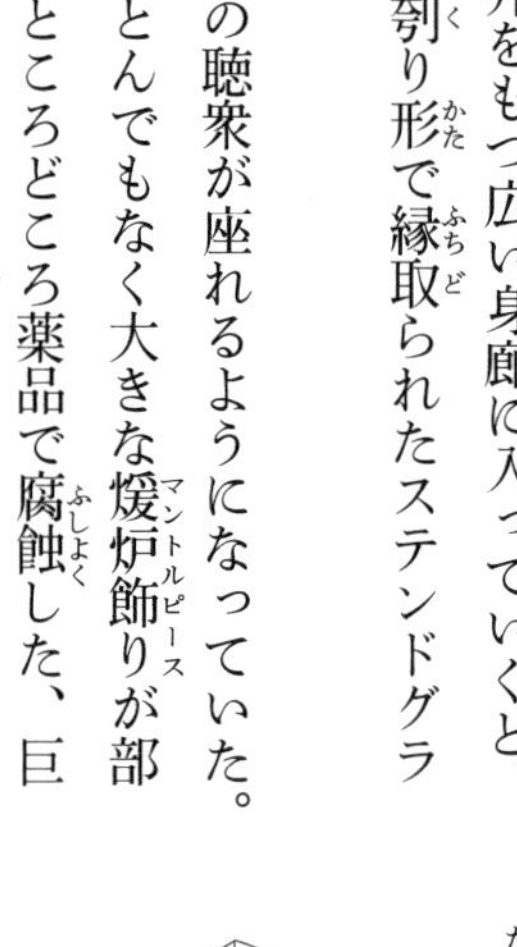

28 **身廊** キリスト教の建物の入口から祭壇に向かう通路の中央部分。

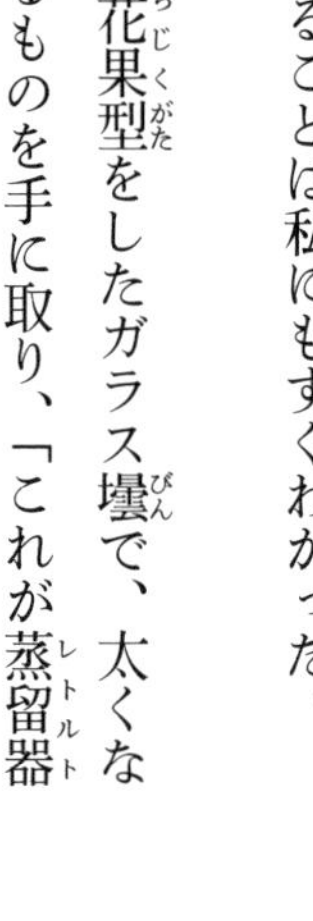

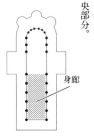

29 **二酸化マンガン** マンガンの酸化物。乾電池（マンガン電池）などに使われる。

いう。油状のとろりとした液体できわめて強力な薬剤である硫酸が、この気体《ガス》を分離することになるわけだ。

　こうして蒸留器《レトルト》の中に二酸化マンガンと硫酸とを入れてから、先生はそれを火のついている炉《ろ》にかけた。この蒸留器《レトルト》は、先ほどの気体採集器の板の上に置かれた、水を満たされた釣鐘形《つりがねがた》のガラス器と一本のガラス管で繋《つな》がっている。これで準備万端整った。これからどんな結果が出るか、熱の力が働くのを待つことにしよう。

　私の同級生たちはこの装置のまわりに寄り集まり、少しでも前に出ようとひしめいていたし、なかには、[*30]よせばいいのに、少しばかり準備のお手伝いをして得意がっている者たちもいた。傾いた蒸留器《レトルト》に手を貸して真っすぐにする者、口を尖《とが》らせて炭をふうふう吹く者。よく知りもしない人にこんなふうになれなれしくするのは、私は好きではなかった。お人よしの先生は黙って連中の好きなようにやらせていた。ときには犬ころの喧嘩《けんか》のようなつまらない見世物でも、いちばん前で見たがって人を肘で掻き分け、最前列に出ようとするような物見高い連中に対して、私は常に嫌悪感を抱いていたのである。

　後ろのほうに下がっていよう。騒ぎたい連中にはしたいようにさせておけばいいさ。ここには見たいものがいっぱいあるのだ。酸素が採集されているあいだに、

30 **よせばいいのに**　原文は mouches de coche《ムーシュ・ド・コーシュ》 で、直訳すると「乗り合い馬車のハエたち」となり、「うるさいだけで役に立たない者」「いらぬお節介を焼く人」という意味がある。ラ・フォンテーヌ LA FONTAINE, Jean de（一六二一―九五）の寓話「乗り合い馬車とうるさいハエ」*le coche et la mouche* に因《ちな》む表現。→訳注。

この機会を利用して、化学者の実験器具というものを少し見ておこう。

大きな煖炉飾り《マントルピース》の下には、トタン板の箍《たが》を嵌《は》めた、不思議な形の炉がたくさん並んでいる。長いもの、短いもの、背の高いもの低いもの、実にさまざまなのだが、どれもみな、いくつかの小さな窓が開いていて、円い素焼きの蓋《ふた》で全体を閉ざすようになっている。小さな塔のようなこの炉は、いくつもの部品が重なり合ってできていて、それぞれの部品に、これを分解する際に摑《つか》む、大きな把手《とって》がついている。そしてトタンの煙突のついた円屋根《ドーム》がその上に載っているのだが、この炉の内部では、なんの変哲もない石ころを焼くために、地獄の業火《ごうか》のようにすさまじい炎が熾《おこ》されるにちがいない。

もうひとつ、こちらの背の低い炉は、曲がった背骨のように長く横に伸びており、その両方の端には円い穴がひとつずつ開いていて、その穴からそれぞれ太い陶磁器の管《くだ》が突出している。こうした道具がいったいどういうふうに使われるのか、私には想像もできなかった。「賢者の石[31]」を探求する錬金術師らも、こうした道具をもっていたのであろう。これらはいわば、金属からその秘密を暴き出すために使われる拷問道具なのである。

棚の上にはガラス器具の類《たぐ》いが並べられている。そこには大小さまざまな

31 **賢者の石** 中世ヨーロッパの錬金術師が鉄や鉛《なまり》を「金に変える」ために用いたとされる。

蒸留器《レトルト》が見えた。どれもみな、丸い腹の部分で急にぐいと曲がっているのであった。なかには細長い管とは別に、胴の部分に短い管状の取り付け口をもっているものもあった。

……さあ、よく見ておくんだ、だがこんな奇怪な道具の使い道をあれこれ詮索《せんさく》しようなんてするんじゃないぞ……。

私は円錐形をした足つきの深いガラス器を見つけた。二つも三つも首のある変なフラスコや、下が風船のように膨《ふく》らんだ長い管をもつ小壜を見てびっくりした。ああ、なんという変わった道具類だろう！

ガラス戸のついた棚があって、いろいろな薬品の入ったフラスコや広口壜がたくさん置いてあった。ラベルを見ると、モリブデン酸アンモニウム[32]とか、塩化アンチモンとか、過マンガン酸カリウムそのほか、読んでいるだけで頭がくらくらしてくるような名前が並んでいる。それまで読んできた本のなかで私は、これほどとっつきにくい言葉に出くわしたことがなかった。

そのとき突然、ドカン！　という音がした。続いてどたどたという足音と悲鳴、痛い痛いという泣き声。いったい何ごとが起きたのか。

私は講堂の奥から駆《か》けつけた。蒸留器《レトルト》が破裂し、あたり一面に沸騰した硫酸が飛び散ったのだ！

32　**モリブデン酸アンモニウムとか……**　化学反応の触媒《しょくばい》によく用いられる試薬。塩化アンチモンはアンチモンの塩化物《えんかぶつ》で錬金術師がよく用いた。過マンガン酸カリウムは酸化反応の実験に用いられた。普通の西洋人には、このような化合物につけられたラテン語やギリシア語にはなじみがない。

正面の壁は汚い染みだらけになっている。同級生たちはほとんど全員、なんらかの被害を受けていた。運の悪いのがひとり、顔面にまともに、目まで硫酸を浴びて、地獄の亡者のように泣きわめいているではないか。

比較的被害の軽かった仲間のひとりに手伝ってもらって、私は彼を抱えるようにして外に引っ張り出した。幸いすぐ近くに泉水《せんすい》があったから、彼の顔が蛇口の下にくるように支えてやった。すぐに洗い流したのは効果があり、激痛は少しおさまった。そして本人も気が鎮まって、自分で顔を洗いつづけた。

彼が失明しなかったのは、私が急いで駆けつけ、助けてやったためであることは確かである。一週間後には、医者の点眼薬のおかげもあって失明の危険はすっかり去った。

私が実験の中心から離れていたのはなんと賢明であったことか。みなから離れてひとり、薬品を納めたガラス戸棚の前にいたために、少しもあわてることなく、素早い行動がとれたのだった。それにしても、爆発の起こった器具のそばに近よりすぎていて硫酸を浴びたほかの連中はどうなっていることだろう。

私は講堂にとって返した。そこで見た光景は惨憺《さんたん》たるものだった。先生はまともに硫酸を浴びて、シャツの前身頃《まえみごろ》といわず、チョッキといわず、ズボンの上方といわず、硫酸で焼けただれて靴墨《くつずみ》を塗りたくったようであった。洋服から煙が立ち昇り、ぶすぶす燻《くすぶ》っているありさま。

大急ぎで先生は危険な衣服の一部を脱ぎ捨てた。生徒のなかでいちばんまともな格好をしていた者たちが、先生が家に帰るのにともかくも体面が保てるよう、着る物を貸してあげたのであった。

さきほど私が感嘆して眺めていた円錐形のガラス器具のひとつが目の前の仕事机《テーブル》の上にあり、アンモニア水がたっぷり入れられていた。――ごほんごほんと咳《せ》き込《こ》み、ぼろぼろ涙を流しながら、みんなはその中にハンカチの端っこを浸し、アンモニア水を染み込ませたその布で、思い思いに、帽子やフロックコートの上を何度もぽんぽん叩くのであった。

こんなふうにすると、あの沸騰した恐ろしい薬品のためについた赤い染みが消えていった。あとはインクを少し塗れば色のほうももとどおりになるだろう。


それで酸素の話はどうなったか。もちろん、もうそれどころではなかった。学術の祭典はもうおしまい。しかしいずれにせよ、悲惨な結果に終わったこの授業は、私にとっては大きな出来事であった。私は化学者の研究室に入ることができた。そして興味深い道具類をひととおり見たのであった。教育においてもっとも大切なのは、生徒の側の理解度は別にして、教えられる知識そのものではない。そうではなく、生徒のなかに潜《ひそ》んでいる能力を目覚めさせるということなのだ。

それこそは眠っている爆薬の起爆剤となる、ひと粒の雷酸塩《らいさんえん》[33]なのである。

私の精神のなかで、この口火となるひと粒が爆発したのだった。この日は運悪く酸素を見せてもらうことはできなかったけれど、のちになって私は自分自身でこの酸素を手に入れることになるであろう。そしていつか、独学で、私は化学を学ぶことであろう。

そうなのだ、見るも無惨な出合いから始まったあの化学を、私は必ず自分のものにするであろう。だが、どんなふうにして？　教えることによって、である。私はこの方法を自分以外の誰にも決してすすめはしない。

先生から言葉で教えてもらったり、実例を示して導いてもらえる人は幸せである。その人の目の前に広がっている平坦で真っすぐな、楽な道をずんずん歩いていけばいいからだ。

ところが、独学者は石ころだらけの悪路を何度も躓《つまず》きながら進むのである。彼は手探りで、今まで知らなかった道に入り込み、迷ってしまうのだ。失敗にもくじけず、正しい道に戻るためには、恵まれない者にとってのたったひとつの羅針盤である忍耐力に頼るほかはない。それが私の運命であった。私はほかの人に教えながら、つまり、倦《う》まず弛《たゆ》まず鋤《すき》をふるって掘り起こした、痩《や》せた土地で実ったわずかばかりの種子を人に手渡しながら、自分自身が知識を身につけていった

33 **雷酸塩**　銃器の起爆剤（雷管）に用いられる雷酸の化合物。摩擦や衝撃によって爆発する。

のである。

　硫酸の爆発事故から何か月かののちに、私は中等学校《コレージュ》[34]の初等クラスの担任として、カルパントラ[35]に赴任した。初めの年は大変だった。生徒の数が多すぎるうえ、ほとんどの生徒はラテン語の落ちこぼれで、フランス語の綴《つづ》りにしても、できる者と、できない者との差がひどかったからである。

　翌年になると私のクラスはふたつに分けられ、助手をつけてもらうことができた。悪童どもの群れをふたつに分けて、私は年長の、できるほうの子供たちのクラスを受け持った。あとの子供たちは準備クラスに入れて予備教育を受けさせることにしたわけである。

　その日から事態は一変した。そのころ学校に教育課程《カリキュラム》などというものはまったくなかった。あのよき時代には、教師の熱意というものが多少は重んじられていて、機械のように正確に作動する、規則でがんじがらめの学校などというものはまだ存在しなかったのだ。だから私は自分の考えのとおりに教えることができた。ところで、この学校を高等小学校[36]という大層なその名称にふさわしいものにするにはどうしたらよいのであろうか。

　ああ、それはもちろん、何よりもまず化学を教えてやることだ！　私が本から

34　**中等学校《コレージュ》**　日本の小学校六年から中学校三年にあたるフランスの中等教育機関。卒業すると通常は高等中学校《リセ》に進学することになる。ファーブルは同校の付属高等小学校（初等クラス）の教壇に立っていた。現在のようすは第9巻上口絵Ⅰ、Ⅷ頁参照。

35　**カルパントラ**　南仏の商工業都市。ガリア時代からある古い町で、ローマ帝国の植民地であった。南仏ではカルパントラスと発音する。ファーブルが初めて教壇に立った土地で、ツチハンミョウの過変態《かへんたい》の観察を行なった場所でもある。

36　**高等小学校**　ここで用いられている原文は、primaire《プリメール》・supérieure《シュペリウール》。primaire《プリメール》が「初等の」、supérieure《シュペリウール》が「優れた」で、たしかに「大層な」名前である。

学んだところでは、土の肥《こ》えた畑を造るためにも、化学の知識が多少あることは悪くはないのである。生徒たちのなかには田舎《いなか》から来ている者が多かった。彼らは故郷《くに》に帰ってから、自分の畑の地味《ちみ》を豊かにすることができるであろう。土壌は何でできているのか、植物は何を栄養としているのか、それを彼らに教えてやるのだ。

ほかの生徒たちは産業方面の道に進むであろう。皮鞣《かわなめ》しの職人や、鋳物工《いものこう》や、トロワ＝シス[37]、つまりアルコール度数の高い酒を蒸留する職人、それから石鹸《せっけん》やアンチョヴィの小売り商人になったりするであろう。彼らに塩漬け肉や石鹸の作り方、蒸留器《レトルト》や、タンニンやさまざまな金属の性質について教えてやろう。

こうしたことについて、もちろん私は知っているわけではない。だが私はそれを学ぶのだ。生徒というものは、教壇で先生が立往生すれば、情け容赦もなく意地悪な質問を浴びせてくるものである。だから、あえて背水の陣を敷くというか、どうあっても自分が生徒に教えなければならぬ立場に立てば、それだけよく学ぶことになるだろう。

ちょうどこの学校には、必要最低限の設備のある小さな実験室がある。そこには気体採集器や、一ダースほどの球形フラスコや何本かのガラス管、そして貧弱な薬品のひと揃いがある。これらを使うことができれば、それでなんとかなるは

37 **トロワ＝シス** trois-six《トロワ＝シス》　三・六《トロワ・シス》とは当時のアルコール度数の単位で、現在の約八十五度の濃度にあたる。転じて強い度数の酒を意味するようになった。→訳注。

ずだ。

ところがそれは貴重品中の貴重品で、最終学年である哲学クラスの生徒だけが触ることを許されているものなのであった。先生と、その先生が教えている大学入学資格試験《バカロレア》[38]準備中の学生以外は誰もそこに入ることは許されていないのだ。

この聖なる幕屋《まくや》の中に入るなんて、第一に教師の私が化学の素人《しろうと》であるし、それが生徒のいたずらっ子たちを連れているわけであるから、そんなことは、礼儀をわきまえない行為というか、とてもお話にも何もならなかった。どだい、実験室の主《あるじ》の先生がそんなことを許可してくれるはずがないのである。学の浅い人間が、高級な教養と、そんなふうに、なれなれしくしようと考えるなどもってのほかだ……先生がそう思っているのが私にはありありとわかる。かまうものか。実験道具類さえ貸してくれるなら、こっちは別に実験室の中に入るつもりなんかないのだ。

私は、これらの実験道具を分配する最高責任者の校長に私の計画を話してみた。古典学が専門で、その当時はまったく重んじられていなかった科学に関しては完全に門外漢《もんがいかん》の校長は、私がどういう目的でそんなことを願い出たのか、ちっともわかっていないようであった。

私はへり下った態度をとりながらも執拗《しつよう》に主張しつづけ、なんとか説得しよう

38　**大学入学資格試験《バカロレア》**　フランスの後期中等教育修了を証明する国家試験、またはその認定証のこと。合格者には大学など高等教育機関への入学資格が与えられる。

とした。ごく控え目ながら、私は要点を説いていったのだ。私が受け持っているクラスの生徒の数は多くて、この学校のほかのどのクラスよりも大量にバターとパンや野菜を消費するのだった。そしてその食い扶持《くぶち》のことは、校長にとって重大な関心事だったのだ。

このクラスの生徒に満足してもらい、彼らを喜ばせ、できることならもっとその人数を増やさなければなりません……と私は校長に説いた。何人分かでも飯を食う生徒の数が新たに増えるかもしれない、という見込みを示すことによって、私はまんまと成功し、私の希望は受け入れてもらえたのであった。哀れな科学よ、キケロ[39]やデモステネス[40]ら雄弁家の精神に触れたこともない、恵まれない生徒たちのもとにおまえを連れてくるために、私はどれほど策略をめぐらさなければならなかったことか！

私は週に一度、自分の野心的な計画に必要な道具類を借り出す許しを得た。化学実験器具の神聖な隠れ場所である二階から、私が授業をしている、まるで地下室のような一階の暗い教室まで、それらを降ろすことになった。厄介だったのは気体採集器であった。これを運ぶには水を捨てて中を空《から》にしなければならない。そして運び終わったあとでまた満杯にしなければならないのだ。

しかしひとりの通学生が熱心に助手を務めてくれ、食事を急いで済ませると、

39 **キケロ** Marcus Tullius CICERO（前一〇六―前四三）共和制ローマの政治家、雄弁家。ラテン語でギリシア哲学をローマに紹介した。古典ラテン語の確立者として知られ、百を超す演説の半数以上が現存している。主著に『国家論』*De re publica* など。

40 **デモステネス** DEMOSTHENES（前三八四―前三二二）古代ギリシアの雄弁家、政治家。当時勢力を拡大していた新興国マケドニアの脅威をアテネ市民に訴え、ギリシアの自由を守る愛国者として活躍した。

授業の始まる二時間まえに手伝いにきてくれたのだ。こうして私たちはふたりがかりで引っ越しを行なった。酸素を取り出さなければならないのだ。かつて、突然の失敗によって見ることができなくなってしまったあの気体である。

暇《ひま》を見つけては、本と首っ引きで、私はじっくりと実験計画を練った。こうしてやろうとか、ああしてやろうとか、このやり方はどうか、いや、あのやり方のほうがいい。

何より大切なのは、生徒や私が危険な目に遭《あ》ってはならない、ということだ。失明なんかしたら大変なことになる。今回も二酸化マンガンを硫酸で熱処理しようというのである。あのとき、地獄の亡者のように悲鳴をあげていたかつての友人のことを思い出すと恐怖心が湧いてくるのだった。

かまうもんか！　とにかくやってみることにしよう。幸運の女神は大胆な者を好むのだ。それに慎重を期して、私以外の人間は絶対に実験机に近づけないことだ。そうすれば、万が一、事故が起こったとしても、怪我《けが》をするのは私ひとりですむ。それに私に言わせれば、酸素を知ることとは、皮膚に多少のやけどを負うくらいの犠牲には価《あたい》するのである。

時計が二時を告げた。生徒たちは教室に入ってきた。私はわざと、この実験がいかに危険であるかを大袈裟《おおげさ》に語った。
「みんな、自分の席から離れるんじゃないぞ」
生徒たちは言われたとおりおとなしくしている。これで私は何ものにも妨げられず自由にやれるというものだ。私のまわりには、必要なときに手助けをしようと横に立っている例の助手を除いて誰もいない。みなが未知の事実に敬意を表し、じっと目を凝らして見つめている。教室はしんと静まりかえっていた。

まもなく、ぼこぼこいう音をたてて気体の泡が釣鐘形のガラス器の中の水を通って昇ってきた。これが私の求めていた気体なんだろうか。私の心臓は感動のあまりどきどきしていた。私は一発目で、なんの支障もなく成功したのだろうか。確かめてみよう。

炎を吹き消した直後の、まだ芯《しん》に赤い点のような火が残っている蠟燭《ろうそく》を針金の先に固定して、私の作った気体が充満している試験管の中に降ろしてみた。
やったぞ！　蠟燭はぱちぱちと小さな音をたててふたたび火がつくと、異様な輝きを発して燃えはじめたのである。これこそまちがいなく酸素なのだ。

厳粛な瞬間だった。クラス全員が感動していた。それは私も同じであったが、蠟燭にふたたび火がついたという事実以上に、自分が実験に成功したということ

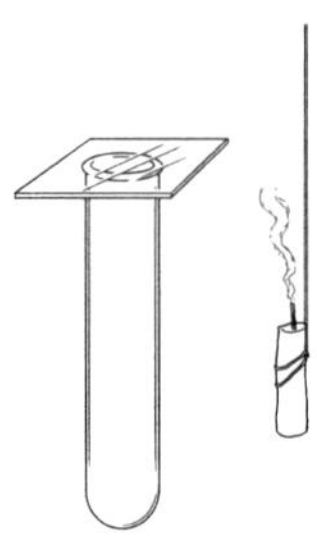

▼二酸化マンガンを硫酸で熱処理して集めた気体と、吹き消した直後で芯《しん》に火の残っている蠟《ろう》燭《そく》を用意する。

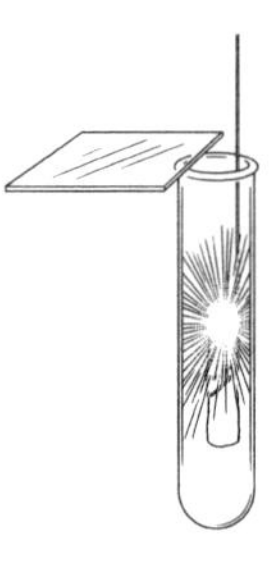

▼試験管の中に蠟燭を入れると激しく燃えはじめた。

のほうに、より感動していたのだった。虚栄心と言ってもいいような一種の心の高ぶりで、頭に血が昇るようであった。情熱に血がたぎった。

とはいえ、私は内心を少しも表にあらわさなかった。生徒の目から見た教師というものは、自分が教えていることなど珍しくもなんともない、といったふうでなければならないのだ。もし私の驚きをいたずら坊主たちに覚《さと》られたら、そしてもし私が実験して見せている驚くべき気体を、自分もまた初めて目にしているのだと知ったら、連中は私のことをどう思うだろうか！　私は彼らの信用をなくし、生徒と同等の地位にまで落ちてしまうであろう。

自信をもつことだ。まるで化学なんかには慣れきってでもいるかのように振る舞いつづけるのだ！

次は細い布切れのように切られた鋼鉄のリボンの出番だ。これは螺旋状《らせんじょう》に巻かれた古い懐中時計のばねに、火口《ほくち》のかけらを取りつけたものである。私の取り出した気体を広口壜の中に満たし、この少量の火口に点火してやれば、鋼鉄は燃えるはずである。

そして、実際にそいつは燃えたのだ。それは見事な花火のようにぱちぱちと音をたて、まぶしい輝きを発しながら激しく燃えて、錆《さび》から出る白い煙がガラス壜の中いっぱいにたちこめた。炎の渦巻《うずま》きの先端から、ときおり赤い滴《しずく》がぽとりと

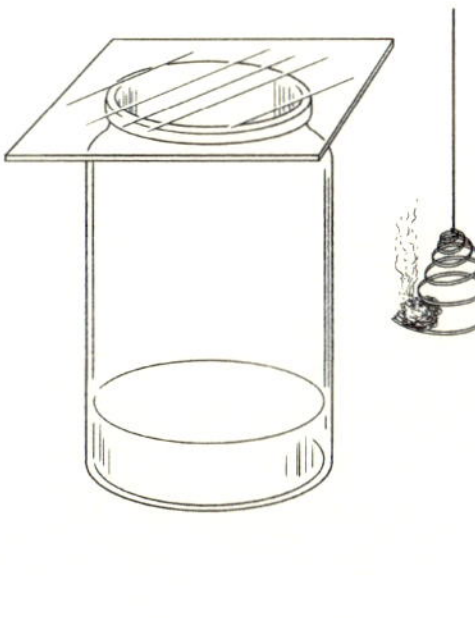

▼二酸化マンガンを硫酸で熱処理して集めた気体と、懐中時計のばねに火口《ほくち》を取りつけたものを用意する。

▼火口に点火して広口壜の中にばねを入れると激しく燃え、炎の先端から赤く溶けた鋼鉄が滴《したた》り落《お》ちた。

こぼれ落ちると、広口壜の底のほうに溜まった水の層をゆらゆら震わせながら沈んでいき、一瞬のうちにガラスを溶かしたかと思うと、その中に嵌まり込んでしまう。とても手におえないほど高温になったこの金属の滴を見て、みな恐ろしくなった。生徒たちは足を踏み鳴らし、歓声をあげ、拍手喝采した。臆病な生徒などは片手で顔を覆《おお》い、指のあいだから覗《のぞ》き見《み》ている始末である。生徒たちは大興奮、私自身も大得意であった。どうだ、諸君、化学って素晴らしいものだろう！

われわれには、みな生涯に、白い小石で目印をつけておくだけの値打ちのある、記念すべき特別の日があるものだ。実利に敏《さと》い連中は、多くの事業を手がけ、金もうけをしては得意そうに昂然《こうぜん》と顔を上げている。しかし、深くものを考えることの好きな人たちは、何か新しい発想を得て、事物の摂理を記した偉大な書物に新たな頁《ページ》を加え、真理に到達しえたという聖なる喜びを静かに味わうのである。

私にとっての記念すべき日は、酸素と最初に関わりをもった日だ。あの日、授業を終えて実験器具をすべてもとの場所に戻したとき、私は一アンパン[41]ばかりも背が伸びたような気がした。私は見習い期間もなく実験を行ない、たった二時間ばかりまえまでは自分でも知らなかったことを、人に証明してみせるのに完全に成功したのだ。事故は何も起こさなかったし、硫酸の染みひとつ作らなかった。

ということは、サン＝マルシアルでの授業のような不幸な結末から私が想像し

41 **アンパン** 原語は empan《アンパン》 十七世紀以来、プロヴァンス地方を中心として使われていた長さの単位。広げた掌《てのひら》の親指の先から小指の先までの長さ二〇～二二・五センチを指す。

ていたほど、この実験は難しくもなく、危険でもないわけだ。注意深く見守り、多少の用心さえすれば、これからも続けていくことができるであろう。こうした見通しに私はすっかり心が明るくなって、まるで夢を見ているかのようであった。

そこで次は水素を取り出すことにした。実験については本を読んで充分に考え、肉眼で見るまえに精神の目で何回も何回も見て計画を練った。私はガラス管の中で水素を燃やし[42]、炎に「ピョーッ」という歌をうたわせ、燃焼の結果できる水をぽたぽた滴《したた》らせて、いたずら好きの生徒たちに歓声を上げさせた。水素の混合ガスをどかんと爆発させて連中を飛び上がらせてやったりもした。

そのあとは燐《りん》の炎の壮麗さ、塩素の作用の激しさ、硫黄《いおう》の悪臭、炭素の変化などなど、多くの実験を行ない、いつも同じように成功を収めた。一年間のうちにおもな金属とその化合物についてひととおり実験してみせたのである。

私の授業は評判になった。学校が提供する珍しい実験に惹《ひ》かれて新しい学生たちが私のもとにやってきた。食堂にはその生徒たちのためにナイフとフォークを何組か新たに揃えなければならなくなった。化学のことよりも、生徒たちに食べさせるエンドウのベーコン炒めのほうに関心のある校長は、寄宿生が増えたことで私を賞讃してくれた。とにかく、私は化学の世界に投げ込まれたのだ。あとは時間と、何ごとにも屈しない強い意志があれば、おのずと道は開かれるであろう。

42　**水素を燃やし**　ガラス管に溜めておいた水素に火をつけると「ピョーッ」という甲高い音を発して燃焼する。かつては子供向けの化学の実験としてよく行なわれていた。

21章　忘れられぬ授業　訳注

233頁　きのこ　ベニテングタケのような美しく可憐なきのこの存在の不思議さは、森に住む小人や妖精の伝説とともに人々の夢想を誘った。それが、たとえばアール・ヌーヴォーのガラス工芸家、エミール・ガレ Emile GALLE（一八四六—一九〇四）のヒトヨタケのランプなどに表現されている。

235頁　モカン＝タンドン　トゥールーズ大学の植物学教授やパリ植物園の園長などを務めた博物学者。一八五〇年、植物相《フロラ》を調査するためにコルシカ島を訪れ、このときにファーブルと出会っている。一八五四年よりフランス科学アカデミー会員。おもな著書に『植物奇形学原理』*Eléments de tératologie végétale*（一八四一）、『フランスの陸生、淡水産軟体動物の自然史』*Histoire naturelle des mollusques terrestres et fluviatiles de France*（一八五五）などがあるほか、作家としても、アルフレッド・フレドル Alfred FREDOL のペンネームでプロヴァンス地方の伝説を題材にした『マグロンヌの胡桃《くるみ》の木』*Le Noyer de Maguelonne* や、『海の世界』*Le monde de la mer*（一八六二）などの小説も著わしている。また、ナポレオン三世の側近で、上院議員としても活躍した作家プロスペール・メリメ Prosper MERIMEE（一八〇三—七〇）との書簡集でも名を知られる。

237頁　サン＝マルシアル僧院　中学や高校の歴史の時間にはあまり詳しく習わなかったけれど、ときどき、本当は、いったいどうなっているのか、もっと詳しく教えて欲しいと思うことがあった。そのひとつが、たとえばローマ教皇（法王）の「アヴィニョン捕囚《ほしゅう》」、あるいは「バビロン捕囚」（一三〇九—七七）である。永遠の都と謳《うた》われたローマから、わざわざ教皇を連れてくるのなら、なぜ、パリではなく、南仏のアヴィニョンなのか。

ここで、サン＝マルシアル教会の建設者とその持ち主の変遷を大雑把に見てみると、このプロヴァンス地方の県都、アヴィニョンとその周辺の歴史の複雑さが推察できるように思われる。実際にその地を旅すると、なるほど、アルプスを越えて陸路パリに赴《おもむ》くのは大変な長旅で、それに比べれば、船でイタリアの港から地中海を渡り、ローヌ川をさかのぼってアヴィニョンにいたるのは、座ったままでも着くような楽な旅なのであった。いっぽうで、アヴィニョンの町が、戦闘用にいかめしく武装している理由もわかってくる。ここには、イタリア、フランスの地理と、さまざまな民族の政治や文明が複雑に関わっているのである。

その「アヴィニョン捕囚」の際には、この狭い城郭都市に、千人規模の、イタリア系を主とする宗教官僚らが移り住んできて、引き続き利権をむさぼろうとしたらしい。その人々が、おもにアヴィニョンの上流階級を占めたという。ペトラルカが描写している狭い街路に人や馬車がひしめき、悪臭が鼻をつくような城内の惨状も、決して大袈裟《おおげさ》ではあるまい。今のわれわれには一日として暮らせない、不潔で、危険で、不合理な生活であったと思われる。

それより何より、その当時、アヴィニョンという都市は、プロヴァンス伯爵領に属していた。都市の所有者は、パリ周辺地域を根拠地とする、カペー家のフランス王ではなくて、ナポリ王家のアンジュー＝シチリア家なのであった。当主の名もジョヴァンナ（フランス式にはジャンヌ）一世と言った。もう一度言えば、ナポリ王家女王兼、プロヴァンス女伯ジョヴァンナである。ヨーロッパでは、王族、貴族の婚姻、相続、売買などで統治者が変わるために、支配者と住民とで言葉が違い、細かく言えば人種まで違う、というようなことがあるから、われわれにはよく解らない。

アヴィニョンは、やがて、都市そのものが教皇に売却される。アヴィニョン捕囚の期間、歴代の教皇は、すべてフランス人であった。また、一二七四年以来、ローマ教皇庁は、南仏に豊かな農業地帯コンタ・ヴネッサンを所有していた。やがて教皇庁がローマにふたたび戻されたのち、アヴィニョンは、北フランスの支配下に入り、次には、宗教戦争と革命の嵐が吹き荒れるわけだが、サン＝マルシアル教会の建物は、頑丈な石造りであるために、焼き払われて灰燼《かいじん》に帰《き》すというようなことはなく、増築、あるいは改築はあっても、建築物の枠組みは同じで、中身が、あるいは中の住人が変わるだけなのである。フランス史の年表から、南仏とこの建物に関わりのある重要事項を年代順に記せば次のようになる。

七三二年　トゥール＝ポワティエの戦い。

七三五年　フランク王国の軍、南フランスよりイスラム軍を撃退するが、そのため翌々年にかけてアヴィニョンの町は、シャルル・マルテル軍の劫掠《ごうりやく》を受ける。

一二〇九―二九年　アルビジョワ十字軍。ローマカトリック教会によって異端とされたカタリ派（アルビジョワ派）が殲滅《せんめつ》させられ、また南フランスが王領に加えられる。

一三〇三年　アナーニ事件。フランス王フィリップ四世、ローマ近郊のアナーニでローマ教皇ボニファティウス八世を監禁、退位を迫る（教皇は一か月後に憤死《ふんし》したという）。

一三〇九年　アヴィニョンに教皇庁が移される（教皇のバビロン捕囚〔一三〇九―七七〕）。

一三四六年　ナポリの女王でありプロヴァンスの女伯でもあったアンジュー家のジョヴァンナ（ジャンヌ）一世のための宮殿が建設される。しかし、ジョヴァンナ一世がこの宮殿に立ち寄ったのは生涯で一度きりであった。

一三四八年　アヴィニョン市がジョヴァンナ一世から教皇クレメンス六世に売却される。

一三六三年　教皇ウルバヌス五世は、新しい教皇宮建設のためジョヴァンナ一世が所有していた宮殿をベネディクト修道会に譲る。

一三七八年　枢機卿ピエール・ド・クロスがこの建物（宮殿）に修道会の学校を設立。聖人サン＝マルシアルを守護者とし、彼の名を冠した。

一三八〇年　コレージュ・サン＝マルシアル設立。

一四〇〇年頃以降、この建物は長年にわたって増改築が繰り返されたが、一七九〇年から一八〇〇年にかけて、フランス革命の混乱で修道院の内部は荒廃する。一八八一年、この建物はプロテスタントのサン＝マルシアル教会となった。一八五六年から五七年にミニャール家のピエール二世によって建設された修道院の建物は部分的に取り壊され、平和主義者ジャン・ジョレスの名を冠した中庭が造られた。

そののち、建物は郵便局として、次いで旅行案内所として使用され、教会の建物内に小学校教員養成の師範学校が同居。ファーブルもその学校の生徒であった。のちに文部大臣ヴィクトール・デュリュイの構想により、この建物で市民講座開講。ファーブルは、一八六八年に「植物の受精」に関する公開講義を若い女性の前で行なったことで教会から批判され、アヴィニョンを追われるようにして去っている。この事件がセリニャンの荒地《アルマス》へ隠棲《いんせい》するきっかけともなった。

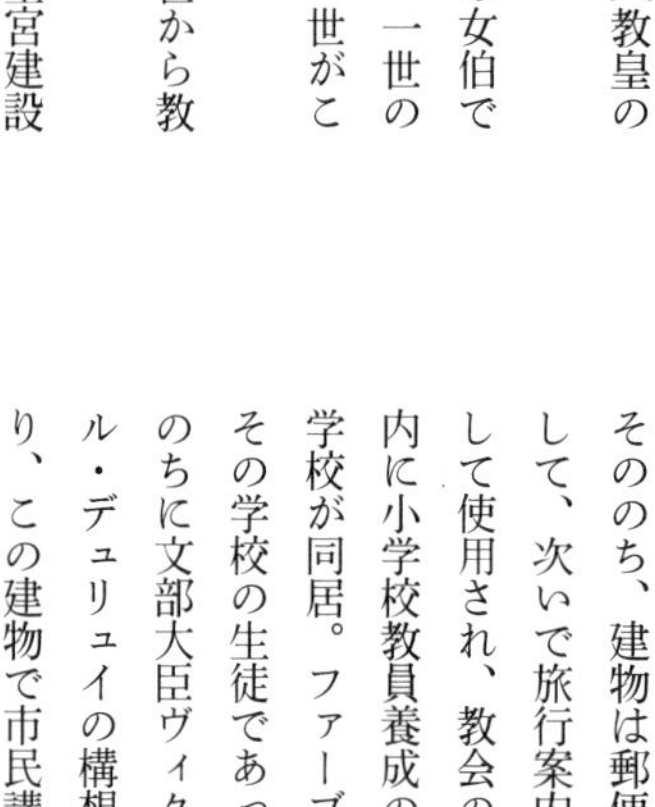

サン＝マルシアルとルキアン像(左)。

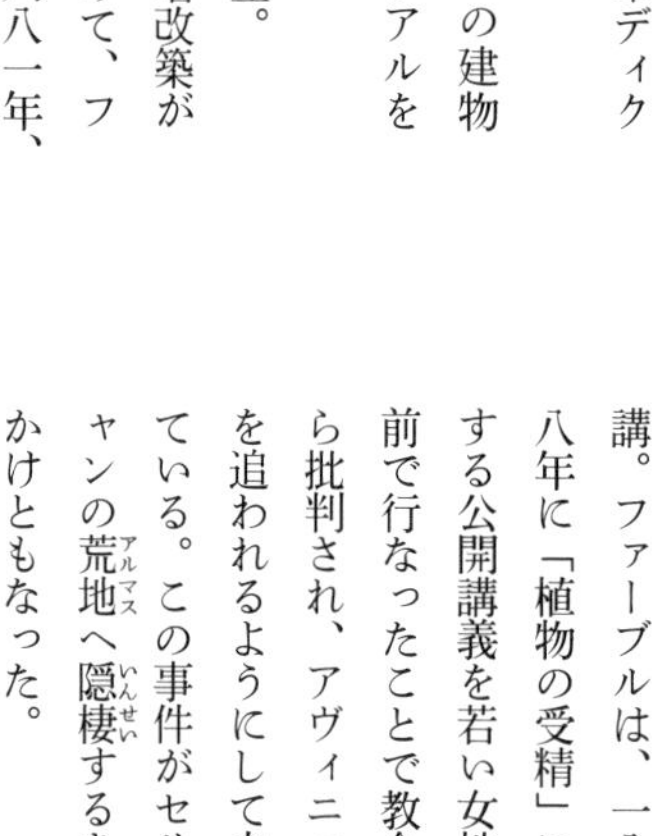

現在のルキアン博物館の腊葉標本の展示。

以下、このサン＝マルシアルに関して、ファーブルに関係のある同時代の事項を記せば、一八〇一年に物理学者で美術品などの蒐集家《しゅうしゅうか》のエスプリ・カルヴェ Esprit CALVET（一七二八―一八一〇）が所有していたコレク

ションがサン＝マルシアルに移送され「カルヴェ美術館」となる。一八一九年に博物学者のエスプリ・ルキアン Esprit REQUIEN（一七八八―一八五一）がカルヴェ財団の理事に任命され、一八四〇年にルキアン自身も自分の蒐集した動植物の標本をカルヴェ財団に寄贈。一八五一年にルキアンが死去すると、同美術館は「ルキアン博物館」と名を変え、一八六六年から七三年まではルキアンと親交のあったファーブルが第三代館長を務めた。その後のルキアン博物館は、一八九八年にサン＝マルシアルの建物からジョゼフ・ヴェルネ通り沿いにあるヴィルヌーヴ・マルティニャン邸内（現在はカルヴェ美術館〔前掲とは別のもの〕が入っている）に移転し、さらに一九四三年、隣接する建物に移って現在にいたる。

243頁　よせばいいのに　以下にラ・フォンテーヌの「乗り合い馬車とうるさいハエ」の拙訳を掲げる。

乗り合い馬車とうるさいハエ

日陰さえ無い、かんかん照りの砂地の坂道、
逞《たくま》しい馬六頭立ての、乗り合い馬車が難儀していた。
　脚《あし》がめり込み、とても登れたものじゃない。
女も、僧侶も、年寄りも、みんな馬車から降りていた。
繋《つな》がれた馬は大汗をかき、息を切らして、もうへとへと。
そこにしゃしゃり出たハエ一匹。馬どもの傍《そば》に近寄ると
ぶんぶん羽音で煽《あお》りたて、これで励ましているつもり。
次から次へと馬を刺し、
　この私こそが頑張って、
大きな馬車を動かすと、すっかりその気になっている。
梶棒《かじぼう》に止まり、御者《ぎょしゃ》の鼻の頭に止まる。
　馬車がようやく動き出し、
乗客たちは歩き出す。
自分ひとりの手柄として、ハエは
行ったり、来たりの大忙し。その振る舞いたるや、
各方面で部隊を進め、
　兵隊たちを励まして、勝利を急ぐ指揮官さながら。
そうしてハエは愚痴ばかり。みんなが困っているときに、
　働いているのは自分だけ、
なんでもかんでもこの私、馬を助けて困難を
　切り抜ける者はほかに無い。
僧侶は唱える祈りの文句。
なんとものんびりしたもんだ！　女の一人は歌まで唄う。
こんなときに歌なんか！　とハエはまたひとしきりぼやいている。
　みんなの耳のすぐ傍で、大きな音でまたぶんぶん。

そのほか同じ馬鹿なまね。
散々苦労のその末に、馬車はやっとこさ坂の上。
すると、すぐさまハエは言う「さあ、一休みいたしましょ」
「とうとうここまで着いたのは、私が苦労したからよ、
お馬のみなさん、お駄賃、私に下さいな」

こんな具合で、忙しく、ありとあらゆるものごとに
　　口を突っ込む奴がいる。
　　どこでも私は欠かせない、と思っているのは自分
　　　だけ、
どこにいたって足手まとい。追い払われるのが関の山。

LE COCHE ET LA MOUCHE

Dans un chemin montant, sablonneux, malaisé,
Et de tous les côtés au soleil exposé,
　　Six forts Chevaux tiraient un Coche.
Femmes, Moine, Vieillards, tout était descendu.
L'attelage suait, soufflait, était rendu.
Une Mouche survient, et des Chevaux s'approche;
Prétend les animer par son bourdonnement;
Pique l'un, pique l'autre, et pense à tout moment
　　Qu'elle fait aller la machine,
S'assied sur le timon, sur le nez du Cocher;
　　Aussitôt que le char chemine,
　　Et qu'elle voit les gens marcher,
Elle s'en attribue uniquement la gloire;
Va, vient, fait l'empressée; il semble que ce soit
Un Sergent de bataille allant en chaque endroit
Faire avancer ses gens, et hâter la victoire.
　　La Mouche en ce commun besoin
Se plaint qu'elle agit seule, et qu'elle a tout le soin;
Qu'aucun n'aide aux Chevaux à se tirer d'affaire.
　　Le Moine disait son bréviaire;
Il prenait bien son temps! une femme chantait;
C'était bien de chansons qu'alors il s'agissait!
Dame Mouche s'en va chanter à leurs oreilles,
　　Et fait cent sottises pareilles.
Après bien du travail le Coche arrive au haut.
Respirons maintenant, dit la Mouche aussitôt:
J'ai tant fait que nos gens sont enfin dans la plaine.
Çà, messieurs les Chevaux, payez-moi de ma peine.

Ainsi certaines gens, faisant les empressés,

S'introduisent dans les affaires:
Ils font partout les nécessaires,
Et, partout importuns, devraient être chassés.
（*Fables*, Ⅶ FABLE Ⅷ）

250頁　トロワ＝シス　当時のアルコール度数検査法でトロワ＝シス（三・六）という濃度を示す酒のことで、現在の度数表示でいうと八十五度前後となる。当時使われていたオランダ式の度数検査法では、定量の酒に枡《ます》で水を加えて、基準濃度（一九カルティエ度＝約五十度）まで希釈し、基準値に達した希釈液の総量（枡の杯数）によってアルコール濃度を表わした。トロワ＝シスとは、三《トロワ》杯の酒に三杯の水を混ぜ、全体で六《シス》杯の希釈液にすると、それがちょうど約五十度（基準濃度）になるアルコール度数である。つまり水を加える前の度数は、換算すると八十五度前後にあたることになる。

同様に trois-sept《トロワ＝セット》（三・七）は、三《トロワ》杯の酒に四杯の水を混ぜ、全体で七《セット》杯の希釈液にすると約五十度を示すアルコール濃度の酒を指す。トロワ＝シスより加える水の量が多いということは、もとの酒が濃いことを意味し、トロワ＝セットのアルコール濃度は約八十八度となる。オランダ式のアルコール度数検査法では、ほかにも trois-huit《トロワ＝ユイト》（三・八）、trois-neuf《トロワ＝ヌフ》（三・九）などのアルコール濃度の呼称があった。

22

応用化学

さあ働こう《ラボレームス》！

人生には何が起きても不思議はない――かつて中を覗《のぞ》き見《み》た実験室で自分が授業をすることになるとは――私は学者になりたかった――しかし財産がないので断念せざるをえない――自分の好きな学問の応用で金を稼ぐのだ――アカネの根から染料を抽出しよう――研究中、文部大臣のヴィクトール・デュリュイ氏が訪ねてきた――半年後、パリの大臣室に来られたし、という手紙が届く――勲章が授与され、ナポレオン三世に拝謁《はいえつ》することになった――しかしパリはもうたくさんだ、家に帰ろう――染料の効率のよい抽出に成功した矢先、それが化学的に作り出されてしまった――私の夢は完全に崩れ去った――アカネの桶《おけ》からは手に入れられなかったものを、インク壜《びん》の中から取り出してみよう――さあ働《ラボレームス》こう！

扉絵　アカネの根から染料を抽出する実験

人生には何が起きても不思議はない。われわれの師範学校[1]の庭に面した低い窓から私が、アカネ[*2]を煮る大桶《おおおけ》が湯気を立てている化学実験室を眺めていたころ、まさかその同じ円天井《ヴォールト》の下で、この私が化学の実験をしてみせることになろうとは、それこそ予想だにできないことであった！　そうなのだ、あの聖なる場所、私たちにとっての最初にして最後の化学の授業が行なわれたところで、硫酸[*]の爆発事故のために全員が顔に大やけどを負い、危うく人相まで変わってしまいそうになったあの講堂で、この私が授業をすることになろうとは！

いつか私があの先生の後を継いで実験をすることになるだろうと、たとえこの聖堂から予言の声が響いたとしても、私にはとても信じられなかったであろう。〝時〟というものはこんなふうに、人の意表を突く出来事を用意しているものだ。

この教会の石にしても、もし何かに驚くということがあるならば、同じような思いを味わうことになるであろう。もともとサン[3]＝マルシアルの建物はローマ・カトリックの聖堂《エグリーズ》であった。今ではそれはプロテスタントの教会《タンプル》になっている。

1　**師範学校**　教員を養成するための学校。当時のフランスは初等教育の改革のさなかで、教員の数が圧倒的に不足していたため、その育成が急務であった。

2　**アカネ**　ここではセイヨウアカネ（西洋茜）のことを指す。*Rubia tinctorum*　アカネ科アカネ属の多年草。茎の高さ50～80 cm。根を煎《せん》じて染め物に使われていた。アカネ染めは南仏の主要な産業であった。→訳注。

かつてはここでラテン語の祈禱《きとう》がささげられていたが、今ではフランス語でお祈りをしているのである。そしてその中間にあたる何年かのあいだ、この建物は科学のために用いられてきた。科学こそが無知の闇を祓《はら》う美しい祈りなのである。どんな未来が、この建物には用意されているのであろうか。

ラブレーの言う「鐘の鳴る島《イール・ソナント》」[4]ならぬ「鐘の鳴る街《ヴィル・ソナント》」ともいうべき、このアヴィニョン[*5]のほかのさまざまな建物と同じように、これも石炭の倉庫や屑鉄《くずてつ》置き場や、馬車の車庫にでもされるのであろうか。誰にもそれはわからない。石には石の運命があるもので、われわれ同様先のことはわからないのである。

アヴィニョン市から依頼されて、私が[*]公開講座を行なう会場としてその講堂を使用することになったとき、この教会の身廊《しんろう》[6]は、かつて私がほんの短いあいだここを訪れて悲惨な事故に遭《あ》ったときそのままの状態であった。

右手の壁には、あちらにもこちらにも、黒い染みがいっぱいに跳ねているのが目についた。それはまるで、怒り狂った人間が武器の代わりにインクの壜《びん》を投げつけ、それが壁に当たって砕けたために中身が一面に飛び散ったかのようであった。この染みの正体は、私にはすぐにわかった。これはかつて、あの蒸留器《レトルト》から、私たち目がけて飛んできた沸騰《ふっとう》した硫酸の痕《あと》なのだ。つまりあの遠い昔の事件以来、上から塗料の石灰《せっかい》を塗ってこの壁の染みを消してしまったほうがいい、と考

3 **サン＝マルシアル** 十四世紀に設立されたベネディクト修道会系の学校を起源とし、一八八一年以降はプロテスタントの教会になった。本章にあるように建物の一部が師範学校や博物館として使われていた時代もある。→本巻21章訳注。

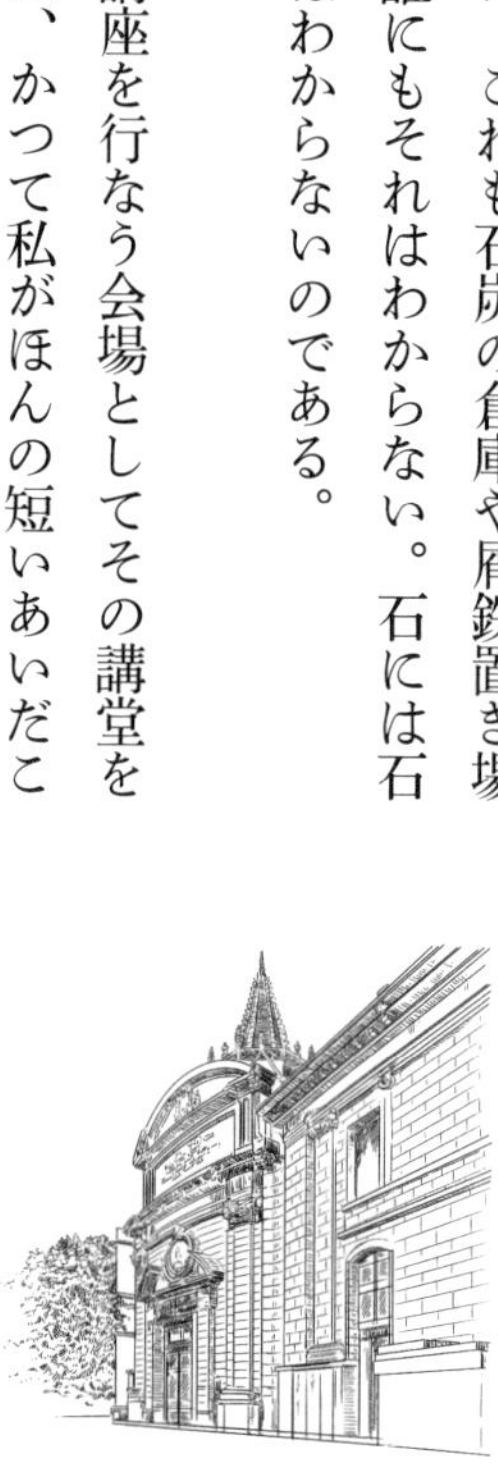

4 **鐘の鳴る島《イール・ソナント》** フランソワ・ラブレー François RABELAIS（一四八三頃－一五五三）の死後、一五六四年に刊行された『第五の書 パンタグリュエル』に登場する島。この島では一日中鐘が鳴り響き、教皇鳥、枢機卿鳥、司教鳥などが暮らしている。

えた人がいなかったことになる。

いやむしろ、ここはこのままのほうがよかろう。これらの染みは、私にとって素晴らしい忠告者になってくれるはずだ。慎重であらねばならぬ、と授業のたびに目の前で私を戒《いまし》めてくれることであろう。


化学にはさまざまな魅力を感じてはいたけれど、それでも、大学で博物学を教えるという夢は捨てきれなかった。これこそ私の好みにぴったりの学問で、ずっと昔から私はその夢を思い描いてきたのだ。

ところがある日、高等中学校《リセ》に視学官がやってきた。この来訪は嬉しいものではなかった。私の同僚たちは彼のことを「鰐《わに》」と呼んでいた。おそらく、以前この学校に巡回してきたとき、彼らを厳しく叱りつけるようなことがあったのであろう。気難しそうな人ではあったが、心根は立派な人物であった。彼は私に対して、のちのち私の研究者としての生活に重大な影響をおよぼす意見を述べてくれたのである。

その日、彼は突然、たったひとりで私の教室に入ってきた。私は生徒たちに幾何学の作図を教えていた。正直に言うと、そのころの私は、安月給を補い、家計の帳尻をなんとか合わせて大家族を養っていくために、学校の内外でいろいろな

5 **アヴィニョン** フランス南部のローヌ川沿いの都市。染め物の町として栄えていた。●印がサン＝マルシアル教会。→訳注。

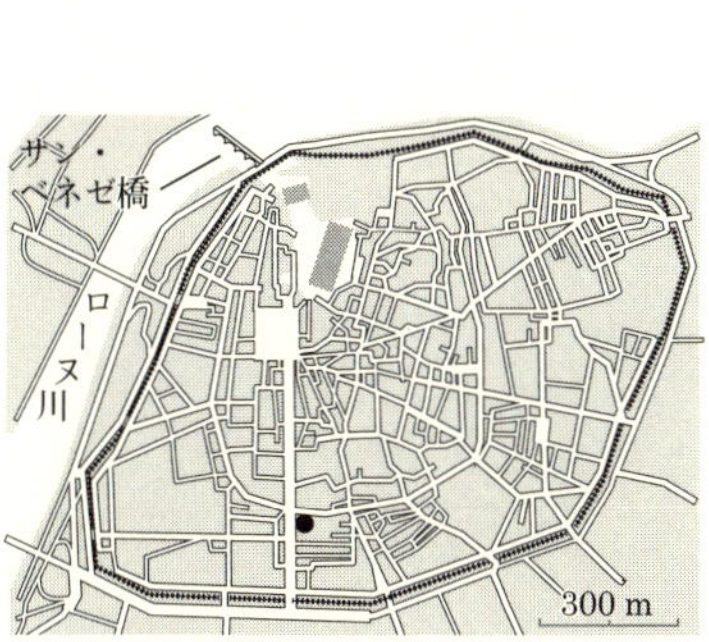

6 **身廊** キリスト教の建物の入口から祭壇に向かう通路の中央部分。

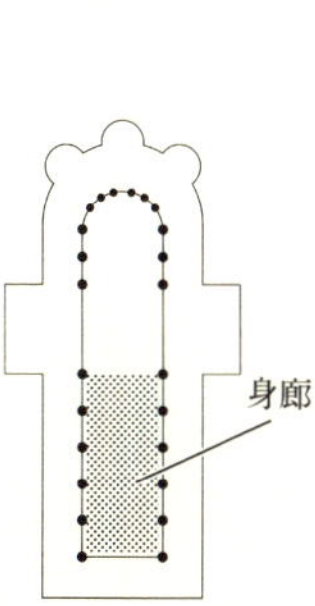

授業をかけもちしていた。特に本務校の高等中学校《リセ》では、物理学か、化学か、博物学かを二時間教えたのち、休憩なしにもうひと齣《こま》、二時間のクラスを受け持っていた。その授業で私は、画法幾何学の投影図の描き方や、測地線、そして一定の法則に則《のっと》ったさまざまな曲線の引き方を教えていた。図学演習といった。

恐ろしい、と評判の人物が突然教室に入ってきたわけだが、私はそれほどどぎまぎしなかった。ちょうど正午の鐘が鳴って生徒たちは出てゆき、私たちはふたりきりになった。彼が幾何学者であることを私はよく知っていた。だから私は、完璧に描かれた超越曲線を見せて彼の御機嫌をとることができると思ったのである。ちょうど、ボール紙製の私の書類箱の中には、この幾何学者の視学官を満足させられるほどよく描けた生徒の作品があったのだ。

運よく生徒のなかに、ほかのことをやらせるとまったく駄目なくせに、三角定規やものさし、烏口《からすぐち》など、作図の道具を扱わせると実に上手いのがいたのである。勉強のほうはもうひとつだが、手先が器用、という生徒であった。

最初に接線とはどういうものなのか、どう引くのかを教えておいたおかげで、その器用な生徒は、普通のサイクロイド曲線[7]、ついで外サイクロイド曲線、つまり内でも外でもサイクロイド曲線を自由自在に描いていた。そしてついには、これらの曲線を引き伸ばしたり縮めたりした線を描きあげていたのである。

7 **サイクロイド曲線** 超越曲線の一種。円が直線上を滑らずに転がるとき、その円周上の定点が描く曲線。時計に使用する歯車などの原理である。

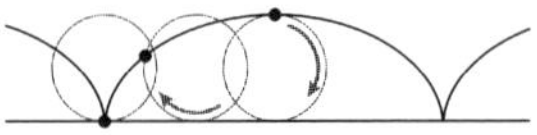

彼の作図した曲線は、驚くばかりに精緻なクモの巣のようで、その網目の中には、高等数学の曲線が包み込まれていた。描線はきわめて正確で、計算で導き出すとなったら非常に厄介《やっかい》な、美しい定理を、そこからやすやすと引き出すことができるほどであった。

私はこの幾何図形の傑作を、幾何学が大好きだと聞いている視学官に差し出した。遜《へりくだ》った態度で、どうやって曲線を引かせたかを説明し、この作図から導き出しうる見事な結果のほうに彼の注意を惹《ひ》こうとしたのだ。

しかしそんなことは無駄な努力であった。私が出して見せる作品を、彼は次から次へと、いかにも気のりがしないようにちらと見るなり、ぽいぽいと、仕事机《テーブル》の上に放っていくのであった。私は思った。

「まずい。どうやら嵐になりそうだ。サイクロイド曲線も私を救ってはくれそうにないわい。今度は私がワニの歯でガブリとやられる番なんだな」

ところがそうではなかったのだ。みなから恐れられているこの人物は態度をやわらげた。彼はくつろいで両足を投げ出すように長椅子《ベンチ》に座ると、私にも横に座るようにと手招きした。そして私たちはひとしきり図学の演習について話をした。それから、突然、彼は私に訊《き》いたのだ。

「あなたね、財産がありますかね」

こんないきなりの質問にびっくりして、私は答えのかわりに微笑《ほほえ》むしかなかった。

「いや、怖がることはありません。私を信頼してください。私があなたに尋ねているのはあなたのためなんです。財産がありますか？」

「視学官殿、私は貧しい者ですが、それを恥じることはない、と思っております。率直に申し上げまして、財産と言えるようなものは何ひとつもっておりません。収入源は私のささやかな給料だけです」

私がそう答えると彼は眉《まゆ》をひそめた。そして、ちょうど聴罪《ちょうざい》司祭《しさい》[*8]がひとり言を言うような調子で、ぼそぼそと次のように言ったのだった。

「残念だ。実になんとも残念だ」

貧しいことが残念だと言われて、私は驚いた。これはどういうことなんだろう、と私は自分の胸に問いかけた。自分の上司にあたる人から、こんな親身な心づかいを受けることに私は慣れていなかった。

「そうですとも、なんとも残念なことです」

と人から怖がられているこの人物は続けて言った。

「『自然科学年報』[*9]に載ったあなたの論文を私は読んだのですよ。あなたは、ものごとを観察する精神をもっているし、研究好きのようだ。そしてあなたには生

8 **聴罪司祭** キリスト教（カトリック）の「悔悛《かいしゅん》の秘蹟《ひせき》」（告解《こっかい》）において、信者の罪の告白を聴き、赦免《しゃめん》を与える司祭のこと。

9 **自然科学年報** *Annales des Sciences naturelles* パリの国立自然史博物館の昆虫学者オードゥアン AUDOUIN, Jean Victor（一七九七—一八四一）によって一八二四年に創刊された科学雑誌。ファーブルはたびたび投稿している。↓訳注。

き生きした言葉がある。文章を書くことがそれほど苦にならないようですね。素晴らしい大学教授になれるでしょうに」

「はあ、私もそうなりたいとずっと思ってきたのですが」

「あきらめることですね」

「充分な学力がないからでしょうか」

「いや、それは充分おもちですよ。でも、資産がないんでしょう?」


大きな障害がなんであるのか、はっきりとわかった。貧乏とは、なんとつらいものだろう！　大学で教えるには、何よりもまず個人的な財産、つまり地代や金利収入が必要とされるのである。凡庸《ぼんよう》で、才気なんかなくてもいい、でも金持ちでなければならないのだ。そうすれば偉くなれる。いちばん大切なのはまさにそのことなのだ。あとの条件は二の次というわけである。

この立派な人物は私に、大学の教員としての苦労を語った。私ほど貧しいというわけではなかったけれど、彼はそのためにさまざまな幻滅をしたたかに味わわされてきたのであった。そのつらい思いを感情もあらわに私に話してくれたのである。胸のつぶれるような思いで、私は彼の話を聞いていた。私は将来そこに逃げ込もうと思っていた避難所が崩れ去るのを感じた。

「先生、大変ためになる話を聞かせていただきました。おかげで迷いが断ち切れました。とりあえず私は自分の計画を断念することにいたします。まずは、それなりの教職を務めるのに必要な、少しばかりの財産を手に入れられるかどうか検討してみることにいたします」

そう言うと、私たちは友人としての握手を交わし、別れたのであった。それ以来、私は二度とこの人に会ったことはない。慈父《じふ》のような彼の言葉を聞いて、私はすぐに納得してしまった。私はそのころすでに厳しい現実に直面できるぐらいには大人になっていたのだ。その数か月まえ、私はポワチエ大学[10]の動物学講座の代理講師に任命するという辞令を受け取っていた。しかし私に約束されていた俸《ほう》給《きゅう》はごくわずかなもので、引っ越しの費用を支払うと、一日三フラン足らずしか残らない。そしてそれだけの収入で家計をまかなわなければならないことになるのだった。しかも家族は全部で七人もいたのだ。大きな名誉だったけれど、私は急いでこの話を辞退したのである。

いや、学問の世界にこういうふざけた話があってはなるまい。私たちのような貧しい者でも、学問において有能であるならば、それにたずさわることによって、すくなくとも食べていけるようでなければならないのだ。それができないというのなら、私たちは街道で石割り仕事でもやるしかない。

10 **ポワチエ大学**　フランス中西部のポワチエにある大学。一四三一年にローマ教皇のエウゲニウス四世とフランス王シャルル七世によって設立された。ルネ・デカルトやフランソワ・ラブレーが卒業している。

ああ、そうなのだ。あの親切な人物が、大学教員の悲惨な生活について私に語ってくれたとき、私は現実を直視することができるぐらいには大人になっていたのである。

私がこうして語っているのは、今からさほど遠くない時代の物語だ。それ以来、事態はずっと改善されてきてはいる。けれども梨が食べ頃になったとき、私はもうそれを収穫できる年齢ではなくなっていたのである。

さてそれでは、あの視学官が指摘してくれ、そして私自身の経験によっても、したたかに思い知った貧乏というこの困難を乗り越えるために、私は何を為《な》すべきなのか――応用化学[*11]をやってみよう、サン＝マルシアルでの公開講座のために、広くて、実験道具類のかなりよく揃《そろ》った研究室を私は自由に使うことができた。この施設を利用しない手はない。

アヴィニョンの主要な産業はアカネの染料生産であった。畑で栽培されたアカネは工場に運ばれ、そこで、より不純物の少ない、濃縮された染料に加工されるのである。私の先任の先生は文字どおりそれに手を染め、かなりの成功を収めたという話であった。彼の先例にならって、桶や炉《ろ》など、私の受け継いだ実験道具を利用させてもらうことにしよう。これはずいぶん高価な装置なのだ。さっそく仕事にとりかかろうではないか。

11　**応用化学**　原文は la chimie《ラ・シミー》 industrielle《アンデュストリエル》　直訳すると、「工業化学」。→訳注。

私が作り出すべき製品、それはいったいどんなものでなければならないか。私が考えたのは、染料の成分であるアリザリン[12]を抽出することだった。つまり、アカネの根の中に含まれている不純物を取り除き、純粋なアリザリンだけを取り出して、その色素を直接生地《きじ》に定着させることができれば、古くからある染色法よりずっと芸術的な、なおかつ手っ取り早い方法となることであろう。

こうした問題は、ひとたび解決法がわかれば、このうえなく単純なものである。しかし、これから解決しなければならないとなると、どれほど摑《つか》みどころのない、難解なものであることか。どんなことでも、たとえまったく非常識なことであっても、排除しないでやってみる。私は試行錯誤を際限もなく繰り返した。どれほどの想像力、どれほどの忍耐力を費やしたことか、思い出すのさえ苦痛なくらいだ。

薄暗い教会の中で、どのくらい考えをめぐらせたことか。華々しい成功を収めたときのことを夢見た直後に、実験の結果が失敗であるとはっきり出て、私が組み立てた推論が土台から崩れ去ったときは、どれほどの失意を味わったことであろう。解放奴隷となるためにわずかな金を積み立てていた古代ローマの奴隷のように、辛抱づよく私は、前日の失敗に、翌日また新しい試みで応じるのであった。その新しい実験にも、それまでのものと同じく多くの欠点があったけれど、と

12 **アリザリン**　セイヨウアカネ *Rubia tinctorum* の根に含まれる色素（ルベルトリン酸）。化学反応を起こさせると赤くなる。地中海沿岸では赤い染料を得るために古くからセイヨウアカネが栽培されていた。

▼十八世紀頃のアカネ染めのようす。

きには、著しい改善がみられることもあった。倦《う》まず弛《たゆ》まず私は進んでいった。私もまた、解放されたいという不屈の野望を抱いていたからである。

技術を完成させることに私は成功するだろうか。きっとうまくいくだろう。そして私はついに満足のいく結果を手に入れたのであった。実用的で経費のかからない技法によって、染色にも印刷《プリント》にも優れている、小容量で高密度に濃縮された純度の高い染料を作り出したのである。友人のひとりが、自分の工場で私の方法を用いた大規模なアリザリンの生産を始めたし、何か所かの更紗《さらさ》[13]工場がこの製品を採用して、その結果に満足してくれたのであった。

ついに未来に希望が見えてきた。灰色の雲に覆《おお》われていた空に、ぽっかり窓が開いて、薔薇色《ばらいろ》の光が射しはじめたのだ。私はささやかな資産を手に入れることができるだろう。それなしには大学の教職に就くことはできないのだ。日々の糧《かて》を手に入れるための苦闘から解放され、私は昆虫たちに囲まれて、静かに暮らしていくことができるであろう。

貧困からの脱却という問題を克服するための、応用化学での成功の喜びにひたっているさなかに、このことにさらに加えて、太陽の光のように喜ばしい出来事が待っていた。二年ほど時間をさかのぼってみよう。

13 **更紗** 木版や金属板で紋様を印刷した木綿生地《きじ》。かつてフランスの衣料品の多くは羊毛か絹で縫製されていたが、十七世紀に東インド会社が印度更紗《いんどさらさ》の輸入を開始すると大流行するようになった。そのため政府は自国の織物産業を守ろうと、輸入や国内での製造を禁止するようになる。その後、十八世紀のなかばになるとフランス国内でもドイツの技術を輸入して更紗（西洋更紗）の生産が行なわれるようになった。

▼フランスの西洋更紗工場。

あるとき、われわれの高等中学校《リセ》に視学官たちが訪ねてきたことがある。ふたりがひと組になっていて、ひとりは文科、もうひとりは理科担当だった。授業の視察がすみ、行政書類の審査が終わると、教員たちは校長室に集められて、ふたりの高官の最後の訓辞を受けることになった。理科の担当官がまず話しはじめた。

彼がどんな内容の話をしたのか、思い出そうとするとひどく困ってしまう。それは聞いたそばから忘れてしまうような、魂も何もこもっていない、職業的な冷たい紋切り型の言葉であった。はっきり言ってしまえば、その話は、話す側にとっても、聞かされる側にとっても、退屈な、単なる苦役でしかないものであった。私としては以前からこの手の熱のこもらないお説教はもうたっぷり聞かされていた。同じような内容空疎な話をもうひとつ余計に聞いたからといって頭に残るはずがない。

次に、文科の視学官が話をした。その最初のひと言からして違った。「おっ、この人はまったく別ものだ」と私は思った。言葉に熱がこもっていて、心に響くものがあり、比喩は目に浮かぶようだった。教育関係者によくある平板な決まり文句なんか少しも使うことなく、思想は高く舞い上がり、慈愛に満ちた哲学の澄みきった領域を優雅に飛翔していた。

今度は私も喜んで話を聞いた。感動すら込み上げてくるのだった。それはもは

14 **ヴィクトール・デュリュイ** Victor DURUY（一八一一—九四）。歴史学者。当時教師であったファーブルとは、高等中学校《リセ》の視察を行なう視学官として出会い、のちに文部大

や官僚ふうの長ったらしいお説教ではなかった。わくわくするような熱意のある話しぶりで、思わず引き込まれてしまうのである。古代ローマで、雄弁家とはかくあるべしとされているとおりの、優れた話術をわきまえた人なのだ。教育の世界に入り込んで以来、こんな嬉しい思いを味わったことは一度もなかった。

集会が終わって部屋を退出するとき、私は胸の動悸が高まっていた。

「私は理科系だし、いつかあの視学官殿と親しくなるようなことはないだろうな。残念だなあ。きっと話が合っていい友人になれると思うんだが……」

いつでも私より世間の事情に通じている同僚たちから、その視学官の名前を教えてもらった。その名はヴィクトール・デュリュイ[14]というのだった。

それから二年ほどして、ある日のこと、私がアカネを煮る桶からたちのぼる湯気の中で実験を見守っていたときのことである。私の両手は、いっぺん染まると、いくら洗ってもなかなか落ちない染料にしょっちゅう触《ふ》れているために、茹《ゆ》でたオマール海老《えび》[15]のように真っ赤になっていたのだが、サン＝マルシアル教会の私の実験室の中になんの前ぶれもなく、ひとりの人物が入ってきた。その顔を見て私はすぐに思い出した。間違いない。たしかにあの人だ。

それはかつて私が話を聞いて感動したあの視学官殿だ。デュリュイ氏は今や文部大臣[16]なのだ。「デュリュイ閣下」と呼ばれる身だ。ふつうなら空々しく響くこ

臣となる。ファーブルを公開講座の講師に任命したのもデュリュイで、彼の数少ない支援者であった。労働者、農民、女性のために学問の門戸を開こうと尽力した。パリには彼の名を冠した高等中学校、リセ・ヴィクトール・デュリュイがある。

15　**オマール海老《えび》**　生物名としてはヨーロピアン・ロブスター *Homarus gammarus* 全長50cm　十脚目《じっきゃくもく》（エビ類）アカザエビ科ロブスター属。homard《オマール》の語源は「金槌《かなづち》」で、巨大な鋏脚《きょうきゃく》に因《ちな》む。

16　**文部大臣**　厳密に訳すと原文は ministre de l'instruction publique《ミニストル・ド・ランストリュクシオン・ピュブリック》で、公共教育省大臣となる。同省は、現在の国民教育省。

の、閣下[17]という形式的な敬称も、この人の場合は実にふさわしい。大臣閣下としてきわめて有能に、位の高い公職をこなしているからだ。私たちはみな、この方に深い敬意を払っていた。彼は謙虚な者、まっとうに働く者の味方なのである。

デュリュイ氏はにこにこしながらこう言った。

「アヴィニョン訪問の、最後の何分間かをあなたとふたりきりで過ごしたいと思うのです。そうすればお役目とはいえ、大袈裟《おおげさ》にお辞儀攻めにされる苦痛から逃げ出せるわけだ」

あまりの名誉に困ってしまって、私はお詫びを言った。上着なしのシャツ[18]一枚の姿で、腕をまくりあげた格好だったし、それから特に両手は、茹でた海老のように真っ赤で、それをぱっと後ろ手に隠そうとしたりしたからだ。

「詫びる必要などありませんよ。働く人に私は会いにきたのですから。労働者には、作業着と仕事場の傷跡くらいよく似合うものはありません。少しお話ししましょう。最近は何をやっているんですか」

私は簡単に研究の目的について述べ、自分が作った製品を御覧にいれた。そして大臣の見ている前で、アカネの赤い染料を使った印刷《プリント》を少し実演して見せた。その実演がうまくいったことと、それから、蒸気室の代わりにガラスの漏斗《ろうと》の下に沸騰している蒸発皿を置いただけという私の装置の簡単さに、デュリュイ氏は

17 **閣下** 原語は Excellence《エクセランス》で、大使、大臣、大司教、司教の尊称。小文字で始まる普通の excellence は、「秀逸」、「卓越」という意味。

18 **シャツ** 当時西洋では、白いシャツはまだ下着であった。日本語の「ワイシャツ」はホワイトシャツに由来する。

ちょっと驚いたようだった。

「何か力になってあげたいものだが。実験室に入り用なものはありませんか」

「いえ、何もございません。大臣閣下。何もいらないのです。少し工夫すれば、現在使っている道具類で充分です」

「なに？ 何もいらないんだって？ この世界の人間としては、あなたは実に珍しいお人だ。ほかの連中は、私にあれが欲しい、これが欲しいと、さんざん言ってきますよ。あの人たちの研究所には、いくら設備を与えても、これで充分です、と言ったためしはありませんがね。それがあなたときたら、こんなに粗末なのに私の申し出を断ろうとおっしゃる」

「いいえ、いただきたいものがあります」

「それはなんですか」

「大臣閣下の握手という格別の名誉です」

「さあ、これが私の握手だ。心からの握手だ。しかし、それだけでは充分とはいえませんよ。そのほかにも何かいるでしょう」

「……パリの植物園は閣下の御管轄のはずですね。もしワニが一匹死にましたら、その皮を、私のためにとっておいてくださいませんか。中に藁《わら》を詰めて、この円天井《ヴォールト》にぶら下げてやりたいのです。そんな装飾があったら、この私の実験室は降霊術師たちの巣窟《そうくつ》にも匹敵するものになるでしょう」

大臣はぐるりとひとまわり身廊を見渡し、オジーヴ[19]穹窿《きゅうりゅう》の円天井にもちらと視線を投げて、

「いや確かに、それはいいかも知れんなあ」

　そう言って私の冗談に笑い出した。

「今日、私は化学者としてのあなたを知ることになった。しかし以前から、博物学者としての、そして著述家としてのあなたは知っていましたよ。あなたが昆虫を研究しておられることは人から聞いていました。その虫たちを見ないでおいとまするのは残念ですが、それはまたこの次にしましょう。出発の時間が近づきました。駅まで送ってください。われわれはふたりきりです。歩きながらもう少し話をしようじゃありませんか」

　私たちはゆっくり歩きながら昆虫やアカネについての雑談を交わした。私はもはやおどおどしてはいなかった。愚かな人が傲慢《ごうまん》な態度でいるとき、私は黙り込んでしまうのだが、高雅な精神の持ち主が、すがすがしい率直な態度で接してくれると、私は素直な気持ちになれるのだ。

　私は、博物学者としての研究、そして教師としてこれからどうするのかという計画、さらに苛酷な運命との戦いと、私の希望と不安などを語った。デュリュイ

19 **オジーヴ穹窿**　オジーヴとは交差ヴォールトと呼ばれるアーチ型天井（穹窿）につけられた補強板（リブ）のこと。

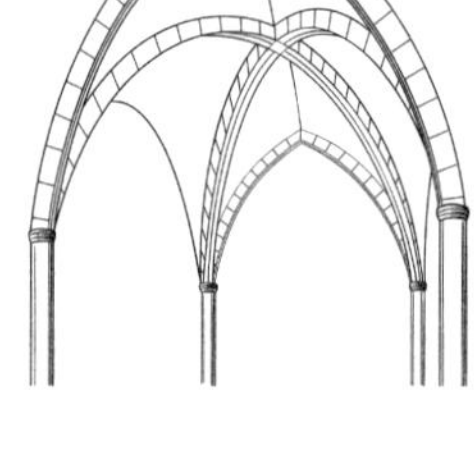

氏は私を激励してくれ、未来はもっと明るくなるだろうと語ってくれた。ああ、アヴィニョン駅へと続く並木道の往きと帰りはなんと楽しかったことか！

そこへ貧しい老婆が通りかかった。寄る年波《としなみ》に加えて畑での重労働で、腰は曲がり、着ているものはぼろぼろであった。彼女はそっと控え目に手を差し出して施《ほどこ》しを乞うた。デュリュイ氏はポケットを探り、二フラン銀貨[20]をつまみ出すと老婆の手の中に置いてやった。私としてもそれに二スー[21]ぐらいは足してやりたいものと思ったけれど、私のベストのポケットはいつもどおり空《から》っぽで、そうしてやることはできなかった。それで私は物乞いのお婆さんのところに行って、耳元にこう言ってやった。

「施しを下さった方が誰だか知っているかい、皇帝陛下の大臣様ですよ」

貧しい女は跳び上がって驚いた。びっくりして目を瞠《みは》り、心優しい旦那様を見ては銀貨《コイン》を見つめ、銀貨《コイン》を見つめては旦那様を見つめるというふうに、視線をかわるがわる移すのだった。なんという驚き！　なんという御恵み！

Que《ケ》 lou《ロウ》 bon《ボ》 Dièu《デイエウ》 ié《イエ》 done《ドウーネ》 longo《ルング》 vido《ビドウ》 e《エ》 santa《サンタ》, pecaïre《ペカイーレ》!

と、しわがれた声で彼女は言った。そして御辞儀をし、掌《てのひら》の中のお金を見つめながら立ち去った。

「あれはなんと言ったのかね」

20　**二フラン銀貨**　ナポレオン三世の肖像が刻印された一八六六年から七〇年にかけて発行された銀貨。直径は二七ミリ。

21　**スー**　スーは二十分の一フラン。ファーブルの時代、すでにスーという貨幣単位は廃止されていたが、五サンチーム硬貨（一スー）や十サンチーム硬貨（二スー）の通称として、あるいは僅《わず》かな金額という意味で日常的に用いられていた。

とデュリュイ氏は私に尋ねた。

「閣下の長寿と健康をお祈りしたのです」

「で、最後の〝ペカイーレ〟[*22]というのは?」

「〝ペカイーレ〟というプロヴァンス語は、その言葉自体がひとつの詩なのです。それは心からの感動をひと言に要約したものです」

私自身もまた心の中で、〝ペカイーレ〟と、この素朴な祈りの言葉を繰り返していた。手を差し出した物乞いに対して、これほどにも心優しい気持ちで足を止めることができるのは、魂の中に、大臣という地位よりもはるかに優れたものをもっている証拠なのだ。


私たちは約束のとおり、なおもふたりきりで駅構内に入っていった。私はすっかり気をゆるめていたのだ。ああ! もし私が停車場でこれからどんなことが起きるか、まえもって知っていたら、私は急いで別れの言葉を述べてその場を辞去したことだろう!

そうこうするうちに、私たちのまわりに少しずつ人が集まりはじめた。逃げ出そうにももう遅い。できるだけ冷静になんでもない顔をしていなければならない。軍の師団長とその部下の士官たち、知事と秘書官、市長と助役、アヴィニョン学区《アカデミー》の視学官と教員の代表《エリート》などが次々にやってきたではないか。そんな人々が

22 **ペカイーレ** 南フランスの詩人でファーブルの知人でもあったフレデリック・ミストラル Frédéric MISTRAL(一八三〇―一九一四)が編纂した『プロヴァンス語宝典』*Lou Trésor dóu Félibrige*(一九〇〇)によると「同情、友情、愛情あるいは軽蔑を表わす言いまわし」。→訳注。

23 **壁龕** 原語は niche《ニーシュ》 厚い壁を窪《くぼ》ませて造った台のこと。彫像や花瓶などを置く。アルコ

いかにもうやうやしい態度で、大臣の面前を取り巻いている。私は大臣閣下の脇にいた。むこうは大勢、こちらは私たちふたりきりだ。

こういうときはいつもそうだが、背骨の柔軟運動でもするように腰をかがめ、意味もなく馬鹿ていねいにお辞儀が繰り返される。デュリュイ氏はしばしこれを忘れるために私の実験室を訪問されたのだった。教会の壁の片隅の壁龕《へきがん》[23]に納められた聖ロクス[24]様にお辞儀をすると、信者は同時にこの聖者の連れているワン公にもお辞儀をすることになる。私なんかにはまったく関係がないのに、人々がこんなにもうやうやしくお辞儀をしているのを見ると、私はなんだか自分が聖ロクスの犬にでもなったような気がした。

私はアカネで真っ赤に染まったひどいありさまの手を後ろにまわし、農民のかぶるフェルト帽のつばが広いのを幸い、それで手を隠しながら、人々の振る舞いを他人ごとのように眺めていた。

格式ばった挨拶がひとしきり交わされ、話題もつきそうになってきたとき、大臣は、帽子で隠していた私の右手を摑んでそっと引っ張った。

「さあ、この方々にあなたの手を見せてあげなさい」

と彼は言った。

ーヴと同じもの。教会では壁に設けられ、それぞれ決まった彫像が置かれる。このことから英語読みのニッチという語は、生物学用語としては、生態系における、特定の種《しゅ》が占める位置（生態的地位）という意味で用いられる。

24　**聖ロクス**　仏名 saint Roch《サン・ロック》　ラテン名 Rochus《ロクス》（一二九五頃－一三二七頃）。カトリックの聖人。ペストに対する守護聖人として知られる。肖像画などでは傍《かたわ》らにパンをくわえた犬を伴う。ペストに罹患《りかん》したロクスに犬がパンを運び、脚の傷を舐《な》めて看病したことで奇跡的に回復したのだという。

▼壁龕に納められた聖ロクス像。

「みなさんはこの手のことを誇らしく思うでしょう」

私は肘《ひじ》をこわばらせてなんとか抵抗したけれど無駄で、見せないわけにはいかなかった。私は茹でた海老を公衆の面前に差し出すはめになったのだ。

アヴィニョン県知事の秘書官がそれを見て言った。「職人の手ですな。まぎれもない職人の手です」

軍の師団長は、私のような場ちがいの人間が、これほど高貴な人物の傍《かたわ》らにいることが許せないようすで、ほとんど非難でもするように付け加えた。

「染め物屋、染み抜き職人の手でしょう」

すると大臣はすかさず言い返した。

「左様《さよう》、職人の手です。そして私としては、諸君の中にもこういう手をした人がたくさん増えればいいと思っています。そしてこういう手をした人間こそが、諸君の町の主要な産業である、アカネ工業の発展に寄与することになるものと信じているのであります。この手は、化学薬品に通じているだけでなく、文筆にも長じ、ペンや鉛筆などを握るいっぽう、虫眼鏡や解剖刀《メス》を巧みに操る博物学方面にも精通しているのです。どうやら地元ではご存知ないように見受けられますから、みなさんにこの方をご紹介できることを私は嬉しく思います」

この瞬間、私は穴があったら入りたいような気分になった。そのとき幸い、発車の鐘が鳴ったのだった。あわてて大臣に別れを告げて、私は大急ぎで逃げ出す。

いっぽうの大臣のほうはというと、先ほど私に演じさせた、ひと幕の成功に気をよくしてか、愉快そうにからからと笑っているのであった。

この事件はすぐに噂《うわさ》となって広まった。しかたがない、駅舎は柱ばかりであるから話はつつ抜けで、秘密なんか守りようがないのである。そのとき私は覚《さと》った。有力者の影の差すところにいたりすると、どのくらいわずらわしいことに巻き込まれるかということを。みんな私のことを神々の恩寵《おんちよう》をほしいままにできるような影響力のある人間だと思い込んでしまったのだ。

陳情にくる人たちに私は悩まされることになった。ある人は煙草屋を開きたいので、と言ってきた。またある人は息子に奨学金をもらえないかと言う。そしてまたある人は年金の割増を、と言うのである。先生がひと声かけてくださりさえすりゃ話はとおるんですがのう、と連中は言った。

素朴な人たちよ。あなたたちは、なんという幻想を抱いているのか。仲介者として、私以上に不適切な人間がいるだろうか。私が陳情の口添えをするだなんて！　白状しておくが、私には数々の欠点がある。それは私も認める。しかし有力者に取り入って頼みごとをするなどという欠点だけは持ち合わせていないつもりだ。

私が控え目な人間であることをまったく理解していない、こういう厄介な連中を私は必死になって追い返すのであった。

私の実験室について大臣がどんな申し出をしてくださったか、そしてその申し出に対して私が、天井から吊したいのでワニの皮が欲しいと冗談で応じたことを聞いたら、この人たちはなんと言うことであろう。おそらく、能なしの馬鹿、と言ったことであろう。


それから半年経って私のもとに、パリの大臣室に来られたし、という手紙が届いた。私は、高等中学校《リセ》でもっと重要な地位に昇進させられるのではないかと思ったので、自分は今のまま、そっとしておいて欲しい、化学実験の桶と昆虫たちの傍らに置いておいてくださるように、と懇願する手紙を書いた。

すると第二の手紙がきたのだ。第一の手紙よりもっと強制的な手紙であって、しかも今度は大臣自らの署名がしてあった。手紙にはこうあった。

「至急おいでなさい。でないと憲兵に逮捕させますぞ」

こうなったらもう四の五の言ってはいられない。二十四時間ののち、私はデュリュイ氏の執務室にいた。

細やかな温かいものごしで彼は私に手を差し伸べ、官報の最新号を手にしてこう言った。

「これを読んでごらんなさい。私が化学実験の道具類を提供しようと言ったとき、あなたは断りましたよね。でも、これを断ってはいけませんよ」

デュリュイ氏が指で差し示している官報の一行を私は見た。そこには、この私がレジオン・ドヌール勲章[25]を授与されたと出ているのであった。あまりのことに驚いて、あっけにとられた私は、口をもごもごさせるだけだった。なんとお礼を言えばよいのか、わからなかったのである。

「どうぞ、こちらへ」

と彼は言った。

「授与式は私が行ないます。私が保証人としてこの手で勲章をつけてさしあげます。私たちふたりだけでひっそりやれば、あなたにとってもこれ以上満足のいく儀式はないでしょう、私にはあなたという人がよくわかっているつもりです」

彼は私に赤いリボンをピンで留め、私の両頬に接吻してから、電報を打つことを命じて私の家族にこの栄誉を知らせてくれた。あの優れた人物とふたりだけ、余人を交えず過ごしたあの朝はなんと素晴らしい時間であったことか。

勲章などという、金物細工やリボン飾りの類《たぐ》いにはなんの価値もないこと、それが空しいものであることを私はよく知っている。特によくあるように、裏に何か取り引きがあったりして、この名誉が汚されるような場合となればなおさらのことだ。しかし、勲章をいただいた経緯《いきさつ》を考えてみると、この一片のリボンは私

25　**レジオン・ドヌール勲章**　フランスで軍事や文化など国家に貢献した功労者に授与されるもっとも権威ある勲章。五つの階級からなる。一八〇二年に、ナポレオン一世によって制定された。ファーブルは一八六八年に五等シュヴァリエ勲章を、さらに四十二年後の一九一〇年、八十六歳のときに一級上の四等オフィシエ勲章を受勲している。

にとって大切なものである。これは人に見せびらかすものではなく、ひとつの思い出の品なのだ。私は自宅の整理ダンスの奥のほうに、うやうやしくそれをしまっておくことにした。

執務室のテーブルの上には、大型の書物を数冊まとめた包みが置いてあった。それは一八六七年の[26]パリ万国博覧会に際して企画された、科学の進歩に関する報告書であって、そのとき万博は閉会したばかりだった。

「これらの本は、あなたのために用意しておきました」

と大臣は続けて言った。

「持って帰って暇《ひま》なときにでもぱらぱら見てくださるとよい。面白いと思いますよ。あなたの好きな虫のことにも、少し触れられていますよ。それから、これも。旅費の埋め合わせになるでしょう。私が、たってと言って旅行してもらったのですから、あなたにその費用を払わせるわけにはいきません。もし余ったら、あなたの研究室のために使ってくださるといい」

そう言って彼は一二〇〇フラン入りの[27]棒包みを手渡した。私ごときが旅行するのにそんなにお金がかかることはありません。そう言って、どんなに辞退しても無駄であった。閣下が手ずから勲章を授け、抱擁してくださったということがどれほどありがたかったか。私の旅費なんてたかが知れているのだ。

26 **パリ万国博覧会**　ナポレオン三世の主導で一八六七年にパリのシャン・ド・マルス公園で四月一日から十一月三日まで開催された。初参加の日本を含む、四十二か国が参加したパリにおける二回目の国際博覧会。その後パリでは六回開催されている。

27 **棒包み**　原語は rouleau《ルーロウ》で、金貨を重ねて紙に棒状に包んだもの。日本で言えば小判を紙でまとめた包金《つつみきん》、いわゆる「切り餅」にあたる。

「これだけは受け取ってください。でないと私はほんとうに怒りますよ。もうひとつ、あなたは明日、学会の公式歓迎会《レセプション》に私と一緒に皇帝陛下のところへ行くのです」

陛下に拝謁《はいえつ》しなければならぬと知らされて私が恐れをなし、ひどく当惑しているのを見て、こう言った。

「逃げようなんてしてはいけませんよ。逃げたりしたら、手紙に書いておいたとおり憲兵に捕まえさせますから。ここに入ってくるとき見たでしょう。熊の毛皮の帽子をかぶった私の部下たちですよ。彼らの厄介にはならないようにしたほうがいい。それに、逃げ出そうなんて気を起こさないよう、皇帝陛下のおられるテュイルリー宮殿[28]までは、私の馬車に同乗してもらうことにします」

すべてデュリュイ氏の思いどおりに事が運んだ。翌朝、私は大臣に伴われてテュイルリー宮殿の小さな客間《サロン》に通された。案内してくれた侍従《じじゅう》たちは、フランス大革命まえの宮廷に仕える召使いのように大時代《おおじだい》な、半ズボン《キュロット》に銀の留め金のついた靴、といういでたちなのであった。彼らは実に異様な感じがした。その装束《しょうぞく》と、ぎくしゃくと堅苦しい身のこなしは、私の目からすると、まるでスカラベ[29]だった。ただ鞘翅《さやばね》の代わりに、背中の真ん中に鍵形《かぎがた》の模様のある、カフェオレ色の大仰《おおぎょう》な燕尾服《えんびふく》を着込んでいる、といった具合。

28　**テュイルリー宮殿**　パリにあった旧王宮。一八七一年、パリ・コミューンの市街戦により焼失した。現在はテュイルリー庭園となっている。

29　**スカラベ**　鞘翅目《しょうしもく》（甲虫類）コガネムシ科タマオシコガネ属 *Scarabaeus* の仲間。動物の糞《ふん》を食物とする糞虫《ふんちゅう》。見つけた糞を丸め、転がして運搬する。→第1巻1～2章。→第5巻「はじめに」～6章。

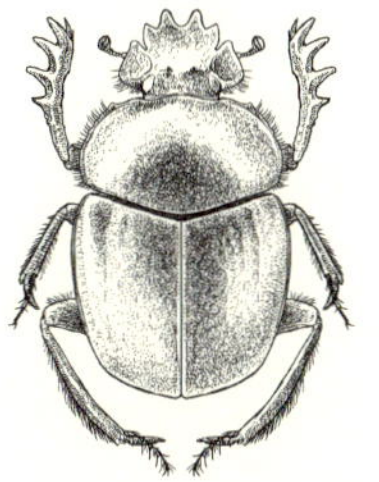

▼ティフォンタマオシコガネ（ティフォン玉押黄金）*Scarabaeus typhon*　体長20～28㎜　コガネムシ科タマオシコガネ属。

客間《サロン》にはもう、全国各地からやってきた二十人ばかりの人々が待っていた。そのなかには、探検家、地質学者、植物学者、古文書学者、考古学者、先史時代の石器の蒐集家《しゅうしゅうか》等々が居並んでいた。要するに、地方の学界を代表する主《おも》だった分野の人々が集まっていたのである。

皇帝[30]は、ごく自然に部屋に入ってきた。モアレ地の赤い幅広のリボンを、肩からたすき掛けにしているほかはなんの飾りもつけていない。威厳に満ちて、というような感じではない。普通の人と変わったところもなく、よく肥《ふと》っていて、大きな口髭《くちひげ》をたくわえ、目を半眼《はんがん》に閉じているようなので、いつも眠たそうに見えるのだった。

居並ぶわれわれの名を、大臣が端から順に告げ、研究分野を申し上げるごとに、その人と少しばかり言葉を交わすのであった。皇帝はかなり幅広い教養の持ち主で、*スピッツベルゲン島の氷原からガスコーニュ地方の砂丘へ、カロリング朝の古文書からサハラ砂漠の植物相《フロラ》へ、甜菜《てんさい》の品種改良から、ガリア人の立《た》て籠《こ》もるアレシア要塞の周囲にカエサルが掘らせた塹壕《ざんごう》へと、次々に話題が変わるのに話を合わせていくのであった。

私の番がきたとき、ちょうどそのころ私が研究していたツチハンミョウ[31]の仲間の*過変態《かへんたい》について御下問《ごかもん》を受けた。「陛下《シール》」と言わなければならないところを、

30 **皇帝** ナポレオン三世（一八〇八―七三）のこと。皇帝在位は一八五二年から一八七〇年まで。

31 **ツチハンミョウ** 土斑猫。鞘翅目（甲虫類）ツチハンミョウ科ツチハンミョウ属 *Meloe* の仲間。幼虫がスジハナバチの巣に寄生《きせい》して育つ甲虫。↓第2巻16～17章。

▼オオツチハンミョウ（大土斑猫）*Meloe proscarabaeus* 体長12～30㎜ ツチハンミョウ科ツチハンミョウ属。

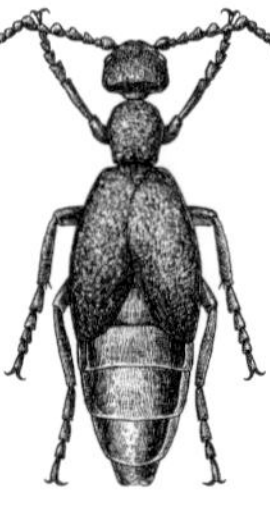

32 **アヴィニョンの橋** ローヌ川に架かっていたサン・ベネゼ橋のこと。石造りのアーチ橋で十二世紀に架橋。十七世紀の洪水などで崩壊して渡れなくなった。十五世紀に作られた歌「ア

私はこういう儀礼的なもの言いには慣れていないものだから、ときおり、普通の人相手に使う「あなた《ムッシュー》」と言ってしまったりしながら、ともかくもお答えしたのであった。

　恐れていた難関はどうにかこうにか乗り越えることができ、ようやく次の人の順番になった。皇帝陛下と五分間の会話を交わすことは格別の栄誉なのであるという。私も、もちろんそう思いたいけれど、もう二度と繰り返したくはない。

　拝謁が終了し、格式ばった礼が交わされ、われわれは退出を許された。私たち全員に大臣の官邸で昼餐《ちゅうさん》がふるまわれることになった。

　私は大臣の右の席に座らされたのだが、この晴れがましい栄誉には当惑してしまった。大臣の左の席には非常に高名な生理学者が座っていたのだ。ほかの人たちと同じように、私もさまざまな話題について、あれこれ少しずつ話した。アヴィニョン[32]の橋のことまで話題になったことを覚えている。デュリュイ氏の御子息は、私の正面の席だったが、みなが輪になって踊るというこの有名な橋について私に親しげな口調で冗談を言い、私がタイムの香りのする丘、セミ[33]がいっぱいに止まって鳴いている濃い緑のオリーヴの木のもとに帰りたがっているのを見て笑うのであった。

　彼の父親である大臣は私に訊いた。「どうしてあなたは、パリの博物館や標本

ヴィニョンの橋の上で」Sur le Pont d'Avignon が有名。歌詞は「アヴィニョンの橋で踊るよ、踊るよ。アヴィニョンの橋で、輪になって踊る」というもの。

33　**セミ**　セミは南仏には多いが、パリなどフランス北部には分布しない。

▼南仏みやげのセミの陶器。

の収蔵品《コレクション》を見ていかないんですか。ずいぶん興味深いものが揃っているんだが」

「存じております、大臣閣下。けれども向こうにおりますほうがずっとくつろげますし、自然という類《たぐ》い稀《まれ》な博物館のほうが私の性《しょう》に合っております」

「というと、どうするつもりなんですか」

「明日出発するつもりでおります」


実際、私はその翌日に出発した。パリはもうたくさんだった。この、人間どもの巨大な渦巻《うずま》きの中にいたときほど、孤独の苦しみを味わったことはなかった。帰ろう、家に帰ろう。私の心の中にあったのはただそのことだけだった。

家族のもとに帰りついたとき、どんなに心が軽くなり、どんなに嬉しかったことか！　私の心の奥底では、もうすぐ貧窮《ひんきゅう》から解放されるという、喜びを告げ知らせる組み鐘《カリヨン》の音《ね》が響いていた。私を解放してくれるであろう工場は、建設が捗《はかど》っていて、希望が膨《ふく》らんでいた。

そうだ、大学の講座で虫や植物のことを語るという私の野心を満たしてくれるだけのささやかな収入を、私はもうすぐ得ることになるのだ。

ところがその望みは駄目になったのだ。自分自身を奴隷の身分から買い戻す身代金を私が手にすることはできないであろう。私は奴隷の鎖を永久に引きずっていくことになるのだ。自由の鐘は誤って鳴らされたのである。
すなわち、工場が順風満帆で稼働し始めるか始めないかという、ちょうどそのとき、あるニュースが広まってきたのだ。初めそれは漠然とした風評のようなものであった。確実な話というよりは、そんな可能性もある、という程度の噂だったのだが、その後、もはや疑いの余地のない確かな情報となった。アカネの染料が化学的に作り出されたのだ。工場で人工的に合成されることになったために、私の地方のアカネ栽培とその加工産業は根底から破壊されたのである。

　こうして私の労力も希望もまったく空しいものとなってしまったのだけれど、すくなくとも、このような結果が生じたことに対して、私はそれほどひどく驚かされたわけではなかった。私自身、アリザリンを人工的に合成するという問題を、幾分かは考えていたので、そう遠くない将来に、蒸留器《レトルト》の中で作られる製品が、畑で作られる製品にとって代わるだろうということを充分予見するぐらいの知識はもっていたのである。

　すべては終わった。私の夢は完全に崩れ去った。で、今度は何を始めればよいのだろう。梃子《てこ》を変えて、シジフォス[34]の岩をもう一度転がしてみることにしよう。アカネの桶からは手に入れることができなかったものを、インク壜の中から取り出してみようではないか。*[35]さあ働こう《ラボレームス》！

（了）[36]

34　**シジフォス**　ギリシア神話に登場するコリントスの王シジフォス（シシュポス Sisyphos）のこと。ゼウス神を欺《あざむ》いたため、死後、地獄に落とされた。そこで山の頂上に大きな岩を押し上げる苦役を科せられる。持ち上げられた岩はただちに転がり落ち、この苦役は永遠に繰り返される。

35　**さあ働こう《ラボレームス》！**　原語はラテン語で laboremus　ローマ皇帝セプティミウス・セウェルス Lucius Septimius SEVERUS（一四六―二一一、在位一九三―二一一）が遠征に明け暮れた生涯の最期に残した有名な言葉。ファーブルは自らを奮い立たせるために好んで使った。↓訳注。

36　**了**　ファーブルが生前に刊行した第10巻は本章で終わっており、以下の二章は未完となった第11巻に収められる予定であった。

22章　応用化学　訳注

267頁　**アカネ**　日本産のアカネ（茜）*Rubia argyi* も、ヨーロッパ産のセイヨウアカネ（西洋茜）*Rubia tinctorum* も学名（属名《ぞくめい》）はラテン語で「赤い」を意味する ruber《ルベル》 を語源とする。また、セイヨウアカネの学名（種小名《しゅしょうめい》）*tinctorum* は「染色」を意味するラテン語に由来し、その根にはルベルトリン酸（アリザリン）を含んでいて、化学反応によって赤く発色するため、古代よりこれを染料として利用してきた。いっぽう日本在来のアカネの色素はプルプリンで、空気に触れると暗紫色《あんししょく》になる。和名のアカネとは「赤根」を語源としたものである。セイヨウアカネはフランス語で garance《ギャランス》 と呼ばれ、女性の名にもなっている。第二次世界大戦中に制作された名作映画「天井桟敷の人々」の主人公の名もギャランス（ガランス）であった。日本にも「あかね」という名の女の人は少なからずいる。

◆**硫酸の爆発事故**　このエピソードは本巻21章「忘れられぬ授業」で詳しく語られている。

268頁　**アヴィニョン**　十四世紀初頭から七十年にわたって、クレメンス五世以下七代の教皇がここで政務を執ったため、カトリックの中心地として栄えた。ファーブルは、サン＝マルシアル教会にあった師範学校に通った一八三九年から四二年までの三年間と、国立中等学校《リセ》の教師に任命されて教壇に立った一八五三年から六八年までの十五年間をアヴィニョンで過ごしている。

◆**公開講座**　この講座が引き起こした思いがけない事件については『昆虫記』第2巻8章で語られている。当時ファーブルはアヴィニョンの国立中等学校《リセ》の専任の教師のほかに公開講座の講師をしていた。講義は労働者や女子のために、サン＝マルシアル教会内にあった講堂で行なわれていた。ファーブルは物理学と博物学とを担当し、週二回教壇に立ったが、非常な人気を博したようである。しかしそれは、同僚の嫉妬と、僧職にある人々の反発を買った。とりわけ後者の人々にとってその講義内容は「まことにけしからぬ」ものであったらしい。一八六八年に「植物の受精」に関する公開講義を若い女性の前で行なったことで教会から強く批判を受けることになった。

ファーブルを引き立ててくれた文部大臣のデュリュイ自身も、ナポレオン三世の没落とともにカトリック勢力に失脚させられたために、ファーブルはついに講師を辞任し、同時に国立中等学校《リセ》のほうも退くことになってしまったのである。このころファーブルが飼っていた猫のジョーネが何者かに毒殺されるという事件（第2巻8章）が起こるが、こうした不幸な出来事も、当時のファーブルの周辺が何やら不穏な状態にあったことをうかがわせる。

272頁　自然科学年報　一八五五年のコブツチスガリの論文を手始めとして、この科学雑誌にファーブルはたびたび投稿している。

一八九六年発行の「自然科学年報」の第一巻に掲載された「直翅目《ちょくしもく》について」*ETUDE SUR LES LOCUSTIENS* という論文は、『昆虫記』第6巻9章から11章で紹介されるカオジロキリギリスと、第6巻12章「アオヤブキリ」とを合わせたような内容である。論文のほうには、カオジロキリギリスの精包《せいほう》を顕微鏡で見たようすや、雄の精巣《せいそう》の解剖、そしてまた別種のキリギリスの仲間やコオロギ、ケラの生殖についても触れられている。『昆虫記』ではそれらのことは省略され、そのかわりに革命記念日のセリニャンの村のお祭り騒ぎと、荒地《アルマス》の夜の情景、生き物の声の描写が付け加えられている（第6巻12章）。

「自然科学年報」の文章のほうは、科学論文であるから当然とはいえ、観察の結果のみを記したそっけないもので（若干のファーブル調はあるけれども）、文学的な味わいには乏しく、専門の学者以外には読まれることのないものであろう。文中、ファーブルは精包を介したキリギリスの仲間の受精法について、自分の手元には文献がないために断言できないが、新発見ではないかと述べている。

実際に我々が『昆虫記』に引き込まれるのは、この荒地《アルマス》の夜景の描写などがあるからなのであって、ファーブルが科学論文と博物学的読み物とを区別し、読者を面白がらせるための工夫をしていることは、この両者を読み比べることによってよくわかるのである。

275頁　応用化学　ファーブルは、学問としての化学だけではなく、自分の生徒たちが将来従事するであろう職業に役立つと思われる授業を実践しようとしていた。長年にわたる経験から伝統的に受け継がれてきた農業、皮革職人《ひかくしょくにん》、酒造り、石鹸《せっけん》やアンチョヴィ売りなどの仕事に、科学的な裏付けと、自分の職業への深い理解を与えたいと望んでいたのである。さらにファーブルは、そうした知識を教室という場所だけではなく、出版というかたちで広く世に伝えようとも考えていた。そこで一八六二年『農業化学基本講義』*Leçons élémentaires de chimie agricole* を上梓《じょうし》する。それまでファーブルが書いてきた本は、すべて学校で使われる教科書であったため、書店に並ぶ著作としては、本書が初めてのものとなった。『農業化学基本講義』は、たちまち評判となり、翌年にはさらに版を重ね、以降、継続して増刷されていく。一八七二年には、『基礎化学』*Chimie élémentaires*、一八七三年には、『農業化学』*Chimie agricole* を出版して好評を得る。これらの成功からファーブルは、それ以降も『化学の基本概念』*Simples notions sur la chimie* や『化学の基礎知識』*Notions élémentaires de chimie* など数多くの応用化学の本を著わしている。

284頁　ペカイーレ　この「ペカイーレ」というプロヴァンス語については、第1巻10章にも象徴的な挿話が記されている。ファーブルがラングドックアナバチを人通りの稀《まれ》な路上で長時間観察していた際に体験した苦労話である。

こんな寂しいところで、私が長いあいだじっとしていたことは、この人たちにとってひどく気になったにちがいない。三人が私の前を通り過ぎるとき、そのうちの一人が指を額の真ん中に当てるのを私は見た。そうして仲間にプロヴァンス語でこうささやくのを私は聞いた。
「気の毒に少しおかしいんだよ《ウン・パウレ・イヌウセン》。可哀相にねえ《ペカイーレ》」
そうして三人とも十字を切った。

「三人」とは朝にもここを通りかかったブドウ摘みの女たちのことである。道端で大の男が一日じゅう虫を見ているなどというのは、今の日本でも異様な感じがするだろうが、十九世紀のフランスではなおのこと異様であった。悪魔がとりついた人間のように思われていたのである。

ファーブルが、セリニャンに求めた住居兼研究所である荒地《アルマス》の周囲が、高さ三メートルほどの壁で囲まれているのは、このような人目から逃れるためなのであった。

本章でも述べられているようにファーブルは、一八六八年にレジオン・ドヌール五等シュヴァリエ勲章をもらい、ナポレオン三世に拝謁《はいえつ》を許されている。これ以降、ウサギの密猟者と間違われたときなどには、その略綬《りゃくじゅ》である赤いリボンが疑いを晴らすのに役に立つようになったが、いずれにせよ、路上での観察ではこういう苦労をしなければならなかったのだ。

292頁　スピッツベルゲン島　ここではスピッツベルゲン島の氷原の話以下、ナポレオン三世に拝謁《はいえつ》した人々の研究主題が語られている。以下に主だったものを簡単にまとめておく。
スピッツベルゲン島　北極海に位置するノルウェー領にあるスヴァールバル諸島の最大の島。
ガスコーニュ地方　フランス南西部、ジェール、ランド、オート゠ピレネーの三県を含む旧州名。
植物相《フロラ》　一定の地域でみられる植物の全種類。
甜菜《てんさい》　*Beta vulgaris*　草丈70〜100㎝　アカザ科フダンソ

ウ属の二年草。別名サトウダイコン。

カロリング朝　フランク王国第二の王朝。七五一年ピピン一世に始まり、八四三年ヴェルダン条約により三分割された。

カエサルが掘らせた塹壕《ざんごう》　紀元前五二年、アレシアの戦いにおいてカエサル率いるローマ軍はガリア人の立《た》て籠《こ》もる要塞の周囲に塹壕を掘り、土塁を築く包囲戦でガリア軍に勝利した。

◆**過変態《かへんたい》**　ファーブルはスジハナバチヤドリゲンセイ（条花蜂宿芫菁）*Sitaris muralis* とオオツチハンミョウ（大土斑猫）*Meloe proscarabaeus* の観察から過変態《かへんたい》という、これまで知られていなかった変態（完全変態の一種）の形態を発見した。第2巻14〜17章にかけて紹介されるゲンセイとその仲間のツチハンミョウは、スカラベや狩りバチの仲間とならんで、ファーブルがもっとも力を入れて生態を研究した昆虫である。ふつう、完全変態の昆虫は、卵、幼虫、蛹《さなぎ》、成虫というふうに成長する

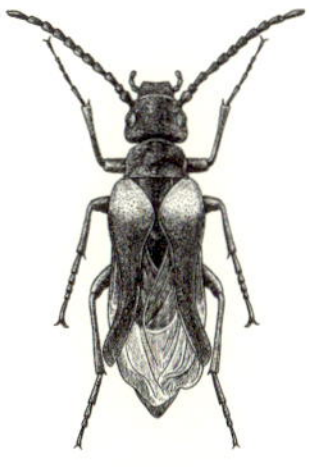
スジハナバチ
ヤドリゲンセイ

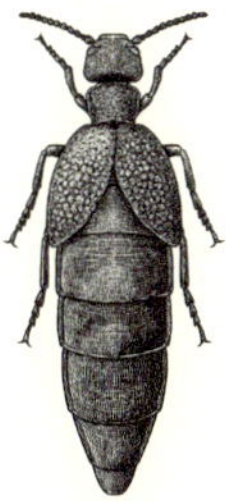
ハギレツチハンミョウ

が、ツチハンミョウやゲンセイの仲間は、通常の完全変態に加えて、幼虫時代に大きな形態の変化がみられるのである。

一般に、脱皮したばかりの幼虫の皮は、あらたな成長に備えてたるんだ状態になってはいるが、その表皮はゴムのように伸び縮みはしない。そのために幼虫は一定の成長ごとに脱皮を行なって体を大きくするのである。したがって、ふつうの完全変態を行なう昆虫の幼虫は、その基本的な姿は、脱皮まえと大きさや体色が異なるくらいで、孵化《ふか》直後から蛹になるまで大きく体制が変わることはない。

いっぽうで、過変態を行なうツチハンミョウやゲンセイの仲間は、孵化直後の幼虫から蛹になるまでのあいだに大きくその姿を変える。この発見をしたファーブルは、通常の変態のうえに、さらにまた変態を行なっていると考え「過変態」hypermétamorphose《イペルメタモルフォーズ》と名づけた。また、過変態する幼虫を脱皮の回数によって表わす「齢《れい》」ではなく、形態の違いによって順に第一幼虫、第二幼虫、擬蛹《ぎよう》、第三幼虫と整理した。

第一幼虫は、卵から孵《かえ》ったばかりの一齢幼虫《いちれいようちゅう》である。ハナバチにとりつき巣へ移動するため、活発で、ハチの体毛にしがみつくための大腮《おおあご》と三本の爪をもつ肢《あし》、そして体毛を具《そな》えている。ハチの巣の小部屋にたどりつきハチの卵

を食べる際にも大腮が活躍する。第一幼虫をハチの体から採集したファーブル以前の昆虫学者らは、その正体がわからないためにトリウングリヌス *Triungulinus*（ラテン語で「三本の肢の爪」という意味）と名をつけていた。

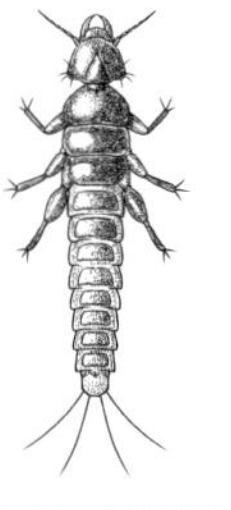
トリウングリヌス

　第二幼虫は、第一幼虫がハチの巣内で脱皮したもので、イモムシ型をしており、蜜と花粉を練ったどろりとした液の中に浮かんでいる。第二幼虫は、痕跡程度の肢をもつだけで、移動はできるものの、活動的とはいえず、ハチが自分の幼虫のために蓄えた蜜と花粉を食べ、栄養を蓄積するために特殊化した姿になっている。現在の研究では、この間に侵入した巣の小部屋の蜜や花粉を食い尽くすと、ほかの小部屋に移動することも観察されている。この第二幼虫の段階で最大に成長した幼虫は、坑道《こうどう》の出口近くに移動して小さな穴を掘り、そこで擬蛹に変態する。

　擬蛹 pseudo-chrysalide《プセウド＝クリザリド》 は、体表から剝離《はくり》した第二幼虫の皮（脱皮殻《だつぴがら》）が下半身に残された状態で休眠している幼虫で、ファーブルが名づけたものである。初期の擬蛹は、軟らかい体をしているが、やがて表皮が硬くなり、まったく動けなくなる。ファーブルは、これを解剖し、見かけは蛹のようだが体内の器官は、幼虫と変わりがないことを確かめている。ゲンセイの擬蛹は、第二幼虫の薄い皮にすっぽり覆《おお》われた状態になっている。

　第三幼虫は、擬蛹からふたたびイモムシ型の姿に戻った幼虫のことである。ファーブルは第二幼虫の姿とそっくりであると記述している。しかし、第三幼虫もやがて動きをやめ静止状態になる。この変態は擬蛹の中で行なわれるため外部から見ることはできない。第三幼虫は、蛹になる直前の幼虫で、すなわち終齢幼虫《しゅうれいようちゅう》ということになる。

　イモムシ型の第三幼虫からの蛹化《ようか》は、擬蛹の皮の中で、第三幼虫が脱皮して行なわれる。この蛹化も、擬蛹の中で行なわれるため外部から見ることはできない。擬蛹の中の蛹は、成虫になるときが近づくと、擬蛹の皮を破り、上半身を露出させる。そして蛹の皮を破り、成虫が羽化《うか》してくるのである。

　このように、過変態を行なうツチハンミョウの幼虫は、第二幼虫の段階で食べるだけ食べ、擬蛹になってから、第三幼虫、蛹と、いっさい食物を摂《と》らない。ファーブル以後の研究では、第二幼虫の段階で、四回脱皮して、五齢幼虫を経て擬蛹の姿になることが知られている。また、ゲンセイと同じく、第二幼虫のとき、ひとつの巣の小部屋の蜜や花粉を食べ尽くすとほかの小部屋へ食物を求めて侵入すること、そして羽化するまで動けなくなる擬蛹になる直前に、ハチの巣の出口近くまで移動して、自ら坑道に小さな穴を掘り、その中で擬蛹に変態することもわかっている（桝田《ますだ》長《ひさし》「ツチハンミョウ物語」、前田泰生《まえだやすお》『但馬・楽音寺のウツギヒメハナバチ――その生態と保護』海游舎）。

過変態は、鞘翅目《しょうしもく》（甲虫類）のツチハンミョウやゲンセイなどの甲虫のほか、撚翅目《ねんしもく》（ネジレバネ類）のすべて、脈翅目《みゃくしもく》のカマキリモドキなどでもみられる。いずれの目《もく》でも、過変態をするものは、寄生生活をおくる種《しゅ》であり、その若齢《じゃくれい》の幼虫は活動的な肢をもつ姿かたち（三爪虫《さんそうちゅう》）で、やがてイモムシ型になるという点で生活史も共通している。そのため過変態は、宿主《しゅくしゅ》にたどりつくまでは活動的な形態をし、宿主にたどりついてからは栄養を蓄積するために体の無駄な部分を省くという、寄生生活《きせいせいかつ》への適応だと考えられている。

変態の過程で擬蛹という不思議な段階をもつその理由については、まだよくわかっていない。しかし、複雑な寄生生活をおくるゲンセイやツチハンミョウが、現在のようにハチの巣に寄生をするようになるまでに、また別の生活史をもっていて、そのために必要であったことの、なんらかの名残りである可能性も考えられる。寄生生物は、常に新しい宿主を探し、自分の能力の改変できる部分で適応して、柔軟に生きる存在だからである。

295頁　**さあ働こう《ラボレームス》！**　本章以降の「ツチボタル」と「キャベツのアオムシ」の二章は、ファーブルの没後、弟子のルグロが原稿を整理して『完全版昆虫記』に収録したものなので、この言葉が、ファーブルが生前に公表した『昆虫記』全十巻二百九話の掉尾《とうび》を飾ることになった。

一九八一年ノーベル化学賞を受賞した福井謙一《ふくいけんいち》博士（一九一八―九八）は、ファーブルを敬愛し、研究に行き詰まると、この言葉をつぶやいていたという。

『昆虫記』の第10巻を刊行したのちの、一九〇九年の春、その巻末に記した「さあ働こう！《ラボレームス》」という標語に忠実なファーブルは仕事を続けていた。以下に収録した「ツチボタル」と「キャベツのアオムシ」についての見事な観察記録は、彼がすでに準備していた第11巻の最初の二章となるはずであった。

　ファーブルはオウシュウケラ、オオムカデ、クロサソリの生態についても研究を始めていたけれど、もはやどうしても体力が続かなくなってしまった。残念なことだが、それらの研究については、きわめて不完全な断片的ノートしか残されていない。そのため一般の読者がほんとうに興味深く読むというわけにはいかないかもしれない。

ジョルジュ＝ヴィクトール・ルグロ*

23*

ツチボタル

雌雄《しゆう》で異なる形態

腹の先に明かりを灯《とも》すホタルは誰でも知っている——雄の成虫は甲虫らしい姿だが、雌の成虫は翅《はね》のない幼虫のような姿をしている——ホタルの食物はカタツムリだ——食べるまえに獲物に麻酔をかけて動きを封じる——飼育して、そのようすを観察してみる——ホタルは大腮《おおあご》を広げ、カタツムリをちょんちょんと突《つつ》く——数回で充分——麻酔は電撃的に効く——ホタルはどのように食事をするのか——咀《そ》嚼《しゃく》するのではなく、消化液を出して、肉をスープのように溶かして飲むのだ——ホタルの発光を観察する——書物の上にホタルを置くとほのかな光で読める——ホタルの雌の灯火は雄を誘う婚礼の呼びかけである——では雄や卵や幼虫は、なぜ光るのであろうか——この虫の物理学の謎は永遠にわからないのかもしれない

扉絵　発光によって雄たちを誘引するヨーロッパツチボタルの雌

フランスのような気候の土地、つまり温帯地方では、ホタル[*1]ほど一般の人に知られている昆虫はほとんどいない。これは奇妙な虫で、生命のささやかな喜びを祝うために、腹の先に明かりを灯《とも》すのである。フランス人なら誰でも、すくなくともこの虫の名前ぐらいは耳にしたことがあるはずだ。

夏の暑い夜に、あたかも満月のかけらが落ちてきでもしたように、牧場の草の葉のあいだを彷徨《さまよ》いながら飛んでいるホタルの光を見たことのない人間などいないにちがいない。

古代ギリシアの人々はこの虫をランピリス[2]と名づけていた。「尻にランプを持つ者」という意味である。公式の学問でも同じ用語を使っていて、*Lampyris*《ランピリス》 *noctiluca*《ノクチリユカ》 Lɪɴ. すなわち「夜に光る小さいランプを持つ者」と呼んでいるのである。この場合、学名を翻訳してみると、表現力があり、正確であるという点で俗名は学名にかなわない。

1　**ホタル**　ここではヨーロッパツチボタルのこと。ホタルは鞘翅目《しょうしもく》（甲虫類）ホタル科 Lampyridae に含まれる甲虫。日本では、幼虫が水中で育つゲンジボタル（源氏蛍）*Luciola cruciata* やヘイケボタル（平家蛍）*Luciola lateralis* が有名だが、ホタル科全体では幼虫時代を陸上で過ごす種《しゅ》のほうがはるかに多い。本章で紹介される種も陸生種《りくせいしゅ》である。→雌307頁図、→雄309頁図、解説。→訳注。

2　**ランピリス**　原語はフランス語で Lampyre《ランピール》。

たしかに ver luisant《ヴエール・リユイザン》 つまりフランス語の「光る蛆虫《うじむし》」[3]という意味のホタルの俗称はあまり適切とは言えず、文句をつけようと思えばいくらでもつけられる。ホタルは、見かけからいっても、蛆虫《ヴエール》なんかではまったくない。短いけれど肢《あし》は六本あり、たくみにその肢を使いこなす。小刻みに歩く虫なのだ。

雄は成虫になるとまさに甲虫そのもので、ちゃんとした翅鞘《ししよう》[4]を身に具《そな》えている。ところが雌は醜い虫で、飛翔することの喜びを知らないのだ。生涯を通じて、雌*は幼虫の形のままである。もっとも、雄も幼虫の時代は不完全なもので、羽化《うか》して成虫になり、交尾ができるようになるまでは似たようなものである。しかし、羽化するまえの姿にしても、蛆虫という用語は適切なものではない。

身を守る外皮を何ももたないことを俗に「蛆虫みたいに裸だ」と言うけれど、ホタルの幼虫は衣服を身につけている。つまり、いくらか丈夫な表皮を着ているのだ。しかも、その表皮にはなかなかきれいな色がついていて、体全体は茶褐色であり、胸部《きようぶ》、とりわけその下面は、淡い薔薇色《ばらいろ》の彩《いろど》りを有している。そして、各体節の後端には、左右にひとつずつ、鮮やかな茶褐色の小さな円い飾り模様がついている。こうした身なりからして、蛆虫などとはとても言えないわけだ。

こんな、できそこないの名称のことは放っておくとして、ホタルが何を食べているのかについて調べてみよう。美食の偉人であるブリア＝サヴァラン[5]は、こう

3 **光る蛆虫** 英名でも同じ意味で glowworm《グローワーム》 と呼ばれる。

4 **翅鞘** 鞘翅目（甲虫類）の前翅《ぜんし》のこと。鞘翅《しようし》とも。多くの甲虫では身を守るために硬くなっているが、ホタルの翅鞘は軟らかい。

5 **ブリア＝サヴァラン** BRILLAT-SAVARIN, Jean Anthelme（一七五五―一八二六）。フランスの法官、弁護士。食通として知られ『美味礼讃《びみらいさん》』を著わした。「君の食べるものを……」は、同書にみえる言葉。→訳注。

▼ヨーロッパツチボタルの終《しゆう》齢幼虫《れいようちゆう》。

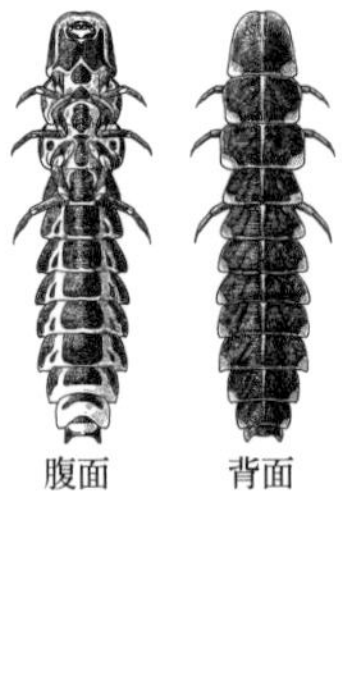

背面　腹面

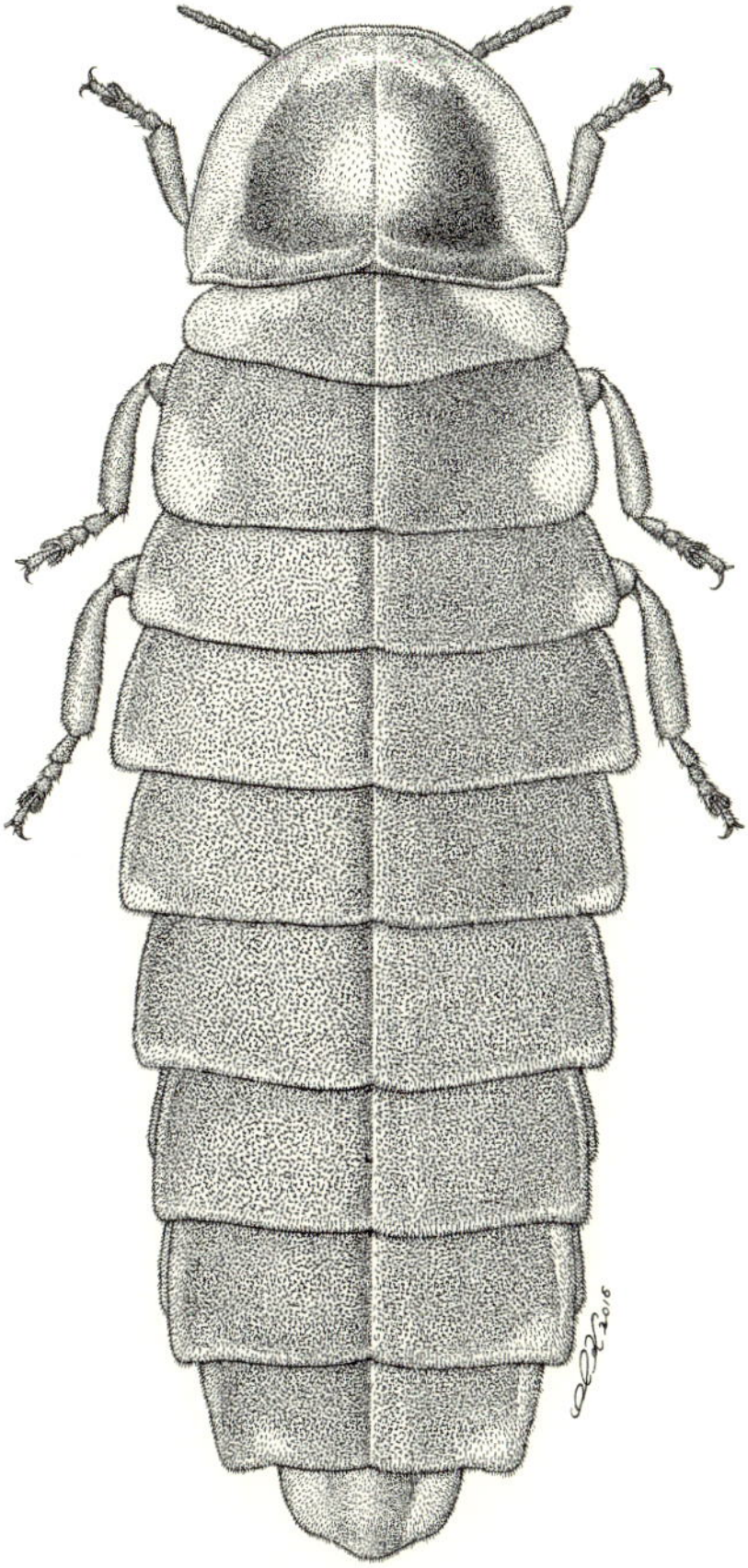

Lampyris noctiluca　（図は雌）

ヨーロッパツチボタル　ヨーロッパ土蛍。原書は *Lampyris nictiluca* で誤植か。雌の体長12〜16㎜　鞘翅《しょうし》目《もく》（甲虫類）ホタル科マドボタル亜科ランピリス属。イギリス、ヨーロッパから中国、朝鮮半島、樺太までのユーラシアに分布。カラフトボタルという和名も存在した。５〜６月に羽化《うか》する。成虫は性的《せいてき》二型《にけい》が著しく、雌の翅《はね》は退化しているが、雄は普通の甲虫らしい姿をしている。７月までに交尾を終える。卵は約１か月で孵化《ふか》する。幼虫は湿った地面で成長し２〜３年で成虫になる。

言っている。

「君の食べるものを言ってごらん、君が何者であるのか言ってみせよう」

これと同じような質問は、われわれがその習性を研究するすべての昆虫に対してあらかじめ投げかけるべきものである。なぜなら、動物の世界のもっとも大きいものから、もっとも小さいものにいたるまで、胃袋はこの世の支配者であるからだ。食物を通して知ることのできた事実《データ》は、それ以外の観察記録を凌駕するものである。

ところで、いかにも無邪気そうにみえるけれど、何を隠そう、ホタルは肉食[6]の昆虫であり、稀《まれ》にみる凶悪さで獲物を狩るのだ。常食としているのはカタツムリである。

こうした細かな事実は古くから昆虫学者の知るところであった。しかし、私が書物を調べたかぎりで、あまり知られていないこと、あるいは、いまだまったく知られていないと思われることは、ホタルの獲物への攻撃の方法であって、これはほかに似たもののない、実に独特なものである。

ホタルは、餌食《えじき》をむさぼり食うまえに、獲物の感覚を麻痺《まひ》させるのだ。虫は相手に麻酔をかけるのであって、その腕前にかけては、手術をするまえに患者に苦痛を感じなくさせる、人間の優秀な外科医の好敵手《ライヴァル》と言っていい。

6　**ホタルは肉食**　日本産の各種のホタル同様、ヨーロッパツチボタルが食物を摂《と》るのは幼虫の時代だけである。羽化《うか》して成虫になったのちは、水分を補給する程度で食物を摂ることはない。

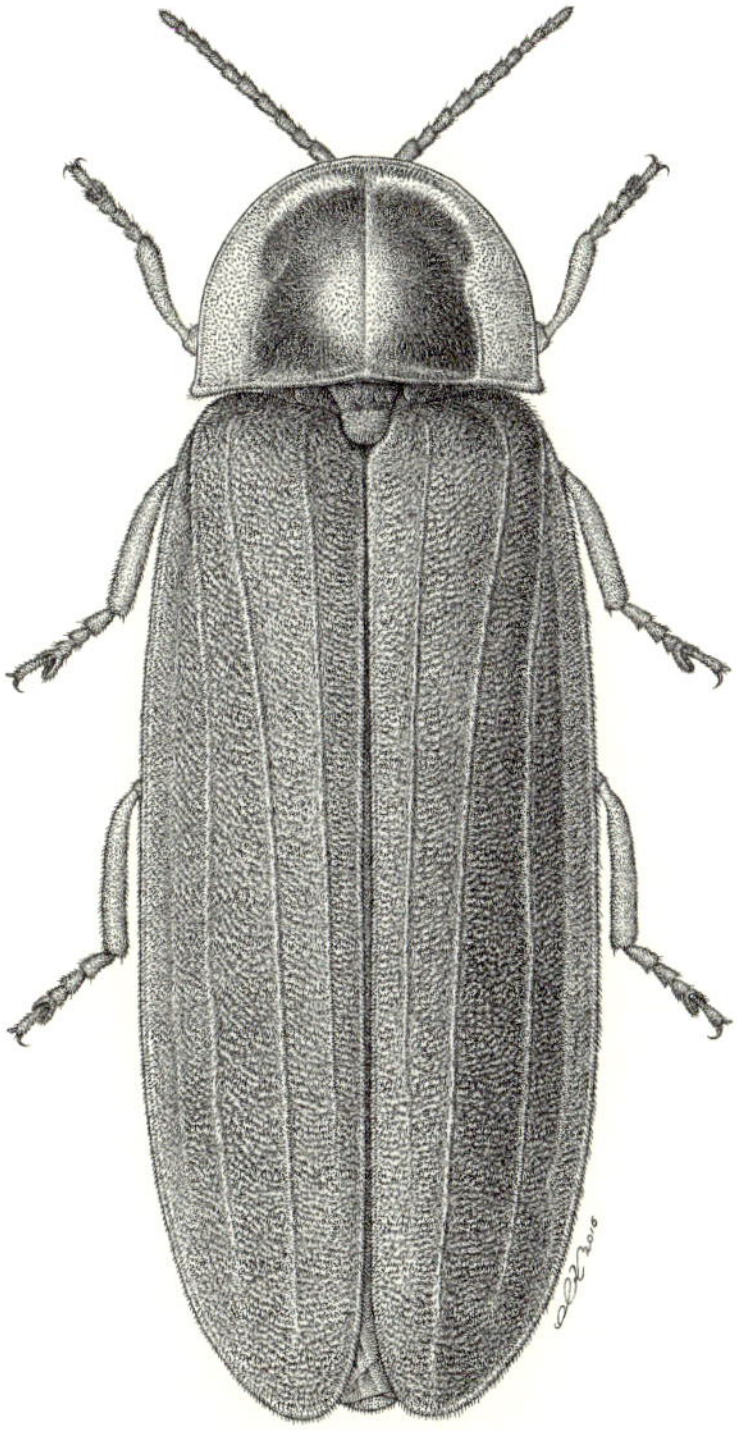

Lampyris noctiluca （図は雄）

ヨーロッパツチボタル　ヨーロッパ土蛍。雄の体長11〜13㎜　鞘翅目(甲虫類)ホタル科マドボタル亜科ランピリス属。学名（種小名《しゅしょうめい》）*noctiluca* には「夜輝くもの」、「月の」という意味がある。日本の本州、四国、九州などには陸生のクロマドボタル *Pyrocoelia fumosa*、八重《やえ》山諸島《やましょとう》にはオオシママドボタル *Pyrocoelia atripennis* などが分布している。これらの種《しゅ》もツチボタル同様に成虫は性的二型で、雌は幼虫のような姿であるが、その翅は完全に退化していないものが多い。

通常の獲物は、サクランボぐらいの大きさの小型のカタツムリである。その一種はムチウチコマイマイ[7]で、このカタツムリは、夏期に、道ばたの丈夫なイネ科植物の葉の上や、その他の植物の、乾燥した長い茎の表面に群れをなしていて、猛暑の続くあいだ、身動きもせずに深い瞑想《めいそう》にふけっている。ホタルが例の外科的戦術を用いて、ゆらゆら揺《ゆ》れる足場の上で、麻痺させたばかりの獲物を食べているのを私がよく見かけたのは、こうしたカタツムリの集合場所においてであった。

とはいえ、こんなところ以外にも食料がふんだんに見つかる場所をホタルはよく心得ている。この虫がよく見られるのは灌漑用《かんがいよう》の水路の縁《へり》である。そういう場所では土が湿っていて、さまざまな植物も生えているので、軟体動物《なんたいどうぶつ》にとってはまさに楽園なのだ。そんな場合、ホタルは獲物を地上で料理することになる。

こうした条件のもとであれば、ホタルを屋内で飼育して、ホタルが行なう手術の手順をこと細かに観察するのは容易である。読者諸氏がこの奇妙な情景に立ち会うことができるよう、試してみることにしたい。

少しだけ草を入れた大きめの広口壜《ひろくちびん》の中に、私はホタルを何頭か放し、食物として、大きすぎもせず、小さすぎもしない、ちょうど手ごろな大きさのカタツムリを入れてやった。その多くは、ムチウチコマイマイであった。さて、我慢づよ

7 **ムチウチコマイマイ** 鞭打小舞舞。*Cernuella virgata*（旧*Helix variabilis*）殻高9〜17㎜ 有肺目《ゆうはいもく》柄眼亜目《へいがんあもく》カドバリコマイマイ科スペインコマイマイ属。

く待っていよう。何よりじっくり見張ることが大切である。というのは、われわれが見たいと思っている事件はいきなり起きるし、それに出来事は、突然始まり、あっという間《ま》に終わってしまうからだ。

さあ、ついに始まった。ホタルは獲物をちょっと調べてみる。たいていの場合、獲物のカタツムリは殻《から》の中にすっかり身を縮めていて、ただ外套膜《がいとうまく》[8]の端っこだけがわずかにはみ出している。

そのとき、猟師は捕獲の道具をぐわっと開く。簡単な造りの道具ではあるが、はっきり確認するためにはどうしても虫眼鏡の助けを借りなければならない。それは二本の大腮《おおあご》[9]であって、ぐいと鉤形《かぎがた》に湾曲し、非常に鋭く、髪の毛の先のように細くなっている。顕微鏡で見てみると、根元から先端まで走る、ひと条《すじ》の毛細《もうさい》管《かん》のようなものが認められるが、構造としてはそれですべてである。

大腮を使ってホタルは何度かカタツムリの外套膜をちょんちょんと軽く突《つつ》いている。そのたびに咬《か》みついているのかもしれないが、それはむしろ無邪気な口づけと言ったほうがふさわしいようだ。それほどホタルのやり方は穏やかなものなのである。

かつて私たちが子供のとき、お互いに相手をからかうのに、指先でつんつんと軽く突くことを pichenette《ピシュネット》と言ったものである。これは本気で相手をぶったりするのではなくて、単にくすぐるぐらいの気持ちのものである。この際、子供の

8　**外套膜**　カタツムリやナメクジの体（軟体部《なんたいぶ》）を覆《おお》う薄い筋肉の膜。ここから粘液を分泌《ぶんぴつ》して殻《から》や甲羅《こうら》を形成したり、カタツムリの場合は休眠時に殻の入口に薄い膜（epiphragm《エピフラム》）を張ったりする。

9　**大腮**　頭部《とうぶ》にある口器《こうき》のこと。顎《あご》の第一節《せつ》目にあたり、食性によって一対《つい》の犬歯《けんし》状《じょう》あるいは鉤《かぎ》状《じょう》になっている。昆虫の顎は、大腮《おおあご》、小腮《こあご》、下唇鬚《かしんしゅ》の三対に分かれる。

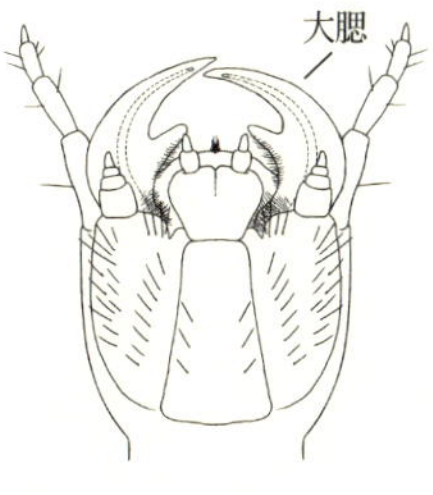

▼ヨーロッパツチボタルの終齢幼虫（雌）の大腮。鎌のようになった大腮の先端から消化液を出す。

用語を使うことにしよう。虫と会話をする際に子供のときの言葉づかいで悪いはずはあるまい。それが邪心のない者同士で理解し合うための本来のやり方である。

ホタルはつんつん《ピシュネット》で毒[10]の分量を加減している。この虫は一定の方法に従って毒を分配しているのだ。急ぐことなく、一回ちょんと突くごとに少し間をおいて、まるでそのつど毒の効き目を見きわめようとしているかのようだ。つんつん《ピシュネット》の回数はそれほど多くはない。せいぜい五、六回程度のものだが、獲物*を制圧して完全に身動きできなくさせるには、それくらいで充分のようである。

このあと、ホタルがカタツムリを食べている最中にも、まだ何度か大腮の牙《きば》は打ち込まれるのであろうか。その可能性は高いと思われるが、私にははっきりしたことは何も言えない。というのも、それ以後のホタルの仕事ぶりを私は観察することができなかったからである。

とはいえ、カタツムリをぐったりさせ、感覚を麻痺させるのには、初めの二、三回、ごくわずかな回数で充分なのだ。それほど、ホタルの麻酔法は効き目が早い。ほとんど電撃的と言いたいぐらいである。ホタルはたしかに、あの注射針を仕込んだ牙で一種の毒を注入するのにちがいない。一見したところ軽く突いているようにしか見えない、このホタルの注射の効き目がいかに早いかという証拠は次にみるとおりである。

10 **毒** ホタルは体外消化を行なう。獲物に麻酔をかけてから消化液を吐きかけ、分解された筋肉を吸うのである。

私は外套膜の端のところに四、五回注射されたばかりのカタツムリをホタルから取り上げてみた。そして身を縮めて殻の中に引《ひ》き籠《こ》もったカタツムリの、まだ殻の外にはみ出している前半身を細い針で刺してみたのだ。カタツムリは肉を刺されても少しも身を震わせない。針でぐさりとやられてもなんの反応も示さないのだ。本物の死体でもこれほど無反応ではあるまいと思われるほどなのである。

さらに決定的な証拠がある。私は運よく、歩いている途中のカタツムリがホタルに攻撃される現場を目にすることがあった。カタツムリは腹足《ふくそく》[11]をそろりそろりと動かし、先の膨《ふく》らんだ眼柄《がんぺい》[12]を思い切り伸ばしてゆっくり這《は》っているところを襲われたのだ。カタツムリは一瞬ひくひくっと妙な動きをみせ、それからまったく動かなくなる。もはや足で這うことができなくなり、体の前半が描いていたあの白鳥の首のような美しい曲線は失われる。大触角《だいしょっかく》はへなへなになって、折れた棒のように自分の重みで力なくへたってしまう。そして、この状態がずっと続くのであった。

実際のところ、カタツムリは死んでしまったのであろうか。いや、決して死んではいない。というのは、この死んだように見えるカタツムリは容易に蘇生《そせい》させることができるからだ。生きているわけでもなく、かといって死んでいるわけで

11 **腹足** 巻き貝の足にあたる部分。カタツムリをガラスの上に這《は》わせ、裏側から見ると腹足を波打たせて〝歩いて〟いるところが観察できる。

12 **眼柄** カタツムリやナメクジの頭部から突き出した、眼の柄《え》の部分。大触角《だいしょっかく》ともいう。

はさらさらないこの奇妙な状態を二、三日継続させたのち、私は患者の虫を隔離した。そしてこのカタツムリに、健康な軟体動物であれば気持ちよく感じるであろう俄雨《にわかあめ》のかわりに、水を浴びさせてやった。もっとも、これはうまく蘇生させられるための絶対条件というわけではない。

二日ばかり経って、ホタルの恐ろしい牙で傷つけられた私の隔離患者は正常の状態に復した。いわば生き返ったのである。カタツムリは運動と感覚を取り戻し、針で刺してみるとその刺激に反応する。移動もし、触角も振る。特別なことは何ごとも起こらなかったかのようである。まるで深く酩酊《めいてい》したような、全身的な無感覚の状態は完全に消えてしまったかのようだ。死んだかと思われたカタツムリは生を取り戻したのだ。

運動能力と苦痛を感じる力を一時的に失ってしまったこの状態を、いったいどんな名称で呼んだらいいのか。私は、それにある程度近い言葉をたったひとつしか知らない。それはまさに麻酔である。

死んではいないけれど身動きのできない獲物を、肉食性の幼虫のための食物として蓄えておく、数多くのハチの仲間の見事な仕事ぶりを通じて、われわれは昆[13]虫の麻酔医の巧妙な技術を知っている。連中は毒を用いて獲物の運動を司《つかさど》る、中枢神経《ちゅうすうしんけい》を麻痺させるのである。

13 **昆虫の麻酔医** タマムシツチスガリ、コブツチスガリ、キバネアナバチ、ラングドックアナバチ、アラメジガバチ、ベッコウバチ、ツチバチなどの狩りバチが、幼虫の食物となる獲物の昆虫に麻酔をかけて、生きたまま幼虫の食物にしていることは『昆虫記』でたびたび紹介されている。

14 **エーテル** アルコールの酸化化合物で、揮発性《きはっせい》が高く刺激臭がする。麻酔や塗料の溶剤などに使われる。

そして今ここにも、どういうこともない虫で、まえもって患者に麻酔を施《ほどこ》しておく者がいるのである。すなわち、現代の外科学における驚異のひとつ、この麻酔術は実際のところ、人間の科学が発明したのではなかった。それよりはるか以前、数世紀もまえから、ホタルその他の虫は、どうやらこの方法を知っていたのだ。虫の知恵はわれわれの科学よりずっと先んじていた。麻酔の技術だけが変わったのである。人間の麻酔医はエーテル[14]やクロロホルム[15]などの蒸気を吸入させてから手術に着手するけれど、ホタルは大腮の牙から出る特別な毒をごく微量注射したあとで手術をするのである。いつの日にか、人間がこれを麻酔術のヒントとすることはできないものであろうか。われわれが小さな虫の秘密をもっとよく知ったなら、未来にはどれほど素晴らしい発明発見が用意されていることであろうか。

カタツムリは獲物としては無害な相手であるし、何にもまして平和的であって、自分から争いをしかけることなどありえない生き物である。そんなカタツムリに対してあんな麻酔術を用いることは、ホタルにとっていったいどういう利益があるのか。

私にはその理由がなんとなくわかる気がする。アルジェリア[16]にモーリタニアホタルモドキ[17]という虫がいる。これは明かりを灯すことはないけれど、体の構造か

15　**クロロホルム**　メタンを塩素ガスによって塩素化して作る無色透明の麻酔薬。揮発性が高く甘い匂いがする。

16　**アルジェリア**　アフリカ北西部、地中海に面した共和国。首都はアルジェ。一八三〇年から一九六二年までフランス領だった。

17　**モーリタニアホタルモドキ**　モーリタニア蛍擬。*Drilus mauritanicus*　雌の体長16～20㎜　雄の体長6～10㎜　鞘翅目（甲虫類）ホタルモドキ科ドリリュウス属。ホタルモドキ科はホタル科に近縁な仲間。

雌

雄

らいっても、そしてとりわけ習性からいっても、フランスのホタルに近縁のものである。この虫もまた陸生の巻き貝を食べている。獲物は美しい螺旋形《らせんけい》の殻をもつキクロストマ、すなわち[18]チューダーオカタマキビの一種で、この殻には、強力な筋肉の力でぴったりと閉ざすことのできる石灰質《せっかいしつ》の蓋《ふた》がついている。この蓋は自由に開けたり閉めたりすることができる扉であって、中の住人が殻の中に引っ込むだけであっという間に閉ざされ、外に出るときには同様にさっと開くようになっているのだ。こんな仕掛けがあれば住居に外敵が侵入することはできないわけだが、モーリタニアホタルモドキはそのことをよく心得ているのである。

モーリタニアホタルモドキは、ある付着器官を用いて——これと同様の器官はフランスのホタルにもあって、のちにわれわれはそれを見ることになるが——獲物の殻の表面にぴったり張りつきながら、場合によっては何日も何日も相手の隙《すき》をじっと窺《うかが》っている。狙われている獲物のほうでも、やがては呼吸をするとか、食物を摂《と》るとかの必要に迫られて、殻から顔を出さざるをえなくなるであろう。殻の蓋がほんの少し開く。それだけで充分なのだ。すかさずモーリタニアホタルモドキは一撃を与える。すると扉はだらりとゆるんで、もはやきっちりとは閉まらなくなってしまう。攻撃する虫はその瞬間から砦《とりで》の主《あるじ》となったのだ。
いっけんすると、蓋を開閉する筋肉を虫が鋏《はさみ》で素早くちょきんと切ったように

18 **チューダーオカタマキビ** チューダー陸玉黍。*Tudorella sulcata*（旧 *Cyclostoma sulcatum*） 殻高13〜17㎜ 吸腔目《きゅうこうもく》オカタマキビ科ツドレラ属。

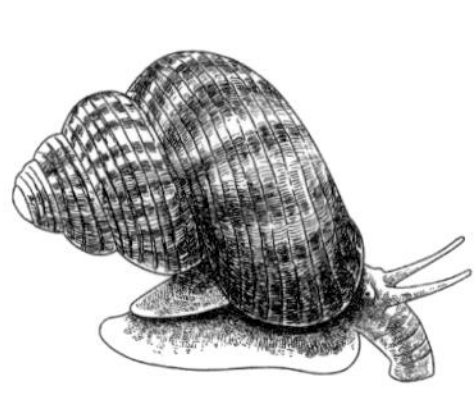

思われるけれど、その考えは捨てなければならない。

　モーリタニアホタルモドキの大腮はそれほど強力ではないので、大きな肉の塊《かたまり》をそんなに速やかに断ち切ることなどできない。最初のひと刺しで手術は成功しなければならないのだ。さもないと、攻撃された相手は力を充分に残したまま殻の中に引っ込んでしまい、それまでと同じ困難な攻城戦《こうじょうせん》が繰り返されることになって、昆虫のほうはいつまでも獲物にありつけなくなる恐れがあるからだ。モーリタニアホタルモドキは、プロヴァンス地方には産しないので、私はこの虫を調べてみたことがないのだが、それでも、これがホタルに似た戦法をとるというのは、いかにもありそうなことである。アルジェリア産のこの虫は、エスカルゴ喰《ぐ》いのフランスの虫同様、獲物の肉を切り裂くのではなく、相手の動く力を奪ってしまうのである。獲物が一瞬でも蓋を開けてくれさえしたら、あとはたやすいことで、何度かつんつん《ピシユネット》を繰り出して麻酔を施し、相手の体を麻痺させるのだ。そしてそれで充分なのである。

　攻撃する側の昆虫は殻の中に侵入し、ぴくりとも筋肉を動かすことのできない獲物をゆるゆる食べるのだ。論理的に言えばこういうことだろうというだけの話だが、私はこんな具合にことが運ばれるのだと思っている。

　フランスのホタルの話に戻ろう。カタツムリが地上にいる場合、這っていようと、殻の中に縮こまっていようと、攻撃するのはいとも簡単である。殻には蓋がないし、殻の中に引っ込んでいても、カタツムリの体の前半身はその大部分が剝《む》き出《だ》しになっているからだ。危害を受けることを恐れて外套膜の縁《ふち》を縮めていても、この軟体動物はろくに防御することができずに傷つけられてしまう。

しかし、カタツムリは高い場所にいることも多いのだ。たとえばイネ科植物の茎とか、なめらかな石の表面に張りついているような場合である。こうした足場はカタツムリにとって一時的な蓋の役目を果たしてくれる。それはよからぬことを仕掛けにくるすべての悪者たちの攻撃から殻の中の住人を防いでくれるのだ。もっとも、それは殻の口の周囲のどこにも、少しも隙間《すきま》が開いていないという絶対条件があってのことである。

しかしその反対に、これはしばしば見られる事例《ケース》であるが、もし殻が足場にしっかり密着していないために、どこか一か所でも体の一部が剝き出しになっていたりすれば、たとえそれがごくごくわずかな一点であっても、ホタルが細い牙を刺し込むには充分なのである。ホタルは獲物のカタツムリを軽く咬んで、相手をたちまち深い昏睡状態《こんすいじょうたい》に陥れ、あとは心静かに食事をすることができるというわけだ。

実際のところ、この処置を施すには極度の慎重さが求められる。ホタルは生贄《いけにえ》を驚かさないように近よらなければならない。そうでないと、カタツムリが体をきゅっと縮めて足場から離れてしまったり、すくなくとも、のんびり居眠りしていた高い草の茎からぽろりと落下してしまったりすることになる。地面に落ちた獲物は逃がしたも同然なのだ。というのは、ホタルは狩りの獲物を探すことにかけてはそれほどの情熱をもっていないからだ。ホタルは熱心に獲物を探しまわるのではなくて、偶然見つかったものを捕まえているだけだ。そういうわけであるから、茎の高いところまで這い登っていって、ごく微量の粘液《ねんえき》でそこにどうにかへばりついているような獲物を攻撃する際には、できるだけその相手の均衡《バランス》を崩さないようにしたほうがいいのである。攻撃する側は、獲物に苦痛を与えないように、細心の注意を払って仕事を進めなければならない。そうしないと筋肉の収縮反応のためにカタツムリがぽろりと落下してしまい、せっかくの獲物を逃がしてしまう恐れがある。これでおわかりのように、いきなり深い麻酔状態を引き起こすホタルの麻酔術は、この虫が獲物をあくまで静かに食べるという、その目的を遂げるためには、実に優れた方法なのである。

　ホタルはどのようにして食事をするのか。実際に食べるのであろうか。つまり、食物を小さなかけらに分割し、細かく切り刻んで、その後咀嚼器官《そしやくきかん》で磨《す》りつぶすのか。

私にはどうもそうではないように思われる。私が飼育しているホタルの口器《こうき》の部分に固形の食物らしきものがついているのは決して見たことがないのだ。ホタルは、言葉の厳密な意味からすれば食べるのではない。飲むのである。

ホタルは、[19]ハエの蛆虫のそれを思わせるような方法で、獲物を澄んだスープに変えて吸っているのだ。肉食性のハエの蛆虫のように、ホタルも、食物を口にするまえに消化することができる。獲物を食べるまえに液化しておくのである。以下にそれがどのように行なわれるかを記してみよう。

いま一匹のカタツムリがホタルによって麻酔の手術を受けたところである。手術を行なうホタルは、ほとんど常に一頭であって、その辺にいくらでもいるありふれたカタツムリ、[20]ヒメリンゴマイマイのように体の大きな獲物を相手にしているときでも、それは同じである。ところが、まもなくその獲物に二頭、三頭あるいはそれ以上のホタルが駆《か》けつけてきて、本来の持ち主のホタルと諍《いさか》いも起こさず御馳走《ごちそう》に群がるようになる。

二日間ほどその連中のするがままにまかせておいて、それから殻の口を下に向けてみよう。すると引っくり返した鍋《なべ》からスープがこぼれるように中身がとろとろと流れ出てくる。そして食べ手のホタルたちがこのスープを飽食して立ち去るころには、殻の中にはもうごくわずかのものしか残っていないのである。

19 **ハエの蛆虫**　ニクバエなどの幼虫（蛆虫《うじむし》）は、死体などの蛋白質《たんぱくしつ》を分解する酵素《こうそ》を分泌して溶かし、スープ状にして〝食べる〟。

20 **ヒメリンゴマイマイ**　姫林檎舞舞。*Helix aspersa*　殻高40〜45㎜　リンゴマイマイ科リンゴマイマイ属。フランスではプチ・グリと呼ばれ食用にされる。

事実は明白である。われわれは先ほどホタルが例のつんつん《ピシュネット》で獲物に麻酔をかけるところを目にしたが、それと同じような軽い咬み傷を何度も繰り返し受けて、カタツムリの肉はスープのようにとろけてしまったのだ。それを何頭ものホタルたちがよってたかって飲む。全員がある種の特別なペプシン[21]を出して、獲物を溶かしながら少しずつ飲むのである。

食物をあらかじめ液体に変えておくこの方法のために、ホタルの口器は二本の牙以外にはろくな道具を具えていないはずである。この二本の牙でホタルは獲物に麻酔効果のある毒をちくりと注射するが、おそらくそれと同時に、獲物の肉を液化させる体液を注入しているのだ。

虫眼鏡でやっと確認できるぐらいの、この二本の細い牙はもうひとつ別の役割をもっているようである。これら二本の牙は中が空洞の管状《くだじょう》になっていて、捕らえた獲物を細かく噛《か》み切る必要なしに中身を吸い尽くしてしまうアリジゴク[22]の牙と比較することができる。ただしホタルとアリジゴク、両者の大きな違いとしては、アリジゴクが吸った獲物のかさばる外骨格《がいこつかく》の殻を、砂の中に掘った漏斗形《じょうごがた》の罠《わな》の外に放り投げてしまうのに対し、液化の専門家であるホタルはほとんど何も残さないということがある。

同様の道具だてを身に具えながら、一方は単純に獲物の血をすするだけであり、

21 **ペプシン**　脊椎動物《せきついどうぶつ》の胃液に含まれる代表的な蛋白質分解酵素。イタリアの生理学者、生物学者スパランツァーニ SPALLANZANI, Lazzaro（一七二九―九九）によって一七八三年にその存在が確認された。ここでは消化液程度の意味で使われている。

22 **アリジゴク**　蟻地獄。ウスバカゲロウの幼虫の俗称。脈翅《みゃくし》目《もく》（アミメカゲロウ類）ウスバカゲロウ科 Myrmeleontidae の仲間。

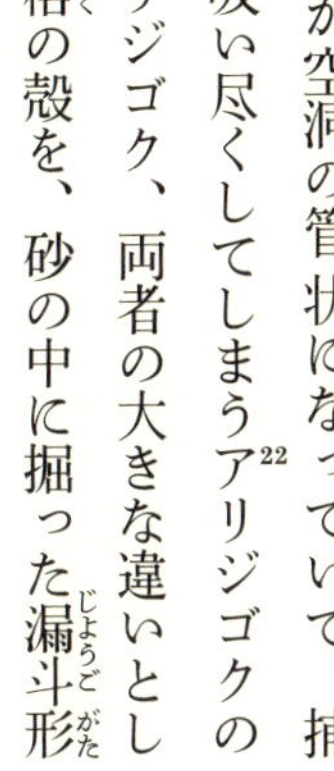

▼ウスバカゲロウ（薄翅蜉蝣）*Hagenomyia micans* の幼虫。

他方は獲物をあらかじめ液化するおかげで、それを丸ごと食物として利用することができるのだ。

しかもこのホタルの食事は、ときによって体の均衡《バランス》がひどくとりにくい場所であっても実に危なげなく正確に行なわれるのである。この点については、私が飼育に使っているガラスの広口壜が見事な実例を示している。

壜の中で飼っているカタツムリたちはガラスの上を這っていって、しばしば容器の蓋になっているガラスの天井にまでたどりつく。連中はそこに卵の白身のような、微量の糊状《のりじよう》の液を分泌《ぶんぴつ》してへばりつく。ここは一時的にとどまるだけの場所なので、カタツムリは粘着用の分泌物を出し惜しみしている。だから、とんと叩いただけでもガラス面から剝《は》がれて広口壜の底に落下するのである。

いっぽうのホタルはといえば、あとで述べるようにあまり頼りにならない肢の爪を助ける一種の[23]登攀《とうはん》補《ほ》助《じよ》器《き》官《かん》を用いて天井近くの高さまでたどりつくことも珍しくない。ホタルはそこで獲物のカタツムリを選び、念入りに検査をして殻の隙間を見つけ出し、そこを少しばかり咬んで感覚を麻痺させると、ただちにスープづくりにとりかかり、何日ものあいだそれを吸いつづけることになるのである。

ホタルがことを終えて立ち去ると、カタツムリの殻はすっかり空《から》っぽになって

23 **登攀補助器官** ホタルの幼虫が尾端《びたん》にもつ器官。尾脚《びきやく》と呼ばれる。

▼ヨーロッパツチボタルの終齢幼虫（雌）の尾端にある尾脚。触手のように広がる軟らかな吸盤のような器官。

いる。しかし、それにもかかわらず、ごく弱い力でガラス面に粘りついていた殻は、剝がれてもいなければ、ほんのわずかでも、もとの位置からずれてさえいないのだ。最初に咬みつかれたときに粘りついていた、そのままの位置で、カタツムリは少しも抵抗することなく、少しずつスープにされていきながら、殻の中身はすっからかんにされてしまうのである。

こうした一部始終を見ていると、ホタルの咬み傷による麻酔の効き目がいかに電撃的なものであるかがよくわかる。そしてまた、ホタルがいかに巧みに獲物のカタツムリを食い尽くすのかも知ることができる。ホタルは食事をする際に、非常に滑りやすい垂直のガラス面に張りついているカタツムリを落下させることもなく、軽く付着しているだけの獲物をその場からずらすことさえないのだ。

こうした均衡《バランス》のとりにくい条件のもとでは、この麻酔医の短い不器用な肢が用をなさないことは明らかである。肢のほかに、滑落《かつらく》の危険に果敢に立ち向かい、摑《つか》めないものを摑む特別な道具がなくてはなるまい。そして実際に、ホタルはそれをもっているのだ。

ホタルの体の末端の部分には、ひとつの白い点が見える。虫眼鏡でよく調べてみると、それは十二本ばかりの短い肉厚の付属突起《ふぞくとっき》のようなもので、それらがぎゅっと集まったり、花形模様《ロゼット》を描いて放射状《ほうしゃじょう》に広がったりする。まさに、これこそが、物に張りついたり移動したりするための器官なのだ。何かに体を固定させたいときに、それがたとえばイネ科植物の茎のようにつるつるした面であっても、ホタルは花形模様《ロゼット》をその足場の上にぺっとり広げ、それ自体の粘着力でその場に張りつくのである。

この器官は上がったり下がったり、開いたり閉じたりして、歩行のために非常に役に立つのだ。つまりホタルというのは、これもまた足萎《あしな》えの虫なわけだ。この虫は尾端《びたん》に素敵な白い花形模様《ロゼット》をもっているが、これはいわば手のようなもので、関節はないけれど、どの方向にも自由に動く十二本の指がついている。そしてこの指は管状になっており、物は摑めないながらも何かの表面に張りつくことはできるのだ。

この器官にはもうひとつの用途がある。それは化粧に使う海綿《スポンジ》と刷毛《ブラシ》のような使いみちだ。食事がすんで休息しているとき、ホタルはこの器官を刷毛《ブラシ》のように使って、頭や背中や体の脇や後ろのほうをさすったり擦《こす》ったりする。背中がしなやかで、自由自在に曲がるのでこんな作業が造作もなくできるのである。

こんなふうに体の一点から一点へ、端から端まで丹念に、執拗《しつよう》に刷毛《ブラシ》をかけているということは、ホタルがこの作業をかなり重視しているとみて間違いないだろう。

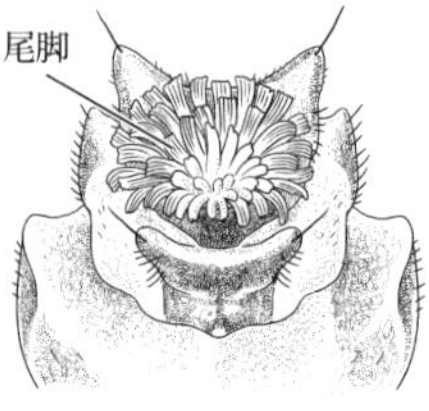

▼終齢幼虫（雌）の尾脚の構造。

▼尾脚で植物の茎にぶら下がる終齢幼虫（雌）。

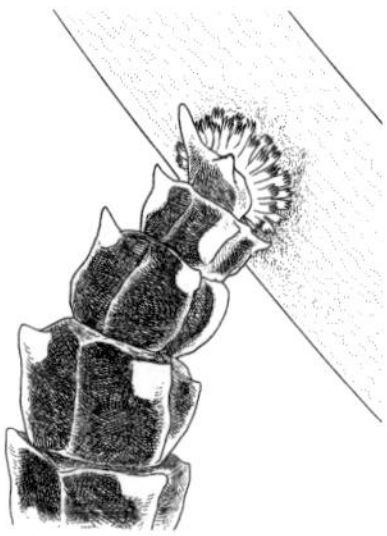
▼草の茎を摑《つか》む尾脚。

しかし、こんな具合に海綿《スポンジ》で擦ったり、ていねいに艶出《つやだ》しをしたり刷毛《ブラシ》をかけたりするのは、いったいどういう目的からなのであろうか。おそらくは埃《ほこり》の粒を払ったり、そうでなければ、カタツムリを襲った際に付着した粘り気を拭《ふ》きとったりするためであろう。カタツムリを処理して殻から出てきたあとともなれば、少しくらいの身づくろいはどうしても必要なのである。

あの口づけにも似たつんつん《ピシュネット》によって、獲物に麻酔をかける能力は素晴らしいものだが、もしホタルにそれ以外の才能がなかったならば、この虫は一般の人には知られることもなかったであろう。

しかしこの虫はまたランプに火を灯すこともできるのだ。ホタルは光る。このことは名声を博すためには、このうえないほどの条件である。特にいま、雌のホタルについて考えてみよう。雌は幼虫の形のまま成熟し、夏のもっとも暑い時期にもっとも強く光るのである。

発光器官は腹部《ふくぶ》の下から三つの体節を占めている。そのうち前方の二つの体節のそれは、どちらも幅の広い帯状《おびじょう》で、湾曲した腹面《ふくめん》のほぼ全体を覆《おお》っている。三つ目の体節では、光を放つ部分は前の二つにくらべてぐっと小さくなっており、二つの小さな三日月形《みかづきがた》というか、むしろ二つの小さな点というべきもので、この部分が放つ光は、腹側からだけでなく背中側からも、つまり、虫の体の下からだ

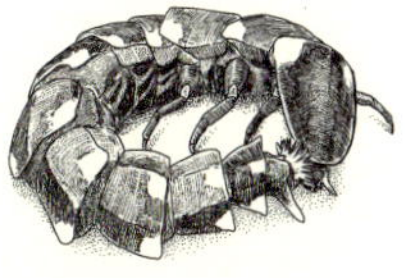

▼尾脚を使って口器を掃除する終齢幼虫（雌）。カタツムリが分泌する粘液は乾燥すると固まる。

けでなく上からも、同じように透けて見える。この帯と点とが青白い見事な光を放つのである。

こんな具合にホタルの発光器には二つの仲間《グループ》があるわけだ。ひとつは尾端から二つ目と三つ目の体節の、ゆったりした幅の広い帯であり、もうひとつは末端の体節にある二つの点である。この二本の帯は、性的に成熟した雌だけにみられる、もっとも光の強い部分である。婚礼を華やかにするために、将来の母親虫は思うさま身を飾り、二本の素晴らしく華麗な帯に明かりを灯す。しかし成熟するまえであると、卵から孵《かえ》って以来尾端にもっている幽《かす》かな明かりしかないのである。

このような発光する能力の開花は、普通の昆虫でいえば変態の完成、つまり翅が生えて飛べるようになること、つまり羽化に相当するのであって、雌が光るのは交尾の準備が整ったことを示すものである。しかしホタルの雌には翅も飛ぶ力もまったくないのだ。雌は幼虫のままの醜い姿を保ってはいるけれど、灯台のように光り輝くのである。

いっぽうで、ホタルの雄は完全変態[24]をする。雄は姿を変え、翅鞘と後翅《こうし》とをもつようになる。それでいて雄は、雌と同じように孵化《ふか》のとき以来、腹部の末端に幽かなランプをもっているのである。雌雄《しゆう》の性別や生育時期に関係なく、このお尻の光はホタルの仲間全体を特徴づけるものなのだ。雄であれ雌であれ、また季

▼終齢幼虫と成虫の発光器。いずれも腹面側の図。

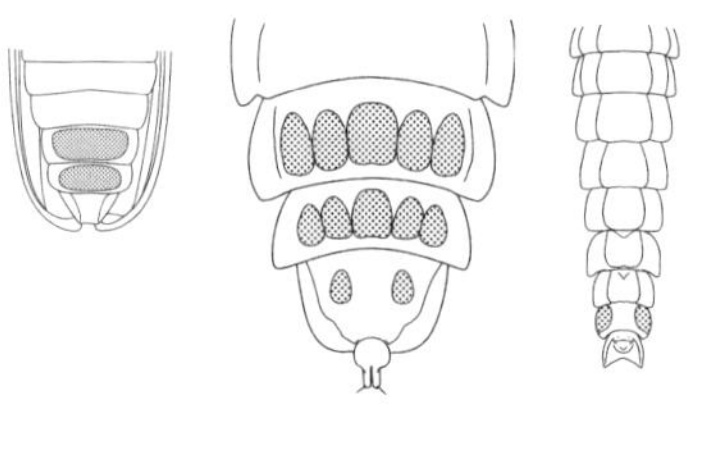

24 **完全変態**　昆虫が、幼虫・蛹《さなぎ》・成虫と姿を変えて育つ成長形態。鞘翅目、膜翅目《まくしもく》、双翅《そうし》目《もく》、鱗翅目《りんしもく》などが行なう。ここでファーブルは、ヨーロッパツチボタルは雄のみが完全変態するような記述をしているが、実際には雌も蛹の期間を経て〝羽《う》化《か》〟する。ただし雌成虫の翅《はね》は退化して失われているため幼虫のような姿にみえる。

節がいつであっても、そんなこととは無関係に、この光は、生まれたばかりの幼虫にもうすでに現われていて、一生変わることがない。

　忘れずに付け加えておかなければならないが、尾端のこの光は腹面からと同様に背面からもよく見えるが、雌だけがもつ二つの大きな帯状の光は、腹面からだけしか見えない。


　今の私にわずかに残されている、かつての技術と視力の許す範囲で、私は解剖によって発光器の構造を調べてみることにした。雌の表皮の断片から、私は光る帯の半分をかなりきれいに切り離すことができた。そしてこの標本を顕微鏡で調べてみたのである。

　表皮の表面には一種の石灰塗料のようなものが広がっているが、それは非常に細かな粒子からなっている。これこそが発光物質であるのにちがいない。この白い層をさらに詳しく観察することは、視力の弱ってしまった私の目ではもはや不可能なことである。

　そのすぐ横に奇妙な気管《きかん》が見えている。その根元の幹にあたる部分は短くてかなり太いが、それが突然急に、まるで何本もの細い枝を茂らせた灌木《かんぼく》のように枝分かれしている。これらの気管が発光層の表面を這うように覆っているのであるが、なかには内部まで潜り込んでいるものもある。見えているのはそれだけだ。

したがって発光器は呼吸器官に従属しているのである。だからそこで起きているのは酸化作用ということになる。白色の層は酸化される物質を供給し、先が何本にも枝分かれした太い気管は白い層に空気の流れを分配しているのである。それゆえ残る問題は、この白い層の物質がどのような性質のものなのか、ということだ。

まず最初に考えたのは、これは、化学的にみて燐《りん》[25]ではないかということだ。ホタルを高温で処理して燐の元素を取り出すことができるかどうかについては強力な試薬を用いて実験が行なわれてきた。私の知るかぎり、誰もこの方法によっては満足な結果は得ていない。ホタルのほのかな光は燐光というふうに呼ばれることがあるけれど、燐はこの場合、関係がないように思われる。答えはまた別のところにある。しかし、それがどこにあるのかは誰にもわからない。

もうひとつの問題については、われわれはもっと詳しいことを知っている。ホタルは自分の意のままに発光を調節できるのかということである。つまり、好きなように光を強めたり弱めたり、消したりすることができるのか。もしもそうであるとするなら、それはどのような仕組みになっているのであろうか。虫は光を透さない暗幕のようなものをもっていて、それを光源の上に張り、光を遮《さえぎ》ったり開放したりすることで明るさを調節するのだろうか。それとも光源は常に剝き出

25 燐 錬金術師が尿を蒸発させて発見した元素。燐（白燐《はくりん》）は、約六十度の温度で自然発火する。元素記号はPでラテン語の phosphoros（ギリシア語の phos「光」と phoros「運ぶもの」を合わせた言葉）の頭文字。

しの状態なのだろうか。いや、そのような仕掛けは不要であろう。昆虫は点滅するためにもっと優れたものをもっているのだ。

発光層に通じている太い気管の空気の流入量を増やすと、より明るく光るのである。逆に、虫がそうしようと意図し、同じ気管を通る空気の量を減らしたり、止めてしまったりすると、光の量は弱まったり、消えてしまったりするのだ。これは結局のところ、灯芯《とうしん》に送られる空気の量で光量が調節されるランプの仕掛けそのものである。

ところで、ホタルが驚いたり恐れを感じたりすると、発光を司っている気管の働きに作用する可能性がある。ただし、この問題については、ふたつの光を区別して考える必要がある。ひとつは成熟した雌に特有の、あの見事な帯飾りの光であり、もうひとつは雌雄の区別なくあらゆる世代を通じて尾端に灯している幽かなランプの光である。

後者の場合、虫が驚かされると明かりはぱっと完全に消えてしまったり、あるいは、ほとんど見えないほどになったりする。

私が夜間に体長五ミリほどのホタルの幼虫を採集しようとしたとき、草の葉の上に小さなランプが光っているのがはっきり見えた。しかし、うっかりその近くの草の葉をほんの少しでも揺り動かしてしまうと、光はたちまち消えて、捕まえようと思っていた虫は見えなくなってしまうのであった。

ところが婚礼用の光の帯で輝いている肥《ふと》った大きな雌であると、ひどく驚かせてもたいした変化は起こらない。全然なんの変化もないことさえよくある。


野外の飼育所として雌のホタルを飼っている釣鐘形《つりがねがた》の金網のすぐそばで、私は銃を撃ってみた。しかしその銃声にも雌は少しも反応しない。光はそれまでと同じく生き生きとして平然と輝きつづけているのだ。

霧吹きを使って私は、雌の群れの上に細かな冷たい霧を吹きかけてみた。虫たちはどれも明かりを消さない。せいぜいのところ、輝きがわずかのあいだ、ちらちらと陰る程度。それも全員、というわけではないのだ。

私は金網の中にパイプの煙をふっとひと息吹きかけてやった。すると今回は、虫たちも先ほどよりはとまどっているようである。なかには明かりを消してしまう者さえいるけれど、それもほんの少しのあいだのことである。すぐに落ちつきを取り戻し、灯火は以前と同じように生き生きと輝くのであった。

私は飼育している雌たちを何頭か指でつまみ、いじくりまわして、少しばかりいじめてみることにした。私が指であまり強く押さえつけたりさえしなければ、光はそれほど弱くなることもなくホタルは光りつづける。もうまもなく交尾をしなければならないという今の時期だと、ホタルは輝きの絶頂にあるわけで、その灯火を完全に消してしまうためには、そうとう重大な理由がなくてはならないのだ。

こうしてよく考えてみると、ホタルは自分でその発光器官を統御《とうぎょ》して、意のままに明かりを消したりつけたりしているということには疑いの余地がない。しかし、虫が自らの意志を働かせようのない状況は作り出すことができる。私は発光層が広がっている表皮の一部を切り取ってガラス管の中に入れ、急速な乾燥を防ぐために湿らせた綿で栓《せん》をした。するとどうであろう、この死骸のかけらは、さすがに生きているときほどの輝きはないけれど、立派に光るのである。

この場合、もはや生命の協力は不要なのだ。酸化性の物質からなる発光層は、周囲の空気に直接触れている。気管を通じて送られる物質としての酸素の流入は必要がなく、この光は化学作用における本物の燐が空気に触れて発光するのと同じようにして発光するのである。

付け加えておけば、空気を含む水の中では、この光は大気の中と同じだけの輝きを保ちつづける。しかし、沸騰《ふっとう》させて空気を失った水の中では、光は消えてしまうのだ。私が以前に主張したように、ホタルの発光はゆっくりした緩慢な酸化作用のために起きるということについて、これ以上の証拠を見出すことはできないであろう。

この光は白く穏やかで見た目にやさしい。まるで満月からこぼれ落ちた火の粉《ひこ》のようである。輝きが強いにもかかわらず、あたりを照らす力はごく弱い。ホタルを一頭、印刷物の一行の上に乗せてみると、まわりが真っ暗やみであっても、アルファベットの一字一字、そしてあまり長い綴《つづ》りの単語でなければその語の全体を、はっきり読み取ることができる。しかしこの狭い範囲から外のものは何も見えない。だからこんな虫のランプでは、字を読む人間のほうがすぐに我慢できなくなってしまうのである。

ホタルが互いにほとんど触れ合うぐらいに群れ集まっているところを想像してみよう。一頭一頭は幽かな光を放っていて、反射によって隣りにいる虫を照らし出し、各個体がはっきり見えるはず、と思われる。ところが決してそういうふうにはならないのだ。光の合奏《コンサート》はただの混沌《こんとん》でしかない。少しだけ離れて見ても、われわれの目には明確な形が摑めない。いわば明かり全体の中に、ひとつひとつの光がすべてぼんやり溶け込んでしまうのだ。

写真に撮ってみると、この点に関して一目瞭然の証拠が手に入る。私は屋外に置いた釣鐘形の金網の中に、今を盛りと発光している雌のホタルを二十頭ばかり飼っている。この飼育装置の真ん中には、ひと株のタイム[26]が植わっていて、小さ

26 **タイム** *Thymus vulgaris* 草丈15〜20㎝ シソ科の常緑小低木。和名はタチジャコウソウ（立麝香草）。南仏にはタイム、ハッカ、セージ（サルビア）、ラヴェンダーなど、精油を含むシソ科の植物が多く生え、香り漂う独特の雰囲気を醸し出している。

な森になっているのだ。夜がくると、私の飼っているホタルたちはこの展望台によじ登って光の装飾を思い切り四方八方に輝かすのである。

　こうしてタイムの小枝に沿って素晴らしい光の房《ふさ》が形成されるのであるが、私はこの光景が写真の乾板《かんぱん》と印画紙の上に見事に写し出されるであろうと期待した。

　しかし私の期待*は裏切られてしまった。私が得た結果は、ホタルの群れの数の多少によって濃かったり淡かったりする、いくつもの白い不定形の染みでしかなかったのだ。ホタルの本体はというと、まったく何も写っていない。タイムの茂みはそれらしい痕跡《こんせき》すらない。適度の照明がないために、この素晴らしい飾《かざ》り燭台《しょくだい》も、黒を背景とした白いぼやけた染みとなって写ってしまうのである。

　ホタルの雌の灯火は、明らかに婚礼への呼びかけであり、交尾への誘いである。しかし注意しておかなければならないのは、その明かりは腹部下面に灯されているということだ。つまり雌の光は地面のほうに向けられているわけだが、いっぽうの呼びかけられている者たち、つまり勝手気ままに空を飛んでいる雄たちは、雌の上空にいるのである。しかも、ときにはかなり遠くのほうを飛んでいるのだ。それゆえに、この誘いの光は、通常の位置関係からいえば、雌に興味のある雄の目からは覆い隠されていることになる。成熟した適齢期の雌の体の厚みで光は隠されているのである。ランプは腹部下面ではなくて、背の上で輝くのでなければ

▼夜間、タイムの上で発光するヨーロッパツチボタル。

ならない。そうでないと光はかき消されてしまうのだ。

しかしこうした不都合は実に巧みに修正されている。というのも、すべての雌の虫は雄を誘うためのちょっとした恋愛の技巧をもっているからだ。

毎日、陽《ひ》が落ちると私の飼っている雌のホタルたちは、釣鐘形の金網の中に植えてやったタイムの株までやってきて、もっとも目立つ高い枝の先端まで登っていく。そしてそこで、先ほどまで茂みの根元にいたときのように身を潜《ひそ》めているのではなく、ひどく激しい運動を始めるのだ。自由自在に動かせる腹の先をくねらせて、不規則にぎくしゃくと、あちらに、またこちらにと、あらゆる方向に向けるのである。そのために、恋の冒険旅行の途中の雄は、地上を這っている者も、空中を飛んでいる者も、近くを通りかかればみな、この灯台の呼びかけをいずれそのうち目にすることになるのだ。

これはヒバリ猟に使う回転鏡[27]の働きとほぼ同じようなものである。仕掛けに動きがなければ鳥は無関心であるが、それが回転して光がきらきら瞬《またた》くとヒバリはそれに夢中になるのだ。

ホタルの雌には求婚者を誘うためのこうした誘惑術があるのだが、雄のほうでも、視覚的な能力を有していて、誘いかける雌の灯火の幽かな反射でも遠いとこ

27 **回転鏡** ヒバリなどの野鳥を鉄砲で撃つ際に猟師が獲物をおびき寄せるために使う道具。地面に突き刺し、複数の鏡が嵌《は》め込《こ》まれた回転部分に糸を巻きつけておき、遠く離れた場所から引いて回転させる。

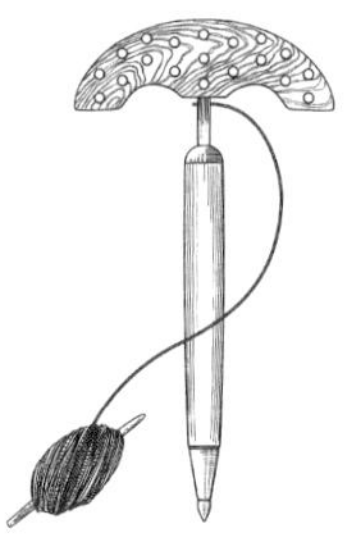

ろからしっかりととらえることができる。前胸《ぜんきょう》の背面は楯《たて》の形に広がっており、帽子のつばというか、ランプシェードの形になって頭部《とうぶ》から大きくはみ出している。その役割はおそらく、視野を制限し、見定めるべき発光点に視線を集中することである。この覆いの下に比較的大きなふたつの眼がある。それは神父のかぶる球帽《きゅうぼう》のような形で強く突出しており、左右の眼は互いにひどく接近していて、そのあいだには触角が生えている細い溝があるだけだ。

虫の顔、前額部《ぜんがくぶ》のほとんど全体を占める、前胸の大きなランプシェードの覆いの下に引っ込んでいる大きなふたつの眼は、まさに一つ目巨人《キュクロプス》[28]の目といったところである。

交尾のときにはホタルの光はひどく弱まり、ほとんど消えてしまいそうになる。尾端の体節のランプが幽かに灯っているだけなのだ。結婚式には慎《つつ》ましい常夜灯《じょうやとう》だけで充分なのである。そのいっぽうで、まわりでは夜ふかしの虫たちの群れがいっせいに声を合わせて祝婚歌《しゅくこんか》を合唱している。

それに続いて産卵が行なわれる。球形の白い卵が産みつけられる、といえば聞こえはいいが、実のところ、かすかに湿った土の上や、芝草の上など、どこであろうとかまわず、母親としての心づかいなぞ少しもなく、手あたり次第に卵はばら撒《ま》かれるのだ。この光を放つ虫は、子供への愛情などまるで知らないのである。

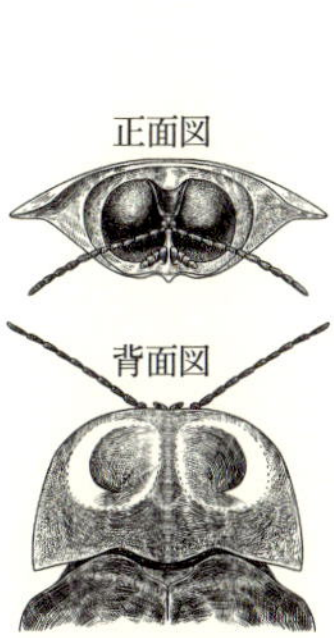

▼ヨーロッパツチボタルの雄の頭部。大きな複眼《ふくがん》が目立つ。

28　**一つ目巨人《キュクロプス》**　キュクロプスには「丸い目」あるいは「丸い顔」という意味がある。ホメーロスの『オデュッセイア』では、海神ポセイドンの息子で、人を食う凶悪な一つ目の巨人として描かれる。

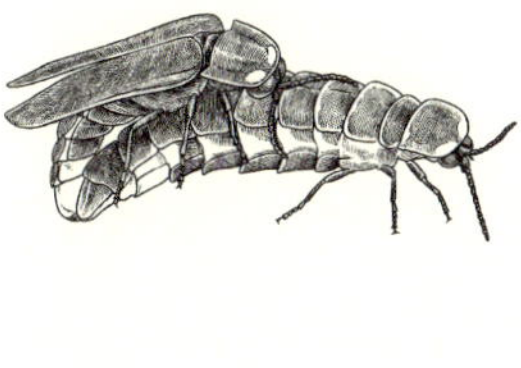

▼ヨーロッパツチボタルの交尾。

実に奇妙なことだが、ホタルの卵は、母親の虫の腹の中にいるときから、もう光っているのだ。成熟した卵がいっぱい詰まっている雌の腹をうっかりつぶしてしまったりすると、まるで燐の入った液体を満たした小壜か何かを割ってしまったように、光の筋が指に広がる。しかし虫眼鏡で見ると、燐ではないことがわかる。卵巣《らんそう》がつぶされて出てきた卵の房が光っているのだ。いずれにせよ、産卵の時期が迫ってくると、卵巣の中の燐のような光は、こんな荒っぽい産科手術などしなくても、もうはっきりと見てとれる。雌の腹の皮膚を通して、ぼんやりした乳白色《にゆうはくしよく》の光が透けて見えるようになるのである。

産卵に続いてすぐに孵化が起こる。幼虫は雌も雄も最後の体節にふたつの小さな豆ランプをもっている。寒さが厳しくなってくると、幼虫たちは地下のあまり深くないところに潜り込む。細かくてさらさらした土を入れた飼育用の広口壜の中だと、幼虫たちの潜る深さはせいぜい三、四プース[29]といったところであった。

冬のいちばん寒いときに、私は何頭かの幼虫を掘り出してみた。そして連中が尻の先にあいかわらず幽かなランプを灯しているのを見ることができたのであった。四月頃になると、幼虫たちは地上に上がってきて、そこで発育を続け、成虫になるわけだ。

▼ヨーロッパツチボタルの産卵。卵の直径は約一ミリ。

29　**プース**　かつてフランスで使われていた長さの単位。一プースは約二・七㎝。

最初から最後までホタルの一生は光の饗宴《きょうえん》である。卵のころからすでに光っていたし、幼虫の場合も同じであった。雌の成虫は見事な灯台のようであるし、雄の成虫も、幼虫の時代からもう、豆ランプをもちつづけている。

しかし、雌の灯台の役目はわかるけれど、雄*や幼虫が灯火を灯してなんの役に立つのであろうか。実に残念なことだが、それは私にはわからない。書物に記されている物理学よりもっと難解な、*この虫の物理学の謎は今もわかっていないし、これからも長いこと、あるいは永遠にわからないのかもしれない。

302頁　ルグロ　LEGROS, Georges-Victor（一八六一―一九四〇）フランスの医師、政治家。フランス中部クルーズ県オービュッソンに生まれる。幼少時代に医師の父を亡くす。パリの名門高等中学校、リセ・ルイ＝ル＝グラン、次いでパリ大学医学部で学んだのち、モンリシャールで外科医師となる。四十二歳のとき、十六歳年下の従姉妹、ルネ・カンカロンと結婚。男子をもうける。この一人息子に、ジャン＝アンリと名づけているのは、ファーブルにあやかったものであろう。

　医師として働くかたわら、進歩派の政治家としても活躍し、市会議員を務めたのち、第一次世界大戦の時期には国会議員にもなっている。国会議員としては、重要な史跡の保存に力を尽くし、ファーブルの自宅兼研究所である荒地《アルマス》（一九二二年に国立パリ自然史博物館の管轄となる）のほかにも、フランス中部のシノンに近い、『ガルガンチュア』の作家ラブレーゆかりの〝ドヴィニエールの家〟Maison de la Devinière の、国による保存のために尽力している。

　数多いファーブルの読者、理解者、あるいは信奉者、崇拝者のうちでも、ルグロは、その最大の一人と言ってよい存在であった。ファーブルのことを著作でしか知らなかったルグロが、ファーブルその人にひと目会い、その謦咳《けいがい》に接したいと思い詰めて、初めてセリニャンの荒地《アルマス》を訪ねたのは、一九〇七年の夏、セミの鳴きしきるころであったという。

　ファーブルとルグロ、そしてルグロ夫人の三人はすぐに打ち解けて深い友情で結ばれることになる。ルグロの住んでいたロワール＝エ＝シェールは、パリ盆地の南部に位置し、南仏のセリニャンからは遠く離れていたし、当時の交通事情を考えると、とても頻繁に往き来することはできなかったが、一九〇七年以降、ルグロは、すくなくとも年に二回、八月とクリスマスには、荒地《アルマス》を訪れていたという。

　晩年のファーブルにとって、――そしてわれわれ読者にとっても――このよき理解者を得たことは大きな幸運であった。ファーブルの生涯には、重要な局面で、彼を救いにくる人が現われるのだが、ヴィクトール・デュリュイとミルの次がこのルグロであった。

　直接ファーブルに会って、その人柄に魅せられたルグロは、ある時点で、ファーブルの伝記を書き残すことを自分

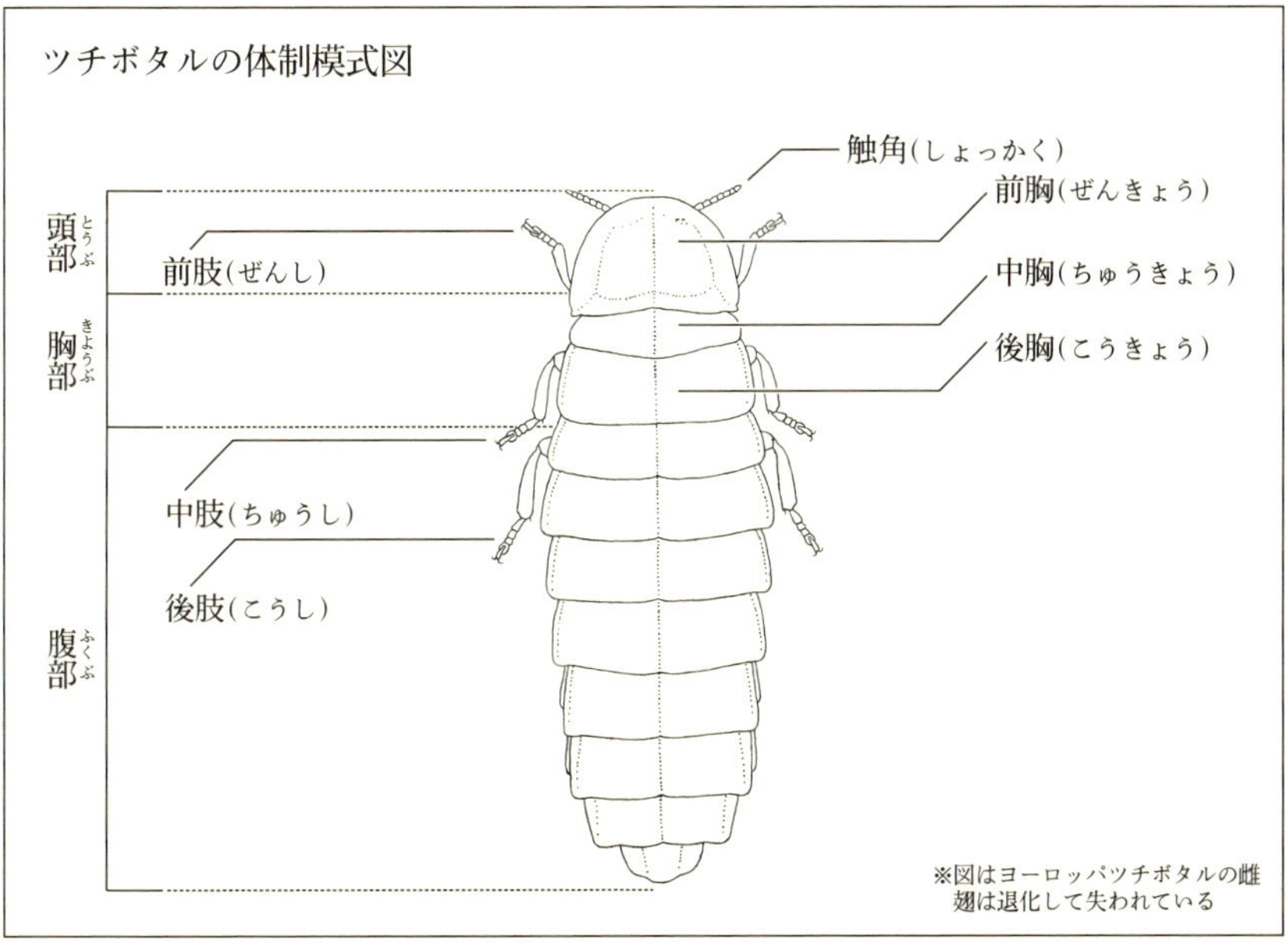

ツチボタルの体制模式図

の使命と考えるようになったものと思われる。そしてまたファーブルも彼にそれを許し、自分では文章に書かなかったことなどを語ったのであろう。ルグロは、聞き書きをし、若き日の詩の未定稿、書簡などを資料として使うことを許されている。ただし、ファーブル自身は、若き日の苦しい放浪時代のことについては多くを語らなかったようである。

　しかし、ルグロが初めてファーブルと出会ったころ、彼は、進化論に疑問を呈していたことなどもあって、業績も認められず、著書も売れないために、経済的にも苦しい状況にあったようである。ルグロは、ファーブルの功績を世に認めさせるために全力を尽くしている。『昆虫記』五十周年の祝賀会開催を、ロマン・ロラン、メーテルリンク、エドモン・ロスタンなどの文学者に呼びかけ、また時の政治家をセリニャンの荒地《アルマス》に呼ぶなど、文字通り奔走したのである。

303頁　**23**　本章は、未完となった第11巻のためにファーブルが準備していた原稿を、ファーブルの崇拝者で、彼をよく知るルグロが整理し、完全版『昆虫記』に付録として加えたもの、つまり未定稿というべきものである。そのため章の番号は付されていないが、本訳では便宜上23章とした。

305頁　**ホタル**　日本人の思い浮かべるホタルとは、幼虫が川や田んぼの水中に住み、羽化《うか》した成虫が、夜間発光しながら水辺を飛び交う、夏の風物詩ともいうべき身近な虫であろう。このように幼虫の時期を水中で過ごすものを水生種《すいせいしゅ》と呼び、幼虫の時期を陸上で過ごすものを陸生《りくせい》種《しゅ》と呼ぶ。

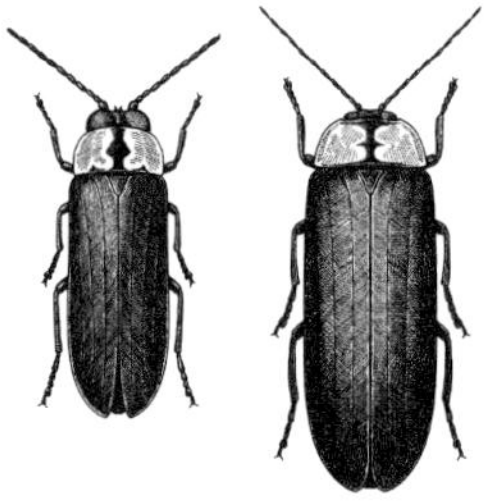

ゲンジボタル（右が雌）。

実は、世界中すべてのホタル二千種からみると、水生種は少数派なのである。日本には約五十種のホタルがいるが、有名なゲンジボタル *Luciola cruciata* や、ヘイケボタル *Luciola lateralis* そしてクメジマボタル *Luciola owadai*（沖縄県指定の天然記念物）の三種のみが水生種で、残りはすべて陸生種である。ホタル研究者の大場信義《おおばのぶよし》博士（一九四五―）によると、日本産以外ではっきり水生種と特定できるホタルは、世界でも東南アジアを中心に十種程度しかいないということである。

また日本の水生種ゲンジボタル属 *Luciola* は、雌雄《しゆう》ともに四枚の翅《はね》をもつ〝普通の甲虫〟であるのに対し、ほかの属《ぞく》の陸生種の雌は翅を退化させたものが多い。ホタルというと〝水辺〟に住み、その姿は〝雌雄同型〟という先入観があるわれわれは、本章のヨーロッパツチボタルの記述にとまどいを感じてしまう。

また、ホタルというと夜に光る姿が印象的なため、夜行性の昆虫と思われがちだが、昼行性であまり光らず、雄は雌の性フェロモンをたよりに雌を探して繁殖する種もいて、このような種の雄は枝状《えだじょう》に広がった立派な触角《しょっかく》をもっている。ただし、現在知られているホタルの幼虫はすべて夜行性である。

306頁　幼虫の形のまま　ヨーロッパツチボタルの雌の成虫の姿は、たしかに幼虫のままのように見えるが、実際には完全《かんぜん》変態《へんたい》を行なう。つまり蛹《さなぎ》になり、〝羽化《うか》〟して成虫になる。いわゆる幼形成熟《ネオテニー》ではない。

では成虫のしるしでもある翅《はね》が、なぜないのかというと、翅と、それを動かす筋肉を〝節約〟することで、次世代を担う卵の栄養を確保しているのであろう。この、飛ぶという行動と交換に繁殖を優先させるという進化の方向性は、安定した環境であれば生き残る機会が高まり、子孫を残しやすく、したがって有利に働く。飛行をあきらめることによって、雌の腹はぼってりと大きくなり、中には大粒の卵を多数蓄えることができるようになった。そして交尾は、移動の苦手な雌が発光し、雄を待ち受けるようにして行なわれる。

日本にも同じように雌が翅を退化させている陸生ホタルが分布している。雌の翅が完全に無いものから、痕跡的《こんせきてき》なものまで、種《しゅ》によって退化の段階が異なっている。オオシママドボタル（大島窓蛍）*Pyrocoelia atripennis* などの雌は、光だけではなく、性フェロモンを放つことで雄を誘引していることもわかってきた。雌が翅を退化させたこれら陸生のホタルの仲間は、雌の移動が制限されているので、分布域の拡大や繁殖集団を大きくすることは苦手で、地域ごとに分化しているものが多い。なおこの項については、ホタル研究者の大場信義博士のご教示によるところが多い。

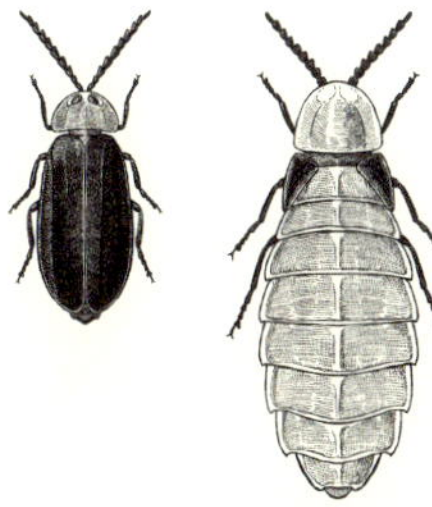
オオシママドボタル（右が雌）。

◆**ブリア＝サヴァラン** BRILLAT-SAVARIN, Jean Anthelme（一七五五―一八二六）。フランスの法官、弁護士。食通として知られ、美味学《ガストロノミー》の創始者とされる。フランス革命後はヴェルサイユの憲法議会に在職。のちに、アメリカに亡命するが、一七九六年に帰国。高官として復帰する。『美味礼讃《びみらいさん》』の邦題で知られる『味覚の生理学、あるいは超絶的美味学の瞑想』*Physiologie du Goût, ou Méditations de Gastronomie Transcendante*（一八二五）は、料理書というよりは、食に関する哲学的考察をめぐらせた著作で、フランス思想界に大きな影響を与えた。同書が出版されたのは、彼の死の前年であった。彼のもうひとつの有名な言葉に「新しい料理の発見は、星の発見より人類を幸福にする」がある。

312頁　獲物を制圧して……それくらいで充分のようである　ファーブルは、ツチボタルの幼虫が大腮《おおあご》でカタツムリに毒を打ち込む〝つんつん《ビシュネット》〟が「せいぜい五、六回程度のもの」と記述しているが、ツチボタルの狩りは、それほど容易なものではないらしい。ホタル研究者の大場信義博士の観察によると、実際には獲物を完全に制圧するまでのあいだには、カタツムリによる激しい防衛行動がみられるという。

襲われたカタツムリは、その攻撃に対して無抵抗というわけではなく、尾脚《びきゃく》で殻《から》に張りついたツチボタルを振り落とそうと激しく体を揺《ゆ》すり、さらに、まわりに石などがあれば、敵をこそげ落とそうとする。それでも効果がないとなると、カタツムリは大量の粘液を分泌《ぶんぴつ》してツチボタルの大腮による攻撃をかわそうとするのだという。この粘液は、乾燥すると大腮の動きを止めるほど強力なものである。後段のファーブルの観察で、ツチボタルがカタツムリを捕食後に、尾脚で口器を掃除する記述があるが、こうしたツチボタルの行動は、このカタツムリの粘液の効果のほどを裏づけていると思われる。

さらに、ツチボタルが小さく非力で、一頭ではカタツムりを仕留めることができないころは、複数の個体が集まってきて、集団で獲物を襲い、捕食することもあるという。ただし、この狩りは結果的に「集団」になっているだけで、オオカミの群れなどによる「計画的な狩り」とは異なる。その証拠に、大型の幼虫が一頭で仕留めたカタツムリを、ほかのツチボタルが横から奪い取ることもあるのだ。この場合、先に仕留めた個体は自分の獲物を守ろうとするが、必ずしもその「権利」が守られることはないのだという。幼虫が小さいうちは集団での捕食を許し、大きくなると他個体を排除するその境界を、ホタルがどう判断しているのかも興味深い話である。ファーブルは第1巻1章で、一頭のスカラベが作った糞球《ふんきゅう》を横取りする、別の個体の観察例を紹介している。

333頁　期待は裏切られてしまった　ファーブルは、ホタルの発光を当時の最新技術であるカメラを使って撮影しようと試みた。それは素晴らしい発想ではあるが、日中の露光でも数十秒から数分かかる当時の乾板《かんぱん》の感度で、夜間にホタルの発光をとらえることは難しかったであろう。本人は不満なようだが、むしろ「ホタルの群れの数の多少によって濃かったり淡かったりする、いくつもの白い不定形の染み」が撮影できただけでも大変なことである。息子のポールが撮影した昆虫の写真でも、当時の乾板の感度では昆虫の動きを〝止める〟ことはできず、標本をジオラマに置いて撮影していたほどなのである。現在の高感度のデジタルカメラであれば、ファーブルが期待した画像が得られるだろう。

337頁　雄や幼虫が灯火を灯してなんの役に立つのであろうか　ファーブルは、ヨーロッパツチボタルの雄の成虫が発光すると記述しているが、その発光器は小さなもので、その光も幽《かす》かなものである。ホタルの発光は、同種間の〝言葉〟としてコミュニケーションに使われるほか、他種への威嚇《いかく》の目的もあるものと推測されている。またホタルの発光に擬態《ぎたい》する虫が多いのも、危険信号としての発光が有効であるからであろう。

◆この虫の物理学の謎　ホタルの発光は化学反応によるものである。発光器に蓄えられた発光素（ルシフェリン）が、ルシフェラーゼという酵素を触媒《しょくばい》として酸化することで発光する。ルシフェリンによる発光は熱を出さないため「冷光」とも呼ばれる。ホタルが発光するのは、同種同士、雌雄《しゆう》がコミュニケーションをとったり、天敵を威嚇したりする目的があるのだと考えられている。

生物学者、有機化学者の下村脩《しもむらおさむ》博士（一九二八―）は、一九五六年に、甲殻類《こうかくるい》のウミホタル（海蛍）*Vargula hilgendorfii* のルシフェリンを精製し、その三年後には化学構造を明らかにした。また一九六二年にはオワンクラゲ

Aequorea victoria から緑色蛍光蛋白質《たんぱくしつ》を発見し、その応用法の開発によって二〇〇八年にノーベル化学賞を受賞している。

24*

キャベツのアオムシ

栽培植物とチョウとその天敵

キャベツは人間が野生の植物から作りあげた作品である——オオモンシロチョウの幼虫はキャベツの葉を食い荒らす——このチョウのアオムシは、畑でキャベツが栽培される以前は何を食べていたのか——さまざまな植物で飼育してみる——アブラナ科であればすべて受け入れた——親のチョウはどうやって産卵する植物を選んでいるのか——本能が誤ることはないのだ——孵化《ふか》した幼虫たちの成長を観察する——なんとすごい食欲であろう！——十一月の終わりに幼虫たちはキャベツを去り、蛹《さなぎ》になった——次はキャベツ畑の小さな番人コマユバチに光をあてよう——ハチの幼虫はアオムシの体内に寄生《きせい》する——アオムシが蛹になる直前、ハチの幼虫は体内から脱出して繭《まゆ》を紡《つむ》ぐ——繭の数は二十から六十個ほどであった——チョウの子孫を根絶するハチの、なんとすさまじい働きぶりであろう！

扉絵　キャベツ畑のオオモンシロチョウの幼虫（アオムシ）と成虫

今日、われわれの菜園でできるようなキャベツ[*1]は、なかば人工的な植物であり、厳しい自然の産物であると同時に、人間が栽培の工夫を凝らして作りあげた作品ともいえるものである。人類に与えられたキャベツの原種の自生植物は、植物学が教えるところによれば、茎は長くて高く、葉は幅が狭くて貧弱な、嫌な味のする、海岸地帯の断崖でみられるような野生の植物であった。

こうした自生植物を、これだ、と見込んで、自分の畑で改良してやろうと最初に思いついた人間には、類《たぐ》い稀《まれ》な霊感《インスピレーション》があったのにちがいない。

こうして一歩、また一歩と、少しずつ改良を重ねて作りつづけていった結果、奇跡ともいうべき作物が栽培されることになった。人間はキャベツの原種の、海風の吹きつける環境に適応していた貧相な葉を捨てさせ、そのかわりに幅の広い肉厚の、びっしり重なり合った葉を生えさせようとした。キャベツは性質が柔軟にできているので、人の望むとおりになった。そして、これまではすべて葉をのびのびと広げて陽《ひ》の光にあたる喜びを満喫していたのに、それをあきらめて葉の

1 **キャベツ** *Brassica oleracea* var. *capitata* アブラナ科アブラナ属の一年草または越年草。→訳注。

配置を変えてしまい、白くて軟らかな、ぎゅっと締まった、大頭《おおあたま》のような姿かたちになったのである。今日ではそういう丸いキャベツの子孫のなかに、その重量と大きさのゆえに〝百キロキャベツ〟[2]と讃えられるにふさわしいものさえある。これこそまさに菜園の記念碑《モニュメント》とも称されるべきものである。

それからもっとあとの時代に、人間は無数の花序《かじょ》をびっしり生《な》らせる品種を作ろうと思いつき、キャベツはそれに従った。複数の葉の中央に守られるようにして、小さな花の束や花柄《かへい》や茎をたっぷりの栄養分で肥《ふと》らせ、全体を肉厚のひとつの塊《かたまり》にしたのだ。これがカリフラワー[3]とブロッコリー[4]である。

別の育てられ方をして、キャベツは自分の芽の中心の部分を小ぶりにし、高い茎の上に結球《けっきゅう》した芽を並べるようになった。たくさんの小さな球形の芽が巨大な頭にとって代わったのだ。これがメキャベツ[5]である。

次は芯《しん》の番となる。これはほとんど木質《もくしつ》といえるぐらいの代物《しろもの》で、植物の体を支えるほかにはなんの役にも立たない。だが園芸家の悪知恵に不可能はない。キャベツの芯はそのため人間の望むままに肉厚となり、カブのようにふっくらと楕《だ》円形《えんけい》に膨《ふく》らんできた。その豊満さでも、風味でも、繊細な食感でも、カブのもつすべての長所を具《そな》えるようになったのである。ただし、この奇怪な作物は、自己の属性を完全には失うまいと、本来茎であったことの最後の抵抗のしるしに、膨

2 **百キロキャベツ**　原文は chou quintal《シュー・カンタル》　古くから栽培されてきたキャベツの一品種で、球が大きく扁平《へんぺい》で巻きの硬い冬キャベツ。アルザス地方の郷土料理シュークルートの材料に使われる。

3 **カリフラワー**　*Brassica oleracea* var. *botrytis*　アブラナ科アブラナ属の越年草。

4 **ブロッコリー**　*Brassica oleracea* var. *botrytis*　アブラナ科アブラナ属の越年草。

5 **メキャベツ**　*Brassica oleracea* var. *gemmifera*　ア

らんだ茎の上に貧相な葉を何枚か残しているのだ。これがコールラビ[6]である。

茎が園芸家の思いどおりになるのなら、根もそのとおりにならぬはずがない。実際、根もまた人間の求めに応じて、肥りすぎたカブのように膨らみ、土の上に半分盛りあがってしまっている。これが、イギリスではルタバガと呼ばれ、フランスの北部地方ではセイヨウアブラナ[7]と呼ばれる野菜である。

キャベツは畑で世話をする人々の要求に対してほかの植物では例を見ないほどおとなしく従って、その葉も、その花も、その芽も、その茎も、そしてその根さえも、人間の食物として、また家畜の飼料《しりょう》として、すべてをわれわれに捧げてきたのである。こうなるとあとは、人の役に立つという利点に加えて、感じのよさが身につけば申し分がない。つまり、見た目が美しくなり、花壇を華やかに飾って、客間の円テーブルに堂々と載るようになれば文句のつけようがない、というものだ。

そしてキャベツは見事にそのことを実現した。ただし、それを成し遂げたのは、いつまでたっても頑固に慎《つつ》ましやかな姿を変えようとしない花のほうではなくて、葉っぱのほうであった。キャベツの葉は縮れ、ダチョウの羽毛のように優美に波うち、花束のように豊かな彩《いりど》りを有するようになったのである。こんなに豪華[8]になった品種を目にした人は、よもやこれが、キャベツスープの材料になる、あの、ありふれた野菜の親戚だとは気がつかないであろう。

ブラナ科アブラナ属の越年草。

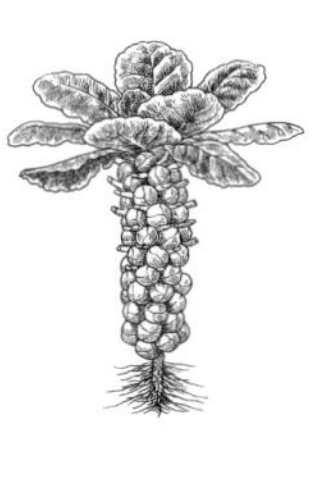

6　**コールラビ**　*Brassica oleracea* var. *gongylodes*　アブラナ科アブラナ属の越年草。

7　**セイヨウアブラナ**　西洋油菜。*Brassica napus*　アブラナ科アブラナ属の越年草。原語は chou-rave《シュー＝ラヴ》 で chou が「キャベツ」、rave が「カブ」を意味する。元来ハロウィンの提灯《ランタン》はカボチャではなく、本種《ほんしゅ》で作られていた。

われわれの菜園で栽培されてきた作物のなかで時代的にもっとも古いものとしては、まずはソラマメ[9]、ついでエンドウ[10]、そしてキャベツということになるわけだが、こうした菜園においてキャベツは古代ギリシア、ローマの時代から高く評価されてきた。しかしキャベツというこの野菜は、これらの時代よりもはるかに遠い昔から存在するもので、それがいつから人間によって栽培されてきたかということになると、記憶はすっかり失われてしまっている。歴史はそんな細かなことについて、少しもこだわってはいないのである。

歴史は人々を殺戮《さつりく》する戦場についてはさまざまに記しているけれど、われわれを生かす畑については沈黙しているのだ。歴史は王様たちの傍系《ぼうけい》の息子たちのことについては知っているが、コムギ[11]の起源となるとまったく知らない。かくのごとく人類は愚かなのだ。

人々の食物となる植物のなかでも、もっとも貴重なものたちについてのこうした沈黙は、まことに残念である。特に、この敬うべきキャベツ、もっとも古くから栽培されてきた菜園の主役ともいうべきキャベツは、非常に興味深いことをわれわれに教えてくれたであろうに。

ところでキャベツは、それ自体が宝庫のような存在であるが、この宝庫は二重に搾取《さくしゅ》されているのだ。まずは人間によって食物として利用され、次にはチョウ

8　**豪華になった品種**　観賞用に改良されたキャベツの品種ハボタン（葉牡丹）*Brassica oleracea* var. *acephala* f. *tricolor* のこと。

9　**ソラマメ**　空豆。*Vicia faba*　マメ科ソラマメ属の一年草または二年草。→第8巻3章訳注。

10　**エンドウ**　豌豆。*Pisum sativum*　マメ科エンドウ属の蔓性《つるせい》一年草。→第8巻2章訳注。

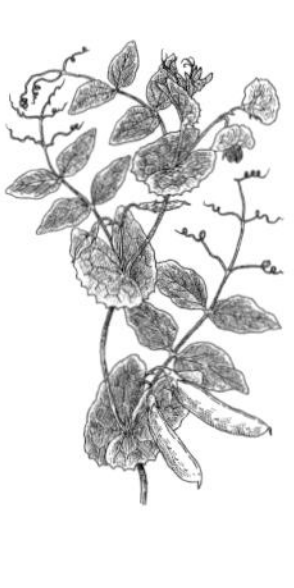

の幼虫によって食い荒らされるのである。そのチョウとは、誰でも知っているもっとも普通のシロチョウ[*]の仲間、つまりオオモンシロチョウ[12]である。

　このチョウの幼虫アオムシは、キャベツから作出《さくしゅつ》された品種であればどんな葉っぱでも食べてしまうのだ。たとえ見かけが少しも似ていなくても区別などしない。キャベツであろうとブロッコリーであろうと、また、丸く巻く葉でも縮れた葉でも、コールラビでもセイヨウアブラナでも、とにかくわれわれが工夫し、時間と忍耐力を惜しまず、はるかな大昔に野生種のキャベツから作出しえたすべての変種を、どれも同じように旨《うま》そうに食べるのである。


　しかし、人類の作り出したキャベツが豊富な食料を供給してくれるようになる以前に、いったいこのアオムシは何を食べていたのであろう。というのも、このモンシロチョウの仲間はどう考えても、われわれと人生の喜びを分かち合うために、人類が出現して野菜の栽培を始めるまで待っていたわけではないからである。われわれがいなくてもシロチョウの仲間たちは生きていたし、われわれがいなくなってもやはり生きていくことであろう。チョウはべつに人類に従属して生きているわけではない。チョウにはチョウの存在理由があって、人間の手助けなど必要としてはいないのである。

　キャベツやブロッコリーやコールラビその他のものが作り出される以前にも、

11　**コムギ**　小麦。*Triticum aestivum*　草丈80～100㎝　イネ科コムギ属の一年草。→第8巻2章訳注。

12　**オオモンシロチョウ**　大紋白蝶。→353頁図（雌）解説、355頁図（終齢幼虫《しゅうれいようちゅう》）解説。→訳注。

シロチョウの幼虫が食べ物に困っていなかったことは確かである。連中は、いま大量に栽培されているさまざまな種類のキャベツの仲間の先祖とされる、海辺の断崖に生える野生種のキャベツを食草《しょくそう》[13]としていた。しかしこの植物はさほど広範囲に生えてはおらず、しかも、特定の海岸地方に分布が限られていたので、このチョウが平地や山地のいたるところに分布を広げるためには、もっと豊富にみられ、もっと広範囲に広がっている食草が必要であった。

その植物はおそらくアブラナ科のもので、キャベツと同じく、多少とも硫化物《りゅうかぶつ》の風味のあるものだったと思われる——一応そんなふうに見当をつけて実験してみよう。

私は、オオモンシロチョウを卵から、ロボウガラシ[14]で飼育してみた。これは小《こ》径《みち》の端《はた》や壁の根際に生えるピリッと強い匂いのする草である。この草に、大きな釣鐘形《つりがねがた》の金網をかぶせてオオモンシロチョウの幼虫を閉じ込めておくと、幼虫たちはまったくためらいもせずに食べはじめる。キャベツを食べるときと同じような食欲でロボウガラシを食べ、最終的には蛹《さなぎ》となってチョウが羽化《うか》してきた。食草を変えてみてもまったく問題はなかった。

これほど香りの強くない別のアブラナ科植物、たとえばシロガラシ[15]、ホソバタイセイ[16]、セイヨウノダイコン[17]、アコウグンバイ[18]、カキネガラシ[19]などでも同様に成

13 **食草** 植物食の昆虫の多くは、限られた種類の植物のみを食物とする。こうした植物を食草という。

14 **ロボウガラシ** 路傍芥子。*Diplotaxis tenuifolia* 草丈50㎝ アブラナ科エダウチナズナ属の多年草。

15 **シロガラシ** 白芥子。*Sinapis alba*（旧 *Sinapis incana*） 草丈45㎝ アブラナ科シロガラシ属の一年草。

16 **ホソバタイセイ** 細葉大青。*Isatis tinctoria* 草丈100㎝ アブラナ科タイセイ属の越年草。

17 **セイヨウノダイコン** 西洋野大根。*Raphanus raphanistrum* 草丈70〜120㎝ アブラナ科ダイコン属の越年草。

Pieris brassicae　（図は雌）

オオモンシロチョウ　大紋白蝶。開張29～34㎜　幼虫（終齢幼虫《しゆうれいようちゆう》）の体長32～42㎜。シロチョウ科シロチョウ属。オオモンシロチョウの学名（種小名《しゆしようめい》）*brassicae*《ブラシカエ》は「キャベツの」という意味で、このチョウの食草《しよくそう》を示している。日本には江戸時代から近縁のモンシロチョウ*Pieris rapae*（種小名は「カブの」という意味）が帰化しているとされるが、本種も近年日本（北海道）に侵入した。分布の拡大が心配されたが、日本の湿度が合わないためか、数は増えていない。→訳注。

功した。それに対し、どうしても食べようとしなかったのはレタス、ソラマメ、エンドウ、[20]ノヂシャの葉であった。

このぐらいにしておこう。これだけ念入りに植物を変えてみたのであるから、キャベツのアオムシはアブラナ科植物だけを食草とし、おそらくは多種多様の、そのすべての仲間を食べる、ということがはっきりしたわけである。

これらの実験は金網の中だけで行なわれたので、囚《とら》われの身の幼虫たちは、自由に餌《えさ》が探せる状態であったなら食べないようなものでも、ほかにこれらよりましな食物が見つからないので、食べざるをえなかったのだ、と考える人がいるかもしれない。手の届く範囲に何もないために、餓えた幼虫たちはその種《しゅ》がなんであろうとかまうことなく、アブラナ科植物ならなんでも食べているのだと考えるわけである。

では、私が妙な手出しをすることのできない、自由な野外でも、ときには同様のことが起きるのだろうか。オオモンシロチョウの幼虫は、キャベツ以外のアブラナ科植物を食べて生育することができるのであろうか。

私は[21]荒地《アルマス》の庭の近くの小径の周辺を探してみた。そしてとうとうロボウガラシ、セイヨウノダイコン、そしてシロガラシにも、キャベツについているのと同じくらい、たくさんのオオモンシロチョウの幼虫が群がって健康そうに育っているの

18　**アコウグンバイ**　アコウ軍配。*Lepidium draba*　草丈10〜80㎝　アブラナ科マメグンバイナズナ属の多年草。

19　**カキネガラシ**　垣根芥子。*Sisymbrium officinale*　草丈30〜60㎝　アブラナ科キバナハタザオ属の一年草または越年草。

20　**ノヂシャ**　野萵苣。*Valerianella locusta*　草丈15〜25㎝　オミナエシ科ノヂシャ属の一年草ないし越年草。

21　**荒地《アルマス》**　セリニャンの村はずれにあるファーブルの研究所兼住居のこと。アルマスとはプロヴァンス語で「荒れ地」という意味。一八七九年、ファーブルは、この庭つきの屋敷を買い求めた。→第2巻1章。→第7巻23章296頁脚注図。→同章訳注。

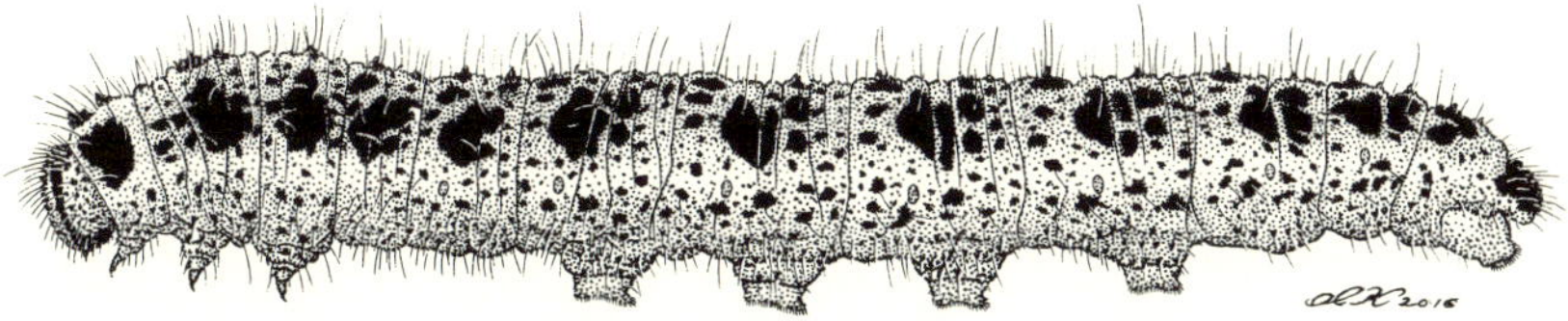

Pieris brassicae　（図は終齢幼虫）

オオモンシロチョウ　大紋白蝶。終齢幼虫の体長32〜42㎜　シロチョウ科シロチョウ属。モンシロチョウの幼虫（アオムシ）とは異なり、２齢以降は黄色の体色に黒の模様が目立つ。体表には粗い毛が生えている。卵は数十個単位でまとめて産みつけられ、孵化《ふか》後も幼虫は群れをなして生活する。約２週間で脱皮を４回繰り返して５齢で終齢幼虫に育つ。９月以降に蛹《さなぎ》になったものは越冬して翌年の春に羽化《うか》する。本章では作物への被害が記述されているが、これはまだ農薬のない時代の話である。

を見つけたのであった。

ところでオオモンシロチョウの幼虫は、蛹化[22]《ようか》の時期になるまでは食草を離れてあたりをうろつくことはない。連中は自分の生まれた植物の、その同じ株の上で、完全に成長するのである。したがってセイヨウノダイコンその他の植物の上で見つかったアオムシは、気のむくままに近所のキャベツ畑からやってきた移住者なのではない。連中は私が見つけたまさにその葉の上で孵化《ふか》したのだ。それゆえ、次のような結論を下すことができる。

オオモンシロチョウは、ひらひらと気まぐれに飛びまわっているようにみえるけれど、卵を産みつけるためにまず第一にキャベツを、その次には外観の違うきわめて多様なアブラナ科植物を選ぶのである。

それにしてもオオモンシロチョウの仲間はどうやって自分の食草の範囲を選んでいるのであろうか。

かつて、チョウセンアザミ[23]のような風味をもつ植物の肉厚の花托《かたく》を食い荒らしているゴボウゾウムシ[24]は、アザミの仲間についての科学的知識でわれわれを感嘆させたものである。ただし、あえて言えば、こうした彼らの知識はこの虫の産卵時の行動から説明することができるであろう。ゴボウゾウムシたちはこれから卵

22 **蛹化**　幼虫が体制を成虫に造り変えるために蛹《さなぎ》になること。幼虫はホルモンの関与によって脱皮を行ない蛹に変態する。蛹の時期を経るのは完全変態を行なう昆虫だけである。

23 **チョウセンアザミ**　朝鮮薊。*Cynara scolymus*　草丈1.5〜2m　キク科チョウセンアザミ属。英名アーティチョークともいう。→第7巻6章訳注。

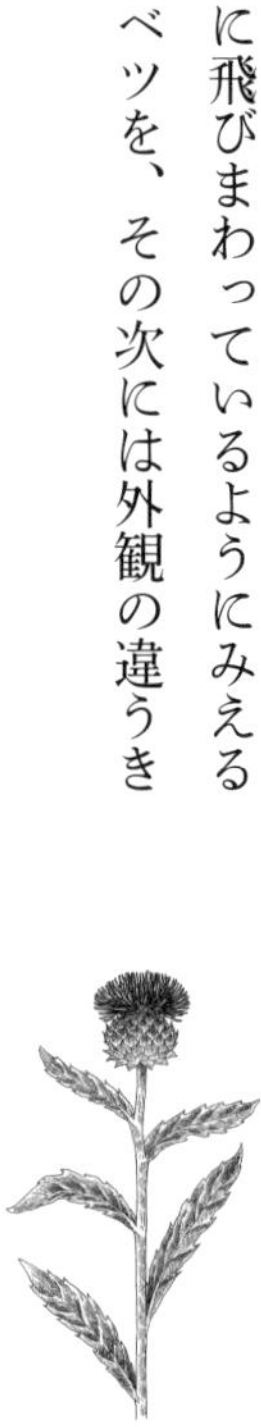

24 **ゴボウゾウムシ**　牛蒡象鼻虫。鞘翅《しょうし》目《もく》（甲虫類）ゾウムシ科ゴボウゾウムシ属 *Larinus* の仲間。幼虫がアザミの花の中で育つ。→第7巻5〜6章。

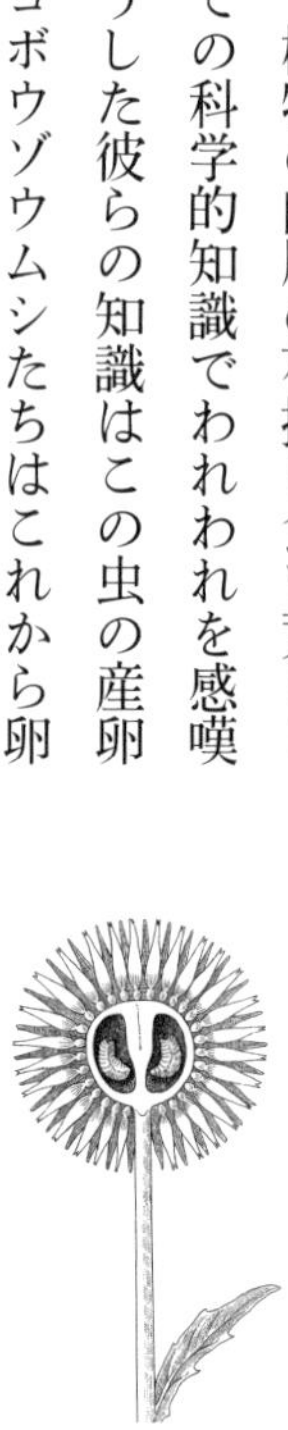

を産みつけようという花托に、[25]口吻《こうふん》で穴を開けて窪《くぼ》みを用意しておく。そのため、そこに卵を産みつけるまえにいくらか味見をする結果になるのである。

いっぽうで、花の蜜を吸うチョウは、*幼虫の食べる葉の味を調べてみることなど、まったくやらない。せいぜい花の底に口吻を挿し込んで、シロップをごくりとひと口飲むくらいのことである。しかもこの検査法は、チョウにとってはなんの意味もなさないのである。というのは、子孫を産みつけるためにチョウが選ぶ植物はたいていの場合、そのころにはまだ花が咲いていないからである。これから卵を産む雌のチョウは、少しのあいだひらひらと食草のまわりを飛んでいる。そんなふうに簡単な検査だけで充分なのだ。そして植物の性質が幼虫の食物として適切なものであると判断すると、卵を産みつけるのだ。

植物学者がアブラナ科の植物を同定するためには、それがどんな花をつけるかを知らなければならない。この点についてオオモンシロチョウの仲間は、われわれ人間に優《まさ》っている。なぜならチョウは、その植物の種子が、[26]長角果《ちようかくか》であるか[27]短角果《たんかくか》であるか、[28]花弁が四枚で十字架状に配置されているかなどと調べてみないでも、ただちにそれが幼虫の食べられるものかどうか判定できるからである。それにたいていの場合、それらの花はまだ咲いていなかったりするのだ。ところが人間は、長いあいだ植物学を学び、その方面の深い知識をもっているのでなければ、

25　**口吻**　口器《こうき》が頭部《とうぶ》から突出した構造をもつ器官。ゾウムシの口吻の先には大腮《おおあご》がついている。

26　**長角果**　キャベツなどアブラナ科の植物の実《み》（種子）が入った細長い莢《さや》のこと。

▼キャベツの長角果。

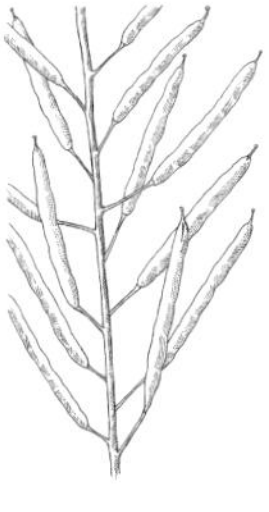

27　**短角果**　二枚の心皮《しんぴ》が合わさった果実の一種。熟すと二枚が裂開《れつかい》して種子が出てくる。長さが幅の三倍以下を短角果、三倍以上を長角果という。身近な短角果はナズナ（ペンペングサ）でみられる。

28　**花弁が四枚で……**　四枚の花弁が十字架状に配置されていることからアブラナ科はかつて十字花科植物 Cruciferae と呼ばれていた。

どんな人でも、どれがどれやら何が何やらわからなくて途方に暮れてしまう。それほど、アブラナ科植物は種によって外見上の大きな違いがあるのだ。

もしもオオモンシロチョウに、生まれつき植物を識別する能力が具わっていて、それに導かれるのでなければ、アブラナ科植物といっても、その範囲は非常に広いので、見分けることなどできるものではない。このチョウは幼虫のために何がなんでもアブラナ科植物が必要なのであり、実際にオオモンシロチョウは、この植物の仲間のことを完璧に知っているのである。

この私は五十年以上ものあいだ、熱心に植物採集を続けてきた。それでも、私の初めて見る植物が花も種子もつけていない場合、それがアブラナ科に属するものであるかどうかを知ろうとするときには、植物学の文献よりも、オオモンシロチョウの判断のほうを信用することであろう。科学は間違いを犯すこともあるが、本能が誤ることはないからである。

オオモンシロチョウは年[29]二化《にか》である。春型は四、五月に、夏型は九月に出る。そしてこれと同時期に、畑ではキャベツの植えつけが繰り返される。チョウの暦《こよみ》は農家の暦と一致していて、食物が畑に植えられると、ただちにそれを食べる者たちが出現するのだ。

29 **二化** 昆虫が一年間に二回世代交代をすること。三回世代交代をすれば三化《さんか》とされる。このような性質を化性《かせい》という。

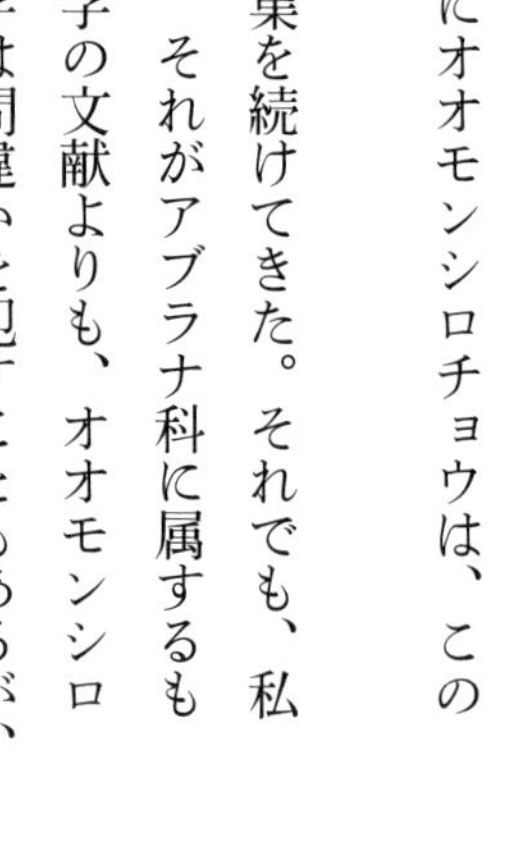

▼産卵のためにキャベツ畑を飛びまわるオオモンシロチョウ。

卵は淡い橙黄色《とうおうしょく》で、虫眼鏡で詳しく観察するとなかなか優雅なものである。形は先端の丸くなった細長い円錐形《えんすいけい》で、円い底面で足場に張りつき、いくつも並んで立っている。卵には何本もの縦の溝があり、その溝と溝とのあいだには、横方向の細かい刻み目が並行に何本も入っている。卵はまとめて産みつけられ、土台となる食草の葉が平たく広がっている場合は表側に、それが隣り合った葉と重なってくっついている場合には裏側に産みつけられている。

卵の数は実にさまざまであるが、ひとつの卵塊《らんかい》に約二百個ということがよくある。それに対し、ぽつりぽつりと個別に、あるいは少数の群れで産みつけられているのは稀である。雌が産卵する際に、ゆっくり産む余裕があったか否かで、一度に産む卵の数はひどく違ってくるようだ。

卵塊全体の形状そのものは不規則であるけれど、その内部の配置には一定の秩序がある。卵は何列もまっすぐに並べられているのだが、それぞれの列は互い違いになっていて、いずれも一個の卵を隣の列の二個が支えるような具合に並んでいるのだ。こうした配置は、申し分なく規則正しいものとまでは言えないけれど、卵塊をそれなりに均衡《バランス》よく、きっちりとまとめあげている。

雌が産卵しているようすを観察するのは容易なことではない。あまりそばに近づきすぎると飛び去ってしまうからだ。しかし産みつけられた卵塊の状態を見れ

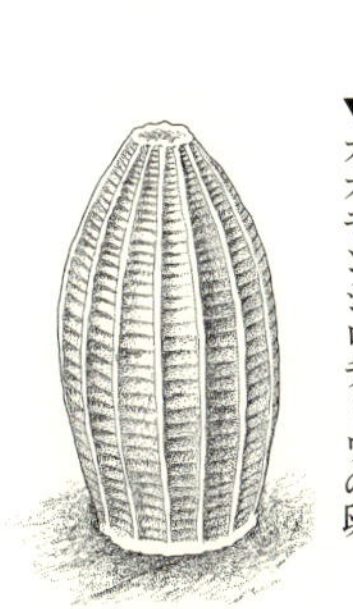

▼オオモンシロチョウの卵。

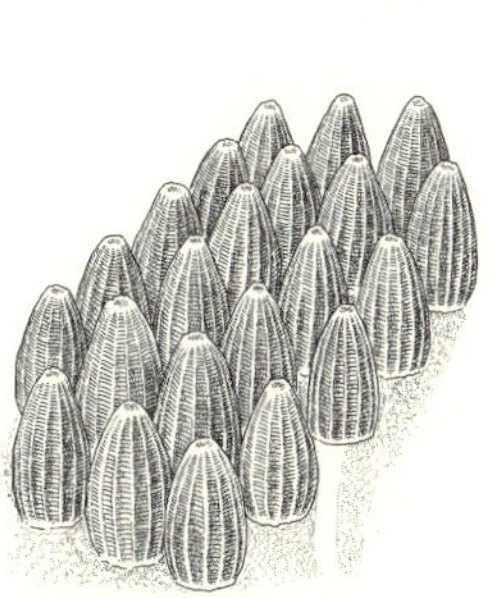

▼オオモンシロチョウの卵塊《らんかい》。

ば、産卵のやり方はよくわかる。
チョウは腹部《ふくぶ》の先端を右へ左へゆっくりと振る。そして、そのたびごとに卵が並べられていくのであるが、このとき、先に並べた列の隣り合った卵と卵とのあいだに、また次の列の卵がひとつずつぴったり収まるように産みつけられていくのだ。雌の腹部が揺れ動くその幅によって、卵の列の長さが決定されるわけで、産卵する雌の気分次第で列は長くなったり短くなったりする。

一週間ほどで卵は孵化する。その卵塊の卵全部が、ほぼ同時に孵《かえ》るのである。一頭の幼虫が卵から出てくると、すぐにほかの幼虫たちも孵化するのだ。それはまるで、生まれ出ようとする衝動が幼虫から幼虫へと次々に伝えられていくかのようだ。[30]ウスバカマキリの[31]卵嚢《らんのう》の中でも同様に、ひとつの知らせが次々に伝播《でんぱ》していって内部の住民を目覚めさせていくような現象はみられた。これは、まさにちょんと打った一点から、まわりの水面に波紋が広がっていくようなものである。

植物の莢《さや》は中身の種子が熟してくると自然にはじけるけれど、チョウの卵はそのような仕掛けで開くのではない。生まれてくる幼虫自身が卵の殻《から》の一点を齧《かじ》って脱出口を開くのである。円錐形をした殻のてっぺんに近いところに、天窓のような円いきれいな穴が開けられる。そこには、ぎざぎざになった部分もなく、かけらがこぼれ落ちることもない。ということは、幼虫が卵の殻のこの部分をき

▼オオモンシロチョウの産卵。

30　**ウスバカマキリ**　薄羽鎌切。*Mantis religiosa*　体長50～70㎜　カマキリ目《もく》カマキリ科ウスバカマキリ属。→第5巻18～21章。

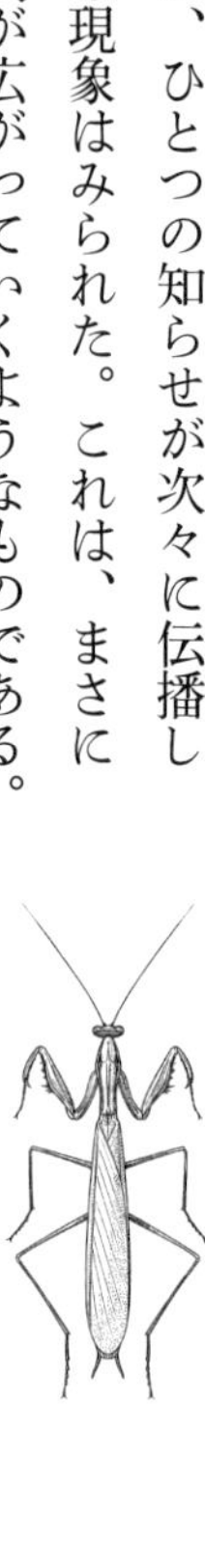

31　**卵嚢**　原語はnid《ニ》　この語は通常、鳥などの「巣」を意味するが、ここではカマキリの卵を包むスポンジ状の覆《おお》いを指す。

れいに齧って飲み込んでしまったのだ。自分の体がやっと外に出るくらいの、この穴を除けば、卵の殻はどこも無傷のままで、以前と同じく、土台の上にしっかり立っている。虫眼鏡でその美しい卵殻《らんかく》の構造をより詳しく調べるのなら、今がまさにそのときであろう。

幼虫が脱出したあとの卵の殻は、非常に薄い膜でできた風船のような袋で、半透明でしっかりしていて白っぽく、初めに産みつけられたときの形状をそのままに保っている。横に刻み目のある縦の溝が二十本ほど、てっぺんから底のほうにかけて走っている。これはまるで魔術師のかぶっているとんがり帽子といったところである。あるいは、何本もの縦溝に宝石を数珠《じゅず》のようにちりばめた司教冠《ミトラ》[32]のようだ。キャベツのアオムシが生まれてくる卵の殻は、要するに、素晴らしく優美な芸術作品そのものなのである。

二時間ほどのあいだに卵塊全体の孵化が終了し、幼虫たちはうようよと、脱出したあともその場に残されている殻の上でひしめき合っている。食物となるキャベツの葉の上に降りるまえに、長いあいだこの卵殻の高台の上にとどまり、しかもそこで何やら忙しげにしているのだ。

いったい何が忙しいのか。連中は奇妙な牧草を食《は》んでいる。その場に立ったままの美しい司教冠《ミトラ》をもりもり齧って食べているのだ。悠々と手慣れたようすで、

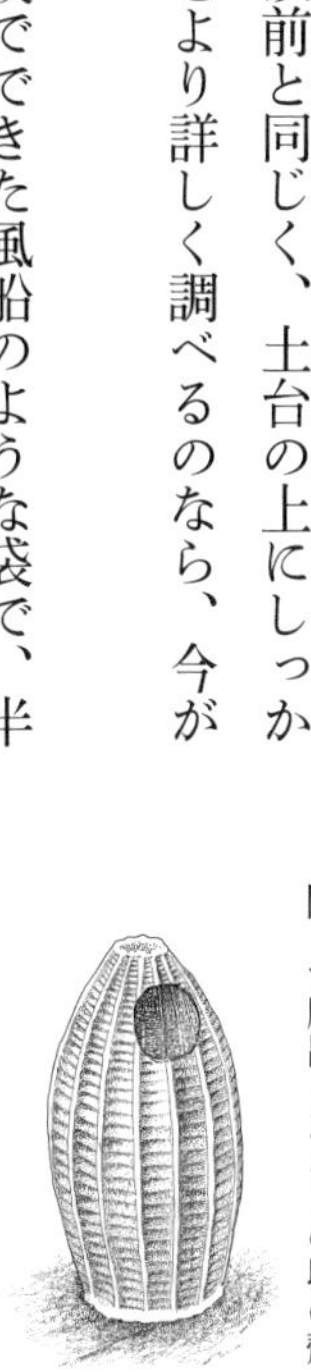

▼孵化《ふか》した幼虫が内側から穴を開けて脱出したあとの卵の殻《から》。

32　**司教冠《ミトラ》**　カトリックなどの司教が典礼のときにかぶる冠（僧帽）。

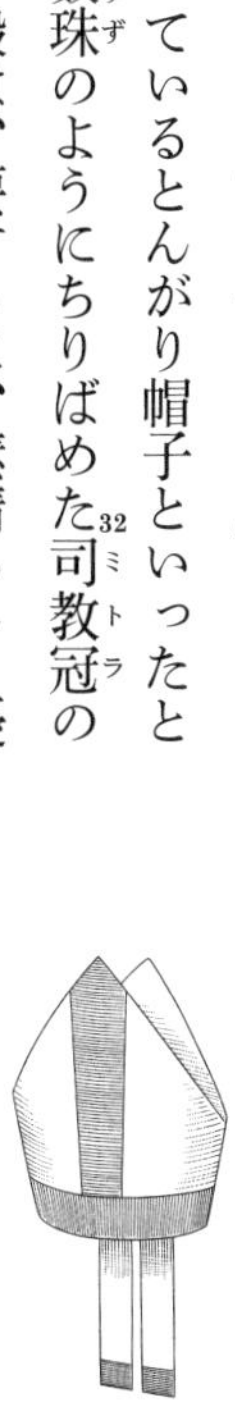

生まれたばかりの幼虫たちは、てっぺんから根元のほうへと、いま自分たちが出てきたばかりの殻を齧っているのである。生まれた当日から翌日にかけて、底の部分の円いモザイク模様を残して卵の殻はすっかり食べられて消えてしまう。

つまり生まれて初めて口にする食物としてキャベツのアオムシは、自分の卵の、薄い膜でできた殻を食べてしまうのだ。これが通常の食事なのである。というのも、この卵の殻という定められた食物を食べ尽くすまえに、近くのキャベツの葉をつい食べてしまうというような幼虫を、私は一頭たりとも見たことがないからである。

それにしても、自分の生まれ出た卵の殻を食べる幼虫というのを私は初めて見た。生まれたばかりのアオムシにとって、この奇妙なお菓子はいったいなんの役に立つのか？　私は次のようなことではないかと想像している。

キャベツの葉は表面が蠟状物質《ろうじょうぶっしつ》で覆《おお》われていてつるつるしているし、たいていの場合、その足場の角度はひどく傾いている。生まれたばかりの幼虫は、葉から落下したりすればそれが命取りになってしまうだろうが、そのような心配をせずに葉を齧るには、何かしっかりした支えとなる命綱のようなものが必要で、それがないかぎり安心して食事をすることなど不可能である。

そういうわけだから、幼虫が前に進むにしたがって通り道に張られていく細い

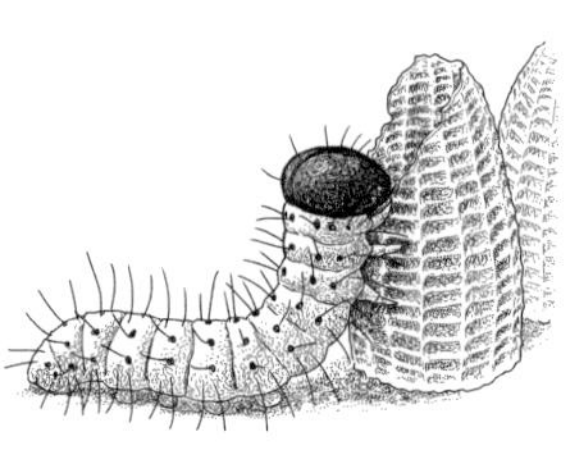

▼卵の殻を齧《かじ》る一齢幼虫《いちれいようちゅう》。

絹の糸が必要なのだ。幼虫は脚《あし》でその糸にしがみつく。たとえ上下逆さまの姿勢になっても、それがびくともしない錨《いかり》になってくれるわけである。生まれたばかりの微小な幼虫の場合、こうした命綱を作り出す器官である[33]絹糸腺《けんしせん》の中には、ごくささやかな材料しか具わっていないはずだ。したがって特別な栄養物の助けを借りて、できるだけ早く絹糸腺を糸でいっぱいに満たさなければならない。

その場合、この最初の食物となるのはどういう性質のものであろうか。消化するのに時間がかかり、そのうえ栄養分の少ない植物質の食べ物では、幼虫が必要とする条件は満たされない。なぜなら事態は切迫しているのであって、つるつるして滑りやすいキャベツの葉の上に今すぐにでも脚をかけなければならないからだ。それに、安全も確保しなければならない。となると、動物質の食物のほうがいいだろう。ずっと消化がしやすいし、化学的に変質させるにも手早くすむからである。

卵の殻は絹糸そのものと同じく角質《かくしつ》でできている。すぐにでも絹糸へと性質を変換することができるのだ。だから生まれたばかりの幼虫は卵の抜け殻を食べて絹糸を作り、最初の旅の元手とするのである。

もし、私のこうした推測が正しければ、ひどく傾いて滑りやすい葉の上にいるほかのアオムシたちも、命綱を供給してくれる絹の材料用の小壜《こびん》をできるだけ早

33　**絹糸腺**　カイコをはじめとする鱗翅目《りんしもく》（チョウ・ガ類）だけでなく、膜翅目《まくしもく》（ハチ類）や毛翅目《もうしもく》（トビケラ類）の昆虫は、幼虫時代に体内に絹糸腺をもつものが多い。絹糸腺は頭部の吐《と》糸管《しかん》に繋《つな》がり、ここで二種の蛋《たん》白質《ぱくしつ》が混ぜられて、強い糸となって口から吐き出される。糸は、高いところから降りたり、体を支えたり、巣を作ったりするためにも使われる。このように繭《まゆ》を作らない種《しゅ》でも、絹糸腺から吐き出された糸はさまざまに利用される。成虫になると、ホルモンの働きによって絹糸腺は消失する。

く満たすために、やはり最初の食物として、卵*の抜け殻を食べていると信じてよいだろうと思う。

オオモンシロチョウの幼虫が最初に収まっていた卵の殻は、根元まですっかり削り取られて、ぐるりと円い痕跡《こんせき》しか残っていない。袋の部分はなくなってしまい、張りついていた土台の跡が残っているだけだ。

小さな幼虫たちは今では、いずれ自分たちの栄養となるキャベツの葉の上に止まっている。幼虫は淡い橙黄色で、粗い白い毛がまばらに生えている。頭部《とうぶ》は黒光りしていて実に活発によく動く。これを見ただけで、やがてこの虫が大食らいになることがわかる。体長はせいぜい二ミリほどである。

自分たちの牧場であるキャベツの葉に触れると、幼虫たちの群れはすぐさま体を葉に縛りつけて安定させる作業にとりかかる。手近なところに、あちらに少しこちらに少しと、アオムシたちは口から短い命綱を吐くのだ。それは極めて細い糸であって、虫眼鏡を使っても、それと見分けるのがやっとだ。しかしごくごく軽い幼虫の体を葉に結びつけるのには、それで充分なのである。

すると、幼虫はキャベツの葉を食べはじめる。その体長はたちまち伸び、二ミリそこそこだったのが四ミリを超えてしまう。まもなく脱皮をして、衣裳《いしょう》が変わる。皮膚は淡黄色《たんおうしょく》の地色の上に黒い斑点《はんてん》がたくさんぽつぽつとつき、そこに混じって白い毛が生えている。

脱皮をしたあと、疲れを休めるのに三、四日かかる。そして疲れが癒《い》えると、今度は激しい空腹に襲われて猛烈に食べはじめ、数週間のうちにキャベツは食い荒らされて見るも無残な姿になるのである。

なんとすさまじい食欲であろう！　昼も夜もぶっとおしで働きつづけるとは、なんという胃袋であろう！　この胃は、食物が通過するだけですぐに消化してしまう、大食らいの化学工場だ。

私は釣鐘形の金網の中で飼っている幼虫たちの群れに、特に大きな葉を選んで束にして与えたのだが、二時間ほどすると、もう太い葉脈《ようみゃく》しか残っていなかった。しかも食物を補給してやるのが少しでも遅れると、その葉脈でさえ食い尽くされてしまうのだ。こんな調子で食べていくものだから、あの〝百キロキャベツ〟の葉を一枚ずつ剝《は》がしてやっていっても、私の飼育場では一週間ももたない始末であった。

だからこの大食いの虫がもし大発生したら、それこそ大災害だ。われわれの畑をこの虫からどうやって守ったらよいのか。古代ローマの偉大な博物学者[34]プリニウスの時代には、人々はキャベツ畑の真ん中に杭《くい》を立て、その上に、陽に晒《さら》され

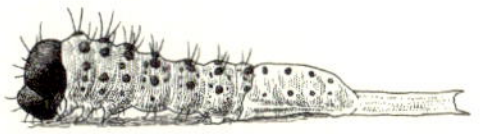

▼一齢から二齢への脱皮。

▼釣鐘形《つりがねがた》の金網と平鉢《ひらばち》を利用した幼虫の飼育装置。

て白くなった馬の頭骨《とうこつ》を載せたのだという。それが牡馬《おすうま》の頭蓋骨《ずがいこつ》ならさらに効き目があると言われていた。こういう案山子《かかし》には、この大食漢の虫どもを寄せつけない力が宿っていると思われていたのである。

しかしこんな防御法なんか、私はまったく信用していない。こんな話を私が持ち出したのは、これがいま現在、すくなくとも私のうちの近所で行なわれている風習を連想させるからだ。だいたいにおいて、馬鹿馬鹿しいことほど、いつまでも根強く生き残るものなのである。プリニウスが語っている古代のあの害虫防除の仕掛けは、簡略化されたかたちで今なおしきたりとして受け継がれているのだ。現在では、馬の頭骨の代わりに鶏《にわとり》の卵の殻がキャベツ畑の中に立てた棒の上にちょこんとかぶせられているのだ。このほうがずっと作るのが簡単だ。しかも効果は馬の頭骨と同じだけある。つまりまったく零《ゼロ》なのだ。

ほんの少しでも信じる気持ちがあれば、どんなに馬鹿馬鹿しいことでも説明がつくものだ。私がうちの近所の農家に尋ねてみると、彼らはこんなふうに言う。——卵の殻の効き目はとっても簡単な話です。真っ白でてらてら光っているから、チョウどもはそれに惹《ひ》きつけられて卵を産みつけにくる。卵から孵った幼虫たちは、この嘘つきの物体の上で、太陽にじりじり灼《や》かれるわ、食物はないわ、で死んでしまうってわけ。で、それだけの幼虫の数が減ることになるんです、と。

34 プリニウス Gaius PLINIUS Secundus（二三／二四—七九）。帝政ローマの軍人、役人、歴史家、博物学者。ベスビオ火山噴火の調査、救助中に噴煙に巻き込まれて死亡した。甥《おい》で養子となり学問を受け継いだプリニウス Gaius PLINIUS Caecilius Secundus（六一頃—一一三頃）通称小プリニウスに対して大プリニウスとも呼ばれる。主著『博物誌』は、動植物、天文、気象、地理など二万項目についての百科全書的に記述された三十七巻にもおよぶ大著。のちのローマ皇帝ティトゥスに捧げられた。

私はなおもしつこく訊《き》いてみた。かつてこの白い卵の殻の上に産みつけられた卵塊とか、幼虫の群れとかを見たことがあるんですか。

「一度もありませんな」

と彼らはみな、異口同音に答えるのだった。

「それじゃあ、どうしてこんなことやってるんです？」

「だって昔からこんな具合にやってきたんですよ。わしらは別にほかのやり方の話も聞いてないもんで、昔のとおりやってるんです」

「ははあ、なるほど」私にはこの返事だけでもう充分であった。昔々使われていた馬の頭骨の記憶は、何世紀にもわたって植えつけられてきた、田舎《いなか》の理屈に合わない風習がすべてそうであるように、いかにも抜きがたい迷信なのだ。

結局のところ、キャベツを害虫から守るために、われわれにはたったひとつの手段しかないのだ。それは指で卵の塊をつぶし、足でアオムシを踏みつぶすために、まめにキャベツ畑に通って監視することだ。時間もかかるし、常に気をつけていなければならないが、これほど効果的な方法はない。虫の食い跡ひとつない完璧なキャベツ一個を手に入れるのに、どれくらい手間がかかることか！　われわれの命綱である食物を作ってくれる、あの土を耕す貧しく慎ましい人たち、襤褸《ぼろ》を着た気高い人たちに、われわれはどれほど世話になっていることか！

食べて消化すること、チョウになるための栄養を蓄えること、それがアオムシのたったひとつの仕事である。キャベツのアオムシは食べ飽きるということのない、猛烈な食欲でその仕事にはげんでいる。休むことなくもりもり齧り、休むことなく消化する——それがこの、全身これ消化管といってもいい虫の無上の喜びなのである。

　ときどき体をぶるっと震わせることを除いて、幼虫たちにはなんの気晴らしもない。何頭もの幼虫が頭と頭を突き合わせたり、横腹と横腹をくっつけ合ったりして餌を食べているときなどに虫たちがこの身震いをすると、特に奇妙な感じがする。

　どんな具合かと言うと、ときおり、隊列を組んでいる幼虫たち全員がびくんびくんと、頭部を何度も突き上げたかと思うと、突然また下げるのだ。プ[35]ロイセンの軍隊式体操みたいなもので、全員が機械仕掛けのようにぎくしゃく動くのである。いったいこれはなんだ、いつ何時《なんどき》襲ってくるか知れぬ敵に対する威嚇行動《いかくこうどう》なのだろうか。それとも満腹してぽんぽんになった太鼓腹《たいこばら》をここち良い太陽が温めてくれるゆえの歓喜の痙攣《けいれん》なのだろうか。恐れのしるしであるにせよ、喜びのしるしであるにせよ、これは充分な大きさに肥るまでのあいだ、キャベツの食卓を囲んでいる幼虫たちに許された、ただひとつの運動である。

一か月ほどのあいだ食べつづけたのち、金網の中の私の幼虫たちの、あの旺盛

35 **プロイセンの軍隊式体操**　十八世紀にプロイセンの軍隊が採用した軍事演習。集団で規律正しく一致した行動をとる、これまでにない団体行動で、普仏戦争の勝利の遠因ともされる。

36 **小さな温室**　荒地《アルマス》の温室は、床面が三×七メートルほどの大きさで、南に面した長い辺がガラス張りになっている。南仏セリニャンの片田舎《かたいなか》にあっては、さながらルイ十三世がパリに造った薬園、Le Jardin des《ル・ジャルダン・デ》 plantes de Paris《プラント・ド・パリ》 の温室を小型にしたような趣《おもむき》である。

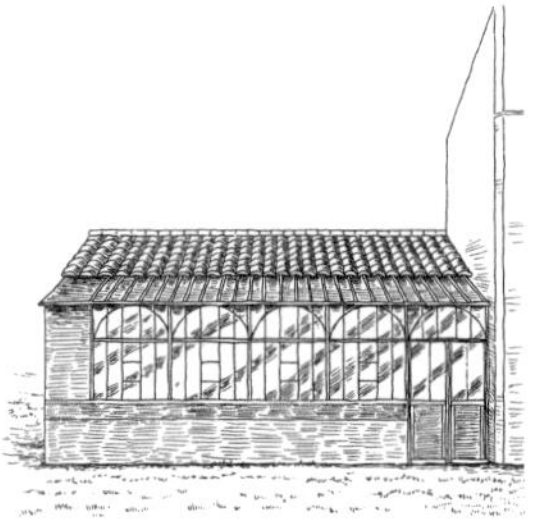

37 **サウスアフリカンゼラニウム**　*Pelargonium sidoides*

な食欲はおさまってきた。連中は四方八方へと網目をよじ登っていき、上半身を持ち上げて周囲を探りながら、あてどもなく這《は》いまわる。頭を振り、あちらこちらに糸を吐きながら進んでいく。不安そうに幼虫たちはうろうろさまよっている。なんとか遠くに行きたいのだ。金網がさえぎっているために、脱走したくてもできないのだけれど、私はつい最近、素晴らしい条件のもとで、そんな幼虫たちの脱走劇を目撃したのであった。

　最初の寒気が到来したとき、私はアオムシたちがたかっているキャベツを何株か、[36]小さな温室の中に入れてやった。こんな平凡な野菜畑の植物がサウスアフリ[37]カンゼラニウムや[38]カンザクラのように高級な植物と並んで、堂々とガラス張りの温室の中に収まっているところを見た人は、私のきまぐれに驚き呆《あき》れたものだ。笑う人には笑わせておいた。私には私の考えがあった。厳しい季節がきたとき、オオモンシロチョウの幼虫たちがどういう行動をとるかが知りたかったのだ。

　私の望みどおりに事態は進行した。十一月の終わりになると、充分に[39]老熟《ろうじゅく》した幼虫たちは、一頭また一頭とキャベツの株を去り、壁の上をうろうろしはじめた。どれも一か所にじっとしていることはなく、蛹化の準備を始める者もいない。

　この虫はひょっとしたら、冬の厳しい気候に晒された野外で蛹化のための場所を選ぶ必要があるのではないか、と私は考えた。それで私は温室の戸を開け放し

草丈15～30 cm　フウロソウ科ペラルゴニウム属の多年草。

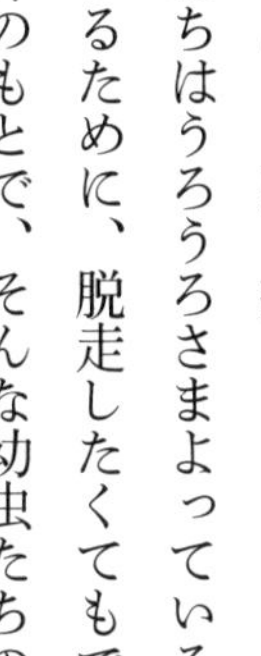

38　**カンザクラ**　寒桜。*Primula praenitens*（旧*Primula sinensis*）草丈15～20 cm　サクラソウ科サクラソウ属の多年草。

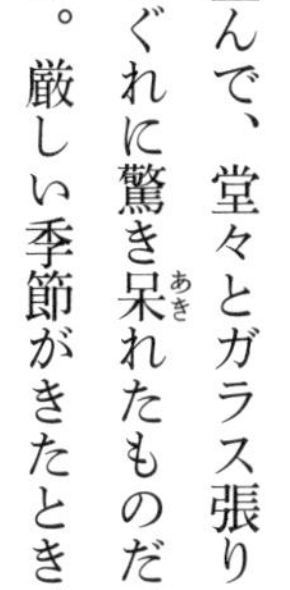

39　**老熟**　卵から孵化した幼虫は、成虫になるまでに何回か脱皮を行ないながら成長する。脱皮の回数は種《しゅ》によって異なるが、孵化したてを一齢幼虫、一回脱皮をしたものを二齢幼虫と言い表わす。さらに、成虫あるいは蛹《さなぎ》になる直前の幼虫を終齢幼虫と呼び、終齢幼虫の育ちきったものを老熟幼虫と呼ぶ。

てやった。するとまもなく、幼虫たちは全員、いなくなってしまったのである。

その幼虫たちが、温室から五十歩ほど離れたところにある壁に、散り散りばらばらになってくっついているのを私は見つけた。壁の軒蛇腹《コーニス》の出っ張りや漆喰《しっくい》のほんの少しの窪みが、庇《ひさし》の役目を果たして虫の避難場所になっていた。幼虫たちはそこで脱皮して蛹になり越冬するのである。

オオモンシロチョウの幼虫は体質が丈夫で、灼けつくような暑さも、凍りつくような寒さも平気なのだ。変態するためには、風通しがよく、常に湿気から守られている住《す》み処《か》があればそれで充分なのである。


だから私の飼育装置の中の幼虫たちは、遠くへ行けば何か壁のようなものがあるのではないかと探し求めながら、不安のうちに何日間か、網の目の上をうろうろと動きまわっていたのだ。

しかし壁は見つからず、事態は切迫してくるので、幼虫たちはとうとうあきらめてしまい、各自がまず、網目を足場にして自分の身のまわりに糸を吐き、白い絹の薄い敷物を作る。これが、蛹化という苦しい繊細《デリケート》な作業を行なう際に幼虫の体を支える、土台の役目を果たすことになるのだ。幼虫はこの土台に、絹糸で作った小さなクッションで尾端《びたん》を固定する。そして今度は上半身を吊《つ》り紐《ひも》でそこに固定するのだが、この吊り紐は、幼虫の背中側の、ちょうど肩の下あたりをま

▼オオモンシロチョウの蛹化《ようか》①
自分のまわりに糸を吐き、その足場に尾端《びたん》を固定する。

▼オオモンシロチョウの蛹化②
上半身を吊《つ》り紐《ひも》で固定する

▼オオモンシロチョウの蛹化③
脱皮して蛹になる。

わって先ほどの敷物の左右に結びつけられている。

こんなふうに三点で体を支え、そこをよりどころとして幼虫は、いわば一度宙に浮いて古い皮を脱ぎ捨て、蛹になるのである。この場合、幼虫を守ってくれるのは壁しかなくて、もし私が介入していなければ、幼虫はそれに代わるものを何か見つけたにちがいない。

この世の中の良きものはすべて、われわれのために用意されている、というような世界観の持ち主がいるとすれば、その人は、きっと視野が狭いのだ。偉大な乳母《うば》である大地は気前のよい乳房をもっている。栄養物質が作られるとすぐに、たとえそれが人々の熱心な労働によって作られたものであっても、自然は、その御馳走《ごちそう》が豊富であればあるほど、より多くの、そしてより貪欲な食い手どもの群れを大地の宴会に招くのである。

果樹園に生《な》るサクランボは素晴らしい果実であるが、ミバエ[40]の蛆虫と人間がその実《み》を奪い合っている。たとえ人が太陽や惑星の質量を計算し、重さを測り、宇宙を探索することができるほどの支配的地位にあっても、とるにも足りない一頭の蛆虫が、美味《おい》しい果実から自分の分けまえを受け取ることは防ぎようがないのだ。われわれはキャベツ畑を見て満足に思うけれど、それはオオモンシロチョウの幼虫たちにしても同じなのである。セイヨウノダイコンよりブロッコリーのほ

40　**ミバエ**　実蠅。双翅目《そうしもく》（ハエ・アブ類）ミバエ科Tephritidae の仲間。世界に四千三百種が知られる。植物の果実に卵を産みつけるため農業害虫として知られる。ハチに擬態《ぎたい》したものが多い。

▼ヨーロッパサクランボミバエ（ヨーロッパ桜坊実蠅）*Rhagoletis cerasi*　体長3～4㎜

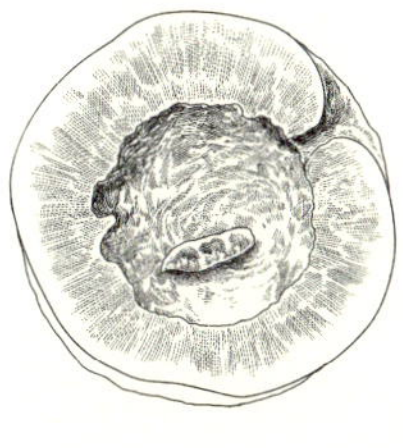

▼サクラの果実を食害するヨーロッパサクランボミバエの幼虫。

うがより美味しいと思って幼虫たちは、われわれの畑から作物を奪うのであるが、こうした連中との戦いにおいて、人間はアオムシを捕ったり、卵をつぶしたりという、手がかかるばかりでさっぱり効果のあがらないやり方以外、なんの手立てもないのである。

生きとし生ける者はみな、すべて生きる権利をもっている。キャベツのアオムシも大いに食ってその権利を声高《こわだか》に認めさせようとしているために、もしほかの生き物が介入してキャベツの保護に力を尽くさなかったら、この貴重な植物は栽培が不可能だったであろう。

ほかの生き物というのはいわゆる益虫のことであって、彼らは人間に対する同情心からではなく、自分自身の必要性からわれわれを助けてくれるのである。味方とか敵とか益虫とか害虫とかいう用語は、この場合、単なる言葉の使い方の問題なのであって、常に正確な事実を表わしているわけではない。われわれ人間を食ったり、われわれの収穫物を荒らす者が敵なのであり、これらの敵を食物としている者が味方なのだ。結局のところすべては、食欲に駆《か》り立《た》てられた激しい競争のせいなのである。

力と狡猾《こうかつ》さと略奪の権利に従って、「そこをどけ、どくんだ、俺が座るぞ」、

「貴様の饗宴《きようえん》の席を俺によこせ」と強要すること、これが動物の世界の情け容赦のない掟《おきて》である。そして悲しむべきことに、そのうちのいくらかは、われわれ人間の世界の掟でもあるのだ！

ところでわれわれにとっての益虫のうち、実はもっとも体の小さい者たちが、働きぶりではもっとも優れている。そして、そのうちのひとつがキャベツ畑の番人をしてくれているのだ。それはとても小さくて、人知れず仕事をしているために、農家の人はこの虫のことを知らないし、そんな虫の話は聞いたこともないのである。たまたまこの虫が大事な作物のまわりを飛びまわっているところが目にはいったとしても、注意して見ることもないであろうし、この虫がどんなに役に立っているかなど、思いもよらないことであろう。だからこの私が、とるに足りないこの虫けらの手柄に光をあててやろうと思う。

昆虫学者はそれを *Microgaster glomeratus*《ミクロガステル・グロメラートウス》 と呼んでいる。micro《ミクロ》 が「小さい」で gaster《ガステル》 が「腹」であるから、これは「小さい腹をした者」という意味になるが、ミクロガステルなどと、こんな名をつけた人物は何を考えていたのであろう。腹部の細さのことを表現しようとしたのであろうか。そうだとしたらぜんぜん当たっていないことになる。たとえ腹部がぱんと張ってはいないとしても、この虫はとにもかくにも、頭部や前胸部《ぜんきようぶ》と均衡《バランス》のとれた立派な腹部をもっているからだ。だからこの学名は、何か情報を与えてくれるどころか、うっかり全面的に信用したりすると、それに惑わされてしまう可能性さえあるのだ。

学術用語というものは日々変更されるし、どんどん耳ざわりになっていくものであるから、案内者《ガイド》として頼りにならぬことおびただしい。だから虫に「おまえの名はなんというのだ」と訊くのではなく、「おまえには何ができるのだ。職業はなんなのか」とまず最初に尋ねることにしよう。

さて、ミクロガステルすなわちアオムシサムライコマユバチ*[41]の仕事はキャベツのアオムシを食べることである。これは明確に定められた職種であって、とりちがえる心配のないものだ。その仕事ぶりが見たければ、春に、野菜畑の周辺をていねいに調べてみるとよい。少しでも観察者の目があれば、壁の表面や、あるいは垣根の根元に生えている枯れた草の上などに、非常に小さな黄色の繭《まゆ》が寄り集まって、ハシバミ[42]の実ぐらいの大きさの塊になっているのに気がつくであろう。その繭の塊のすぐ傍《かたわ》らに、キャベツのアオムシが、見るからに衰えた姿になって横たわっている。今にも死にそうになっていたり、あるいは本当に死んでしまったりしているのだ。

この繭はコマユバチの幼虫が作ったもので、その幼虫は、すでに羽化して成虫になってしまっているか、あるいは、まさにこれから羽化しようとしているとこ

41 **アオムシサムライコマユバチ** 青虫侍小繭蜂。→次頁図、解説。→訳注。

▼衰えたオオモンシロチョウの幼虫の周囲に多数寄り集まった黄色い繭《まゆ》。

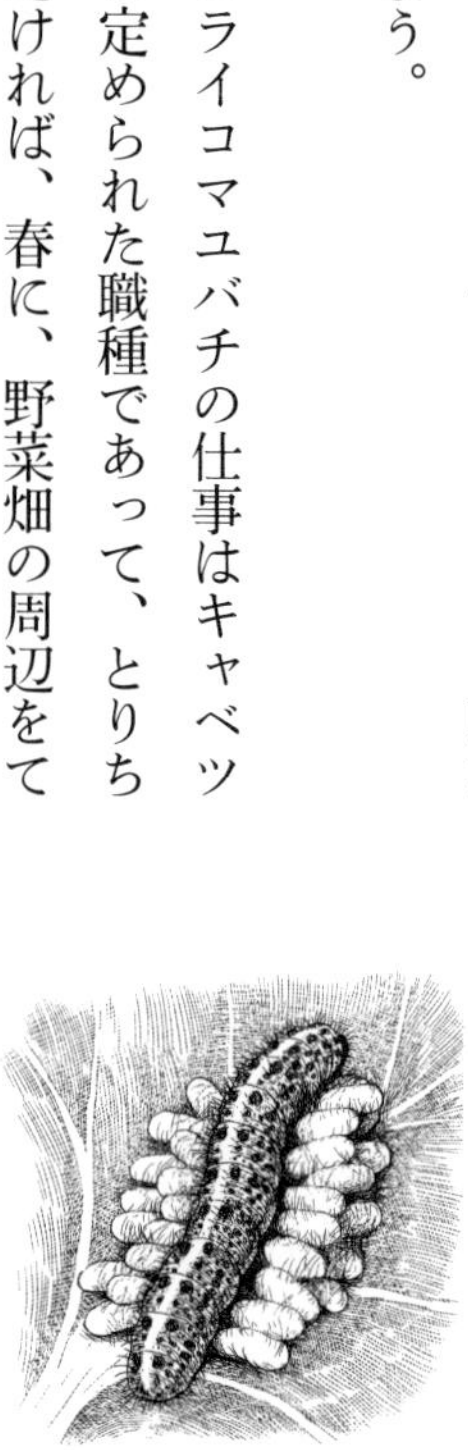

42 **ハシバミの実** ハシバミとセイヨウハシバミ（西洋榛）はカバノキ科の落葉低木。実《み》は硬い種皮《しゅひ》に覆《おお》われ直径は三センチほど。種子（仁《じん》）は食用でヘーゼルナッツとも呼ばれる。

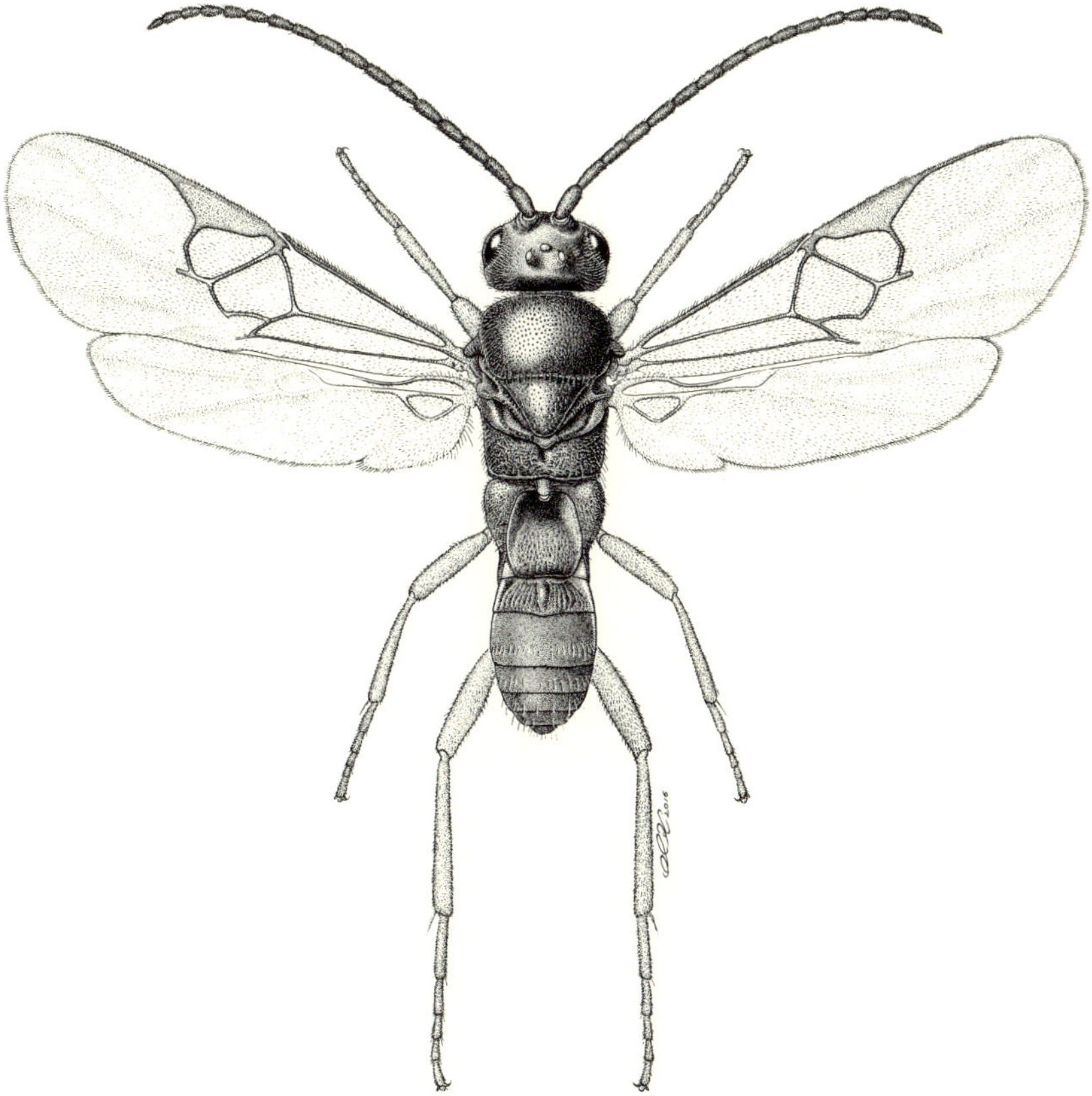

Cotesia glomerata　(図は雌)

アオムシサムライコマユバチ　青虫侍小繭蜂。旧学名は *Microgaster glomeratus* のちに *Apanteles glomeratus*　体長約3㎜　シロチョウ属の幼虫を宿主《しゅくしゅ》とする寄生《きせい》バチ。日本を含むユーラシア、北米に分布。宿主が終齢幼虫《しゅうれいようちゅう》に育つころに体外に脱出して繭《まゆ》を紡《つむ》ぐ。繭が完成すると幼虫は前蛹《ぜんよう》を経て蛹《さなぎ》になる。冬期は前蛹のまま越冬する。蛹化《ようか》後7～10日で羽化《うか》する。雄は雌より早く羽化し、交尾のために雌の繭の近くで待機する。本種《ほんしゅ》の繭にはカタビロコバチの仲間が卵を寄生させる。→訳注。

ろだ。つまりこのキャベツのアオムシはハチの幼虫時代の食物だったのである。このハチの学名の、種小名《しゅしょうめい》になっている「glomeratus《グロメラートゥス》」（凝集した、寄り集まった）というラテン語の形容詞は、これらの繭が塊をなして作られるようすを指しているわけだ。

この小さな繭をひとつひとつばらそうとしないで、塊のまま採集してみよう。そもそも個別に採《と》ろうと思ってもそれは難しい作業なのだ。繭の表面の糸が互いに複雑にもつれ合い、絡《から》まり合《あ》ってきっちりひと塊になっているため、これを解きほぐすには辛抱強くやらなければならない。そしてそれも指先が器用でなければできないことだ。やがて五月になると、この繭の中から微小な虫の群れが脱出してきて、さっそくキャベツ畑で仕事に取りかかることになるのだ。

日光の中でごく小さな虫が舞い踊っているのをよく見かけるものだが、フランスの日常語ではこうした虫たちを指して「羽虫《ムッシュロン》」とか「蚊《ムスティック》」とか言っている。この空中バレエ団のなかには、ほとんどなんの虫でも混じっている。キャベツのアオムシに寄生《きせい》するコマユバチの仲間も、ほかの昆虫と同様、そのなかにいることがある。しかし蚊《ムスティック》というような呼び方は、実際のところこの虫には適用できない。カとかハエとかいうのは[43]双翅目《そうしもく》、つまり二枚の翅《はね》をもつ昆虫のことであるが、コマユバチの仲間は、四枚の翅をもっており、その四枚すべてを飛ぶ

43 **双翅目** Diptera　ハエ、アブ、カ、ガガンボなどの仲間。後翅《こうし》が退化して棒状の平均棍《へいきんこん》となり、前翅《ぜんし》二枚だけしかない。これに対してハチなどの膜翅目は、四枚の翅《はね》をもつ。

ために使っているからだ。

この四枚翅という特徴と、それと同じくらい重要なその他の特徴からして、このコマユバチは膜翅目《まくしもく》に属している。だがそれはどうでもいいことだ。学名を除けばフランス語には、これ以上にこのハチの外観を言い表わす的確な用語がないのであるから、蚊《ムスティック》という表現を用いることにしよう。

さて、われわれが蚊と呼ぶことにしたコマユバチは、普通の羽虫ぐらいの大きさである。体長は三ミリから四ミリというところ。雌雄《しゆう》の比率は同じくらいで、どちらも同じ黒ずくめの身なりをしているが、肢《あし》だけは薄い赤茶色である。

こんなふうに雄も雌も同じような姿をしているけれど、雌雄の区別は容易である。雄は腹部がいくぶんへこんでおり、さらに先端がほんの少し曲がっている。雌は産卵のまえであると、中に詰まった卵のために腹がぷっくりと膨らんでいるのがよくわかる。こんな具合に手早く素描《スケッチ》しただけで、この虫の容姿についてはもう充分であろう。


コマユバチの幼虫について、特にその生態について知りたいと思うなら、釣鐘形の金網の中でキャベツのアオムシの群れを飼ってみるのがよい。畑のキャベツについているチョウの幼虫を直接観察したのでは、不確かで目新しくもない情報しか手に入らないけれど、飼育下であれば、それが毎日、しかもすぐ目の前で、たっぷり欲しいだけ得られるわけである。

六月になり、アオムシたちがキャベツの葉を離れて、蛹化のためにどこか遠くの壁にでも体を固定しに行くころ、私の飼育装置の中の連中は、ほかによい場所が見つからないので、金網の天井によじ登って準備をし、そのために必要な固定用の繭の座を編んでいた。

こうして糸を紡《つむ》いでいるアオムシたちのなかに、衰弱して元気がなく、敷物を張りめぐらす気力もなさそうな者たちがいるのを見かけるようになる。外見からすると、どうやら*致命的な病にとりつかれているようである。

私はその連中を何頭か取って、解剖刀《メス》の代わりに針で腹を切開してみた。腹の中から、虫の血である淡黄色の体液に浸った緑色の内臓がひと塊になって出てくる。この内臓の塊の中に蛆虫《うじむし》たちがのろのろとひしめき合っているのだ。その数はまちまちであるが、少ない場合で十から二十、ときによると五十くらいの場合もある。これこそがアオムシサムライコマユバチ、つまりミクロガステルの幼虫なのである。

コマユバチの幼虫たちは何から栄養を摂《と》っているのか。私は虫眼鏡で細かく観察してみた。しかし、連中が脂肪の小袋とか筋肉その他、栄養のある固形の部位のどこかに食らいついているところはみられない。どこにも噛みついたり、かぶ

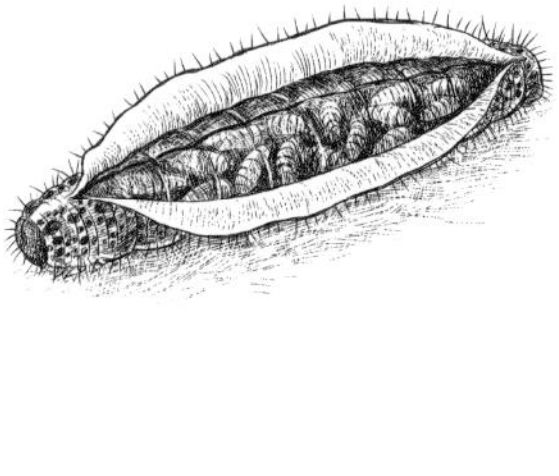

▼解剖したアオムシの体内で見つかったコマユバチの幼虫。

りついたり、何かを食いちぎったりしてはいないのである。以下の実験がわれわれに事の次第をすべて明かしてくれる。

私は[44]宿主《しゅくしゅ》であるアオムシの腹の中から取り出したコマユバチの幼虫たちを時計皿の上に移してやった。時計皿には針で突《つつ》いて採取したアオムシの体液が満たされていて、その体液の中にハチの幼虫たちを浸してやる。これだけの用意をして、釣鐘形のガラスで伏《ふ》せておいた。湿気を含んだ空気の中で蒸発を抑えることができるわけだ。

そして何度もアオムシの新しい血を採っては、この栄養分のある体液を時計皿の中に注ぎ足し、生きているアオムシの体内にいれば、ハチの幼虫たちに作用するであろう刺激を与えつづけたのである。

こうした気配りの結果、ハチの赤ちゃんたちは、素晴らしい健康状態にあるようにみえる。連中はアオムシの体液をすすって元気に育っているようなのだ。

ところがこうした状態は長くは続かない。蛹化するまでに育ちきったコマユバチの幼虫は、ふつうであればアオムシの腹から出ていくのと同じように、時計皿の食堂を去っていく。地面に降りて小さな繭を編もうとするのである。ところが時計皿の連中は繭が作れずに死んでしまうのだ。なぜかというと、蛹化するための適当な足場、つまり、寄生された瀕死《ひんし》のアオムシが自分用に編む例の絹の敷物

44 **宿主**　寄生《きせい》される側の生物のこと。複数の生物が寄生―被寄生関係にあるとき、不利益を被《こうむ》る側。寄生者の対語として用いられる。ふつう、寄生者は宿主を殺さないが、宿主そのものを食べてしまう寄生形態は、捕食寄生《ほしょくきせい》と呼ばれ、昆虫類に特に多い。

▼コマユバチの幼虫を時計皿の中で飼育する。

が見つからないからである。

それはともかく、私はその一部始終を充分観察することができたので、確信をもつことができた。ミクロガステルの幼虫は言葉の本来の意味で食べるのではない。彼らはスープをすするのである。そしてそのスープとは、ほかならぬアオムシの血だ。


この寄生バチの幼虫をさらに詳しく調べてみると、彼らの食物がどうしても液体でなければならないことがわかるであろう。

これは体節が一節ずつはっきり分かれた白い蛆虫で、体の先端は尖《とが》り、まるでインクの滴《しずく》の中に頭を突っ込みでもしたかのように、細い、黒い線の染みがついている。幼虫はゆっくりと尻を動かしているが、そのあいだ体は少しも移動しない。顕微鏡で覗《のぞ》いてみたが、口の部分はただの穴で、物を切り裂くようにはできていない。牙《きば》もなければ、角質の鋏《はさみ》も顎《あご》もない。この幼虫の攻撃とは、単なる口づけなのだ。コマユバチの幼虫は嚙《か》むのではなく吸うのであって、身のまわりにいっぱいいるアオムシの体液を少しずつ飲むのである。

コマユバチの幼虫に寄生されたアオムシを解剖してみると、嚙み傷なんかまったくつけられていないことが確認できる。獲物のアオムシの腹の中には、多数の幼虫がひしめいていて、わずかに内臓のあるべき場所が残されているだけなのだ

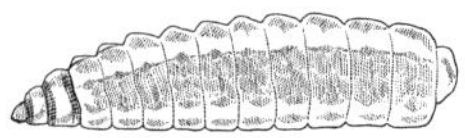
▼コマユバチの終齢幼虫。左が頭部。

が、それにもかかわらず、すべてにおいて完璧な秩序が保たれている。傷つけられたような痕跡はどこにも見あたらないのだ。またアオムシの外観にも、体の内部が痛めつけられていることを示すものは何もない。コマユバチの幼虫に寄生されたアオムシは、不安そうなようすを見せるでもなく、体をよじって苦痛を表わすようなこともない。ほかの健康な連中と同じようにキャベツの葉を食べ、もくもくと歩いている。食欲はあるし、食べたものはちゃんと消化しているようなので、寄生されたアオムシをほかの無傷の連中と見わけることは、私にはできなかったのである。

　蛹を固定するために必要な敷物を織る時期が近づくと、アオムシたちはようやく衰えが目立ってきて、病に苦しめられていることがわかる。それでも彼らは糸を紡ぐ。これは死の苦しみのなかにあっても自分の義務を忘れないストア派[45]の哲学者さながらである。そしてとうとう、アオムシたちは穏やかに息を引き取る。内臓を切り刻まれたためではなく、貧血を起こしたためである。さながら油の切れたランプの灯《ひ》が消えていくようなものだ。

　そしてそれも当然なことであろう。食物を摂り、血液を作り出すことのできるアオムシの生命の支えが、コマユバチの幼虫たちが元気に暮らしていくためには必要不可欠だからである。

45　**ストア派**　紀元前三世紀初頭に、キプロス島キティオン出身のゼノン ZENON（前三三五頃―前二六三頃）が創始したギリシア哲学の一学派。理性を重んじ、禁欲を守ったことで知られる。「ストイック」という語はこのストア学派的な生活態度に由来するもの。

そんなわけでアオムシは、コマユバチの子供たちが充分に発育を遂げるまでの一か月ほどの期間、もちこたえなければならないのだ。アオムシと幼虫、両方の暦は見事に一致している。アオムシが食べるのをやめて蛹化の準備を始めるとき、寄生バチの幼虫はアオムシの体外に脱出することができるほどに成熟している。飲み助たちが充分飲み飽きたころには、革袋は空《から》になってしまっているわけだが、それまではとにかく、日ごとに心細くなっていくにしても、なんとか中身をもたせなければならない。だからほんのわずかなものであっても、血の源泉の働きを止めるような傷をつけて、アオムシの命を危険にさらしたりすることのないようにしなければならない。

このため革袋から血をすするコマユバチの幼虫は、傷をつけることのないよう、いわば口輪を嵌《は》められているわけだ。つまり口器《こうき》の代わりに吸い口を具えていて、傷をつけずに、アオムシの血を吸うのである。

頭部をゆっくりと振りながら、瀕死のアオムシは敷物の上に糸を張りつづけている。まさにそのとき、寄生バチの幼虫はアオムシの体内から脱出するのだ。この脱出劇が起きるのは六月の、たいていの場合、夜のとばりが下《お》りるころである。アオムシの腹面《ふくめん》、あるいは脇腹に突破口が開く。背中の部分に穴が開くことは決してない。しかもその穴はひとつだけで、そこはアオムシの体の体節と体節の合わせ目の、いちばん軟らかい箇所である。というのも、口器のような、嚙み切るための道具もなしに穴を開けるというのは、非常に苦労の多い仕事になるだろうからだ。おそらく幼虫たちはここ、と決まった攻撃点にかわるがわるやってきて、そこで吸いつく作業をしているのだろう。

ごく短時間のうちに、この唯一の開口部から幼虫たちの全部隊が脱出してきて、すぐにぴちぴち動き、アオムシの体表に陣取る。

しかしこの穴はすぐに閉じてしまうので、虫眼鏡ではアオムシの腹に開いた脱出口を確認することはできない。血も染み出していない。つまりそれほど、この革袋は吸い尽くされて中身が乏しくなってしまっているのである。脱出口を見つけようとするなら、アオムシの体を指でぐっと押してやって体液の残りをいくらか搾《しぼ》り出《だ》すようにしなければならない。

アオムシは死んでしまっているとは限らない。まだ生きていて、なおも足場となる敷物を少しばかり織りつづけていることさえあるのだが、その体のまわりでコマユバチの幼虫はただちに自分たちの繭作りの仕事を始めるのだ。

コマユバチの繭の糸は、麦藁色《むぎわらいろ》をしていて、コマユバチの幼虫は頭部をぐいと後ろに反《そ》らして口の吐糸管《としかん》からそれを引き出すのだ。そしてそれを、まずはアオムシの足場となっている白い網状の敷物に張りつけ、次に、周囲にいる仲間のコマユバチの幼虫が紡いだ繭に固定する。その結果、繭同士の糸がもつれあって、それぞれの繭がくっつき合い、個々に作られた繭が接合されて繭の塊ができる。幼虫たちはその塊の中にめいめい自分の小部屋をもつことになるのだ。

さしあたって編んでいるのは、繭そのものではなく、それぞれが独立した小部屋を作りやすくするための全体の足場である。この足場は、すべて隣り合っている個々の足場が互いに支え合って、糸を絡め合わせて作られる。その結果できた共同の建物の中で、幼虫たちはそれぞれ自分のための小部屋を作り、最終的にはそこで本格的な繭、きっちりと織りあげた目の詰まった小さな糸細工を作りあげるのである。

飼育用の金網の中で、私はこうした小さな繭の塊を今後の実験にいくらでも使えるほど数多く手に入れた。アオムシのうち四分の三がコマユバチの繭を提供してくれたのだ。ということはつまり、春に育つオオモンシロチョウの幼虫はそれほどまでひどく寄生バチにやられたということである。

私はこれらの繭を塊ごとに、ひとつひとつガラスの管の中に分けて入れておいた。ガラス管の一本一本に、それぞれ一頭のアオムシから脱出したコマユバチの群れが収められている。こうして集めたすべての材料を手元に置いて、いくつかの実験に使ってみようと思うのだ。

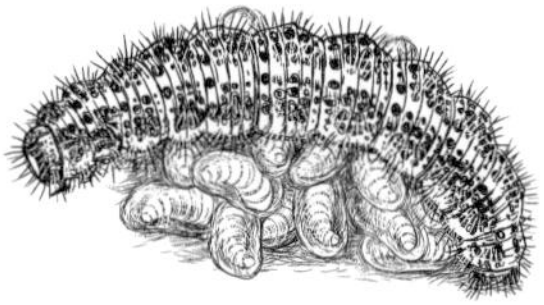

▼集団で繭を紡《つむ》ぐコマユバチの終齢幼虫。

二週間ほど経って、もう六月の中頃になっていたが、コマユバチの成虫が羽化してきた。第一番目のガラス管の中には五十頭ばかりいた。ハチたちは騒がしく飛びまわり結婚祝いの宴《えん》たけなわというところ。というのも、同じ一頭のアオムシを食べて育った者たちのなかに常に雌と雄とがいたからである。

それにしてもなんという喧噪《けんそう》、なんという恋の乱痴気騒ぎであろう！　こんな微小なハチたちの[46]舞曲《サラバンド》を見ていると、観察者は面くらってしまい、めまいがするようだ。

雌たちはどれも自由を求めて、光の方向に向いているガラス管の、その端に詰めた綿の栓《せん》とガラスとのあいだに体を半分突っ込んでいるが、腹部のほうは剝《む》き出《だ》しになっている。雌たちの列は綿の栓のまわりにぐるりと環状《かんじょう》に並んでおり、その手前で雄たちはこぜり合いを繰り返し、押しのけ合ったりしながら大急ぎで交尾をすませる。

交尾の順番はどの雄にもまわってくる。すると雄はほんの少しのあいだ、その仕事にはげみ、それから恋敵《ライヴァル》に席をゆずると、また別の雌のところに行って同じことをする。

この騒々しい婚礼は午前中続いて、翌日にまた始められるのだ。これは組んずほぐれつの大騒ぎで、雄と雌はくっついたり離れたり、またまたくっついたりと、いつでも同じ混乱が繰り返されるのだ。

46　**舞曲《サラバンド》**　原語は sarabande《サラバンド》　十六世紀にスペイン宮廷で流行し、十七世紀から十八世紀にかけてヨーロッパ全体に流行した三拍子の舞曲。もともとは、スペインのアンダルシア地方あるいは中南米の、激しく扇情的な踊りであったが、フランスに入ると荘重で優雅な踊りに変容した。なお、フランス語の話し言葉の「サラバンドを踊る」という表現には「大騒ぎをする」という意味がある。

▼コマユバチの交尾。

野外の畑の中だと、番《つがい》の雌雄は互いにほかの者たちから離れているから、もう少しおとなしくしているものと思われる。しかしこのガラス管の中だと、狭い空間の中で大群がひしめいているので、こんな大騒ぎになるのである。

コマユバチたちの望みが完全に満たされるためには、あと何が足りないのであろうか。おそらくそれはいくらかの食物、たとえば花々から汲み上げた何滴かの蜜であろう。

私はガラス管の中に食べ物を入れてやった。蜜の滴ではない。蜜の滴なんかをやったらこんな微小なハチはべったりくっついて身動きがとれなくなってしまう。それでトーストに蜂蜜《はちみつ》を塗ったような具合に、紙テープにこのコマユバチの好物を薄く塗ったものを与えてみたのである。

コマユバチたちはその餌にやってきて足を止め、蜜を舐《な》めて体力を回復する。御馳走は連中の気に入ったようだ。紙テープが乾くごとに適宜《てきぎ》取り換えるようにしてやれば、私の実験が終了するまでコマユバチたちを元気いっぱいにしておくことができるのであった。

ところで、もうひとつ、やっておくべき別の事がある。ガラス管の中に入れてあるコマユバチの一群は動きが速く、少しもじっとしていないのだが、ぶんぶん飛びまわるこの連中をあとでいろいろな容器に移し替えなければならないのだ。

素手で、あるいはピンセットなどを使って、この小さくてすばしっこいコマユバチを無理やり捕まえたりすれば、そのときにたくさんのハチを、あるいは群れのすべてを逃がしてしまうだろう。そんなことがあってはならない。

虫は光の誘惑に抗《あらが》いがたい、という性質を利用すればよいのだ。ガラス管の一本をテーブルの上に、管の一方の端が陽光の差し込んでいる窓の方を向くよう水平に置くと、中に入っていた囚《とら》われのコマユバチたちはすぐ、ガラス管のいちばん明るい端の方に集まってきて、ずっとそこでぶんぶんいっている。後ろに下がろうなどとは決してしない。

ガラス管の向きを逆にすると、連中はすぐさま移動して反対側の端に群がる。明るい光はコマユバチたちにとって強い喜びなのだ。だから光という誘惑を使えば中のハチたちをどこへでも思いのままに導くことができる。

そういうわけで、試験管とか広口壜《ひろくちびん》とか、新しい容器の類《たぐ》いを横に寝かせて閉ざされた底の方を窓側に向けてみることにしよう。そして反対の開いた口のところで、コマユバチたちの入っているガラス管の口を開けてみるのだ。新しい容器とガラス管とのあいだに少しぐらい隙間《すきま》ができようと別に気をつかう必要はない。コマユバチの群れは明るい容器の中に急いで飛んで行く。そうなるとあとは容器をよそに持っていくまえに蓋《ふた》をすればいいのである。逃がしたコマユバチの数は

▼別の容器にコマユバチを移し替える方法。

わずかで、観察者はハチの群れを好きなように実験して物を尋ねることができるわけである。

最初に次のことを虫に訊いてみよう。

「アオムシの脇腹に卵を産みつけるとき、おまえはどんなふうにやるのか」

こういう質問や、それに類する質問は、まず第一に発せられなければならないのに、そうした興味深い事実よりも虫の名称についての細かな事柄にばかりこだわっている連中、昆虫を針で串刺しにして喜んでいる連中は、そうしたことはたいていなおざりにしている。そういう人々は虫を分類し、野蛮なラベルをつけて並べているが、彼らにとってこうした作業が昆虫学に関する知識の最高の表現のように思われるらしいのだ。

いつもいつも名称の話だ。あとのことはほとんど問題にもされない。オオモンシロチョウの天敵アオムシサムライコマユバチはかつて *Microgaster*《ミクロガステル》、つまり「小さい腹をした者」と呼ばれていた。ところが今では *Apanteles*《アパンテレス》[47]、つまり「不完全な者」と呼ばれているのだ。ああ、なんとまあ、たいした進歩ではないか！　なんとまあ、われわれはいろいろのことを御教示願えることか！　しかし、われわれは、すくなくとも「小さい腹のハチ」や「不完全なハチ」がどうやってアオムシの体内に入り込んでいくのかについて知っているだろうか。

47 **Apanteles**《アパンテレス》　ここに挙げられた学名（属名《ぞくめい》）に種小名《しゅしょうめい》をつけると *Apanteles glomeratus* となる。しかし、この学名は現在では *Cotesia glomerata* の同物異名《シノニム》として無効になっている。

まったく知らないのだ。ある書物には——最近出版されたものであるから、当然、最新の知識を忠実に反映しているはずであるのに、——こんなことが書かれている。

「コマユバチはチョウの幼虫の体に直接卵を注入する」

また、こうも言っている。

「この寄生バチの幼虫はチョウの蛹の中で暮らしていて、蛹の硬い角質の殻に穴を開けて脱出してくる」と。


私はもう何百回もコマユバチの老熟幼虫が繭を編むために外に出てくるところを見ているけれど、その脱出口が開けられる場所は、常にアオムシの皮膚なのであって、鎧《よろい》のように硬い蛹の殻に穴が開けられることは決してない。コバチの幼虫の口器は、歯も牙もない、単に押し当てるだけの穴であるから、そもそも、この幼虫が蛹の殻を突き破ることなど不可能であるとさえ、私は考えるようになった。

蛹の殻に穴を開けるなどという、簡単に反対証明ができるこうした誤りのゆえに、私はもうひとつの、コマユバチがアオムシの体に卵を注入するという考えに対しても疑問を抱いてしまうのだ。この意見はたしかに論理的であって、また多くの寄生者の用いる産卵の方法と合致しているけれど、それは別として、私はそこに書かれていることを鵜呑《うの》みにするほど、書物というものに信をおいていない。私は事実を直接観察するほうを選びたいのだ。何ごとかを断定するまえに、私には自分の目で見る必要がある。「見る」とはそういうことなのだ。それは時間がかかるし、手間もかかるけれど、もっとも確かな方法でもあるのだ。

　私は畑のキャベツの上で起きる事柄を、じっと息を殺して見張るつもりはない。そういう方法だと偶然に左右されることがあまりに多いし、それに何より正確な観察を行なうには適していないのである。私の手元には研究に必要な実験材料がある。羽化したばかりの寄生バチがわんわんひしめいている例のガラス管があるのだ。だから私は、研究室の小さな机の上で仕事をするつもりである。

　まずは容積が一リットルほどの広口壜を机の上に寝かせ、底のほうを陽のあたる窓側に向けて、その中にアオムシのついたキャベツの葉を入れてやる。チョウの幼虫たちは、充分に成長しきった者、中くらいの者、最近卵から孵化したばかりの者、とさまざまである。実験が長くかかる場合は、蜂蜜を塗った紙テープがコマユバチの食堂の役割を果たすことになる。

　最後に、先ほど記したような移し替えの方法で、私はガラス管ひとつ分のコマユバチの群れをこの広口壜の中に放してやった。

　ひとたび壜に蓋をしてしまえば、あとはそのまま放っておいて、何日でも、必

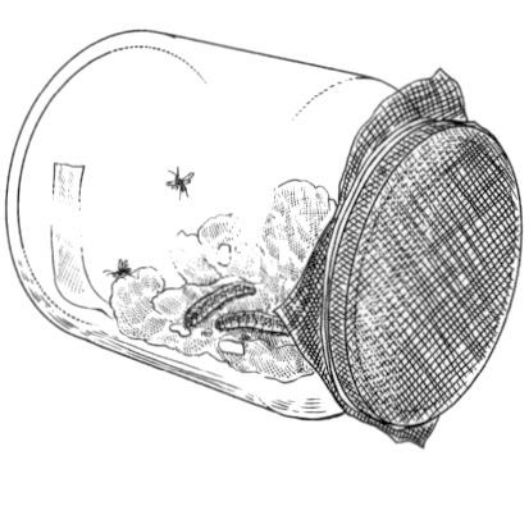

▼アオムシの体にコマユバチが卵を産みつけるかどうかを広口《ひろくち》壜《びん》で観察する。

要とあらば何週間でも、熱心に見張りをするだけだ。記録に価《あたい》するような事実は何ひとつとして見逃すことはあるまい。

アオムシは静かに葉を食べている。身のまわりを飛んでいる恐ろしいコマユバチのことなど、まるで気にしていない。ぶんぶん騒がしいコマユバチの群れの中から、うかつな者が何頭か、アオムシの背中をかすめたりすると、アオムシはぶるっと身ぶるいし、むくりと前半身を持ち上げ、いきなりまたそれを下にさげる。すると、それだけのことで、厄介者《やっかいもの》のコマユバチはたちまち退散するのだ。そして、コマユバチのほうでも悪意を抱いているような素振りは少しもみせない。蜂蜜のテープを舐めて体力を回復し、往ったり来たり騒がしく飛びまわっている。そうやって飛んでいるうちに、何頭かのハチがたまたまキャベツを齧っているアオムシの群れの上に止まったりすることもあるけれど、コマユバチはアオムシに少しも注意を払っていない。偶然そうなっただけのことで、わざわざそうしようと思ったわけではないのだ。

私は成長段階の異なるアオムシの群れをさまざまに変えて試してみたがなんの効果もなかった。また、寄生バチの群れのほうを取り替えてみても無駄であった。

午前中や夕方、薄暗い光の中でも、昼間の太陽の中でも、同様に長時間、広口壜の中で起きることに注意していたが、まるで成果はなかった。私は、何も見ることができなかった。寄生バチのほうから攻撃を仕掛けるようなことは絶対になかったのである。

書物には、コマユバチがアオムシに卵を産みつけると書いてあるが、その著者たちは何も知らないのである。なぜなら彼らは実際にものを見るだけの忍耐力をもっていなかったからだ。しかし私は確信をもって結論する。*コマユバチは卵を産みつけるためにアオムシを攻撃することは絶対にない。

そうなると、必然的にコマユバチはオオモンシロチョウの卵そのものから寄生を始めるということになる。実験してみれば納得することができるであろう。大きな広口壜だと、ガラスの面と中の虫までの距離がありすぎて細かい観察には向かないので、私は親指ぐらいの太さのガラス管を選び、その中に黄色い卵塊のついたキャベツの葉のひとかけらを入れた。この卵塊はチョウが産みつけたそのままの状態である。そして、私が保存しているガラス管の中のコマユバチの群れを移しておいた。蜂蜜を塗った紙テープも忘れずに入れておくことにする。それはちょうど七月の初めのことであった。

まもなく、雌のコマユバチたちはずいぶん忙しそうに仕事に没頭しはじめる。ときにはオオモンシロチョウの黄色い卵塊が、ハチにすっかり覆われて真っ黒になってしまうこともあるほどだ。

雌のハチたちは、この宝物を検査すると、翅を震わせ、[48]後肢《こうし》を擦《こす》り合《あ》わせる。満足のしるしである。彼女たちは卵塊を聴診して触角《しょっかく》で間隔を測り、触鬚《しょくしゅ》の先で軽く叩いてみる。それから、めいめいがあちらこちらで、自分の選んだ卵の上にさっと尾端を押しつける。するとそのたびに、腹面の、ほぼ先端に近い部分から細い角質の針が飛び出すのが見える。これはコマユバチがその卵をチョウの卵の薄い膜の下に産みつける道具なのであり、卵を注入するために切開を行なう解剖刀《メス》のようなものである。

この作業は、静かに音もなく、一定の規則に従って整然と行なわれる。ほかに多数の雌が同時に産卵しているときでさえ、それは変わらない。一頭が立ち去った卵に二番目の雌がまたやってくる。それから三番目、四番目、ときによると、もっとたくさんの雌が入れ代わるという具合で、同じ卵のもとに、こうして雌たちが来ることがいつ終わるのか、私にははっきりと見きわめることができない。しかし、そのたびごとに産卵管《さんらんかん》が挿し込まれてコマユバチの卵が注入されるのである。

これほど数が多く混乱した群集のなかで同じ卵に次々と産卵にやってくるコマユバチの雌を目で追うことなど不可能である。しかし、同一のチョウの卵の中に産みつけられたコマユバチの卵の数をかぞえるには、ただひとつの方法があって、

48 **後肢を擦り合わせる**　フランス人は、目論見《もくろみ》どおりになったり、御馳走《ごちそう》を前にするなど上機嫌になると両手を擦り合わせる仕草をする。このあたりファーブルは、虫の行動を人と重ねて表現しているのであろう。

しかもとても実行しやすい。それは、もう少しあとで、寄生されたアオムシを解剖して、中に入っている幼虫の数をかぞえてみるという方法である。

　このやり方は気味が悪いけれど、もう少しましな方法もあって、それは寄生されて死んだアオムシの体のまわりに集まってくっついている小さな繭の群れの数をかぞえるというものである。その数を集計してみると、注入された卵の総数がどれくらいであったかがわかることになる。その卵のいくつかは、すでに寄生されたひとつの卵に何度も同じ雌が戻ってきて産卵したものであり、またいくつかは別の雌が産んだものである。

　ところで、この繭の数にはずいぶんと差がある。たいていは二十個前後だが、私は六十五個の繭をかぞえたこともあるし、それが最大の数だとは決して断言できないのである。

　*チョウの子孫を根絶するための、なんとすさまじいまでのハチの働きぶりであろう！　哲学的な省察に優れた、ある深い教養の持ち主が、おりよく私がコマユバチの観察をしているところに訪ねてきてくれたことがあった。私はコマユバチが働いている実験装置の前の席をこの方にゆずってさしあげた。

　私と入れ代わった彼は、ゆうに一時間ばかりも虫眼鏡を片手に、それまで私が観察していたものを眺め、また見なおしていた。卵を産むコマユバチの雌たちがチョウの卵から卵へと飛び移り、これ、と選んでは微小な[49]小刀《ランセット》を出して、すで

49 **小刀《ランセット》**　外科手術などに用いられる諸刃《もろは》の小さな刃物。日本にはオランダの医師によってもたらされた。披針《ひしん》という訳語が当てられることもある。lancet《ランセット》はオランダ語。

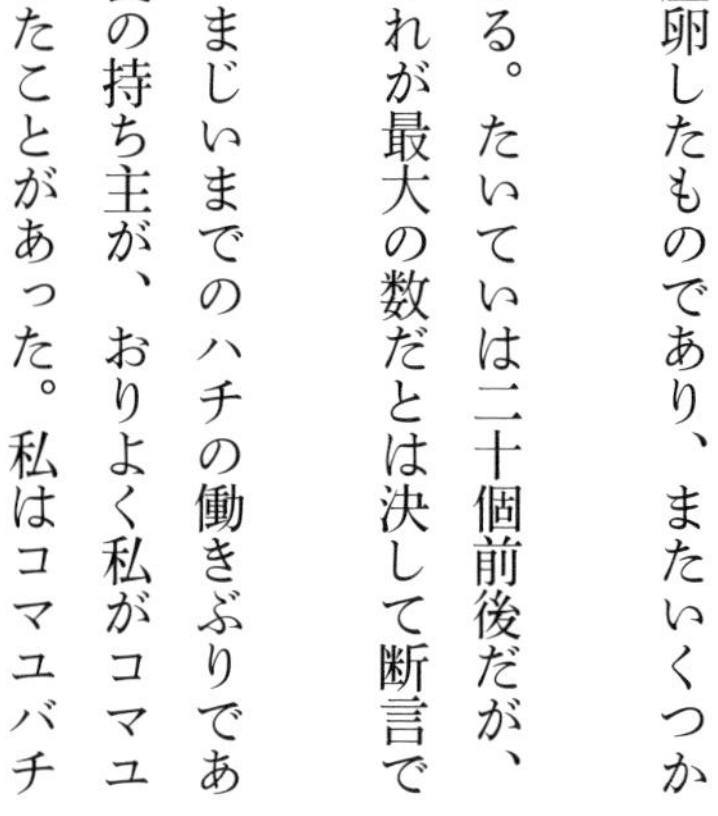
▼研究室の小さな机に置かれた観察装置。

にほかの雌たちが次々と、何度も何度も突き刺した卵にまた針を刺すのを彼は見ていた。そして、もの思いにふけりながら、いくぶんか動揺したようすで虫眼鏡を置いた。彼は、もっとも小さな者たちのあいだでさえ繰り広げられている生命の巧妙な略奪のさまを、この指くらいの太さのガラス管の中で起きているほど、はっきりと目撃したことは、これまで一度もなかったのである。

24章　キャベツのアオムシ　訳注

345頁　24　本章は、未完となった第11巻のためにファーブルが準備していた原稿を、ファーブルの崇拝者で、彼をよく知るルグロが整理し、完全版『昆虫記』に付録として加えたもの、つまり未定稿と言うべきものである。そのため章の番号は付されていないが、本訳では便宜上24章とした。

347頁　キャベツ　ファーブルは本章冒頭でキャベツなどアブラナ科野菜の多様性について触れている。ここに書かれている内容は、主として、パリ生まれのスイス人である植物学者ド・カンドル Alphonse De CANDOLLE（一八〇六—九三）の著わした『栽培植物の起原』*Origine des plantes cultivées*（一八八三）によって得られた知識にもとづくものと考えられる。

『栽培植物の起原』は、ド・カンドルの著作ではあるが、それは父、本人、子と、三代にわたるこの植物学者一族の合作とも称すべき大著である。

栽培植物の原種《げんしゅ》を求める生物学的、言語学的研究は、ド・カンドル以前からも盛んであったが、本書は、そうした当時の研究の集大成ともいえるものである。

栽培植物の起原については、はじめヨーロッパを中心に研究されていたが、やがて、植物学者、遺伝学者のニコライ・イヴァノヴィッチ・ヴァヴィロフ Nikolai Ivanovich VAVILOV（一八八七—一九四三）や植物学者の中尾佐助《なかおさすけ》（一九一六—九三）らによって世界的規模の現地調査が実施され、その基礎が築かれた。その後、比較的近年になって、おもに遺伝学的、分子生物学的な研究がおしすすめられ、それぞれの原種や原産地、品種の関係などが明らかになってきた。

なおキャベツが丸く結球《けっきゅう》するのは、茎がほとんど成長せず、出葉《しゅつよう》した葉の外側の成長が早く、内側の成長が遅いために起きる現象で、これは成長ホルモンの分泌《ぶんぴつ》の偏《かたよ》りによって発現する。また、オオモンシロチョウの食草《しょくそう》としてはアブラナ科（約六十種）のほかにも、例外的にマメ科、モクセイソウ科、ノウゼンハレン科、フウチョウソウ科のものも報告されている。

351頁　シロチョウの仲間　オオモンシロチョウの学名は、*Pieris brassicae* という。スウェーデンの博物学者リンネ LINNE, Carl von（一七〇七—七八）が、一七三五年に『自然の体系』*Systema Naturæ*（第一版）を出版したと

オオモンシロチョウの体制模式図

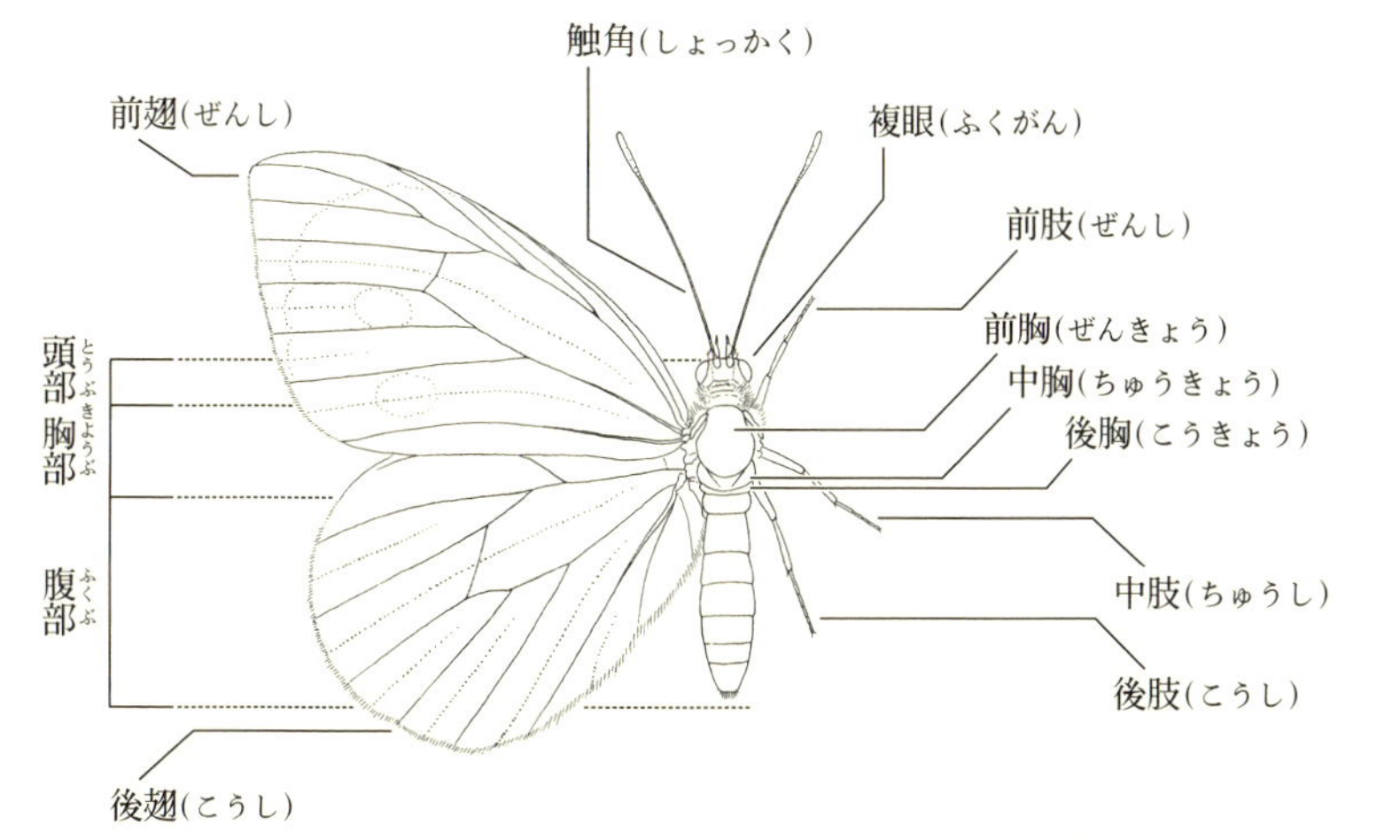

※図は雌
右の前翅・後翅は取り除いてある

き、チョウはすべて *Papilio* 属であった。第十版（一七五八）の刊行により種名《しゅめい》までが分類されてオオモンシロチョウは *Papilio brassicae* とされた。しかし、自然界の動植物の多様性はリンネの予想をはるかに超えていたため、その後さらに細分化されていくことになる。その結果シロチョウの仲間は *Papilio* 属から、新設された *Pieris* 属に移されることになった。この属名《ぞくめい》はギリシア神話の女神 Musa《ムーサ》（英語で Muse《ミューズ》）の別名 Pieris《ピエリス》 に由来する。オオモンシロチョウの種小名《しゅしょうめい》 *brassicae* は「キャベツの」という意味で、この名は幼虫の食べる植物、つまり食草《しょくそう》に因《ちな》んだものである。

　同様にモンシロチョウは、*Pieris rapae* で、これは「カブのシロチョウ」という意味である（rapanapus はラテン語で「カブ」を意味し、現在のカブの学名は、*Brassica rapa* var. *glabra* で、この基種《きしゅ》 *Brassica rapa* はアブラナを指す）。かつてエゾスジグロシロチョウに使われていた学名 *Pieris napi* の種小名は、ラテン語の napus、つまりセイヨウアブラナ *Brassica napus* に関連するものと思われる。なお上記学名のエゾスジグロシロチョウは、近年はヤマトスジグロシロチョウ *Pieris nesis* とエゾスジグロシロチョウ *Pieris dulcinea* の二種に分けられている。

　食草の名に由来する昆虫の学名はほかにも数多く知られ

るが、やはり近縁のスジグロチョウの学名 *Pieris melete* は、アブラナ科植物とは関係がなく、後翅《こうし》背面《はいめん》の翅脈《しみゃく》が「黒い mela」ことに因む。

◆**オオモンシロチョウ**　昆虫学者の白水隆《しろうずたかし》（一九一七—二〇〇四）は、多くの蝶好きの若者を育て、戦後日本を〝蝶大国〟とすることに大いに力を尽くした人物である。白水隆『日本産蝶類標準図鑑』（学習研究社・二〇〇六）には、オオモンシロチョウについて、次のような記述がある。このチョウは近年、日本にも分布を広げたことで、蝶好きのあいだで話題になっていたのである。

> 本種はヨーロッパでアブラナ科作物の大害虫として知られ、かねてから日本への侵入については警戒されていたものである。モンシロチョウに似ているが、より大型で、翅形がとがり、♂には二室の黒斑がないことで区別される。北海道における最初の発見は一九九五年。ロシア南東部にオオモンシロチョウが侵入したと言われるのは一九九一年で、一九九〇年以前には発見の記録はない。ロシア南東部のウラジオストック周辺で本種が普通種になったのは一九九四、一九九五年頃からで、日本に入ってきたのはロシア南東部からの飛来個体と判断して間違いないことと思う。ロシア南東部への侵入は、ロシア西部からシベリアを東進してきたものと判断している。シベリアを東進といっても連続的に分布しているわけではなく、自力飛翔による移動あるいは交通機関によって、アブラナ科作物を栽培している村落に飛石的に分布を拡大してきたものと推定される。

訳者がオオモンシロチョウのことを知ったのは小学生時代、昆虫学者古川《ふるかわ》晴男《はるお》（一九〇七—八八）『昆虫の生態』（偕成社・一九五五）によってである。「外国にはモンシロチョウとは別のオオモンシロチョウという種《しゅ》がいる！」というのは小学生にとって大きな驚きであった。東京学芸大学教授の古川博士は、東京帝国大学の助手くらいの若いころ、岩波文庫版『ファーブル昆虫記』に登場する昆虫の同定などに関わっており、ヨーロッパ産の昆虫に詳しかったようである。岩波版には、「昆虫名の和訳には、古川晴男氏をわずらわした。ただ原名が本文の叙述と字義的関連を持つ場合には、同氏の和訳をそのまま使用出来なかった」（第1巻　訳者から）との簡単な謝辞がある。

当時、外国産の昆虫というと、台湾産は別として、東南アジア産のものが多少紹介されているぐらいで、オオモンシロチョウのように、ヨーロッパ産のいわゆる普通種《ふつうしゅ》について触れたものは、ほとんどなかった。古川博士の『昆虫の生態』には、次のように述べられている。

（……）オオモンシロチョウはたくさんの卵《たまご》をかためて生《う》み、その幼虫《ようちゅう》はこれまた何匹《なんびき》かがかたまって、キャベツなどをかじり荒《あら》します。

それでオオモンシロチョウの幼虫《ようちゅう》にたかられるとキャベツなどは葉《は》のすじを残《のこ》すだけにやられてしまいます。これから考《かんが》えても、オオモンシロチョウのほうは、モンシロチョウよりもっとおそろしい害虫《がいちゅう》です。これがいま日本《にほん》にいないといって、安心《あんしん》してはいけません。

農家の人なら大いに心配になるところだが、虫好き少年の訳者などは、密かにオオモンシロチョウに憧れたものである。

しかし、オオモンシロチョウの侵入をそれほど恐れることはなかった。このチョウはモンシロチョウとは違い、その幼虫が極端に高湿度に弱く、また農薬に対する抵抗力も弱かったのである。「日本では大害虫となる心配はほとんどない」と白水博士は書いている。

（……）キャベツの害虫でありながら、平地のキャベツ栽培地ではオオモンシロチョウの成虫も幼虫も見られず、山間地や家庭菜園などで見つかるのは、そのようなところでは農薬を使用しないためだと思われる。農薬を使用しない菜園は小面積ながら各地に残っているので、オオモンシロチョウはそういう場所を発生地として次第に分布を拡大していくことが予想される。

（『日本産蝶類標準図鑑』）

現在のところ、南下は青森県、岩手県北部で止まっているという。本書の口絵写真と標本画の資料を得るために、訳者らも北海道産の雌を入手して産卵させ、湿度に気をつけて飼育した。食草《しょくそう》は無農薬のキャベツを使用したのだが、いわゆる減農薬などではなく、正真正銘の無農薬キャベツというものが、これほどにも得がたいものとは予想していなかった。今のような化学的農薬のない時代にファーブルは「虫の食い跡ひとつない完璧なキャベツ一個を手に入れるのに、どれくらい手間がかかることか！」と述べているが、われわれは「健康なオオモンシロチョウ一頭のためにキャベツの葉何枚かを手に入れるのに、現代の日本ではどれくらい手間がかかることか！」と、嘆かねばならぬのである。

357頁　幼虫の食べる葉の味を調べてみることなど、まったくやらない　ファーブルはこのように述べているが、チョウと食草《しょくそう》の関係についてはその後研究が進んでいる。

　アゲハチョウやシロチョウの仲間などは、飛行しながら触角《しょっかく》でおおまかな匂いを感知し、赤外線も見える複眼《ふくがん》で、卵を産みつける植物の花を探査していることがわかってきた。そして、いざ産卵となると植物に止まり、前肢《ぜんし》で食草を叩く行動（ドラミング）をとる。これは食草を確認する行為で、チョウの前肢跗節《ぜんしふせつ》に生えている感覚毛の内部の細胞は、脳まで繋《つな》がる感覚神経細胞になっているのである。つまり、チョウは前肢で味を感じることができるのだ。タテハチョウ、マダラチョウなど、前肢が退化、萎縮して歩行の役には立たず、ただ味見をするだけに使われているものもある。

　また、オオモンシロチョウが食草を探す手がかりにしている物質は、アブラナ科植物の発するカラシ油のグルコシドという成分であることも明らかになっている。

364頁　卵の抜け殻を食べている　すべての種《しゅ》のチョウの幼虫が孵化《ふか》後、卵の殻を食べるわけではない。

374頁　アオムシサムライコマユバチ　膜翅目《まくしもく》（ハチ・アリ類）細腰亜目《さいようあもく》（ハチ亜目）ヒメバチ上科コマユバチ科 Braconidae に含まれる寄生《きせい》バチの仲間。本種《ほんしゅ》の含まれるコマユバチの仲間は世界で五千種、日本で三百種が知られる。幼虫の時期にチョウや甲虫の卵、幼虫、蛹《さなぎ》に寄生して育つ。コマユバチ科は、近縁のヒメバチ科とともに種数《しゅすう》が極めて多い小型寄生バチの仲間。コマユバチ科は現在のところ、さらに三十二の亜科に細分されている。

　アオムシサムライコマユバチ（かつてはアオムシコマユバチの和名も使われていた）は、コマユバチ科サムライコマユバチ亜科 Microgastrinae に含まれ、コマユバチの仲間としては小型あるいは中型のハチである。シロチョウの仲間の幼虫（アオムシ）に卵を産みつける寄生者で、特に宿主《しゅくしゅ》となるオオモンシロチョウやモンシロチョウにとっては主要な天敵である。アオムシサムライコマユバチの雌は、食害されたキャベツが発する揮発性《きはっせい》の化学物質（一種の警報物質）とアオムシの唾液の匂いを頼りに宿主のいるキャベツを探し出す。そのキャベツにたどりつくと、視覚と震動によってアオムシを見つける。アオムシは五齢《ごれい》を経て蛹になるが、コマユバチが卵を産みつけるのには若《じゃく》齢《れい》個体が選ばれる。これは、終齢《しゅうれい》に近いアオムシであると、コマユバチの幼虫が育ちきるまえに宿主が蛹化《ようか》してしまうためだと考えられている。

　卵は数十個程度産みつけられる。アオムシの体内で孵化《ふか》したコマユバチの幼虫は十四日ほどで終齢まで育ち、アオムシの体外に脱出して繭《まゆ》を紡《つむ》ぐ。

　ファーブルはこの脱出の際に、一か所に穴を開けると、

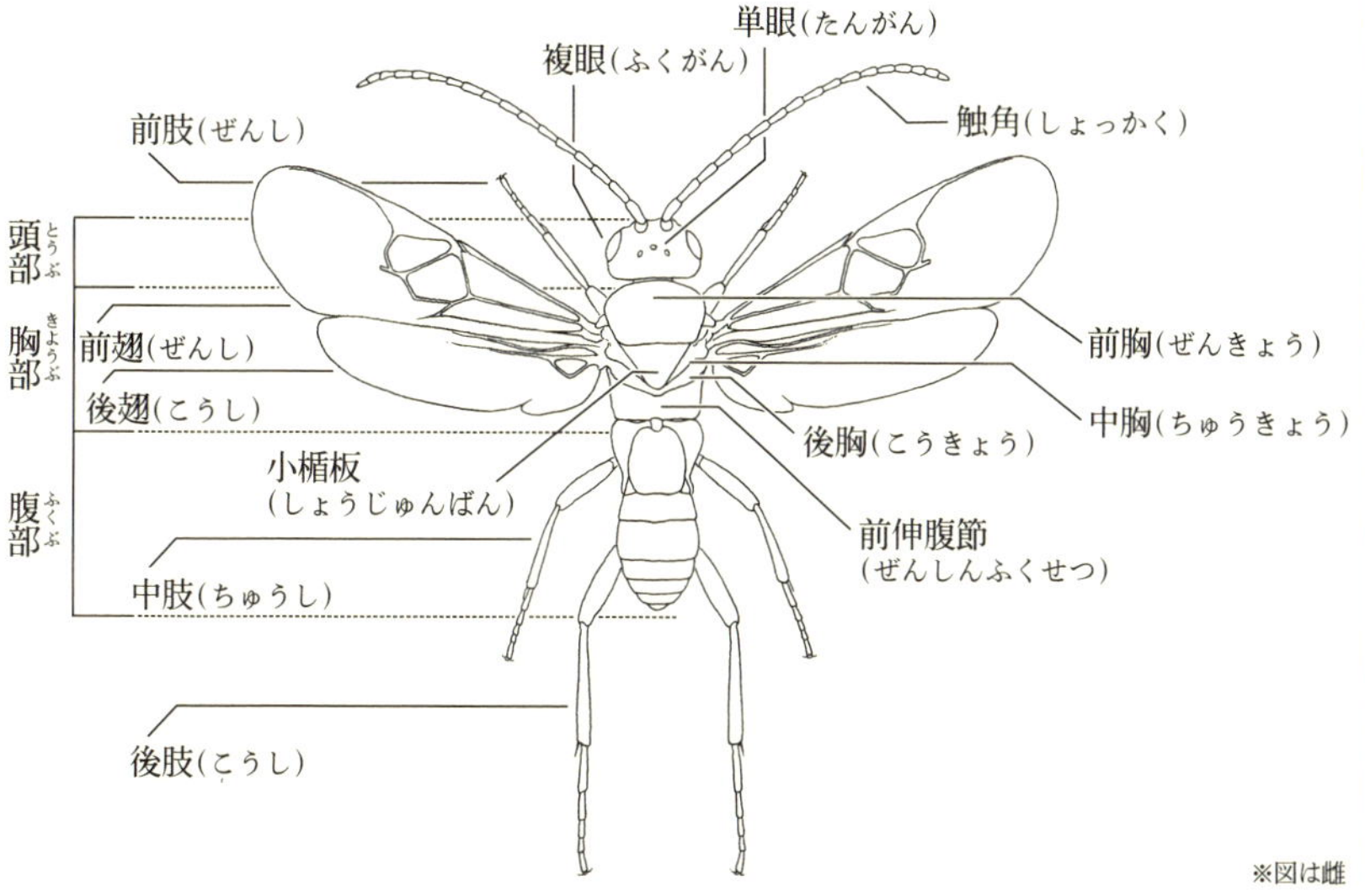

アオムシサムライコマユバチの体制模式図

そこから次々と幼虫が出てくると述べているが、実際には幼虫がそれぞれ別個に穴を開けて脱出する。脱出後、繭を紡ぎ、前蛹《ぜんよう》を経て蛹化する。蛹は七〜十日で羽化《うか》する。雌雄《しゆう》で比較すると雄のほうが早く羽化し、羽化した雄は、交尾のために雌の繭の前で待機する。ほかのハチと同様、本種の雌も交尾（受精）をすると雌、未受精であると雄の卵を産む。このようにアオムシサムライコマユバチの寄生は、宿主のチョウが幼虫の段階で完了するのである。

378頁　**致命的な病**　たとえばモンシロチョウの幼虫などを飼っていると、次々に寄生者《きせいしゃ》がやってくることがわかる。

まず、チョウが産卵すると、ヒメバチ上科タマゴコバチ科 Trichogrammatidae のタマゴコバチという微小なハチがきて、その卵の内部に卵を産みつける。ハチの体長は〇・四ミリ程度で、肉眼ではやっと目に見えるか見えないかぐらいである。このハチの幼虫はチョウの卵の内部を食べて育ち、脱出してから蛹《さなぎ》になる。そのためチョウの幼虫が孵化《ふか》することはない。

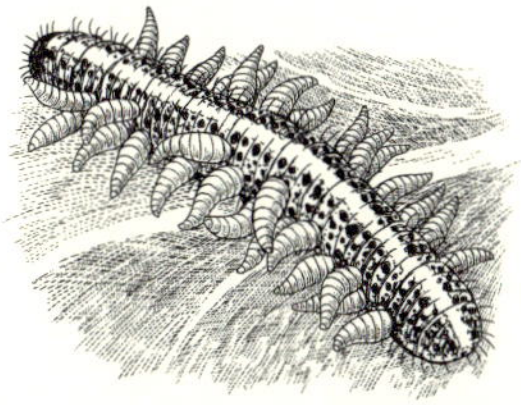

アオムシの体から、それぞれ別個に脱出するコマユバチの終齢幼虫。

タマゴコバチに寄生されなかったチョウの卵が無事に孵《かえ》って、一、二回脱皮したころ、今度は体長三ミリぐらいのヒメバチ上科コマユバチ科のハチ、たとえばアオムシサムライコマユバチがきて、幼虫のアオムシの体内に複数の卵を産みつける。この話は本章で詳述されているとおりである。ただし、いつ寄生が行なわれるかについては、本章訳注の次節を読んでいただきたい。

ほかにも幼虫の体表に一個の白い卵を産みつけるヤドリバエも知られる。孵化した寄生バエの幼虫は自力でアオムシの体内に食い入り、アオムシが死なないように体内を食べていく。そしてアオムシが蛹になると、その中身をすべて食い尽くし、体外に脱出する。

さらに蛹の段階で寄生をするものがヒメバチ上科コバチ科のアオムシコバチ *Pteromalus puparum* である。アオムシの蛹、あるいは幼虫に卵を産みつけて、その蛹の内部で孵化した幼虫が育ち、宿主《しゅくしゅ》の蛹を破って脱出する。ファーブルが、書物からの情報として「この寄生バチの幼虫はチョウの蛹の中で暮らしていて、蛹の硬い角質の殻に穴を開けて脱出してくる」と紹介しているのは、このハチについての観察のことであろう。

このように、昆虫を飼っていると、寄生バチ、寄生バエに出会うことが非常に多いし、そのほかにも鳥などが、あたかも幼虫の大きくなるのを待っていたかのようにいきなり姿を現わしてついばんでしまう。

たとえば一頭の母蝶《ぼちょう》が二百個の卵を産んだとして、そのなかから二頭が成虫になれば虫の人口は保たれるのだが、現在では効き目の強い農薬、殺虫剤、それに効率のよい草刈り機が人里の整備に用いられ、われわれの身辺からどんどん虫を駆逐しているわけである。

392頁　コマユバチは卵を産みつけるためにアオムシを攻撃することは絶対にない　ファーブルは、アオムシサムライコマユバチがオオモンシロチョウに卵を産みつけるのは、卵の時代のことだと述べている。ハチが卵に寄生《きせい》するようすも描写し、「確信をもって結論する」というのだが、実際に多くの人の観察では、コマユバチがチョウに寄生するのは幼虫時代のことなのである。

現在では、オオモンシロチョウの卵に、卵を産みつける寄生バチとしては、コマユバチ科 Braconidae ではなく、タマゴコバチ科 Trichogrammatidae のアオムシタマゴコバチ *Trichogramma brassicae* やヨトウタマゴコバチ *Trichogramma evanescens* が知られている。これらのコバチは、チョウの卵に寄生して、その中で終齢幼虫《しゅうれいようちゅう》まで育ってから脱出してくる。寄生されたチョウの卵は、孵化《ふか》することはない。つまり、このハチの寄生は卵の時代だけで終わっているのである。

ファーブルは、「日光の中でごく小さな虫が舞い踊っているのをよくみかけるものだが、フランスの日常語ではこうした虫たちを指して「羽虫《ムッシュロン》」とか「蚊《ムスティック》」とか言っている。この空中バレエ団のなかには、ほとんどなんの虫でも混じっている。キャベツのアオムシに寄生するコマユバチの仲間も、ほかの昆虫と同様、そのなかにいることがある」と述べているが、コマユバチとタマゴコバチの寄生のようすを別々に見て、それをひとつの観察としてまとめた可能性はないのだろうか（そもそも、本章は未定稿で、ファーブルによる決定稿ではない。分量も、『昆虫記』のほかの章とくらべると二章分ある。ファーブルは、前半の「キャベツのアオムシ」と後半の「アオムシに寄生するハチ」という具合に、二章に分けるつもりでいたのではないだろうか。その過程で、さらに内容が精査されるべきものが、それがかなわないままに、発表されてしまった可能性もある）。

394頁　チョウの子孫を根絶するための……　この部分から文章の調子が変化しているように思うのは、訳者だけであろうか。

本訳の底本としたのは、ファーブルの没後一九二〇年から二四年にかけて刊行された『完全版・昆虫記』であって、訳者は原稿の状態で見てはいないのであるが、危険を承知で言えば、ファーブルの未定稿に、編集に携わる者（たとえばルグロ）が、結論ともなるような、印象的な場面を付け加えたように思えてならないのである。

そのうえで、この「深い教養の持ち主」とは誰か、を推論してみれば、それはおそらく経済学者であり哲学者のジョン・スチュアート・ミル John Stuart MILL（一八〇六―七三）であろう、ということになる。

ミルは当時、イギリスの政界を隠退してアヴィニョンに住んでいた。妻ハリエットが結核を患い、寒いロンドンから、イギリス人にとっての保養地アヴィニョンに移っていたのである。やがてハリエットは亡くなり、ミルは妻の墓標の見える家で隠者のように暮らすことになった。ミルは植物分類が好きで、ルキアン博物館を訪れるうちに、ここで館長を務めていたファーブルと知り合うことになった。

ファーブルはアヴィニョンの国立高等中学校《リセ》の教師の時代、同時にサン＝マルシアル教会内の講堂での公開講座で物理と博物とを担当し、週二回教壇に立っていた。ところが若い女性に「植物の受精」の講義を行なったために、日頃からファーブルを好もしからず思っていたカトリック教会派の人たちが、排斥運動を行なう事態にもなった。

ファーブルは教壇を降り、同時に、二十六年間勤めた教員生活にも終止符を打つことになってしまったのである。アヴィニョンの家主にも家を追われ、ミルから転居費用三〇〇〇フランという大金を借りて一八七〇年にオランジュの友人の家に引っ越すことになった。良いことと悪いことが繰り返し起こり、ここでファーブルは実にたくさんの本を書き上げる。その充実の反面、この地で最愛の息子ジュールを看取ることにもなった。さらに数少ない友人であったミルも三年後の一八七三年に丹毒で死亡している。

　そのオランジュでも、新しい家主がプラタナス（スズカケノキ）の並木を、幹の途中から無残に伐ったことに腹を立てて引っ越しを決意する（ただし、フランスでは、枝を横に広がらせるために並木をすぱりと伐ることは、ふつうのことである）。

　セリニャンの荒地《アルマス》に引っ越した五十六歳のファーブルは、その年に『昆虫記』第1巻を上梓《じょうし》。そして二十八年後の一九〇七年、八十四歳で第10巻を刊行した。続く『昆虫記』第11巻のために原稿を書きつづけ、一九〇九年には「ツチボタル」と「キャベツのアオムシ」を完成させる。しかし体の衰えのため、それ以上の執筆は困難になり、『昆虫記』の刊行を続けることが不可能になった。とはいえ、この年に彼は、プロヴァンス語の詩集『オウブレト』をルーマニーユ社から刊行し、アルル市から「プロヴァンスの詩人」の称号を受けている。さらに一九一〇年、ストックホルム王立アカデミーは、当時の最高の勲章であるリンネメダルを授与した。

　『ミレイオ』で一九〇四年にノーベル文学賞を受賞したミストラル MISTRAL Frédéric（一八三〇―一九一四）らファーブルの友人たちは、一九一一年から数年にわたり彼をノーベル賞の候補に推薦しようと試み、地方新聞をはじめとする世論も〝ファーブルにノーベル賞を〟と沸き立ったが、推薦者を決定する学士院は、パリ中央に繋《つな》がりのないファーブルに冷たい対応しかしなかったし、ミストラルの受賞直後であることから「南仏ばかりにノーベル賞を与えるわけにはいかない」という声もあった。

　一九一二年には再婚した妻ジョゼフィーヌを四十八歳で失い、一九一四年七月には第一次世界大戦が勃発して、息子のポールや友人のルグロも出征している。さらに九月には前妻との息子のエミールがオランジュで五十一歳で亡くなっている。その年の冬の始まりには、力を落としたファーブルはもはや二階の研究室に行くこともかなわなくなっていたという。しかし、戦地に赴《おもむ》いていたルグロに代わってファーブルの身近にいた彼の妻によると、「死の前日までふつうに食事をし、パイプを吹かしていた」という。亡くなる当日もスープを飲み、葡萄《ぶどう》を口にしたという。

一九一五年十月十一日、月曜日午後二時、ファーブルは九十一歳でその生涯を閉じる。一八二三年十二月二十一日、日曜日午後四時に生まれてからの、まさに充実した長い人生であった。

ファーブルの墓石の側面には、MINIME FINIS SED《ミニメー・フィーニス・セド》 LIMEN VITÆ EXCELSIORIS《・リーメン・ウイータエ・エクスケルシオーリス》（死は終わりではない、より高貴な生への入り口である）とあり、反対側には OVOS*（QVOS《クオース》）PERIISSE PVTAMVS PRÆMISSI SVNT《ペリイッセ・プタームス・プラエミッシー・スント》（われわれが死んだと思っている人たちは、われわれより先に遣《つか》わされているのだ）と彫られている。これは、ローマの政治家、劇作家のセネカ Lucius Annaeus SENECA（前一頃—六五）の言葉である quem periisse putamus《クエム・ペリイッセ・プタームス》 praemissus est《・プラエミッスス・エスト》(われわれが死んだと思っている者は、われわれより先に遣わされているのだ［『倫理書簡集』63の16」）の人称代名詞を複数形にしたものである（＊　墓碑には QVOS ではなく OVOS と彫られている。OVOS というラテン語はないので彫りまちがえたものと思われる）。

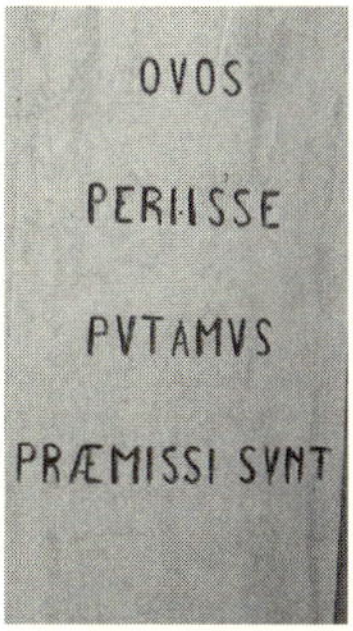

ファーブルの墓碑銘。

ファーブルの死後、一九二〇年から二四年にかけて、ルグロの編集により『昆虫記』の完全版全十一巻が刊行されている。第11巻はルグロによるファーブルの評伝にあてられ、本来第11巻のために書かれた未発表の「ツチボタル」と「キャベツのアオムシ」は第10巻に収められた。

その第1巻の序には、ファーブル自身の筆によって「私は『昆虫記』の決定版を公にする決心をしなければならない。齢をとって力が衰え、仕事をする手段を奪われてしまった。視力が弱り、ほとんどもう動くこともできなくなって、今後私がもっと長生きすると仮定したところで、もはやなにも付け加えることはできないであろうとおもう（……）」と記されている（第1巻上「序」参照）。

訳者あとがき

　私がファーブルの名を知ったのは小学校一年のクリスマスのことである。プレゼントとして、子供用の読み物のシリーズを三十冊ばかりも一挙にもらった。そのなかの一巻がファーブルだったのである。

　戦後の物のないころに出版されたそれは、偉人文庫と物語文庫とに分かれていたが、わずかな口絵と薄ぼけた写真が入っているだけのハードカバーの本であった。子供から見れば、正直言ってほとんど字ばかりで取っつきにくい、学校の先生が薦めそうな叢書《そうしょ》である。しかしのちに私はそのなかから一冊ずつ読んでいくことになるのであるから、父の選択はそれでよかったことになる。

　ガンジー、森鷗外の巻はなぜか何度も読みなおし、子供心に「とてもこんな人のまねはできないな」と思わせられた。物語ではロシアの小説家ゴーゴリの『隊長ブーリバ』が火刑台の煙の中でにやりと笑う最後の場面にいつも私は怯《おび》えるのであった。

　その後、詩人で愛鳥家の中西悟堂が子供用に書き下ろした『昆虫界のふしぎ』という本のなかで、スカラベの生態を読んで熱中することになる。そのころ私は小学校の四年で、昆虫とつけば何にでも飛びつくような子供であった。

『昆虫記』の翻訳を思い立ったのは、いま考えてみると、小学六年生ごろのことになる。いや、そのころ感じたことは、翻訳を志すことに直結するというようなものではもちろんなかったが、先人の訳したものを読んでいて、「おや、この人は虫とはあまり縁のない人じゃないか。すくなくとも虫屋じゃないな」と思うことがときどきあったのである。「虫屋」というのは「虫好きのアマチュア」というほどの意味である。それは虫に関する知識の有る無しではなくて、それを描写する際のちょっとした言葉づかいに含まれるようなもの、一種感覚的なもので、身に付く人には小学校低学年であっても身に付く。宗教家なら、信仰心とでも呼びたくなるようなものである。これまでの『昆虫記』の訳には、あえて言えば、それが無いような気がしていた。

大学を出てフランス語の教師になったが、そこを辞めて、集英社の『ジュニア版ファーブル昆虫記』を書きはじめたのは、一九八九年のことである。私としては一大決心であった。二年でそれが完成して、今度は本格的に『完訳版ファーブル昆虫記』を進めることになった。それで子供のときの念願どおり、虫に関する用語や表現の点で、違和感のない、つまり、いわゆる欧文直訳体ではなく、朗読を聞いてよくわかる、すくなくとも聞き苦しくないような翻訳を目指すようになった。

それとともに、原文を読んでいて、思い浮かぶ疑問についていちいち調べてみることにした。虫のことだけではなく、フランスの自然、歴史、社会、民俗などについても少し調べてみた。これらのことは、小さいとき抱いた未解決の疑問である。

さて、『昆虫記』という作品が結局なんであるのか、いや、自分がそこに何を読み取っていたのか、そのことをここで簡単にまとめて言うことは難しい。ファーブル以前の昆虫学は、おもに、昆虫の形態描写に終始していた。生きた昆虫を研究の題材としたのは、ファーブルの先駆者たるレオミュール（一六八三―一七五七）ただ独りと言ってよいほどである。もっとも、セイヨウミツバチについては、ユベール（一七五〇―一八三一）など、その習性の研究がすでにあることはあった。西洋人にとってミツバチは特別の虫である。

『昆虫記』全巻を通読してみると、ファーブルは、生きている虫の行動を仔細《しさい》に観察し、憶測をできるだけ排除しながら、それを記録する。そしてありとあらゆる条件を想定して、実験を試み、昆虫の行動の動機についての考察を巡らしている。

そうして昆虫が、本能の命ずるままに、人間が驚くほどの見事な振る舞いをし、巧妙なものを造ることを発見した。いっぽうで、その条件を狂わせてやると、今度はまた、人間が呆れるほどの愚かな行動をし、無意味なものを造るのである。

そうした奇怪な、と言ってもよい昆虫の世界と南仏の自然、それを観察する自身の生活を、ファーブルは詩情に満ちた文体で書き綴った。もちろんその文体は、たとえばアナトール・フランスの散文のように、都会風の洗練されたものではないし、ヴィクトル・ユゴーの詩のように〝黄金作り〟でもない。

しかしそこには、先祖の地ルーエルグ山地の人々のひたむきな生活と、プロヴァンスの太陽に灼《や》かれ、香草の香に包まれた山野が広がっている。

拙訳の『昆虫記』第1巻1章が初めて活字になったのは、一九八七年の月刊『すばる』五月号（集英社）であるから、この第10巻下完結でちょうど三十年になる。

私も古希はとっくに超えてしまった。少年老い易くどころの話ではない。完訳を成し遂げて嬉しいか、と訊《き》かれれば、それがあんまり嬉しくない。『昆虫記』翻訳の日常が無くなって、会社を定年になった勤め人のような心境である。

ところで、ファーブルは第1巻の「序」の最後をこう締めくくっている。

私の生涯の唯一のなぐさめであったこの研究を中止しなければならないことは残念でならない。虫の世界はあらゆる種類の思索をもっとも豊かに蔵している。もしも私にまだ生命力が残っていたとしても、それどころか生まれかわってまたいくたびか長い生涯を生きうるとしても、虫の世界の興味はとうてい汲みつくすことができないであろう。

まさにそのとおり、虫について知れば知るほど、楽しみは増し、謎は深まるばかりである。

二〇一七年五月吉日
ファーブル昆虫館「虫の詩人の館」にて
奥本大三郎

年表

西暦	年齢	できごと
一八二三	〇	十二月二十一日、南仏アヴェロン県の山村サン＝レオンに生まれる。父アントワーヌ、母ヴィクトワール・サルグ。
一八二五	二	弟フレデリックが生まれる。
一八二七	四	弟に手がかかるため、ラヴェイス教区のマラヴァルの祖父母の家に預けられる。
一八三〇	七	サン＝レオンに戻り、村の教父の学校に入学。ハシグロヒタキの巣から青い卵を採り助祭にたしなめられる。
一八三三	一〇	ロデーズで父が喫茶店を開く。中等学校に入学。ラテン語とギリシア語を学ぶ。
一八三七	一四	父の仕事が失敗、オーリヤック、次いでトゥールーズに引っ越す。エスキーユ神学校に入学。
一八三八	一五	父がトゥールーズでも失敗し、モンペリエに移り喫茶店開業。一家は貧窮し、ファーブルはレモン売り、鉄道工夫などで自活。
一八三九	一六	アヴィニョンの師範学校付属高等中学校に給費生制度で入学。寄宿舎に入り、食事と寝る場所が保障される。
一八四〇	一七	授業内容に落胆して成績低迷。そこで猛勉強し三年分の学業を二年で修了。残り一年を博物学やラテン語とギリシア語の学習に熱中。
一八四二	一九	高等中学校を卒業。カルパントラの小学校の教員になる。年俸七〇〇フラン。父はモンペリエでも失敗し、ピエールラットに移る。
一八四三	二〇	野外で測量の実習中に生徒からヌリハナバチのことを教えられる。ブランシャール、リュカからの『節足動物誌』を読む。
一八四四	二一	同僚のマリー・ヴィラール（二十三歳）と結婚。貧困な生活が始まる。数学、物理学、化学を独学。父の喫茶店はまた失敗。
一八四五	二二	長女エリザベート生まれる。地方紙に「世界」、「昆虫」などの詩を投稿。
一八四六	二三	エリザベートの死。モンペリエ大学で数学の大学入学資格試験に合格。弟のフレデリックがラパリュの小学校の教員となる。
一八四七	二四	モンペリエ大学で数学の学士号取得。長男ジャンが生まれる。
一八四八	二五	モンペリエ大学で物理学の学士号を取得。ジャン死去（享年一）。上級学校へ転任希望を出すがかなわない。
一八四九	二六	コルシカ島のアジャクシオへ国立中等学校の物理の教師として赴任。年俸一八〇〇フラン。植物や昆虫、数学に熱中。
一八五〇	二七	次女アントニア生まれる。
一八五一	二八	アヴィニョンの植物学者ルキアンとコルシカ島で植物採集をする。ルキアン、コルシカ島で急死（享年六十三）。
一八五二	二九	博物学者モカン＝タンドンが来島。博物学に目覚める。熱病のためアヴィニョンで静養する。
一八五三	三〇	病気が快復し、アジャクシオに帰る。長詩「数」を完成させる。

一八五四	三一	アヴィニョンの師範学校（のちの国立中等学校）の物理学の助教授に転任。年俸一七〇〇フラン。三女アグラエ生まれる。
一八五五	三二	トゥールーズ大学で博物学の学士号取得。四女クレール生まれる。「自然科学年報」に狩りバチのコブツチスガリに関する論文を発表し、レオン・デュフールが書いたタマムシツチスガリの論文の誤りをただす。「ソラマメ属の花と果実の観察」など、植物に関する論文を次々に発表。博物学の博士号取得。
一八五六	三三	スジハナバチとコブツチスガリの論文でフランス学士院の実験生理学賞（モンティヨン賞）を受ける。狩りバチのハナダカバチ、ツチハンミョウなどの研究を続ける。生活は苦しく、課外授業や家庭教師をする。アカネから色素を抽出する研究に着手する。
一八五七	三四	五月二十三日、スジハナバチの巣の中でツチハンミョウの幼虫を発見。「ツチハンミョウの過変態《かへんたい》」についての論文を発表。そのほか植物に関する論文を発表。
一八五八	三五	大学教授を希望するが、財産がなければ無理と視学官に言い渡される。アカネの研究に没頭。
一八五九	三六	ダーウィンが『種の起原』（第一版）刊行。第七章「本能」でファーブルのトガリアナバチの観察を紹介している。
一八六一	三八	次男ジュール生まれる。ルキアン博物館の館長に任命される。視学官のデュリュイ、植物研究家のドラクール、経済学者のミルの知《ち》遇《ぐう》を得る。
一八六二	三九	パリの出版社のドラグラーヴの知遇を得る。初の書店販売の本『農業化学基本講義』刊行。
一八六三	四〇	三男エミール生まれる。デュリュイが文部大臣に就任。
一八六五	四二	ヴァントゥー山で遭難しかける。パスツールの訪問を受ける。科学読み物『空』、『大地』をドラグラーヴ社より出版。
一八六六	四三	アカネの色素の抽出に成功。高等中学校の物理学教授に任命される。ダーウィンが『種の起原』（第四版）第四章「自然選択」の中でファーブルを「類《たぐ》い稀《まれ》な観察者」と評する。
一八六七	四四	アヴィニョン市がファーブルの功績を認めガニエ賞を贈る。賞金九〇〇フラン。ポアチエ大学よりの招聘《しょうへい》を断る。
一八六八	四五	文部大臣デュリュイの推薦により、レジオン・ドヌール五等シュヴァリエ勲章を受け、ナポレオン三世に拝謁《はいえつ》。夜間の公開講座で博物学と物理学の講師となる。ファーブル方式によるアカネ染色の工業化に成功。しかしドイツでより簡単な人工染料製造の技術が完成し、ファーブルが望んでいた収入の道は断たれる。公開講座での「植物の受精」に関する講義を聖職者から非難され国立中等学校を辞任。ドラグラーヴ社がファーブルの全著書の出版を約束する。
一八六九	四六	経済学者ミルとヴォークリューズ地方の植物研究を始める。デュリュイが文部大臣を辞し上院議員となる。
一八七〇	四七	ミルから借金してオランジュに移る。妻子六人をかかえて貧窮する。科学啓蒙書を次々に出版し、ミルに借金を返済。
一八七一	四八	教育界から離れ、虫を観察し著述業に専念する。普仏戦争により、パリのドラグラーヴ社からの送金が止まり生活が苦しくなる。
一八七二	四九	デュリュイの仲立ちで化学者デュマより顕微鏡を贈られる。『基礎化学』刊行。
一八七三	五〇	ミル死去（享年六十六）。ヴォークリューズ植物図誌編集計画も挫折。アヴィニョン市からルキアン博物館長を辞めさせられる。市長に手紙で抗議。パリの動物愛護会より銀メダルを受ける。ドラグラーヴ社から化学、農業、物理学、植物などの本を出版。
一八七四	五一	初等教育協会より科学啓蒙書に対しブロンズ牌贈られる。次女アントニアがオランジュで結婚。
一八七五	五二	科学啓蒙書をさかんに執筆。『家畜の話』、『工業』刊行。

一八七六	五三	『地理入門』、『植木』、『動物学』刊行。
一八七七	五四	次男ジュールが悪性貧血症のため死去（享年十六）。最愛の息子の死を悼み、彼の好きだった虫にユリウス（ジュールのラテン語名）の名をつける（ユリウスジガバチ、ユリウスハナダカバチ、ユリウスツチスガリ）。『地理入門』刊行。
一八七八	五五	ジュールとの死別から体が弱り、肺炎になって生死の境をさまよう。『昆虫記』第1巻の原稿が完成。
一八七九	五六	家の並木が伐採されたことに怒ってセリニャンに移転。終《つい》の棲家《すみか》となる住居兼研究所荒地《アルマス》を手に入れる。『昆虫記』第1巻刊行。
一八八〇	五七	科学啓蒙書の売れ行きがよく、教科書にも採用。印税一六〇〇〇フラン。
一八八一	五八	パリ学士院の通信会員に推挙される。
一八八二	五九	ダーウィン死去（享年七十三）。『昆虫記』第2巻刊行。年老いた父と同居することになる。
一八八三	六〇	『自然史入門改訂』、『実物教育』、『初歩物理学』、『物理』刊行。
一八八四	六一	『物理及び自然史』刊行。
一八八五	六二	妻マリー死去（享年五十四）。独身の三女アグラエ（三十二歳）が家を取り仕切る。きのこの水彩画を描きはじめる。
一八八六	六三	『昆虫記』第3巻刊行。
一八八七	六四	セリニャン生まれのジョゼフィーヌ・ドーデル（二十三歳）と再婚。
		フランス昆虫学会の通信会員になる。同学会のドルフュス賞を受ける。賞金三〇〇フラン。
一八八八	六五	四男ポール誕生。三男エミール結婚。
一八八九	六六	学士院のもっとも重要な賞のひとつプチ・ドルモワ賞を受ける。賞金一〇〇〇〇フラン。
一八九〇	六七	五女ポーリーヌ誕生。プロヴァンス語で作詞作曲。『動物学及び植物学』、『物理学初歩』刊行。
一八九一	六八	『昆虫記』第4巻刊行、四女クレール死去（享年三十五）。『自然史入門（動物）』、『自然史入門（動植物・地理）』、『宇宙入門』、『衛生保健』刊行。
一八九二	六九	ベルギー昆虫学会名誉会員に推される。
一八九三	七〇	父アントワーヌ死去（享年九十二）。オオクジャクヤママユの研究、カミキリムシの幼虫〝コッスス〟試食、セミに大砲を撃つ。
一八九四	七一	フランス昆虫学会名誉会員に推される。センチコガネ、ミノタウロスセンチコガネ、シギゾウムシ、サソリの研究。
一八九五	七二	六女アンナ生まれる。
一八九六	七三	科学啓蒙書がほとんど売れなくなる。「自然科学年報」に「直翅目について」を発表。
一八九七	七四	『昆虫記』第5巻刊行。自宅でポール、ポーリーヌ、アンナの教育を始める。妻のジョゼフィーヌも一緒に授業を聞く。
一八九八	七五	次女アントニア死去（享年四十八）。
一八九九	七六	科学啓蒙書が教科書の指定からはずれ、さらには類書が出まわるなどして印税が入らず生活が苦しくなる。
一九〇〇	七七	『昆虫記』第6巻刊行。
一九〇一	七八	『昆虫記』第7巻刊行。
一九〇二	七九	幼い三人の子供のために出版社に預けておいた金を取り崩す。ロシア昆虫学会名誉会員に推される。

一九〇三	八〇	『昆虫記』第8巻刊行。
一九〇五	八二	『昆虫記』第9巻刊行。フランス学士院よりジュニエ賞、年金三〇〇〇フランを贈られる。
一九〇七	八四	『昆虫記』第10巻刊行。ほかの巻と同じく売れなかった。のちに弟子となるルグロが初めて荒地《アルマス》を訪問。ファーブルのあまりの困窮ぶりに驚く。
一九〇八	八五	ファーブルの窮状を知ったノーベル文学賞詩人ミストラルの尽力により、年金一五〇〇フランが支給されるようになる。
一九〇九	八六	『昆虫記』第11巻（ツチボタル、キャベツのアオムシの研究など）を書きかけたが、心身ともに衰えて、以降の執筆が続かない。 プロヴァンス語の詩集『オウブレト』、ルーマニーユ社から出版。アルル市から「プロヴァンスの詩人」の称号を受ける。
一九一〇	八七	四月三日、ルグロの呼びかけで、友人、弟子、読者が集まり『昆虫記』を祝う会を開く。四月三日を「ファーブルの日」とする。 これによって『昆虫記』が一般に知られるようになり、売れ行きが過去三十年間の合計を上回る。 レジオン・ドヌール四等オフィシエ勲章を受ける。年金二〇〇〇フラン。ストックホルム王立アカデミーよりリンネメダルを受ける。 フランス国内外から寄付金が集まるが、差し出し先のわからないもの以外はすべて返金。
一九一一	八八	生物学者ジャン・ロスタン（劇作家エドモンの子）、ファーブルの貧困を訴える。
一九一二	八九	妻ジョゼフィーヌ死去（享年四十八）。以降三女アグラエと修道看護尼アドリエンヌがファーブルの世話をする。 八月五日、公共事業大臣ティエリ来訪。
一九一三	九〇	十月十四日、ポアンカレ大統領が来訪。国民を代表してファーブルに敬意を表す。四男ポール結婚。
一九一四	九一	三男エミール死去（享年五十一）、弟フレデリック死去（享年八十九）。アンナ結婚。ポール、甥のアントニン、アンリらが第一次世界大戦出征。
一九一五	九一	五月、家族の運ぶ椅子に座って荒地《アルマス》の庭を一周。これが最後の外出となる。五女ポーリーヌ結婚。 十月七日、尿毒症により重体。十月十一日、終油《しゅうゆ》の秘蹟《ひせき》を受ける。永眠（享年九十一）。十月十六日、セリニャンの墓地に埋葬される。
一九二一		ルグロの尽力により荒地《アルマス》を政府が買い上げ、国立パリ自然史博物館の分館「アルマス・ド・ファーブル」として保存されることになる。
一九二四		アグラエ、次いでポールが管理人となる。見学料一フラン。 （一九二〇～）生前未発表であった「ツチボタル」と「キャベツのアオムシ」を収録した『完全版・昆虫記』全11巻がルグロによって刊行される。

＊ 年齢と「できごと」が一年ずれる場合があります。たとえば、荒地《アルマス》への引越しは一八七九年三月下旬のことで、ファーブルは十二月生まれのため、年表では五十六歳ですが、満年齢では五十五歳となります。

Pleurotus eryngii ……………………………………………… エリンギ
Primula praenitens（旧 *Primula sinensis*） …………… カンザクラ
Quercus ilex ……………………………………………………… セイヨウヒイラギガシ
Raphanus raphanistrum ……………………………………… セイヨウノダイコン
Rhizopogon rubescens ………………………………………… ショウロ
Rosmarinus officinalis ……………………………………… ローズマリー
Rubia argyi ……………………………………………………… アカネ（日本産）
Rubia tinctorum ………………………………………………… セイヨウアカネ
Russula …………………………………………………………… ベニタケ属
Sinapis alba（旧 *Sinapis incana*） ……………………… シロガラシ
Sisymbrium officinale ………………………………………… カキネガラシ
Thymus vulgaris ………………………………………………… タイム
Triticum aestivum ……………………………………………… コムギ
Tuber melanosporum …………………………………………… トリュフ（セイヨウショウロ）
Ulmus ……………………………………………………………… ニレ属
Umbilicaria esculenta ………………………………………… イワタケ
Valerianella locusta …………………………………………… ノヂシャ
Viburnum tinus ………………………………………………… チチュウカイガマズミ
Vicia faba ………………………………………………………… ソラマメ
Ziziphus …………………………………………………………… ナツメ属

Cantharellus cibarius ………………………… アンズタケ
Capsicum frutescens ………………………… キダチトウガラシ
Cinchona pubescens ………………………… キナ
Clathrus ruber（旧 *Clathrus cancellatus*） …………… アンドンタケ（アカカゴタケ）
Clavaria ………………………… シロソウメンタケ属
Clavaria vermicularis ………………………… シロソウメンタケ
Coprinus atramentaria ………………………… ヒトヨタケ
Coprinus sterquilinus ………………………… マグソヒトヨタケ
Crataegus oxyacantha ………………………… セイヨウサンザシ
Cruciferae ………………………… 十字花科植物（アブラナ科の旧学名）
Cynara scolymus ………………………… チョウセンアザミ
Diplotaxis tenuifolia ………………………… ロボウガラシ
Eryngium campestre ………………………… アレチヒゴタイサイコ
Eumycota ………………………… 真菌門
Euphorbia ………………………… トウダイグサ属
Fagus crenata ………………………… ブナ（シロブナ）
Fagus japonica ………………………… イヌブナ（クロブナ）
Fagus sylvatica ………………………… ヨーロッパブナ
Fraxinus ………………………… トネリコ属
Fraxinus excelsior ………………………… セイヨウトネリコ
Glycyrrhiza ………………………… カンゾウ属
Gyroporus cyanescens（旧 *Boletus cyanescens* ver. *lacteus*） ·· アイゾメイグチ
Helvella ………………………… ノボリリュウタケ属
Hydnocystis clausa（旧 *Hydnocystis arenaria*） ……… スナジイモタケ
Inonotus hispidus（旧 *Polyporus hispidus*） …………… ヤケコゲタケ
Isatis tinctoria ………………………… ホソバタイセイ
Juglans ………………………… クルミ属
Lactarius ………………………… チチタケ属
Lactarius deliciosus ………………………… セイヨウアカモミタケ
Lactarius torminosus ………………………… カラハツタケ
Lactarius volemus ………………………… チチタケ
Lactarius zonarius ………………………… キカラハツモドキ
Lepidium draba ………………………… アコウグンバイ
Lycoperdon ………………………… ホコリタケ属
Lycoperdon perlatum ………………………… ホコリタケ（キツネノチャブクロ）
Morus ………………………… クワ属
Myxomycota ………………………… 変形菌門
Myrtus ………………………… ギンバイカ属
Omphalotus japonicus ………………………… ツキヨタケ（日本産）
Omphalotus olearius（旧 *Pleurotus phosphoreus*） ····· オウシュウツキヨタケ
Pelargonium sidoides ………………………… サウスアフリカンゼラニウム
Persicaria tinctoria ………………………… アイ
Peziza ………………………… チャワンタケ属
Pisum sativum ………………………… エンドウ

Passer domesticus …… イエスズメ
Passer montanus …… スズメ（日本産）
Perdix perdix …… ヨーロッパヤマウズラ
Rhynchocypris lagowskii …… アブラハヤ
Salamandra salamandra …… ファイアサラマンダー
Scolopax rusticola …… ヤマシギ
Strix uralensis …… フクロウ
Stylommatophora …… 柄眼亜目
Tudorella sulcata（旧 *Cyclostoma sulcatum*） …… チューダーオカタマキビ
Turdus naumanni …… ツグミ
Turdus pilaris …… ノハラツグミ
Tyto alba …… メンフクロウ
Ursus spelaeus …… ホラアナグマ
Vanellus vanellus …… タゲリ
Vargula hilgendorfii …… ウミホタル
Vulpes vulpes …… アカギツネ

――植物――
Agaricus …… ハラタケ属
Agrocybe cylindracea（旧 *Pholiata aegerita*） …… ヤナギマツタケ
Alnus …… ハンノキ属
Amanita …… テングタケ属
Amanita caesarea …… オウシュウタマゴタケ
Amanita citrina …… コタマゴテングタケ
Amanita leiocephala …… スベスベテングタケ
Amanita pantherina …… テングタケ
Amanita vaginata …… ツルタケ
Amanita verna …… シロタマゴテングタケ
Arbutus unedo …… ヤマモモモドキ
Armillaria mellea …… ナラタケ
Beta vulgaris …… テンサイ（サトウダイコン）
Boletaceae …… イグチ科
Boletus edulis …… ヤマドリタケ
Boletus rhodopurpureus（旧 *Boletus purpureus*） …… ムラサキイグチ
Boletus satanas …… ウラベニイグチ
Brassica napus …… セイヨウアブラナ
Brassica oleracea var. *acephala* f.*tricolor* …… ハボタン
Brassica oleracea var. *botrytis* …… カリフラワー、ブロッコリー
Brassica oleracea var. *capitata* …… キャベツ
Brassica oleracea var. *gemmifera* …… メキャベツ
Brassica oleracea var. *gongylodes* …… コールラビ
Brassica rapa …… カブ（基種）
Brassica rapa var. *glabra* …… カブ
Cantharellus …… アンズタケ属

Scarabaeus sacer ………………………………… スカラベ・サクレ（ヒジリタマオシコガネ）
Scarabaeus typhon ………………………………… ティフォンタマオシコガネ
Sitaris muralis ………………………………… スジハナバチヤドリゲンセイ
Stomoxys calcitrans ………………………………… サシバエ
Tephritidae ………………………………… ミバエ科
Tettigonia viridissima（旧 *Locusta viridissima*）…… アオヤブキリ
Thaumetopoea pityocampa（旧 *Cnethocampa pityocampa*）… マツノギョウレツケムシ
Timarcha tenebricosa ………………………………… ハナヂハムシ
Tineidae ………………………………… ヒロズコガ科
Tinea translucens ………………………………… イガ
Triaspis thoracicus ………………………………… エンドウゾウコマユバチ
Trichogramma brassicae ………………………………… アオムシタマゴコバチ
Trichogramma evanescens ………………………………… ヨトウタマゴコバチ
Trichogrammatidae ………………………………… タマゴコバチ科
Trichoptera ………………………………… 毛翅目（トビケラ類）
Triplax russica ………………………………… オウシュウオオキノコムシ
Triungulinus ………………………………… トリウングリヌス
Trox perlatus ………………………………… シンジュコブスジコガネ
Vespidae ………………………………… スズメバチ科
Vespa crabro ………………………………… モンスズメバチ

――昆虫以外の動物――

Aequorea victoria ………………………………… オワンクラゲ
Alauda arvensis ………………………………… ヒバリ
Anas crecca ………………………………… コガモ
Arion rufus ………………………………… アカオオコウラナメクジ
Asio otus ………………………………… トラフズク
Bufo ………………………………… ヒキガエル属
Bufo bufo ………………………………… ヨーロッパヒキガエル
Bufo calamita ………………………………… ナタージャックヒキガエル
Buthus occitanus（旧 *Scorpio occitanus*）………… ラングドックサソリ
Carduelis cannabina ………………………………… ムネアカヒワ
Cernuella virgata（旧 *Helix variabilis*）………… ムチウチコマイマイ
Charadrius ………………………………… チドリ属
Corvus corone ………………………………… ハシボソガラス
Cynops ………………………………… イモリ属
Fringilla montifringilla ………………………………… アトリ
Helix aspersa ………………………………… ヒメリンゴマイマイ
Homarus gammarus ………………………………… オマールエビ
（ヨーロピアン・ロブスター）
Limax maximus ………………………………… マダラコウラナメクジ
Oenanthe oenanthe ………………………………… ハシグロヒタキ
Oligochaeta ………………………………… 貧毛綱
Oryctolagus cuniculus ………………………………… アナウサギ

Lampyris nictiluca（原書の誤植か）……………………… ヨーロッパツチボタル
Lampyris noctiluca ……………………………………………… ヨーロッパツチボタル
Larinus ……………………………………………………………… ゴボウゾウムシ属
Leiodes cinnamomeus（旧 *Anisotoma cinnamomea*）…… オウシュウタマキノコムシ
Limnephilus flavicornis（旧 *Limnophilus flavicornis*）… キツノウスバキトビケラ
Lucilia ……………………………………………………………… キンバエ属
Luciola ……………………………………………………………… ゲンジボタル属
Luciola cruciata ………………………………………………… ゲンジボタル（日本産）
Luciola lateralis ………………………………………………… ヘイケボタル（日本産）
Luciola owadai …………………………………………………… クメジマボタル（日本産）
Lytta vesicatoria ………………………………………………… ミドリゲンセイ
Mantis religiosa ………………………………………………… ウスバカマキリ
Megodontus kolbei ……………………………………………… アイヌキンオサムシ（日本産）
Meloe ………………………………………………………………… ツチハンミョウ属
Meloe proscarabaeus …………………………………………… オオツチハンミョウ
Melolontha ………………………………………………………… コフキコガネ属
Melolontha melolontha ………………………………………… オウシュウコフキコガネ
Microgastrinae ……………………………………………………… サムライコマユバチ亜科
Microgaster glomeratus（*Cotesia glomerata* の旧学名）……… アオムシサムライコマユバチ
Musca domestica ………………………………………………… イエバエ
Myrmeleontidae …………………………………………………… ウスバカゲロウ科
Necrophorus vestigator ………………………………………… ムナゲモンシデムシ
Ohomopterus iwawakianus …………………………………… イワワキオサムシ（日本産）
Ohomopterus maiyasanus ……………………………………… マヤサンオサムシ（日本産）
Ohomopterus yaconinus ………………………………………… ヤコンオサムシ（日本産）
Oryctes nasicornis ……………………………………………… オウシュウサイカブト
Oxyporus rufus …………………………………………………… ムネアカオオキバハネカクシ
Pieris brassicae ………………………………………………… オオモンシロチョウ
Pieris dulcinea（旧 *Pieris napis*）………………………… エゾスジグロシロチョウ（日本産）
Pieris melete ……………………………………………………… スジグロチョウ（日本産）
Pieris nesis ……………………………………………………… ヤマトスジグロシロチョウ（日本産）
Pieris rapae ……………………………………………………… モンシロチョウ
Polyphylla fullo（旧 *Melolontha fullo*）………………… マツノヒゲコガネ
Protaetia cuprea（旧 *Cetonia metallica*）……………… オウシュウツヤハナムグリ
Pteromalus puparum …………………………………………… アオムシコバチ
Pyrocoelia atripennis …………………………………………… オオシママドボタル（日本産）
Pyrocoelia fumosa ……………………………………………… クロマドボタル（日本産）
Rhagoletis cerasi ………………………………………………… ヨーロッパサクランボミバエ
Saprinus maculatus ……………………………………………… アカモンツヤエンマムシ
Sarcophaginae ……………………………………………………… ニクバエ亜科
Sarcophaga ………………………………………………………… サルコファガ属
Sarcophaga carnaria …………………………………………… ハイイロニクバエ
Saturnia pyri ……………………………………………………… オオクジャクヤママユ
Scarabaeus ………………………………………………………… タマオシコガネ属

●学名和名対照リスト 〈第10巻 下〉

――昆虫――

Alysiinae …… ハエヤドリコマユバチ亜科
Apanteles glomeratus（*Cotesia glomerata* の旧学名）…… アオムシサムライコマユバチ
Apis …… ミツバチ属
Apis mellifera …… セイヨウミツバチ
Arctia caja（旧 *Chelonia caja*）…… ヒトリガ
Autocarabus auratus（旧 *Carabus auratus*）…… キンイロオサムシ
Autocarabus cancellatus …… コブスジキンイロオサムシ
Autocarabus cristoforii …… ピレネーキンイロオサムシ
Bolbelasmus gallicus …… フランスムネアカセンチコガネ
Bombyx mori …… カイコガ
Braconidae …… コマユバチ科
Calliphoridae …… クロバエ科
Calliphora …… クロバエ属
Calliphora lata …… オオクロバエ（日本産）
Calliphora vicina …… ホホアカクロバエ（帰化種）
Calliphora vomitoria …… ミヤマクロバエ
Carabina …… オサムシ亜族
Carabus coriaceus（旧 *Procrustes coriaceus*）…… サメハダオサムシ
Cerambycidae …… カミキリムシ科
Cerambyx cerdo …… カシミヤマカミキリ
Cetonia aurata …… キンイロハナムグリ
Cetoniinae …… ハナムグリ亜科
Cionus thapsus …… モウズイカタマゾウムシ
Cotesia glomerata（旧 *Microgaster glomeratus* のちに旧 *Apanteles glomeratus*）…… アオムシサムライコマユバチ
Cyclorrhapha …… 環縫亜目
Dacnusa sp. …… ハエヤドリコマユバチ
Damaster blaptoides …… マイマイカブリ（日本産）
Decticus albifrons …… カオジロキリギリス
Dermestes maculatus（旧 *Dermestes vulpinus*）…… ハラジロカツオブシムシ
Dermestidae …… カツオブシムシ科
Diptera …… 双翅目
Drilus mauritanicus …… モーリタニアホタルモドキ
Ephippiger …… エフィピゲル属
Formicidae …… アリ科
Gryllidae …… コオロギ科
Gryllus campestris …… イナカコオロギ
Hagenomyia micans …… ウスバカゲロウ
Histeridae …… エンマムシ科
Hyles euphorbiae（旧 *Celerio euphorbiae*）…… ユーフォルビアスズメ
Lampyridae …… ホタル科

ロボウガラシ…………………………………………………… *Diplotaxis tenuifolia*

ソラマメ…… *Vicia faba*
タイム…… *Thymus vulgaris*
チチタケ属…… *Lactarius*
チチタケ…… *Lactarius volemus*
チチュウカイガマズミ…… *Viburnum tinus*
チャワンタケ属…… *Peziza*
チョウセンアザミ…… *Cynara scolymus*
ツキヨタケ（日本産）…… *Omphalotus japonicus*
ツルタケ…… *Amanita vaginata*
テングタケ属…… *Amanita*
テングタケ…… *Amanita pantherina*
テンサイ（サトウダイコン）…… *Beta vulgaris*
トウダイグサ属…… *Euphorbia*
トネリコ属…… *Fraxinus*
トリュフ（セイヨウショウロ）…… *Tuber melanosporum*
ナツメ属…… *Ziziphus*
ナラタケ…… *Armillaria mellea*
ニレ属…… *Ulmus*
ノヂシャ…… *Valerianella locusta*
ノボリリュウタケ属…… *Helvella*
ハボタン…… *Brassica oleracea* var. *acephala* f.*tricolor*
ハラタケ属…… *Agaricus*
ハンノキ属…… *Alnus*
ヒトヨタケ…… *Coprinus atramentaria*
ブナ（シロブナ）…… *Fagus crenata*
ブロッコリー…… *Brassica oleracea* var. *botrytis*
ベニタケ属…… *Russula*
変形菌門…… Myxomycota
ホコリタケ属…… *Lycoperdon*
ホコリタケ（キツネノチャブクロ）…… *Lycoperdon perlatum*
ホソバタイセイ…… *Isatis tinctoria*
マグソヒトヨタケ…… *Coprinus sterquilinus*
ムラサキイグチ…… *Boletus rhodopurpureus*（旧 *Boletus purpureus*）
メキャベツ…… *Brassica oleracea* var. *gemmifera*
ヤケコゲタケ…… *Inonotus hispidus*（旧 *Polyporus hispidus*）
ヤナギマツタケ…… *Agrocybe cylindracea*（旧 *Pholiata aegerita*）
ヤマドリタケ…… *Boletus edulis*
ヤマモモモドキ…… *Arbutus unedo*
ヨーロッパブナ…… *Fagus sylvatica*
ローズマリー…… *Rosmarinus officinalis*

ウラベニイグチ…… *Boletus satanas*
エリンギ…… *Pleurotus eryngii*
エンドウ…… *Pisum sativum*
オウシュウタマゴタケ…… *Amanita caesarea*
オウシュウツキヨタケ…… *Omphalotus olearius*
（旧 *Pleurotus phosphoreus*）
カキネガラシ…… *Sisymbrium officinale*
カブ（基種）…… *Brassica rapa*
カブ…… *Brassica rapa* var. *glabra*
カラハツタケ…… *Lactarius torminosus*
カリフラワー…… *Brassica oleracea* var. *botrytis*
カンザクラ…… *Primula praenitens*
（旧 *Primula sinensis*）
カンゾウ属…… *Glycyrrhiza*
キカラハツモドキ…… *Lactarius zonarius*
キダチトウガラシ…… *Capsicum frutescens*
キツネノチャブクロ（ホコリタケ）…… *Lycoperdon perlatum*
キナ…… *Cinchona pubescens*
キャベツ…… *Brassica oleracea* var. *capitata*
ギンバイカ属…… *Myrtus*
クルミ属…… *Juglans*
クワ属…… *Morus*
コールラビ…… *Brassica oleracea* var. *gongylodes*
コタマゴテングタケ…… *Amanita citrina*
コムギ…… *Triticum aestivum*
サウスアフリカンゼラニウム…… *Pelargonium sidoides*
サトウダイコン（テンサイ）…… *Beta vulgaris*
十字花科植物（アブラナ科の旧学名）…… Cruciferae
ショウロ…… *Rhizopogon rubescens*
シロガラシ…… *Sinapis alba*（旧 *Sinapis incana*）
シロソウメンタケ属…… *Clavaria*
シロソウメンタケ…… *Clavaria vermicularis*
シロタマゴテングタケ…… *Amanita verna*
真菌門…… Eumycota
スナジイモタケ…… *Hydnocystis clausa*
（旧 *Hydnocystis arenaria*）
スベスベテングタケ…… *Amanita leiocephala*
セイヨウアカネ…… *Rubia tinctorum*
セイヨウアカモミタケ…… *Lactarius deliciosus*
セイヨウアブラナ…… *Brassica napus*
セイヨウサンザシ…… *Crataegus oxyacantha*
セイヨウトネリコ…… *Fraxinus excelsior*
セイヨウノダイコン…… *Raphanus raphanistrum*
セイヨウヒイラギガシ…… *Quercus ilex*

チドリ属…… *Charadrius*
チューダーオカタマキビ…… *Tudorella sulcata*
（旧 *Cyclostoma sulcatum*）
ツグミ…… *Turdus naumanni*
トラフズク…… *Asio otus*
ナタージャックヒキガエル…… *Bufo calamita*
ノハラツグミ…… *Turdus pilaris*
ハシグロヒタキ…… *Oenanthe oenanthe*
ハシボソガラス…… *Corvus corone*
ヒキガエル属…… *Bufo*
ヒバリ…… *Alauda arvensis*
ヒメリンゴマイマイ…… *Helix aspersa*
貧毛綱…… Oligochaeta
ファイアサラマンダー…… *Salamandra salamandra*
フクロウ…… *Strix uralensis*
柄眼亜目…… Stylommatophora
ホラアナグマ…… *Ursus spelaeus*
マダラコウラナメクジ…… *Limax maximus*
ムチウチコマイマイ…… *Cernuella virgata*（旧 *Helix variabilis*）
ムネアカヒワ…… *Carduelis cannabina*
メンフクロウ…… *Tyto alba*
ヤマシギ…… *Scolopax rusticola*
ヨーロッパヒキガエル…… *Bufo bufo*
ヨーロッパヤマウズラ…… *Perdix perdix*
ヨーロピアン・ロブスター（オマールエビ）…… *Homarus gammarus*
ラングドックサソリ…… *Buthus occitanus*
（旧 *Scorpio occitanus*）

──植物──
アイ…… *Persicaria tinctoria*
アイゾメイグチ…… *Gyroporus cyanescens*
（旧 *Boletus cyanescens* ver. *lacteus*）
アカカゴタケ（アンドンタケ）…… *Clathrus ruber*
（旧 *Clathrus cancellatus*）
アカネ（日本産）…… *Rubia argyi*
アコウグンバイ…… *Lepidium draba*
アレチヒゴタイサイコ…… *Eryngium campestre*
アンズタケ属…… *Cantharellus*
アンズタケ…… *Cantharellus cibarius*
アンドンタケ（アカカゴタケ）…… *Clathrus ruber*
（旧 *Clathrus cancellatus*）
イグチ科…… Boletaceae
イヌブナ（クロブナ）…… *Fagus japonica*
イワタケ…… *Umbilicaria esculenta*

ヒロズコガ科……Tineidae
フランスムネアカセンチコガネ……*Bolbelasmus gallicus*
ヘイケボタル（日本産）……*Luciola lateralis*
ホタル科……Lampyridae
ホホアカクロバエ（帰化種）……*Calliphora vicina*
マイマイカブリ（日本産）……*Damaster blaptoides*
マツノギョウレツケムシ……*Thaumetopoea pityocampa*
（旧 *Cnethocampa pityocampa*）
マツノヒゲコガネ……*Polyphylla fullo*（旧 *Melolontha fullo*）
マヤサンオサムシ（日本産）……*Ohomopterus maiyasanus*
ミツバチ属……*Apis*
ミドリゲンセイ……*Lytta vesicatoria*
ミバエ科……Tephritidae
ミヤマクロバエ……*Calliphora vomitoria*
ムナゲモンシデムシ……*Necrophorus vestigator*
ムネアカオオキバハネカクシ……*Oxyporus rufus*
毛翅目（トビケラ類）……Trichoptera
モウズイカタマゾウムシ……*Cionus thapsus*
モーリタニアホタルモドキ……*Drilus mauritanicus*
モンシロチョウ……*Pieris rapae*
モンスズメバチ……*Vespa crabro*
ヤコンオサムシ（日本産）……*Ohomopterus yaconinus*
ヤマトスジグロシロチョウ（日本産）……*Pieris nesis*
ユーフォルビアスズメ……*Hyles euphorbiae*
（旧 *Celerio euphorbiae*）
ヨーロッパサクランボミバエ……*Rhagoletis cerasi*
ヨーロッパツチボタル……*Lampyris noctiluca*
（原書は*Lampyris nictiluca*で誤植か）
ヨトウタマゴコバチ……*Trichogramma evanescens*

――昆虫以外の動物――

アカオオコウラナメクジ……*Arion rufus*
アカギツネ……*Vulpes vulpes*
アトリ……*Fringilla montifringilla*
アナウサギ……*Oryctolagus cuniculus*
アブラハヤ……*Rhynchocypris lagowskii*
イエスズメ……*Passer domesticus*
イモリ属……*Cynops*
ウミホタル……*Vargula hilgendorfii*
オマールエビ（ヨーロピアン・ロブスター）……*Homarus gammarus*
オワンクラゲ……*Aequorea victoria*
コガモ……*Anas crecca*
スズメ（日本産）……*Passer montanus*
タゲリ……*Vanellus vanellus*

キツノウスバキトビケラ……………………………… *Limnephilus flavicornis*
(旧 *Limnophilus flavicornis*)
キンイロオサムシ……………………………………… *Autocarabus auratus*
(旧 *Carabus auratus*)
キンイロハナムグリ…………………………………… *Cetonia aurata*
キンバエ属……………………………………………… *Lucilia*
クメジマボタル(日本産)…………………………… *Luciola owadai*
クロバエ科……………………………………………… Calliphoridae
クロバエ属……………………………………………… *Calliphora*
クロマドボタル(日本産)…………………………… *Pyrocoelia fumosa*
ゲンジボタル属………………………………………… *Luciola*
ゲンジボタル(日本産)……………………………… *Luciola cruciata*
コオロギ科……………………………………………… Gryllidae
コフキコガネ属………………………………………… *Melolontha*
コブスジキンイロオサムシ…………………………… *Autocarabus cancellatus*
ゴボウゾウムシ属……………………………………… *Larinus*
コマユバチ科…………………………………………… Braconidae
サシバエ………………………………………………… *Stomoxys calcitrans*
サムライコマユバチ亜科……………………………… Microgastrinae
サメハダオサムシ……………………………………… *Carabus coriaceus*
(旧 *Procrustes coriaceus*)
サルコファガ属………………………………………… *Sarcophaga*
シンジュコブスジコガネ……………………………… *Trox perlatus*
スカラベ・サクレ(ヒジリタマオシコガネ)……… *Scarabaeus sacer*
スジグロチョウ(日本産)…………………………… *Pieris melete*
スジハナバチヤドリゲンセイ………………………… *Sitaris muralis*
スズメバチ科…………………………………………… Vespidae
セイヨウミツバチ……………………………………… *Apis mellifera*
双翅目…………………………………………………… Diptera
タマオシコガネ属……………………………………… *Scarabaeus*
タマゴコバチ科………………………………………… Trichogrammatidae
ツチハンミョウ属……………………………………… *Meloe*
ティフォンタマオシコガネ…………………………… *Scarabaeus typhon*
トリウングリヌス……………………………………… *Triungulinus*
ニクバエ亜科…………………………………………… Sarcophaginae
ハイイロニクバエ……………………………………… *Sarcophaga carnaria*
ハエヤドリコマユバチ亜科…………………………… Alysiinae
ハエヤドリコマユバチ………………………………… *Dacnusa* sp.
ハナヂハムシ…………………………………………… *Timarcha tenebricosa*
ハナムグリ亜科………………………………………… Cetoniinae
ハラジロカツオブシムシ……………………………… *Dermestes maculatus*
(旧 *Dermestes vulpinus*)
ヒトリガ………………………………………………… *Arctia caja* (旧 *Chelonia caja*)
ピレネーキンイロオサムシ…………………………… *Autocarabus cristoforii*

●和名学名対照リスト 〈第10巻 下〉

――昆虫――

アイヌキンオサムシ（日本産）…………………………… *Megodontus kolbei*
アオムシコバチ……………………………………………… *Pteromalus puparum*
アオムシサムライコマユバチ……………………………… *Cotesia glomerata*
（旧 *Microgaster glomeratus*
のちに旧 *Apanteles glomeratus*）
アオムシタマゴコバチ……………………………………… *Trichogramma brassicae*
アオヤブキリ………………………………………………… *Tettigonia viridissima*
（旧 *Locusta viridissima*）
アカモンツヤエンマムシ…………………………………… *Saprinus maculatus*
アリ科………………………………………………………… Formicidae
イエバエ……………………………………………………… *Musca domestica*
イガ…………………………………………………………… *Tinea translucens*
イナカコオロギ……………………………………………… *Gryllus campestris*
イワワキオサムシ（日本産）……………………………… *Ohomopterus iwawakianus*
ウスバカゲロウ科…………………………………………… Myrmeleontidae
ウスバカゲロウ……………………………………………… *Hagenomyia micans*
ウスバカマキリ……………………………………………… *Mantis religiosa*
エゾスジグロシロチョウ（日本産）……………………… *Pieris dulcinea*
（旧 *Pieris napis*）
エフィピゲル属……………………………………………… *Ephippiger*
エンドウゾウコマユバチ…………………………………… *Triaspis thoracicus*
エンマムシ科………………………………………………… Histeridae
オウシュウオオキノコムシ………………………………… *Triplax russica*
オウシュウコフキコガネ…………………………………… *Melolontha melolontha*
オウシュウサイカブト……………………………………… *Oryctes nasicornis*
オウシュウタマキノコムシ………………………………… *Leiodes cinnamomeus*
（旧 *Anisotoma cinnamomea*）
オウシュウツヤハナムグリ………………………………… *Protaetia cuprea*
（旧 *Cetonia metallica*）
オオクジャクヤママユ……………………………………… *Saturnia pyri*
オオクロバエ（日本産）…………………………………… *Calliphora lata*
オオシママドボタル（日本産）…………………………… *Pyrocoelia atripennis*
オオツチハンミョウ………………………………………… *Meloe proscarabaeus*
オオモンシロチョウ………………………………………… *Pieris brassicae*
オサムシ亜族………………………………………………… Carabina
カイコガ……………………………………………………… *Bombyx mori*
カオジロキリギリス………………………………………… *Decticus albifrons*
カシミヤマカミキリ………………………………………… *Cerambyx cerdo*
カツオブシムシ科…………………………………………… Dermestidae
カミキリムシ科……………………………………………… Cerambycidae
環縫亜目……………………………………………………… Cyclorrhapha

DELANGE, Y., *Fabre, l'homme qui aimait les insectes*, J.-C. Lattès, 1981
DUFOUR, L., *Histoire anatomique et physiologique des scorpions,* Nabu Press, 2011
FABRE, A., *Jean-Henri Fabre, le naturaliste, figure du Rouergue*, Imprimerie Carrère, 1929
GAUTHIER, A., *La Corse, une île-montagne au cœur de la Méditerranée*, Delachaux et Niestlé, 2002
GIRERD, B., *La flore du département de Vaucluse, Nouvel inventaire 1990*, Alain Barthélemy, 1991
GOODERS, J., INNES, B., *The Illustrated Encyclopedia of Birds*, vol.1-5, Marshall Cavendish, 1979
GREGOIRE, M.-P., *Le pays Rouergat*, René Dessagne, *ca.*1980
GROSSAND, C., GROSSO, R., *Le Vaucluse autrefois*, Horvath, 1986
HARRIS, T., *The Natural History of the Mediterranean*, Pelham Books, 1982
HAUPT, J. et H., *Guide des mouches et des moustiques*, Delachaux et Niestlé, 2000
KLAUSNITZER, B., *Beetles*, Exeter Books, 1983
LA FONTAINE, J. de, *Œuvres complètes*, tome 1, Gallimard, 1991
MARCHANDIAU, J.-N., *Outillage agricole de la Provence d'autrefois*, Edisud, 1984
MAURON, M., *Jean-Henri Fabre, à la rencontre de l'homme et du poète dans l'œuvre du savant*, Alain Barthélemy, 1981
MISTRAL, F., *Lou Tresor dóu Félibrige ou Dictionnaire provençal-français embrassant les divers dialectes de la langue d'oc moderne*, Marcel Petit C.P.M., 1979
PFLEGER, V., *Guide des coquillages et mollusques*, Hatier, 1989
ROLLET, P., *La vie quotidienne en Provence au temps de Mistral*, Hachette, 1972
ROSTAND, J., *Insectes*, Flammarion, 1936
SLEZEC, A-M., *Jean-Henri Fabre en son harmas de 1879 à 1915,* Edisud, 2011
STEHR, F. W., *Immature Insects*, vol.1,2, Kendall/Hunt, 1987-91
STICHMANN-MARNY, U., KRETZSCHMAR, E., STICHMANN, W., *Guide Vigot de la faune et de la flore*, Vigot, 1997
TORT, P., *Fabre le miroir aux insectes*, Vuibert/Adapt, 2002
Actes du congrès, Jean-Henri Fabre, Anniversaire du jubilé (1910-1985), Paris et le Vaucluse, 13-18 Mai 1985, Le Léopard d'or, 1986
Encyclopœdia universalis, version 9 (DVD), 2004
Grand dictionnaire universel du XIXe siècle, 24 tomes et 4 suppléments, Larousse, 1866-76
Larousse du XXe siècle en six volumes, Larousse, 1928-33

三好達治訳『昆虫記』1～10（河出書房）昭和28～29年
J-H・ファーブル　林達夫　山田吉彦訳『昆虫記』1～20（岩波書店）昭和5～27年
J-H・ファーブル　日高敏隆　林瑞枝訳『ファーブル植物記』（平凡社）昭和59年
深石隆司『沖縄のホタル　陸生ホタルの飼育と観察』（沖縄出版）平成9年
福田晴男　久保快哉　葛谷健　高橋昭　高橋真弓　田中蕃　若林守男『原色日本昆虫生態図鑑Ⅲ　チョウ編』（保育社）昭和47年
藤井恒責任編集　伊藤ふくお写真『カラーサイエンス①　モンシロチョウ』（集英社）昭和60年
プリニウス　中野定雄他訳『プリニウスの博物誌』Ⅰ～Ⅲ（雄山閣出版）昭和61年
古川晴男『昆虫の生態』（偕成社）昭和30年
古川晴男訳・解説『少年少女ファーブル昆虫記』1～6巻（偕成社）昭和37～38年
牧野富太郎『原色牧野植物大図鑑』（北隆館）昭和61年
三輪徳寛『三輪外科診断及療法　第二巻』（克誠堂）大正15年／昭和元年
村松嘉津『新版プロヴァンス随筆』（大東出版社）平成16年
安松京三『昆虫と人生』（新思潮社）昭和43年
八尋克郎　桝永一宏編『ファーブルにまなぶ』（日仏共同企画「ファーブルにまなぶ」展実行委員会）平成19年
山崎俊一　海野和男『NHK「ファーブル昆虫記」の旅』（日本放送出版協会）昭和63年
ラ・フォンテーヌ　今野一雄訳『ラ・フォンテーヌ寓話』上下（岩波書店）平成14年
G・V・ルグロ　平岡昇　野沢協訳『ファーブル伝』（講談社）昭和54年
G・V・ルグロ　平野威馬雄訳『ファーブルの生涯』（筑摩書房）昭和63年
朴海喆　金鐘吉　張承鐘　沈賀植　梁元鎮「韓国にホタルは何種類いるか」『全国ホタル研究会誌』36号（全国ホタル研究会）平成15年
『月刊むし』No.477（むし社）平成22年
『週刊朝日百科　植物の世界13　コーヒーノキ　クチナシ　アカネ』（朝日新聞社）平成6年
『週刊朝日百科　植物の世界67　ワサビ　アブラナ　ダイコン』（朝日新聞社）平成7年
D・マクファーランド編　木村武二監訳『オックスフォード動物行動学事典』（どうぶつ社）平成5年
巌佐庸他編『岩波生物学辞典』第5版（岩波書店）平成25年
『園芸植物大事典』1～6（小学館）昭和63～平成2年
『現代医学大辞典　第二十巻　外科学・整形外科学篇』（春秋社）昭和5年
『世界文化生物大図鑑　貝類』改訂新版（世界文化社）平成16年
『日本大百科全書』（小学館／CD-ROM 版）

ALBOUY, V., *Réaumur, Histoire des insectes,* Jérôme Millon, 2001
AUBER, L., *Atlas des coléoptères de France, Belgique, Suisse*, tome 1, 2, N. Boubée, 1971
BAYER, E., BUTTLER, K.P., FINKENZELLER, X., GRAU, J., *Guide de la flore méditerranéenne*, Delachaux et Niestlé, 1990
BETEILLE, R., *La vie quotidienne en Rouergue avant 1914*, Hachette, 1973
BETEILLE, R., DELMAS, J., *Aveyron*, J. Delmas, 1987
BILY, S., *Coléoptères,* Librairie Gründ, 1990
BOONE, C., *Léon Dufour (1780-1865), savant naturaliste et médecin,* Atlantica, 2003
BRESSON, G., *Réaumur, Le savant qui osa croiser une poule avec un lapin*, D'Orbestier, 2001
CAMBEFORT, Y., *L'œuvre de Jean-Henri Fabre*, Delagrave, 1999
CHATENET, G. du, *Guide des coléoptères d'Europe*, Delachaux et Niestlé, 1986
CHINERY, M., *Collins Guide to the Insects of Britain and Western Europe*, Collins, 1986

●参考文献

朝比奈正二郎他監修『原色昆虫大図鑑』Ⅰ〜Ⅲ（北隆館）昭和38〜40年
アプトン・シンクレア　大井浩二訳『ジャングル』（松柏社）平成21年
アンリ・フアブル　大杉栄　椎名其二　鷲尾猛　木下半治　小牧近江　土井逸男訳『昆蟲記』１〜10（叢文閣）昭和10〜11年
石井象二郎『昆虫博物館』（修学館）昭和63年
岩田久二雄　古川晴男　安松京三編集『日本昆虫記』Ⅰ〜Ⅵ（講談社）昭和34年
ウェルギリウス　泉井久之助訳『アエネーイス』上下（岩波書店）平成16年
ウェルギリウス　河津千代訳『牧歌・農耕詩』（未来社）昭和56年
ヴォルテール　植田祐次訳『カンディード　他五篇』（岩波書店）平成19年
梅谷献二編著『虫のはなし』Ⅰ〜Ⅲ（技報堂出版）昭和60年
Ｈ・Ｅ・エヴァンズ　羽田節子　山下恵子訳『昆虫学の楽しみ』（思索社）平成２年
大杉栄　安成四郎他訳『ファブル科学知識全集』（アルス）昭和４年
大谷剛監修『ファーブル写真昆虫記』１〜12（岩崎書店）昭和61〜62年
大場信義『ホタルの木』（どうぶつ社）平成15年
大場信義『ホタルの不思議』（どうぶつ社）平成21年
奥井一満『五分の魂――ファーブルが知らなかった虫の話』（平凡社）平成４年
小野展嗣編『動物学ラテン語辞典』（ぎょうせい）平成21年
ジョン・Ｆ・Ｍ・クラーク　奥本大三郎監訳　藤原多伽夫訳『ヴィクトリア朝の昆虫学――古典博物学から近代科学への転回』（東洋書林）平成23年
Ｍ・グラント　Ｊ・ヘイゼル　西田実他訳『ギリシア・ローマ神話事典』（大修館書店）昭和63年
黒澤良彦他『原色日本甲虫図鑑』Ⅰ〜Ⅳ（保育社）昭和59〜61年
坂上昭一『ハチの家族と社会――カースト社会の母と娘』（中央公論社）平成４年
阪口浩平『図説世界の昆虫』１〜６（保育社）昭和54〜58年
素木得一『基礎昆虫学』（北隆館）昭和41年
白水隆『日本産蝶類標準図鑑』（学習研究社）平成18年
白水隆監修　川副昭人　若林守男『原色日本蝶類図鑑』（保育社）昭和51年
Ｃ・ダーウィン　荒俣宏訳『新訳　ビーグル号航海記』上下（平凡社）平成25年
Ｃ・ダーウィン　島地威雄訳『ビーグル号航海記』中（岩波書店）昭和56年
Ｃ・ダーウィン　八杉龍一訳『種の起原』上下（岩波書店）平成２年
Ｃ・ダーウィン　渡辺政隆訳『種の起源』上下（光文社）平成21年
津田正夫　奥本大三郎監修『ファーブル巡礼』（新潮社）平成19年
Ｙ・ドゥランジュ　ベカエール直美訳『ファーブル伝』（平凡社）平成４年
栃木県立博物館編『プロヴァンス発見』（栃木県立博物館）平成14年
Ａ・ドーデー　桜田佐訳『風車小屋だより』（岩波書店）昭和33年
日本聖書協会編『舊新約聖書』（日本聖書協会）平成３年
日本鳥類目録編集委員会編『日本鳥類目録』改訂第７版（日本鳥学会）平成24年
日本微生物学協会編『微生物学辞典』（技報堂出版）平成元年
根田仁『きのこミュージアム　森と菌との関係から文化史・食毒まで』（八坂書房）平成26年
日高敏隆『帰ってきたファーブル』（人文書院）平成５年
平嶋義宏監修『日本産昆虫総目録』（九州大学農学部昆虫学教室）平成元年
平嶋義宏　森本桂　多田内修『昆虫分類学』（川島書店）平成元年
ファブル　岩田豊雄　小林龍雄　根津憲三　落合太郎　河盛好蔵　平林初之輔　内田傳一　神部孝　三好達治　豊嶋与志雄　川口篤　山田珠樹　水野亮　安谷寛一訳『昆蟲記』１〜12（アルス）昭和６年
ファーブル　大杉栄　椎名其二　鷲尾猛　木下半治　小牧近江　土井逸男

20章　ラングドックサソリの毒の効き目――獲物によって毒への耐性《たいせい》が異なるのはなぜか
21章　ラングドックサソリの恋――雌雄《しゆう》の出会い
22章　ラングドックサソリの結婚――恋人たちのそぞろ歩き
23章　ラングドックサソリの家族――母親の背中に乗る子供
24章　ハカマカイガラムシ――体の中に子を宿す蠟《ろう》に覆《おお》われた小さな虫
（標本図・ハカマカイガラムシ〔雌・雄〕）
25章　ケルメスタマカイガラムシ――母親の体内で育つ幾千もの子供
（標本図・ケルメスタマカイガラムシ〔雌・雄〕）

第10巻上

1章　ミノタウロスセンチコガネ――とんでもなく深い巣穴
（標本図・ミノタウロスセンチコガネ〔雌・雄〕）
2章　ミノタウロスセンチコガネの巣穴――第一の観察装置
3章　ミノタウロスセンチコガネの子育て――第二の観察装置
4章　ミノタウロスセンチコガネの美徳――進化論は番《つがい》の役割分担を説明できるのか
5章　タマゾウムシ――食草《しよくそう》の実《み》から出て暮らすゾウムシ幼虫の例外
（標本図・モウズイカタマゾウムシ〔雌〕、モウズイカゾウムシ〔雌〕）
6章　ヒロムネウスバカミキリ――コッススの饗宴《きようえん》
（標本図・ヒロムネウスバカミキリ〔雄〕）
7章　ウシエンマコガネ――番《つがい》の絆《きずな》の強さ、弱さ
（標本図・ウシエンマコガネ〔雌・雄〕）
8章　ウシエンマコガネの幼虫と蛹《さなぎ》――蛹のときにはあって成虫になると消える角《つの》
9章　マツノヒゲコガネ――夏至の夜、松葉を齧《かじ》る美髯《びぜん》の伊達者《だてしや》
（標本図・マツノヒゲコガネ〔雄〕）
10章　キショウブサルゾウムシ――幼虫はどうしてキショウブしか食べないのか
（標本図・キショウブサルゾウムシ〔雄〕）
11章　草食の虫たち――植物食の虫は決まった食物、肉食の虫は肉ならなんでも
12章　昆虫の矮小型《わいしようがた》――幼虫時代の栄養状態と成虫になったときの大きさ
13章　昆虫の異常型――科学の地平にそびえる〝杖《リトウウス》〟

第10巻下

14章　キンイロオサムシ――〝庭師《ジヤルデイニエール》〟と呼ばれる虫の食物
（標本図・キンイロオサムシ〔雌〕）
15章　キンイロオサムシの結婚――捕食者の繁殖生態
16章　ミヤマクロバエの産卵――雌が卵を産みつける場所
（標本図・ミヤマクロバエ、ハイイロニクバエ）
17章　ミヤマクロバエの蛆虫《うじむし》――額《ひたい》の瘤《ヘルニア》で地中から脱出する新成虫《しんせいちゆう》
18章　コマユバチ――ハイイロニクバエの天敵
（標本図・ハエヤドリコマユバチ）
19章　幼年時代の思い出――ハシグロヒタキの青い卵
20章　昆虫ときのこ――虫が食べるきのこは安全なのか
（標本図・ウラベニイグチ）
21章　忘れられぬ授業――化学という学問の素晴らしさ
22章　応用化学――さあ働こう《ラボレームス》！

第９巻上

第９巻下

23章　オオクジャクヤママユ――雄を呼ぶ知らせの発散物
　（標本図・オオクジャクヤママユ）
24章　チャオビカレハ――雌の残り香に集まる雄
　（標本図・チャオビカレハ）
25章　昆虫の嗅覚――ムネアカセンチコガネとトリュフ

第８巻上

１章　ハナムグリ――〝親よりも先に生まれる子供〟の謎
　（標本図・オウシュウツヤハナムグリ、図・ハナムグリの一生）
２章　エンドウゾウムシ――自然界の収税吏
　（標本図・エンドウゾウムシ）
３章　エンドウゾウムシの幼虫――豆の大きさと幼虫の数
４章　インゲンマメゾウムシ――外来の虫の災厄
　（標本図・インゲンマメゾウムシ）
５章　カメムシ――厳重な卵の蓋をはずす巧妙な仕掛け
　（標本図・ムラサキカメムシ）
６章　セアカクロサシガメ――肉食のカメムシ
　（標本図・セアカクロサシガメ）
７章　コハナバチ――巣穴に侵入する寄生バエ
　（標本図・シマコハナバチ）
８章　コハナバチの門番――巣穴の入口を守るハチの役割
　（標本図・ハヤデコハナバチ）
９章　コハナバチの繁殖――雌のみの世代と雌雄両性の世代
　（標本図・タカネコハナバチ、図・コハナバチの家族と巣の季節変化、
　図・コハナバチの世代の季節消長）

第８巻下

10章　ワタムシ――テレビントにできる虫癭《むしこぶ》
　（標本図・ハンゲツワタムシ）
11章　ワタムシの移住――虫癭《むしこぶ》からの旅立ち
　（標本図・ハンゲツワタムシ〔有翅虫〕）
12章　ワタムシの繁殖――単為生殖と有性生殖
　（図・ワタムシの生活環）
13章　ワタムシの天敵――肉食の虫を養う草食の虫たち
　（標本図・マエダテバチ）
14章　キンバエ――肉をスープにして飲む蛆虫《うじむし》
　（標本図・キンバエ）
15章　ニクバエ――光を嫌う蛆虫《うじむし》
　（標本図・ハイイロニクバエ）
16章　エンマムシとカツオブシムシ――ハエの蛆虫《うじむし》を間引くもの
　（標本図・アカモンツヤエンマムシ、シモフリカツオブシムシ）
17章　コブスジコガネ――獣糞中の未消化の毛を食べる虫
　（標本図・シンジュコブスジコガネ）

第7巻上

第7巻下

19章　カマキリの恋愛──命がけの交尾
20章　カマキリの巣──泡で卵を包んだ卵嚢
21章　カマキリの孵化──どんどん減っていく幼虫
22章　クシヒゲカマキリ──〝小悪魔〟と呼ばれる奇怪な虫
　　（標本図・クシヒゲカマキリ）
第5巻まで訳了して

第6巻上

1章　アシナガタマオシコガネ──父親の本能
　　（標本図・シェーフェルアシナガタマオシコガネ）
2章　ツキガタダイコククコガネとヤギュウヒラタダイコククコガネ──父親が子育てを手伝う糞虫
　　（標本図・ツキガタダイコククコガネ、ヤギュウヒラタダイコククコガネ）
3章　私の家系──幼い観察者
4章　私の学校──博物学への憧憬
5章　大草原《パンパ》の糞虫──遠い外国の虫とフランスの虫
　　（標本図・ミロンニジダイコククコガネ）
6章　虫の色彩──体色は何に由来するのか
7章　モンシデムシ──幼虫の食物として死体を埋葬する虫
　　（標本図・ムナゲモンシデムシ）
8章　モンシデムシの実験──埋葬の方法を観察する
9章　カオジロキリギリス──繁殖で見られる奇妙な習性
　　（標本図・カオジロキリギリス）
10章　カオジロキリギリスの産卵と孵化──地中から脱出する幼虫
　　（標本図・タカネギス）
11章　カオジロキリギリスの鳴き声──音を出す翅の構造
12章　アオヤブキリ──キリギリスの仲間の肉食と奇妙な受精法
　　（標本図・アオヤブキリ）

第6巻下

13章　イナカコオロギ──巣穴と幼虫の孵化
　　（標本図・イナカコオロギ）
14章　イナカコオロギの歌──コオロギの仲間の発音と交尾
15章　バッタ──野原での役割と、その鳴き声
16章　バッタの産卵──地中に産みつけられる卵鞘
17章　バッタの羽化──小さな虫の完璧さ
　　（標本図・トノサマバッタ）
18章　マツノギョウレツケムシ──真珠のような卵と幼虫の孵化
　　（標本図・マツノギョウレツケムシと巣）
19章　マツノギョウレツケムシの巣──理想的な共同生活
20章　マツノギョウレツケムシの行進──植木鉢の縁を回り続ける行列
21章　マツノギョウレツケムシの天気予報──天候の急変を予感する毛虫
22章　マツノギョウレツケムシの羽化──地中で蛹になり、地表で翅を伸ばす
　　（標本図・マツノギョウレツケムシガ）
23章　マツノギョウレツケムシの刺毛──毒を抽出して皮膚に塗る

第5巻上

第5巻下

第３巻下

第４巻上

第４巻下

第2巻下

第3巻上

●『昆虫記』全10巻章リスト（全221章）

ジャン＝アンリ・カジミール・ファーブル　Jean-Henri Casimir FABRE

フランスの博物学者。一八二三年、南仏ルーエルグ山地のサン＝レオンに生まれる。少年時代から生活苦と闘いながら勉学にいそしみ、師範学校に進学。教師になってからも独学で数学、物理学、博物学を学び学士号を取得。カルパントラの小学校に勤務したあと、コルシカ島で国立中等学校《リセ》の物理の教師になり、さらにアヴィニョンでも国立中等学校《リセ》の物理の教師を務める。そのころから昆虫の行動観察に目ざめ、研究論文を次々に発表。様々な賞を獲得し、ファーブルの名前はフランスを中心に広く知られるようになる。五十五歳のとき、広大な庭をもつセリニャンの家に移住。自らアルマス（荒地）と名づけた自宅兼研究所で昆虫の観察に打ち込む。その前後三十年間の記録が『昆虫記』（全十巻）である。一九一五年、アルマスで永眠。享年九十一。

奥本大三郎　OKUMOTO Daisaburo

フランス文学者。作家。一九四四年、大阪市に生まれる。東京大学仏文科卒業、同大学院修了。主な著書に『虫の宇宙誌』（読売文学賞）、『楽しき熱帯』（サントリー学芸賞）、『斑猫の宿』（ＪＴＢ紀行文学大賞）などがある。ファーブルについての著作も多く『博物学の巨人　アンリ・ファーブル』、〈ジュニア版〉『ファーブル昆虫記』（全八巻・産経児童出版文化賞）などが幅広い世代に読まれている。「ＮＰＯ日本アンリ・ファーブル会」を設立。東京の千駄木の自宅に昆虫の標本やファーブルの遺品を展示する「ファーブル昆虫館」を開館。埼玉大学名誉教授。ＮＰＯ日本アンリ・ファーブル会理事長。

●イラスト　小堀文彦
川島逸郎
●写真　海野和男
今森光彦
鈴木格
●脚注・訳注　奥本大三郎
伊地知英信
●校閲　大野英士
南條竹則
●編集　伊地知英信
仲新
●校正　大西寿男、河野道子、吉良宏三、山本修司
●編集協力　宮崎香純
●装幀・デザイン　太田徹也
●協力（敬称略）　上田恭一郎、大場信義、小川隆一、笹井剛博、塚谷裕一
藤江隼平、吉富博之、渡辺恭平

完訳《かんやく》 ファーブル昆《こん》虫《ちゅう》記《き》 第10巻 下

二〇一七年五月三〇日 第一刷発行
二〇一八年六月 六 日 第二刷発行

著者 ジャン＝アンリ・ファーブル
訳者 奥本大三郎《おくもとだいさぶろう》
発行者 堀内丸恵
発行所 株式会社 集英社
〒一〇一―八〇五〇 東京都千代田区一ツ橋二―五―一〇
電話 編集部（〇三）三二三〇―六一〇一
読者係（〇三）三二三〇―六〇八〇
販売部（〇三）三二三〇―六三九三【書店専用】
印刷所 大日本印刷株式会社
製本所 加藤製本株式会社

定価はカバーに表示してあります。

ISBN978-4-08-131020-3 C0345

ファーブル昆虫記 全10巻（全20冊）

★

第1巻 上

スカラベ・サクレ／卵はいつ糞球に産みつけられるのか／タマムシツチスガリの腐敗しない獲物／コブツチスガリ／キバネアナバチは三回刺す／アナバチたちの獲物／ラングドックアナバチの狩り／本能の賢さ／本能の愚かさ／ほか

★

第1巻 下

ヴァントゥー山に登る／アラメジガバチの越冬／ジガバチ類の狩りと帰巣／ハナダカバチの狩り／ハナダカバチに寄生するもの／未知の土地でも迷わない理由を探る／ヌリハナバチの巣造り／ヌリハナバチの奇妙な論理／ほか

★

第2巻 上

アルマス、念願の地を手に入れる／アラメジガバチの麻酔術／鮮やかな狩りを司るものは何か／トックリバチの巣造り／ドロバチの巣穴／ナヤノヌリハナバチの方向感覚／我が家の猫の物語／アカサムライアリの帰巣能力／ほか

★

第2巻 下

昆虫の心理についての短い覚え書き／ナルボンヌコモリグモの毒牙／クモを捕らえるベッコウバチ／キイチゴに集まるツツハナバチと寄生者／スジハナバチの寄生者スジハナバチヤドリゲンセイ／ツチハンミョウの寄生と過変態／ほか

★

第3巻 上

ツチバチの狩り／ツチバチの幼虫は獲物を殺さずに食べ進む／狩られるものたちの生理と生態／ツチバチの狩りの困難さ／寄生者と狩人／寄生の起源／ヌリハナバチに寄生するホシツリアブ、シリアゲコバチ、オナガコバチ／ほか

★

第3巻　下

カマキリを狩るトガリアナバチ／幼虫が捕食性のツチハンミョウの仲間／代用食で虫を飼う／進化論への一刺し／蓄える食物の量に、なぜ差があるのか／ツツハナバチの小部屋／雌バチには産む卵の性別がわかるのか／ほか

★

第4巻　上

キゴシジガバチの泥の巣／クモを狩るヒメベッコウ／昆虫に理性はあるのか／ツバメとスズメ／獲物や巣の材料を変更する能力／最小の労力で仕事をする／葉で小部屋を造るハキリバチ／綿と樹脂で巣を造るモンハナバチ／ほか

★

第4巻　下

筒を利用するドロバチ／ミツバチ殺しのミツバチハナスガリ／獲物が異なっても変わらない狩りバチの麻酔術／ツチバチの狩り／ベッコウバチの狩り／私への反論と返答／ハナバチの毒／カミキリムシ／樹木に卵を産むキバチ／ほか

★

第5巻　上

はじめに／スカラベの糞球／糞球から梨球を造る／スカラベの幼虫と羽化／オオクビタマオシコガネとヒラタタマオシコガネ／巣穴で糞球を守るイスパニアダイコクコガネの雌／エンマコガネとヒメテナガダイコクコガネ／ほか

★

第5巻　下

地上の衛生を守るセンチコガネ／センチコガネの繁殖／セミとアリの寓話／セミの羽化／何のためにセミは歌うのか／セミの産卵と孵化／カマキリの狩り／雄と雌の出会い／カマキリの孵化と天敵／クシヒゲカマキリ／ほか

★印は既刊

ファーブル昆虫記
全10巻（全20冊）

★
第6巻 上

夫婦で子育てをするアシナガタマオシコガネ／ツキガタダイコクコガネとヤギュウヒラタダイコクコガネ／私の家系／私の学校／パンパの糞虫／虫の色彩／モンシデムシの奇妙な習性／カオジロキリギリスとアオヤブキリの生態／ほか

★
第6巻 下

イナカコオロギの巣と歌／バッタの野原で果たす役割／小さな虫の完璧さ／マツノギョウレツケムシの巣／植木鉢の縁を回り続ける毛虫の行列／毛虫の天気予報／毒を抽出して自分の皮膚に塗る／昆虫の毒の由来とその意味／ほか

★
第7巻 上

オオヒョウタンゴミムシ／死んだふりをする虫、しない虫／石の中に眠るゾウムシ／アザミの住人ゴボウゾウムシ／幼虫の食物を知る本能／ドングリに卵を産むカシシギゾウムシ／葉巻を造るハマキチョッキリ／オトシブミ／ほか

★
第7巻 下

クビナガハムシの幼虫と寄生バエ／習性は発達するのか／アワフキムシ／ヨツボシナガツツハムシの土の壺／アヒルの沼の思い出／トビケラの幼虫／ミノガの繁殖／ミノムシ／オオクジャクヤママユ／チャオビカレハ／ほか

★
第8巻 上

ハナムグリに見られる〝親より先に生まれる子供〟の謎／自然界の収税吏マメゾウムシ／豆の大きさとマメゾウムシの幼虫の数／カメムシの頑丈な卵／セアカクロサシガメの孵化／コハナバチの巣の門番／コハナバチの繁殖／ほか

★第8巻 下

テレビントにできる虫癭《むしこぶ》／ワタムシの移住と繁殖／キンバエの蛆虫／死体に集まるエンマムシとカツオブシムシ／コブスジコガネ／スズメバチ／スズメバチの巣に住むベッコウハナアブ／ナガコガネグモ／ナルボンヌコモリグモ／ほか

★第9巻 上

ナルボンヌコモリグモの巣／母親の背中に乗る子グモの群れ／風による子グモの分散／花に潜むシロアズチグモ／コガネグモの網の張り方／粘着性の糸／クモの電信線／クモの網と幾何学／数学の思い出／小さな机の思い出／ほか

★第9巻 下

イナヅマクサグモの巣／石の裏に巣を紡ぐクロトヒラタグモ／ラングドックサソリの巣穴／大食と断食／サソリの毒が効く虫、効かない虫／毒の実験／雌雄の出会いと求愛行動／母親の背中に乗るサソリの子供／カイガラムシ／ほか

★第10巻 上

ミノタウロスセンチコガネの観察装置／第二の観察装置と番《つがい》の暮らし／タマゾウムシ／ヒロムネウスバカミキリの幼虫〝コッスス〟の味／ウシエンマコガネの番／幼虫と蛹／マツノヒゲコガネ／昆虫の矮小型、異常型／ほか

★第10巻 下

キンイロオサムシの食物と繁殖／ミヤマクロバエの産卵／額の瘤《ヘルニア》で地中から脱出する新成虫《しんせいちゅう》と寄生者のコバチ／幼年時代の思い出／きのこと昆虫／忘れられない授業／応用化学／ツチボタル／キャベツのアオムシ／ほか

★印は既刊

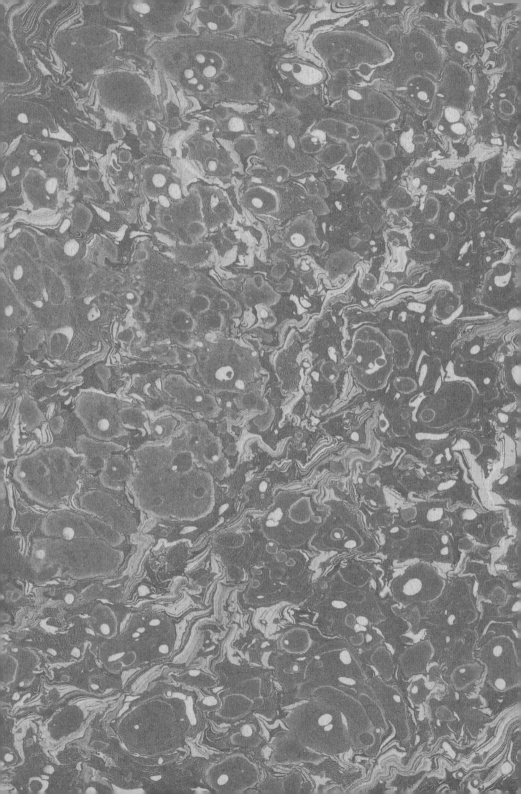

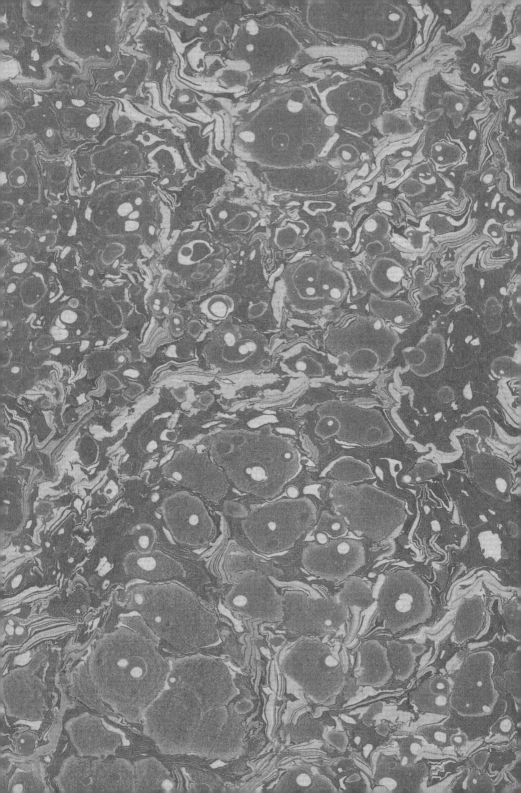